2022 年典型天气过程观测实况复盘

中国气象局气象探测中心 编

气象出版社
China Meteorological Press

内容简介

本书收录了2022年暴雨、强对流、台风、沙尘、雾/霾、寒潮大风、高温干旱、暴雪等29个高影响天气过程，北京冬(残)奥会、全国两会2个重大气象保障活动和2个突发事件保障的观测实况复盘。这些个例筛选自2022年中国气象局气象探测中心业务服务真实个例，并从过程特征、天气背景、多源观测特征3个角度对其进行了全面复盘回顾。本书编写旨在通过分析典型案例，推动新型观测技术方法优化升级、观测数据质量持续改进、智能观测系统建设应用，促进观测业务与预报预警服务的深度融合，为提升极端天气监测预警能力和重大活动气象保障水平提供技术参考。

本书可作为各级气象预报预警业务人员、综合观测技术人员及气象科研工作者的业务工具书和培训参考资料。

图书在版编目（CIP）数据

2022年典型天气过程观测实况复盘 / 中国气象局气象探测中心编. -- 北京 : 气象出版社, 2024. 12.
ISBN 978-7-5029-8395-6

Ⅰ. P44

中国国家版本馆CIP数据核字第2024J693G5号

2022 Nian Dianxing Tianqi Guocheng Guance Shikuang Fupan

2022年典型天气过程观测实况复盘

中国气象局气象探测中心　编

出版发行：气象出版社
地　　址：北京市海淀区中关村南大街46号　　**邮政编码：**100081
电　　话：010-68407112(总编室)　010-68408042(发行部)
网　　址：http://www.qxcbs.com　　**E-mail：**qxcbs@cma.gov.cn
责任编辑：胡育峰　宋　祎　　**终　　审：**张　斌
责任校对：张硕杰　　**责任技编：**赵相宁
封面设计：博雅锦
印　　刷：北京地大彩印有限公司
开　　本：787 mm×1092 mm　1/16　　**印　　张：**15.5
字　　数：397千字
版　　次：2024年12月第1版　　**印　　次：**2024年12月第1次印刷
定　　价：120.00元

编　委　会

主　　任　张　鹏

编　　委　张雪芬　邵　楠　宏　观　杨荣康　施丽娟

郭建侠　吴　蕾　赵培涛　靳军莉　雷　勇

陈玉宝　秦世广　刘达新

编　写　组

主　　编　郭建侠

副 主 编　王　佳　康家琦

参编人员　杜亮亮　胡慧敏　高　岑　石　城　柯　凡

陈利华　郭亚田　杨金红　高丽娜　陶　法

季承荔　梁　宏　庞文静　朱永超　石　锐

赵晨曦　林雪娇　张　林　向　猛　石　欢

刘　征　付懋森　褚　璐

序

《气象高质量发展纲要（2022—2035 年）》（国发〔2022〕11 号）明确指出，气象事业是科技型、基础性、先导性社会公益事业。气象观测是做好气象业务全链条各环节的重要基础，我国已建成由近 8 万套、340 余种型号装备组成的、全球规模最大的先进气象观测系统，共开展 100 多项观测项目，由此而来的海量气象观测数据及丰富的综合气象观测产品为天气预报预警业务提供了重要基础支撑，在气象防灾减灾第一道防线中发挥着“前哨”作用，是气象观测支撑气象业务的重要表现方式，是衡量气象强国的重要指标之一。重大天气过程复盘是检验气象监测能力、总结观测服务经验、指引未来发展的重要手段，本书利用中国气象局气象探测中心自主研发的综合观测实况产品对 2022 年 33 个高影响天气过程进行归纳分析，总结观测产品在实际监测预警业务及服务中的应用能力，提供新型观测设备和产品在灾害天气过程监测的应用示范，共享“质量提升年”成果经验。同时，积极学习贯彻党的二十届三中全会精神，在应用和总结中不断发现观测产品短板和新需求，以科技创新为先导，推进大数据、人工智能、量子计算等技术与气象观测深度融合，指导综合气象观测产品与服务向智能化、高时效、高质量目标不断迈进，持续践行“观测即是服务”“观测及时服务”理念，充分发挥地海空天观测系统在灾害性、高影响天气中的综合监测效益，助力气象科技能力现代化和社会服务现代化。

中国气象局副局长 曹晓钟

2024 年 12 月

前　言

“十四五”期间，全国综合气象观测站网在《综合气象观测业务发展“十四五”规划》指导下进一步拓展了新的观测种类、扩大了站网规模。为了高质量地开展全国观测数据应用，2024 年 1 月，天衡天衍系统（综合气象观测质量控制与产品业务系统 V1.0）通过了中国气象局综合观测司的业务认证，正式在全国开展业务化运行。这标志着天衡天衍系统正式成为全国综合气象观测业务的重要系统平台，在保障观测质量、提升观测效益方面提供重要技术支撑。

特别是在实况产品应用方面，中国气象局气象探测中心根据产品发展新的形势，以及未来需求，确定了天衡天衍系统的“三层三段六类六级”观测产品体系，简称“3366”产品体系。该产品体系涵盖天气雷达、垂直观测、地面、探空、雷电、GNSS/MET、土壤水分、大气成分、海洋等 9 大类观测设备，324 种直接观测和融合产品。一批新研产品如双偏振天气雷达定量估测降水、四类强对流识别、水凝物分类，垂直观测系统多要素综合廓线，地面雨雪相态分布，气溶胶三维分布，视程障碍天气现象识别等，为全国观测实况服务和技术复盘提供了丰富的应用支撑。

本书精选 2022 年度 29 个高影响天气过程（含暴雨个例 6 个、强对流个例 8 个、台风个例 4 个、沙尘及雾/霾个例 3 个、寒潮大风个例 2 个、高温干旱个例 4 个、暴雪个例 2 个）、重大气象保障活动 2 个过程、2 个突发事件典型案例。这些典型案例都是利用多源、多种观测产品进行分析，目的是一方面总结新技术、新产品、新算法的应用能力，另一方面发现问题、固化经验，不断改进新观测技术与方法、提升观测产品质量、推进观测业务系统智慧化、智能化建设应用，进而推动观测与预报、服务向更深层次、更高水平融合发展。本书面向国家级、省级、地市级、县级综合气象观测业务人员及预报服务人员、科研人员，可以作为综合气象观测数据及产品应用的指导用书。

在本书编著过程中，中国气象局气象探测中心数据质量室、雷达应用室、雷达运控室、基地室、大气成分室、系统室诸多同事提供了大力支持和配合。同时，国家气象中心谌芸、马学款、杨舒楠、于超、张碧辉、周冠博、曹艳察等首席预报员及专家对本书进行了指导把关，在此对所有关心支持本书编写的领导、专家、同仁一并致以衷心的感谢！

由于编者水平有限，书中难免有不足之处，敬请广大专家和读者批评指正！

作者

2024 年 12 月

目　录

第一章　暴雨

第二章　强对流

第三章　台风

第四章　沙尘、雾/霾

第五章　寒潮大风

第六章　高温干旱

第七章　暴雪

第八章　重大活动保障

第九章　突发事件保障

第一章　暴雨

1.1　5 月 9—14 日江南、华南地区暴雨

1.1.1　过程特征

1.1.1.1　总体特征

5 月 9—14 日，我国南方多地发生强降水天气，中国气象局于 5 月 9 日 08 时 30 分启动重大气象灾害（暴雨）Ⅲ级应急响应，5 月 14 日 08 时 30 分解除，其中应急区域为湖南、江西、福建、广东、广西、贵州等省（区、市），应急区域内地面气象站共 18374 个，其中地面自动站考核站 7693 个（有人站 521 个）。本次过程影响范围广，累计降水量大，呈现多轮持续性降水特征，并伴有局地雷暴大风。

5 月 9 日 08 时—14 日 08 时，全国 120 h 累计降水量（图 1-1）显示，强降水主要分布在广东、广西、福建、湖南、江西、贵州等地。应急区域内有 7 个站点累计降水量超过 600 mm，均在广东，400～600 mm 有 40 个站，250～400 mm 有 199 个站，100～250 mm 有 3599 个站，50～100 mm 有 5936 个站。此次强降水天气过程最大累计降水量为 799.9 mm，发生在广东中山三乡站，该站点降水呈现多轮持续性强降水特征，降水时段主要出现在 10 日傍晚、11 日凌晨至中午、12 日上午至下午、13 日下午，小时最强雨强达 71.7 mm・h^{-1}，出现在 12 日 11 时（图 1-2）；此次强降水天气过程最大小时降水量为 97.7 mm，发生在 12 日 10 时广东斗门区乾务镇雷蛛垦区站，该站点过程降水总量为 669.3 mm，同样呈现多轮持续性强降水特征，且以短时强降水为主，有 4 个时次小时降水量超过 50 mm，2 个时次小时降水量超过 90 mm，降水时段主要出现在 11 日凌晨至中午、12 日上午至下午、13 日下午，其中 11 日凌晨至中午出现多时次短时强降水，11 日 07 时小时雨强达 91.1 mm・h^{-1}，12 日 10 时小时雨强达 97.7 mm・h^{-1}（图 1-3）；此次强降水天气过程有 6 个国家级地面气象观测站（有人站）小时降水量超过了历史极值（表 1-1），有 43 个国家级地面气象观测站（有人站）超历史同期累计降水量极值（表 1-2）。

表 1-1　5 月 9 日 08 时—14 日 08 时 1 h 降水量超历史极值站

站名	省（区）	最新历史极值/mm	极值观测时间	历史 1 h 降水量极值/mm	历史极值发生时间
清远	广东	65.8	2022-05-11 12:00	63.6	2016-09-10 10:00
阳江	广东	94.3	2022-05-11 04:00	92.1	2018-08-10 20:00
新兴	广东	88.3	2022-05-11 20:00	40.5	2017-08-26 12:00
田林	广西	51.0	2022-05-11 22:00	49.0	2020-08-25 08:00
田阳	广西	38.5	2022-05-12 01:00	38.3	2016-08-15 06:00
隆安	广西	48.2	2022-05-12 01:00	41.6	2018-09-17 16:00

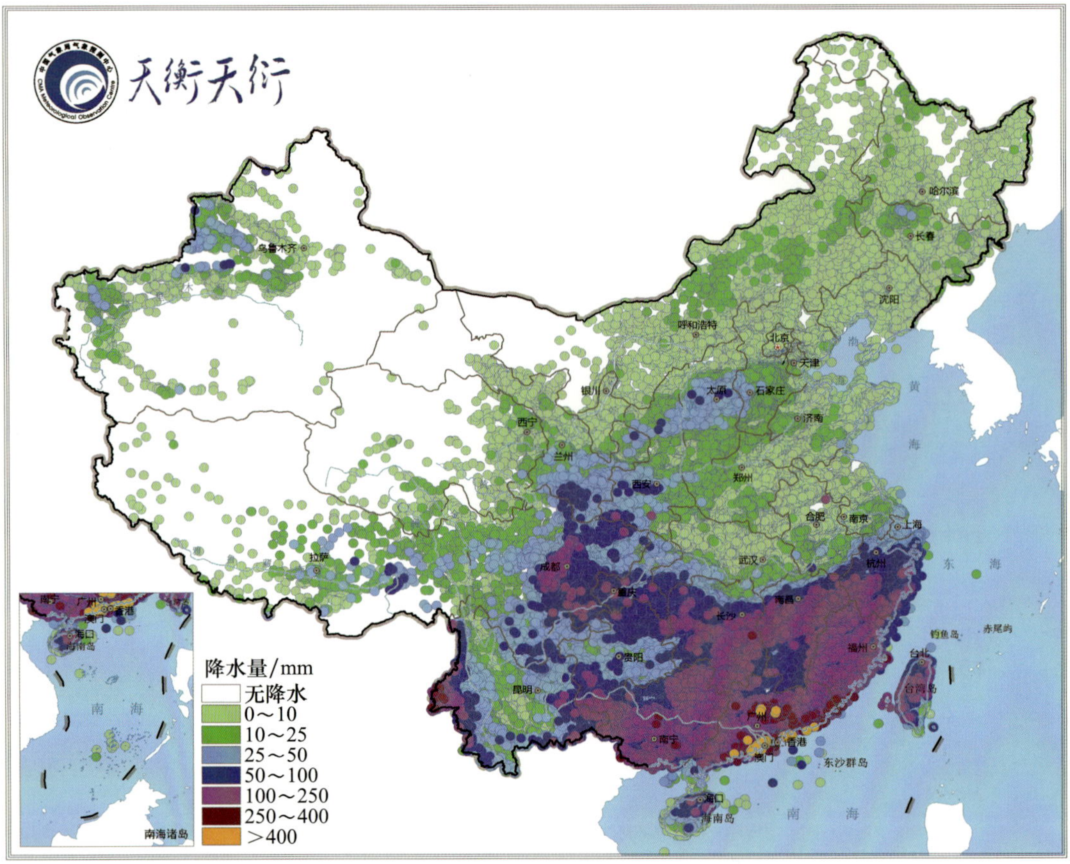

图 1-1　5 月 9 日 08 时—14 日 08 时全国累计降水量分布图

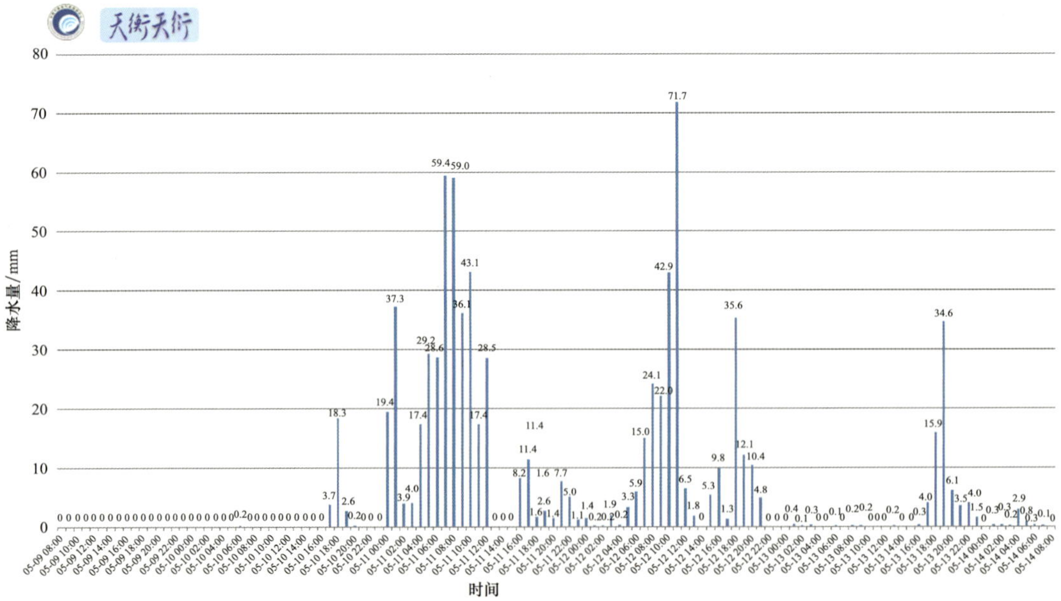

图 1-2　5 月 9 日 08 时—14 日 08 时广东中山三乡站小时降水序列图

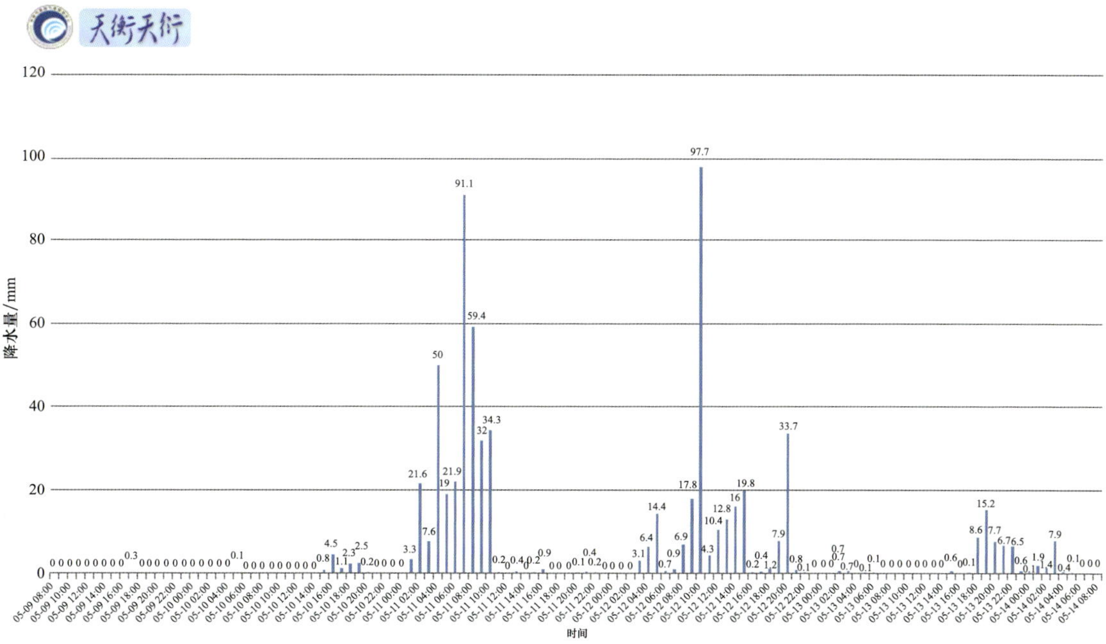

图 1-3　5 月 9 日 08 时—14 日 08 时广东斗门区乾务镇雷蛛垦区站小时降水序列图

表 1-2　5 月 9 日 08 时—14 日 08 时 120 h 累计降水量超历史同期极值站分布表

序号	站名	省(区)	2022 年同期 累计降水量/mm	历史同期 累计降水量极值/mm	历史同期 极值出现年份/年
1	佛冈	广东	412.9	368.4	1957
2	新丰	广东	216.1	192.8	1975
3	揭西	广东	214.7	132.6	1972
4	丰顺	广东	191.4	140.0	1998
5	潮州	广东	152.8	141.7	1986
6	饶平	广东	182.4	125.1	1983
7	揭阳	广东	181.3	169.0	1972
8	南澳	广东	253.4	207.2	1972
9	罗定	广东	157.6	137.9	1970
10	新兴	广东	236.5	142.4	1986
11	云浮	广东	161.8	148.3	2004
12	新会	广东	185.4	155.5	1972
13	中山	广东	271.6	236.9	1970
14	斗门	广东	479.4	377.0	1973
15	珠海	广东	583.5	488.6	1972
16	深圳	广东	250.0	220.9	2014
17	西林	广西	110.2	98.6	2011
18	田林	广西	141.0	112.3	1981

续表

序号	站名	省(区)	2022 年同期累计降水量/mm	历史同期累计降水量极值/mm	历史同期极值出现年份/年
19	恭城	广西	153.5	139.0	1986
20	平乐	广西	176.7	106.9	2004
21	凭祥	广西	134.6	130.5	1986
22	宁明	广西	108.8	102.9	1986
23	上思	广西	93.0	88.0	1986
24	福州	福建	103.1	103.0	1956
25	连城	福建	137.8	115.7	1965
26	平潭	福建	187.2	117.5	1953
27	漳浦	福建	159.3	129.9	1998
28	南安	福建	104.1	101.2	2005
29	崇武	福建	147.8	136.5	1972
30	厦门	福建	125.7	95.0	1961
31	诏安	福建	183.3	151.3	1969
32	东山	福建	222.0	125.6	2002
33	云霄	福建	174.5	136.1	1983
34	兴仁	贵州	85.7	84.4	1967
35	南岳	湖南	210.4	181.3	1963
36	衡东	湖南	131.5	109.0	2004
37	攸县	湖南	153.6	135.2	1983
38	祁阳	湖南	115.3	110.2	2002
39	衡阳	湖南	139.5	121.3	1979
40	宁远	湖南	146.0	113.0	1989
41	嘉禾	湖南	82.8	82.3	1989
42	蓝山	湖南	106.2	97.1	1988
43	上栗	江西	94.9	86.1	2013

1.1.1.2 降水逐日演变特征

以 08 时为日降水量统计界限，5 月 9 日 08 时—10 日 08 时强降水主要出现在重庆、湖南、云南、江西等地，24 h 累计降水量 100～250 mm 有 126 个站，50～100 mm 有 1707 个站，日最大累计降水量 209.8 mm，发生在江西宜丰黄冈站(图 1-4a)。

5 月 10 日 08 时—11 日 08 时强降水主要出现在四川、广西、广东、湖南、江西，24 h 累计降水量超过 250 mm 有 7 个站，100～250 mm 有 125 个站，50～100 mm 有 1087 个站，日最大累计降水量 300 mm，发生在广东阳东北惯站(图 1-4b)。

5 月 11 日 08 时—12 日 08 时强降水略向西南方向加强，主要出现在云南、广西、湖南、广东、福建，24 h 累计降水量超过 250 mm 有 3 个站，100～250 mm 有 206 个站，50～100 mm 有 1058 个站，日最大累计降水量 267.4 mm，发生在广东台山赤溪站(图 1-4c)。

5 月 12 日 08 时—13 日 08 时强降水主要出现在广西、广东、福建、四川、云南等地，24 h 累计降水量超过 250 mm 有 10 个站，100～250 mm 有 147 个站，50～100 mm 有 1445 个站，日最大累计降水量 457.1 mm，发生在广东汕尾遮浪站(图 1-4d)。

5 月 13 日 08 时—14 日 08 时强降水主要出现在广东、福建、海南、四川等地，24 h 累计降水量 100～250 mm 有 145 个站，50～100 mm 有 1487 个站，日最大累计降水量 203.6 mm，发生在广东大池农场站(图 1-4e)。

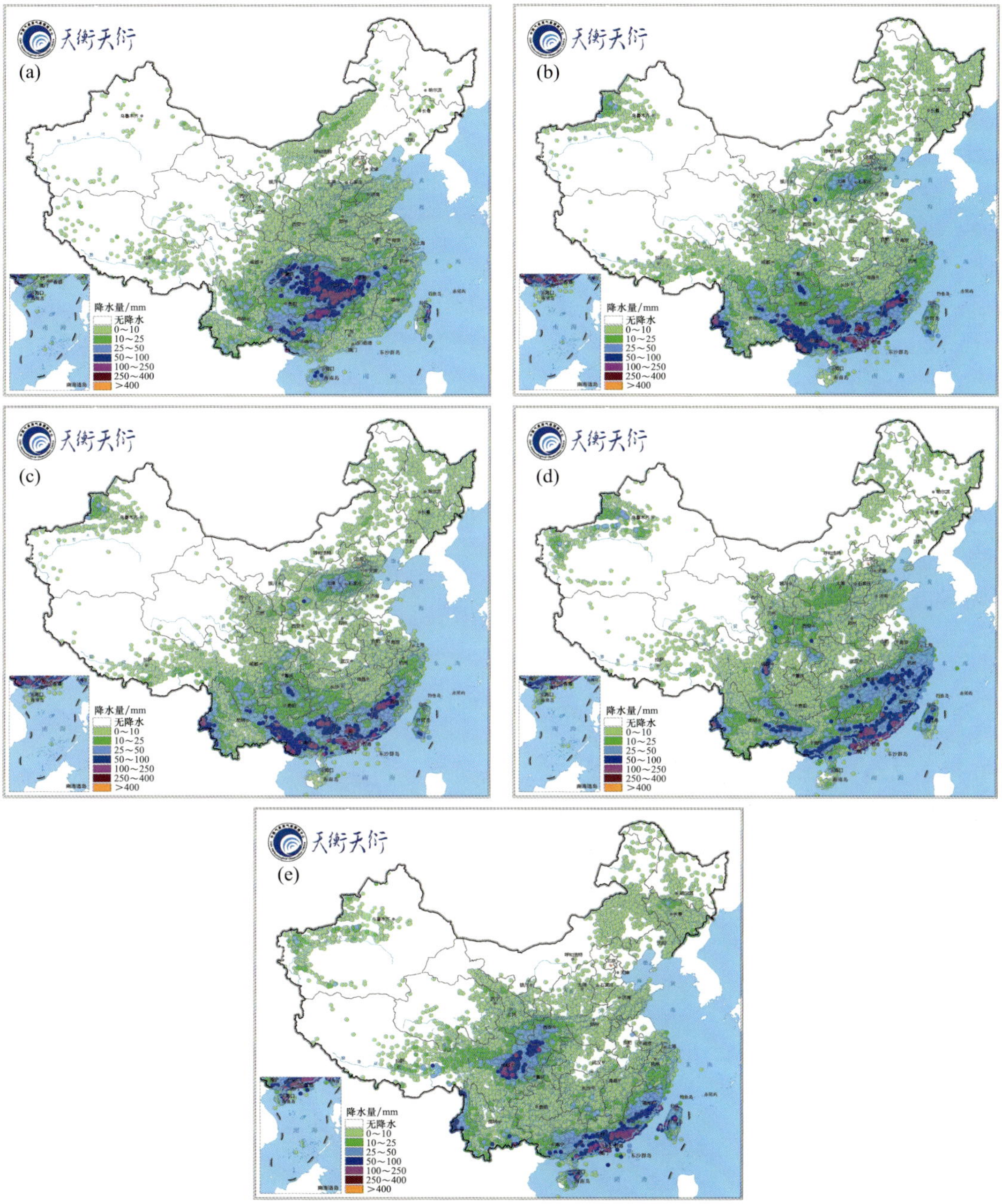

图 1-4　5 月 9 日 08 时—14 日 08 时逐日全国地面站 24 h 累计降水量分布图

(a)9—10 日；(b)10—11 日；(c)11—12 日；(d)12—13 日；(e)13—14 日

1.1.2 天气背景

本次降水过程主要影响系统为南海季风暴发形势下的西南暖湿气流与孟加拉湾风暴"阿萨尼"共同作用,为我国南部大部分区域输送了十分充足的水汽和能量。5 月 9—13 日期间,北方强冷空气持续南下,与副热带高压西部边缘的暖湿气流对峙,冷锋维持在华南到云南一线(图 1-5),造成雨带长期滞留,影响我国南方大部分地区,造成多地出现极端性暴雨天气过程。

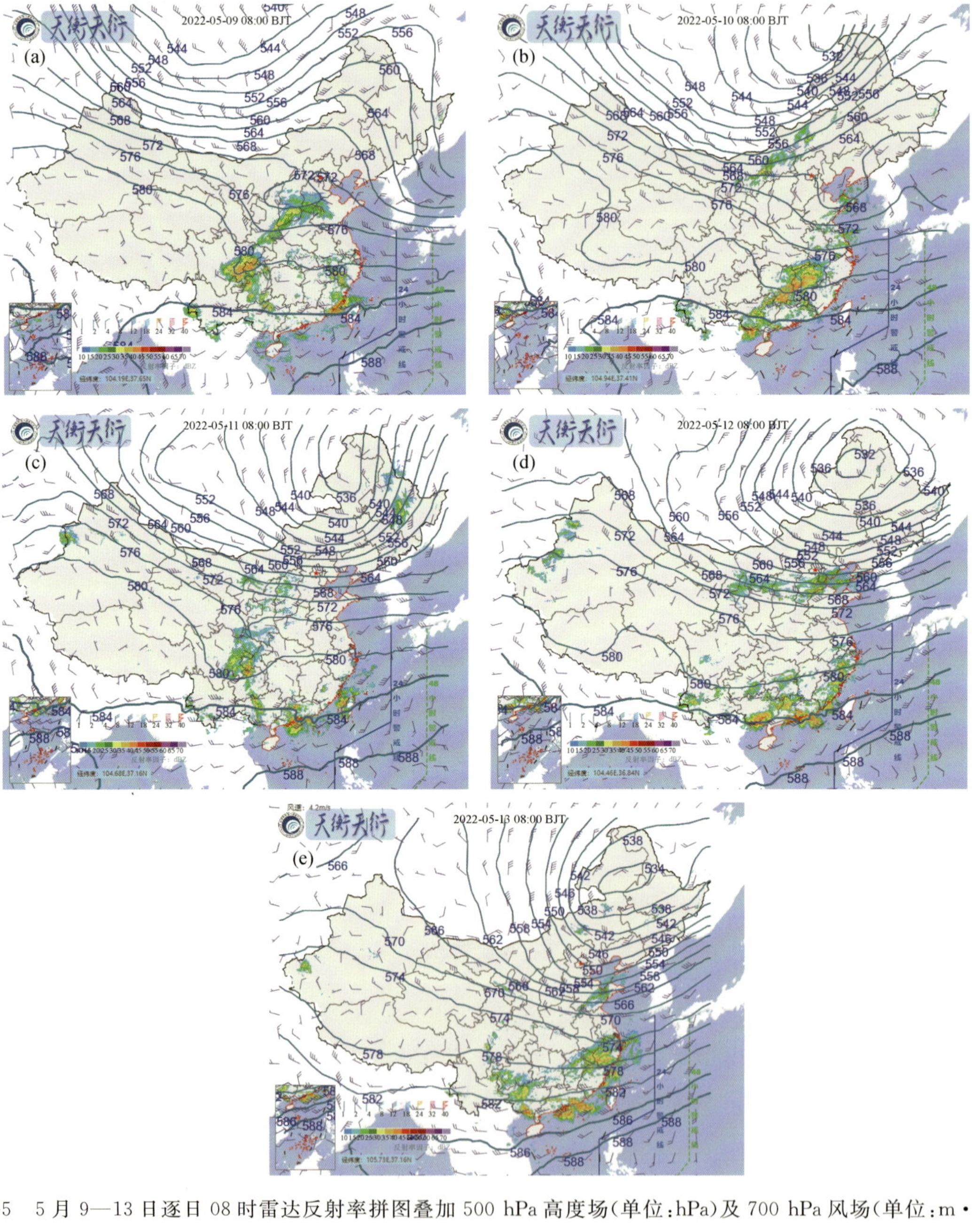

图 1-5 5 月 9—13 日逐日 08 时雷达反射率拼图叠加 500 hPa 高度场(单位:hPa)及 700 hPa 风场(单位:$m \cdot s^{-1}$)

(a)9 日;(b)10 日;(c)11 日;(d)12 日;(e)13 日

1.1.3 多源观测特征

1.1.3.1 天气雷达观测

综合气象观测产品系统(天衡天衍)雷达拼图与强对流识别产品显示,5 月 9 日中午起贵州出现分散性强对流回波,回波向东南方向发展。12 时 20 分,贵州六盘水市一带最大回波强度达到 50 dBZ,识别到冰雹,并伴有雷电(图 1-6a),14 时强回波范围有所扩大,强度增强至 55 dBZ,持续识别到冰雹(图 1-6b)。

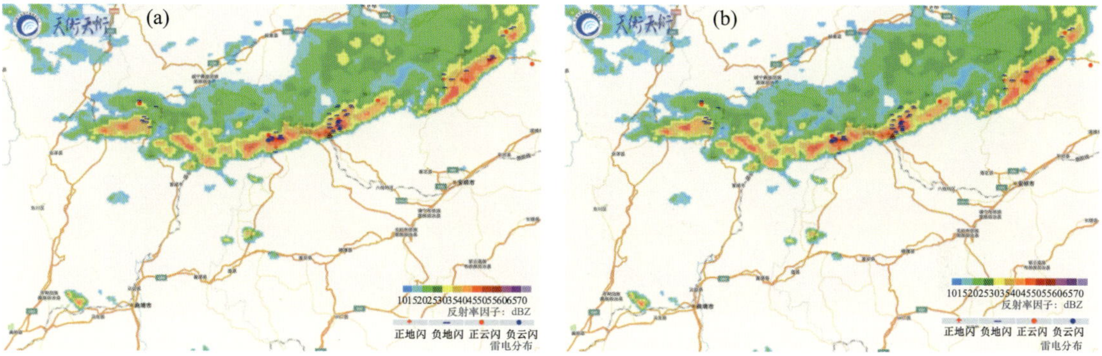

图 1-6 贵州六盘水市基本反射率叠加冰雹跟踪、闪电产品

(a)5 月 9 日 12 时 20 分;(b)5 月 9 日 14 时 00 分

11 日 18 时,广东南部及沿海地区出现强回波,最强基本反射率达 55 dBZ,最强回波顶高达到 6 km,并伴有雷电活动(图 1-7)。

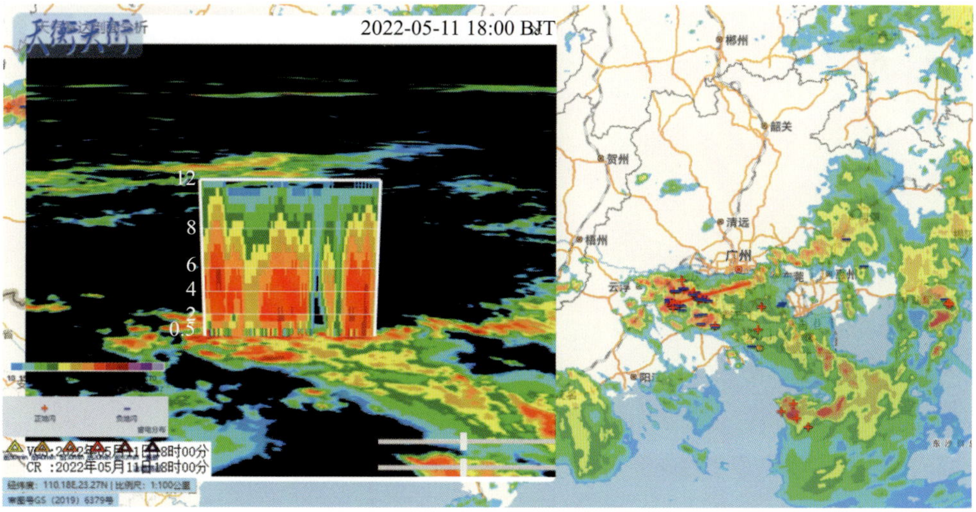

图 1-7 5 月 11 日 18 时天气雷达基本反射率叠加剖面、雷电分布图

广东相控阵雷达网 1 min 组合反射率拼图显示,5 月 12 日 17 时,江门、珠海一带有分散的对流单体生成并向珠江口移动,在移动过程中出现合并增强,为珠海等地带来持续的强

降水(图 1-8)。

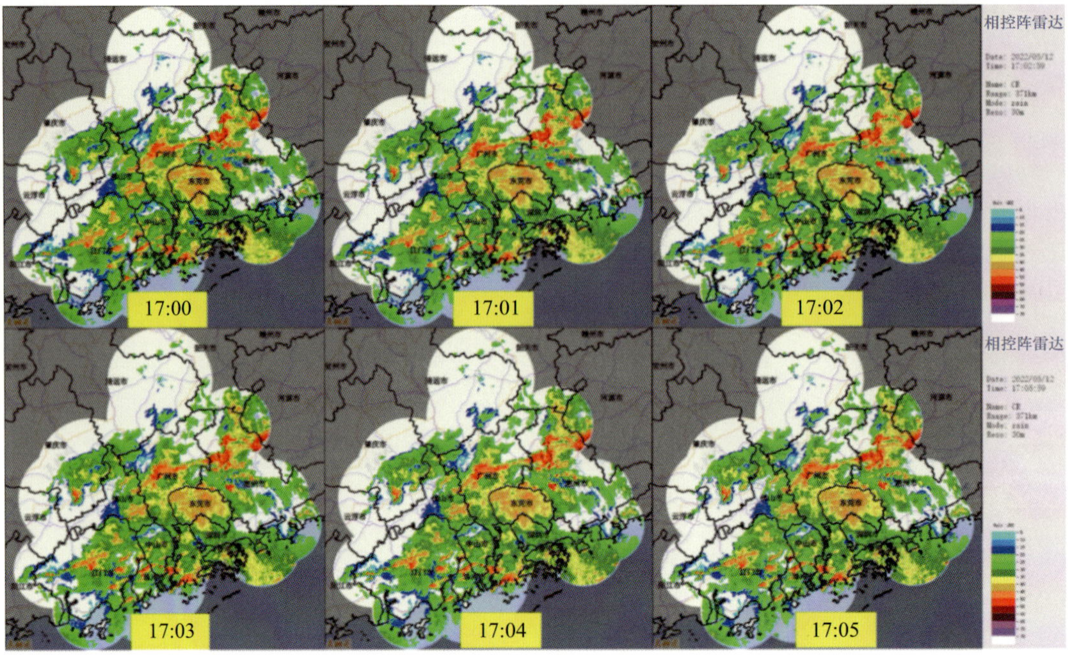

图 1-8　5 月 12 日 17 时 00—05 分广东相控阵雷达拼图产品

广东相控阵雷达差分相移率 K_{DP} 拼图(图 1-9a)显示,5 月 12 日 17 时,K_{DP} 最大值超过 7(°)·km^{-1}(一般该产品监测值达到 3(°)·km^{-1} 以上即可导致短时强降水);相控阵雷达风场拼图产品(图 1-9b)显示,江门、珠海一带 2.5 km 高度风速明显增大,超过 20 m·s^{-1}。

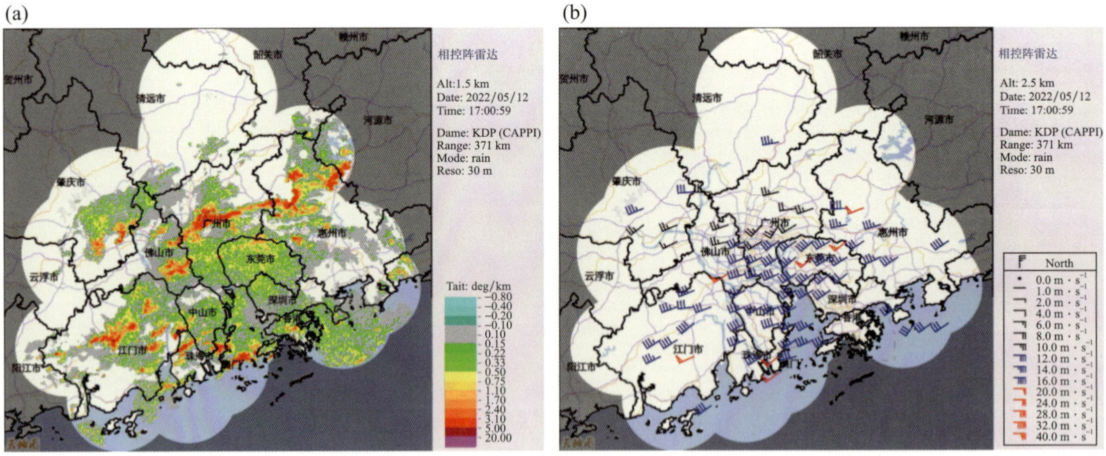

图 1-9　5 月 12 日 17 时广东相控阵雷达差分相移率 K_{DP} 拼图(a)和 2.5 km 高度雷达反演风场拼图(b)

1.1.3.2　雷电监测

5 月 9 日 08 时—14 日 08 时,应急区域内雷电活动频繁,共发生 32961 次,其中正闪 9435 次,负闪 23526 次,正闪占比为 28.6%,其中最大正闪强度 296.7 kA,发生在广东,发生时间 2022-05-12 02:14:58，最大负闪强度－283 kA，发生在贵州，发生时间 2022-05-10 04:16:44。雷电活动主要集中在 9 日 15—20 时、11 日 15 时—12 日 18 时、13 日 12—20 时（图 1-10），雷电活动区域主要分布在广西和广东（图 1-11）。

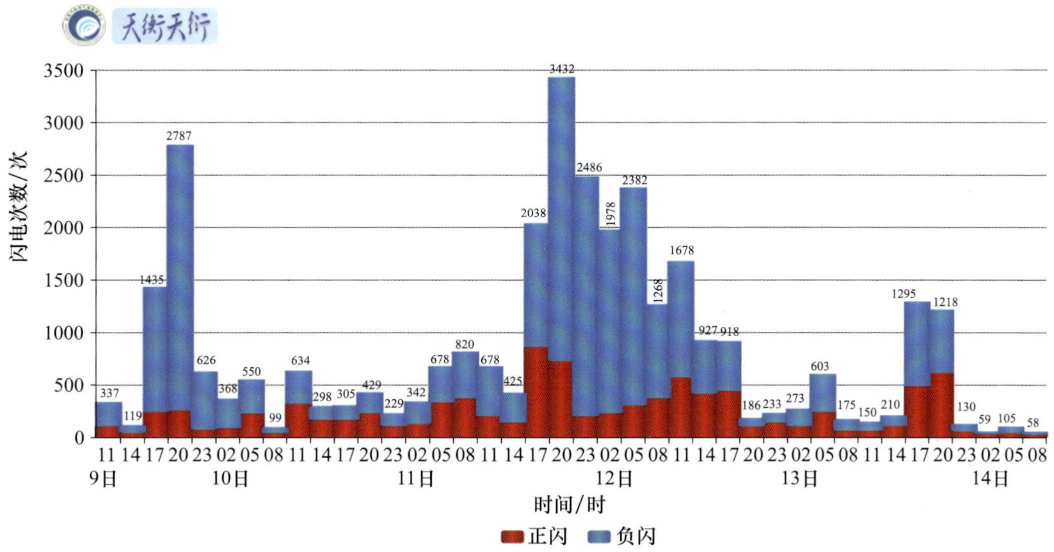

图 1-10　5 月 9 日 08 时—14 日 08 时应急区域雷电 3 h 累计分布图①

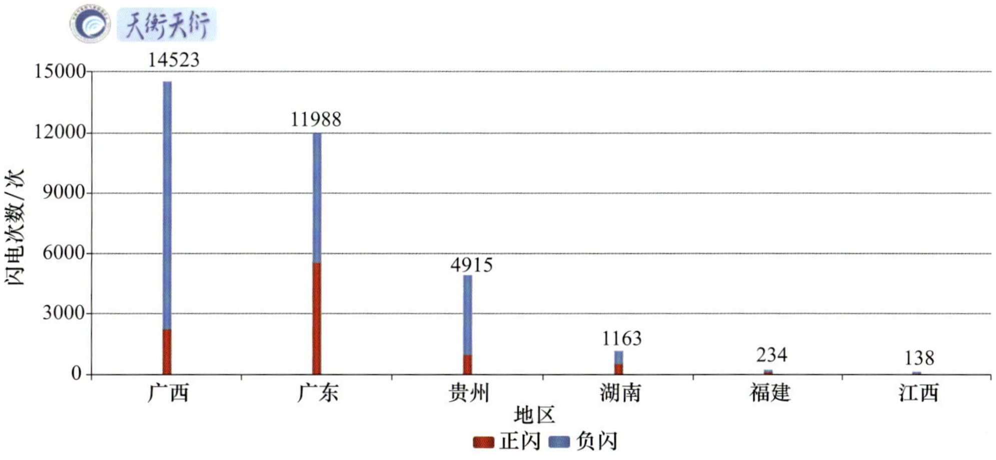

图 1-11　5 月 9 日 08 时—14 日 08 时应急区域雷电空间分布图

1.1.3.3　大气可降水量监测

综合气象观测产品系统（天衡天衍）全国大气可降水量产品显示，5 月 9—13 日，南方地区大气可降水量维持在高值区（40～70 mm），其中广西东南部、广东西部 11—13 日局地水汽含量达 70 mm 以上。12 日 16 时，有 5 个站 1 h 大气可降水量大于 70 mm，32 个站处于 60～70 mm，109 个站处于 50～60 mm（图 1-12），1 h 最大大气可降水量 72.2 mm，发生在广东阳春，该站 9—14 日逐小时大气可降水量与降水量时序图显示（图 1-13），该站水汽含量维持在

① 本图横坐标中 11 时对应的数据为 08—11 时累计值，起始时间为 08 时，其余同类图都按此处理。

50 mm 以上，9 日 08 时—11 日 06 时，水汽含量逐渐增强，同时 11 日 00—06 时发生降水，随后水汽含量相应有所减弱，11 日午后至 12 日下午以及 13 日凌晨至 13 日下午，该站水汽含量均表现缓慢加强，13 日 16 时后随着降水出现，水汽含量明显下降。

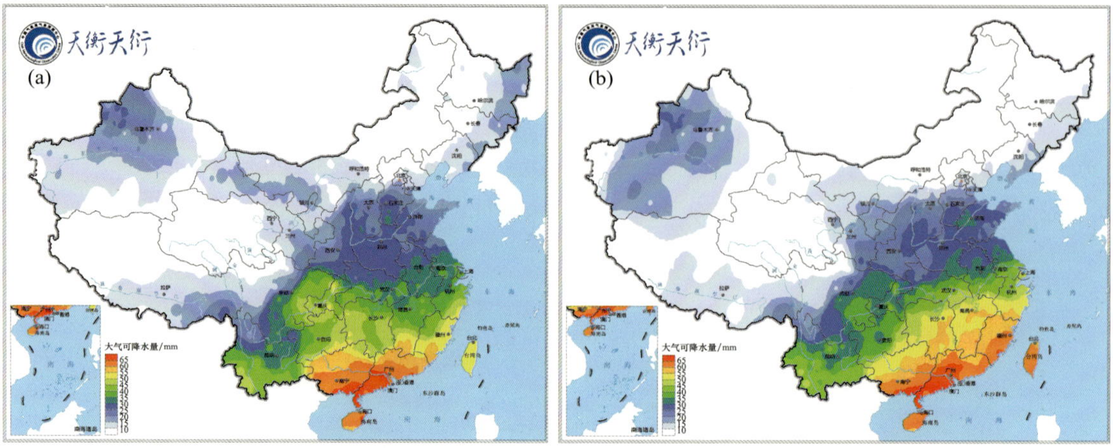

图 1-12　11 日 16 时(a)、12 日 16 时(b)全国水汽站 1 h 大气可降水量

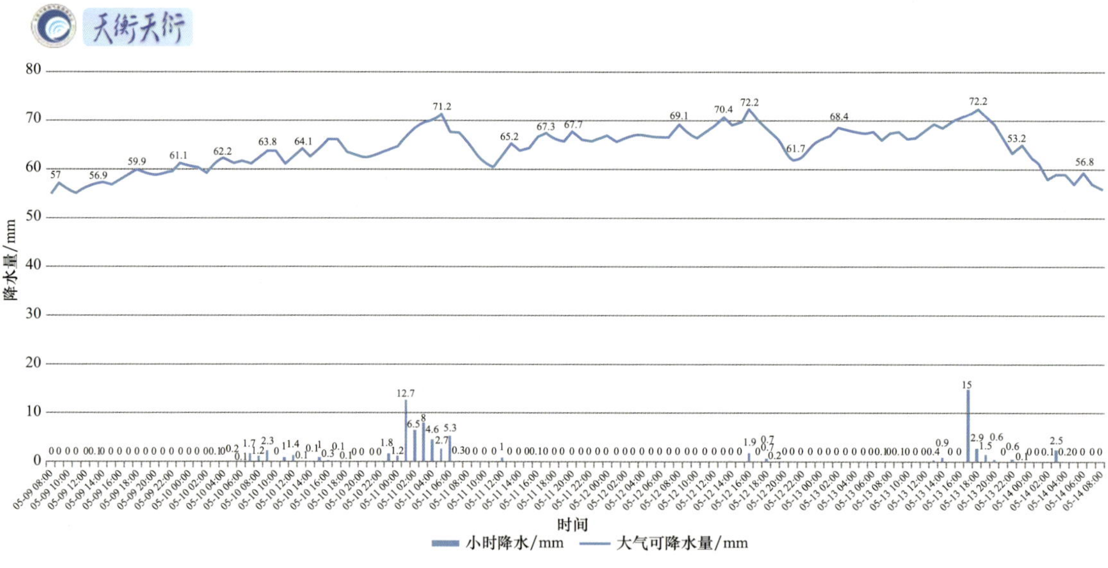

图 1-13　5 月 9 日 08 时—14 日 08 时广东阳春站逐小时大气可降水量、降水量时序图

1.2　5 月 26—27 日云南丘北、福建武平致灾暴雨

1.2.1　过程特征

5 月 26—27 日，我国南方地区持续发生分散性暴雨和大暴雨，在云南、福建等地形成多个

累计降水峰值中心。在持续强降水天气和局部地形的共同作用下，云南丘北、福建武平出现洪水、滑坡、泥石流等灾害，造成了人员伤亡和财产损失。

1.2.1.1　云南丘北县降水

5 月 26 日 18 时—27 日 18 时，云南地面站 24 h 累计降水监测如图 1-14 所示，云南降水主要发生在东南部地区，24 h 累计降水量 100～250 mm 有 15 个站，50～100 mm 有 87 个站，日最大累计降水量 168.7 mm，发生在云南八道哨；其中云南丘北县 24 h 累计降水量超过 100 mm 的有 5 个站，最大累计降水量为 124.6 mm，最大雨强为 39.2 mm·h^{-1}，均出现在黎家庄站，该站点一天之内主要出现 3 次降水过程，降水时段主要出现在 26 日傍晚、27 日凌晨至早间、27 日下午，其中 26 日 17 时小时雨强最大，为 39.2 mm·h^{-1}（图 1-15）。

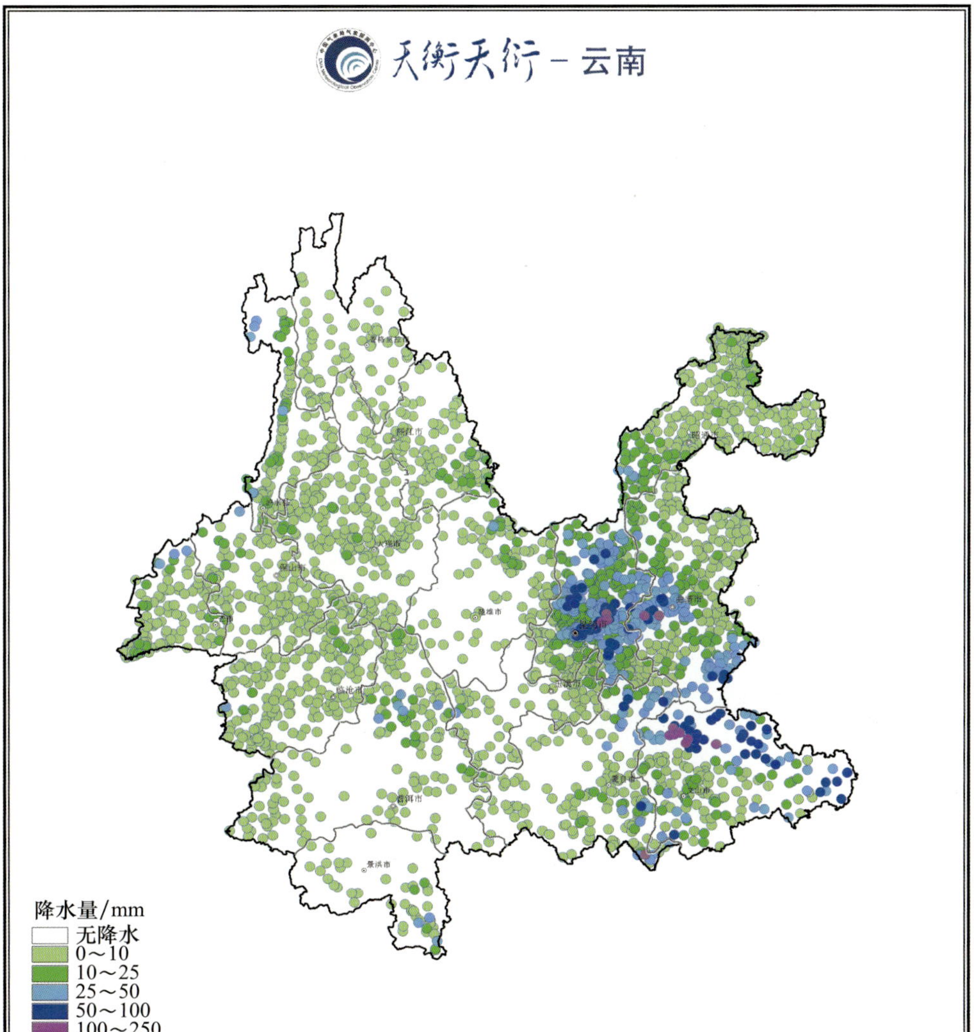

图 1-14　5 月 26 日 18 时—27 日 18 时云南累计降水量分布图

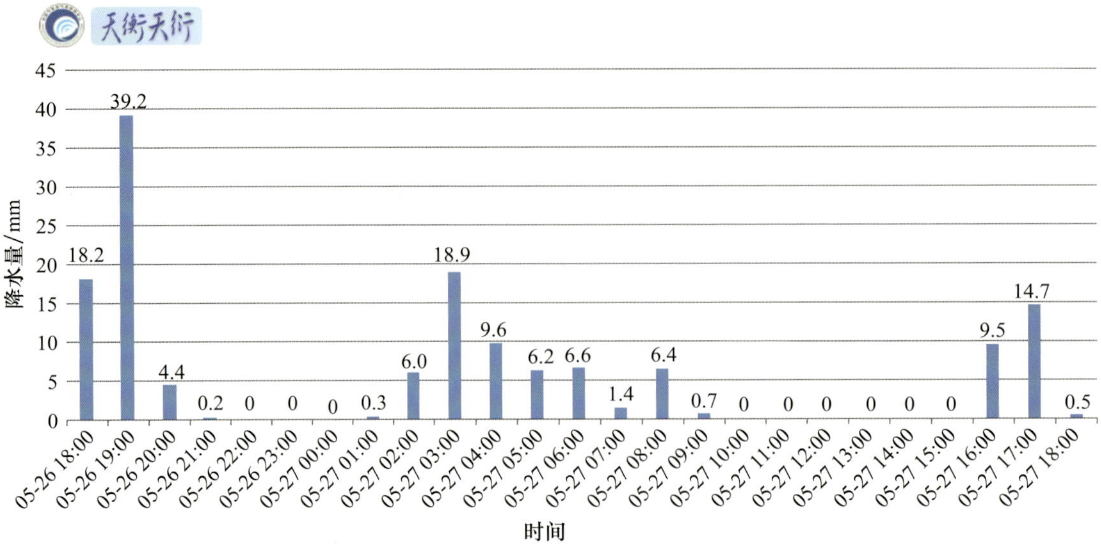

图 1-15　5 月 26 日 18 时—27 日 18 时云南黎家庄站小时降水序列图

受灾地丘北县地处丘陵地带，地势存在明显的高低起伏（图 1-16）；丘北站 24 h 累计降水量为 108.1 mm，最大雨强为 26.6 mm·h^{-1}，发生在 26 日 19 时（图 1-17）；其南部 6 km 左右的密纳站 24 h 累计降水量达 112 mm，最大雨强为 37 mm·h^{-1}，发生在 27 日 06 时（图 1-18）；其西北部 16 km 左右的黎家庄站 24 h 累计降水量达 124.6 mm，最大雨强为 39.2 mm·h^{-1}，发生在 26 日 19 时（图 1-15）；丘北县城东、西两侧山坡站点的 24 h 累计降水量均超过 50 mm，周边山区持续降水向低洼地区汇流，造成洪水灾害。

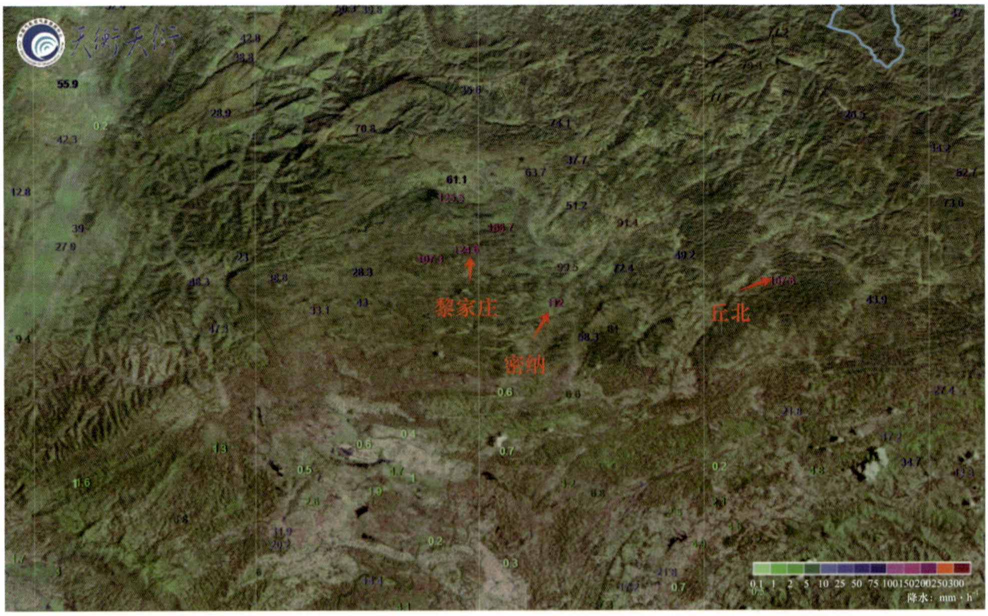

图 1-16　5 月 26 日 18 时—27 日 18 时云南丘北县附近降水站点分布图

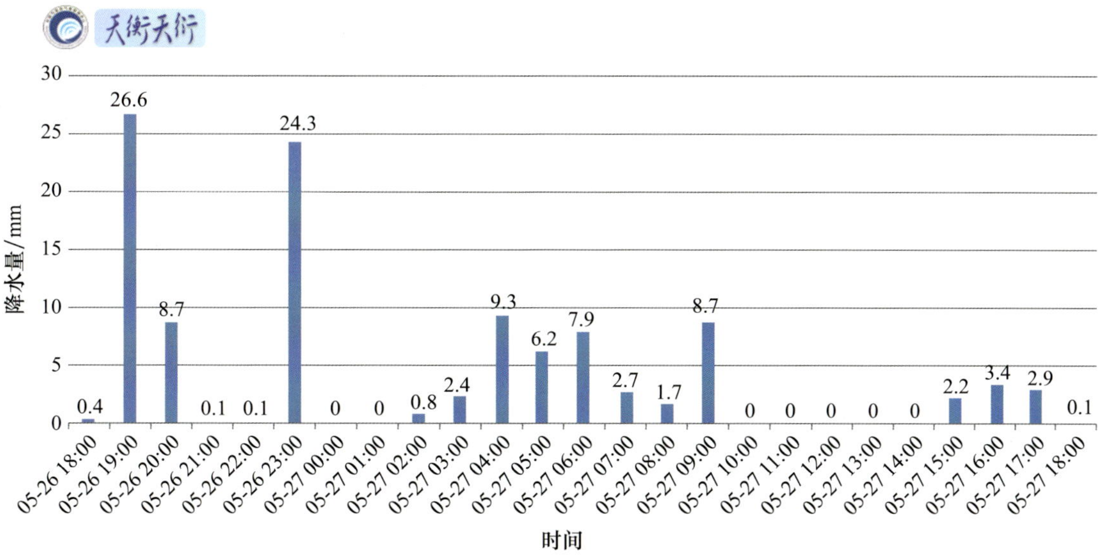

图 1-17　5 月 26 日 18 时—27 日 18 时云南丘北站小时降水量序列图

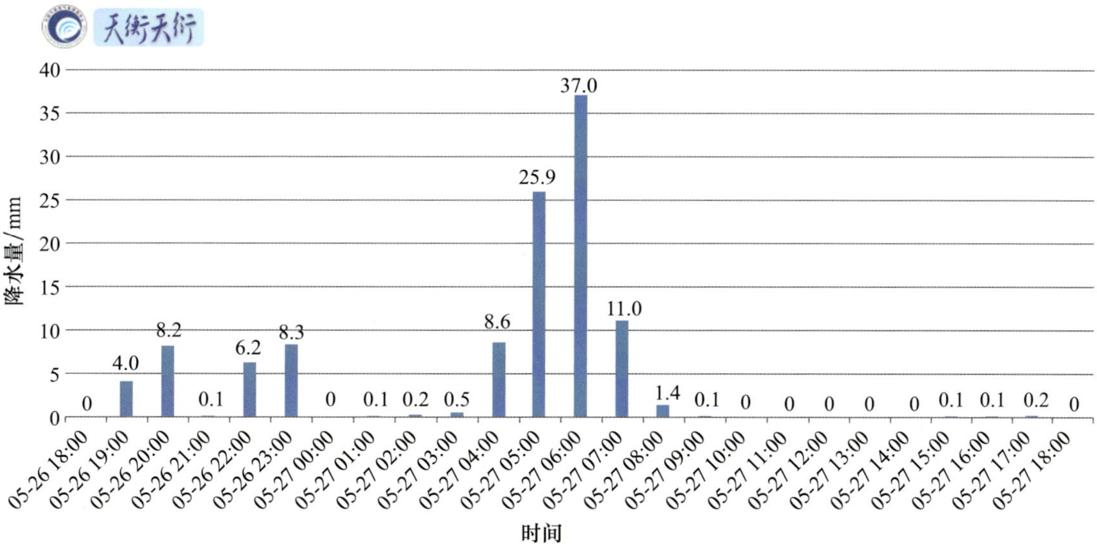

图 1-18　5 月 26 日 18 时—27 日 18 时云南密纳站小时降水量序列图

1.2.1.2　福建龙岩武平县降水

5 月 26 日 18 时—5 月 27 日 18 时，福建地面站 24 h 累计降水监测如图 1-19 所示，福建降水主要发生在西南部地区，24 h 累计降水量超过 250 mm 有 1 个站，100～250 mm 有 26 个站，50～100 mm 有 126 个站，日最大累计降水量 253.4 mm，发生在福建上杭碧沙村，该站点强降水主要发生在 5 月 27 日 00—07 时，最大雨强为 70.6 $mm \cdot h^{-1}$，发生在 27 日 02 时（图 1-20）。

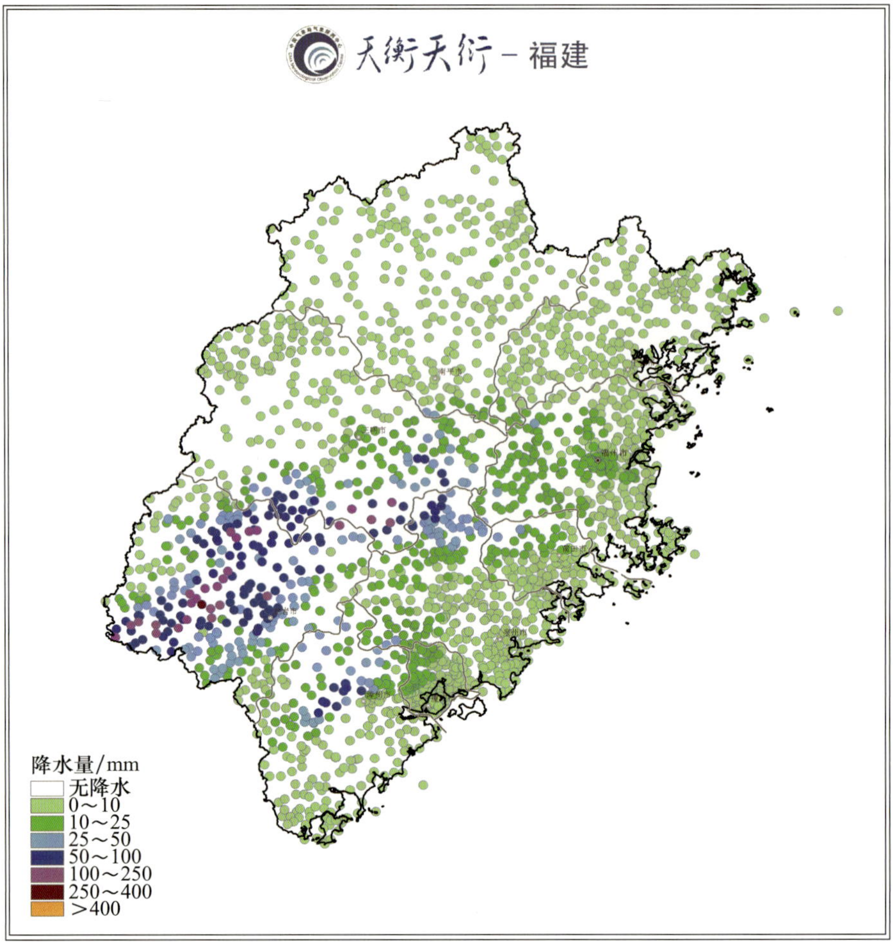

图 1-19　5 月 26 日 18 时—27 日 18 时福建省累计降水量分布图

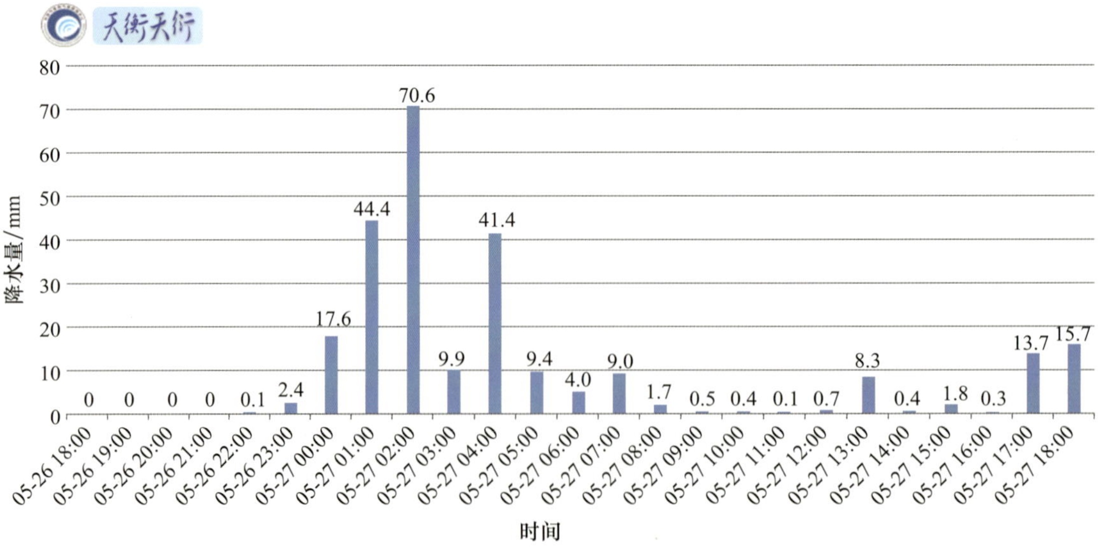

图 1-20　5 月 26 日 18 时—27 日 18 时福建上杭碧沙村站小时降水实况序列图

福建龙岩市武平县地势较低（图 1-21），该地区主要降水时段集中在 5 月 26 日 21 时—27 日 07 时，多个站 24 h 累计降水量均在 100 mm 以上；其中武平十方站 24 h 累计降水量达 218.6 mm，最大雨强为 61.3 $mm \cdot h^{-1}$，发生在 27 日 00 时（图 1-22）；武平凹坑村 24 h 累计降水量达 149.5 mm，最大雨强为 40 $mm \cdot h^{-1}$，发生在 27 日 02 时（图 1-23）；武平梅坑村 24 h 累计降水量达 123.4 mm，最大雨强为 30.5 $mm \cdot h^{-1}$，发生在 27 日 01 时（图 1-24）。武平十方地区及周边山坡地带降水汇流引发泥石流灾害。

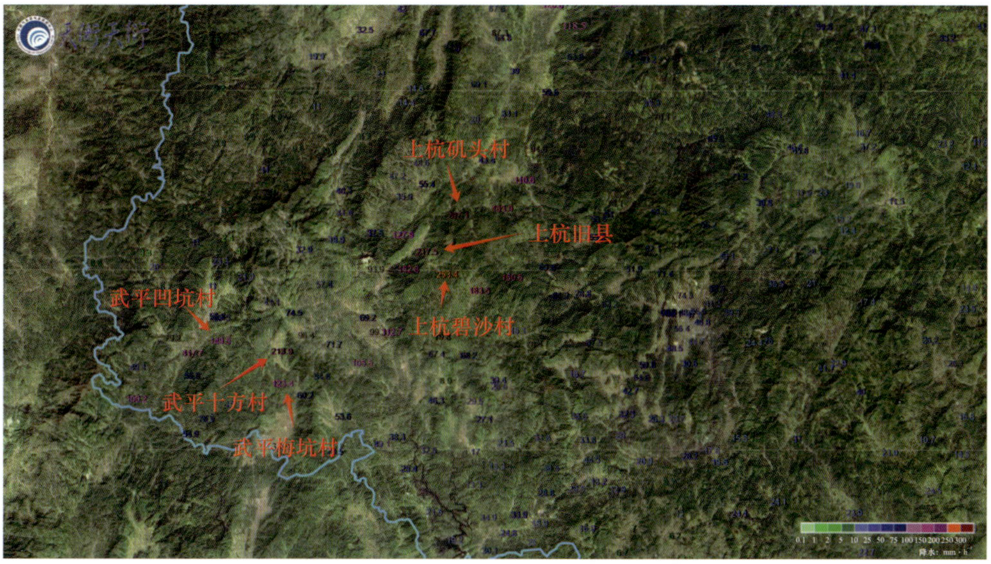

图 1-21　5 月 26 日 18 时—27 日 18 时福建西南部降水站点分布图

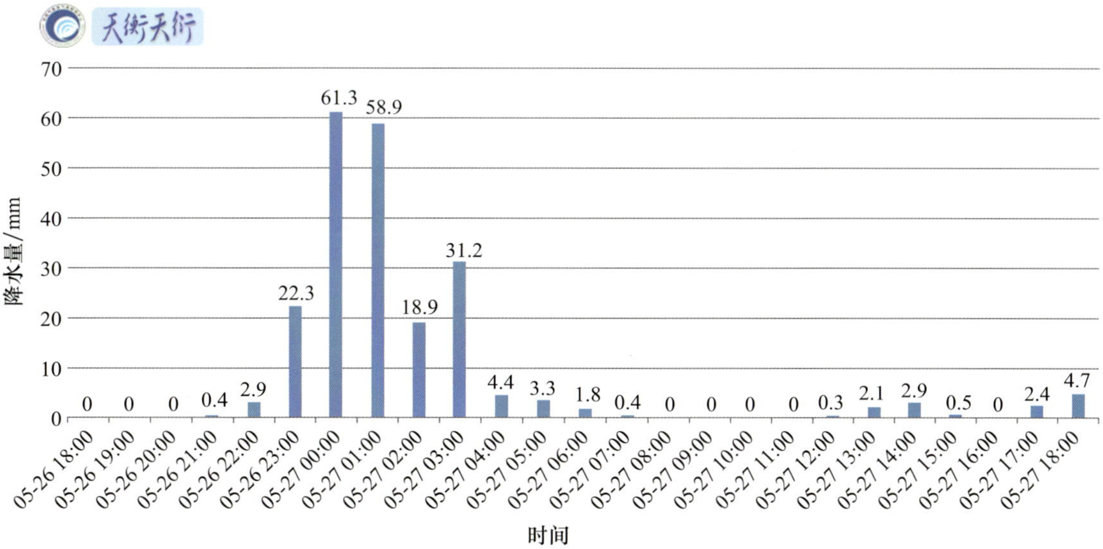

图 1-22　5 月 26 日 18 时—27 日 18 时福建武平十方站降水实况序列图

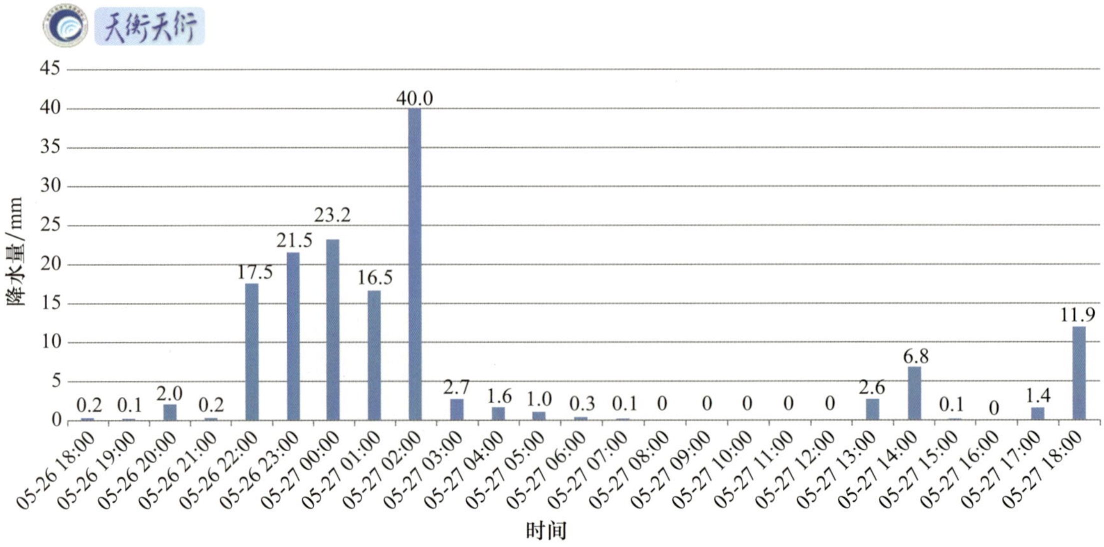

图 1-23　5 月 26 日 18 时—27 日 18 时福建武平凹坑村站降水实况序列图

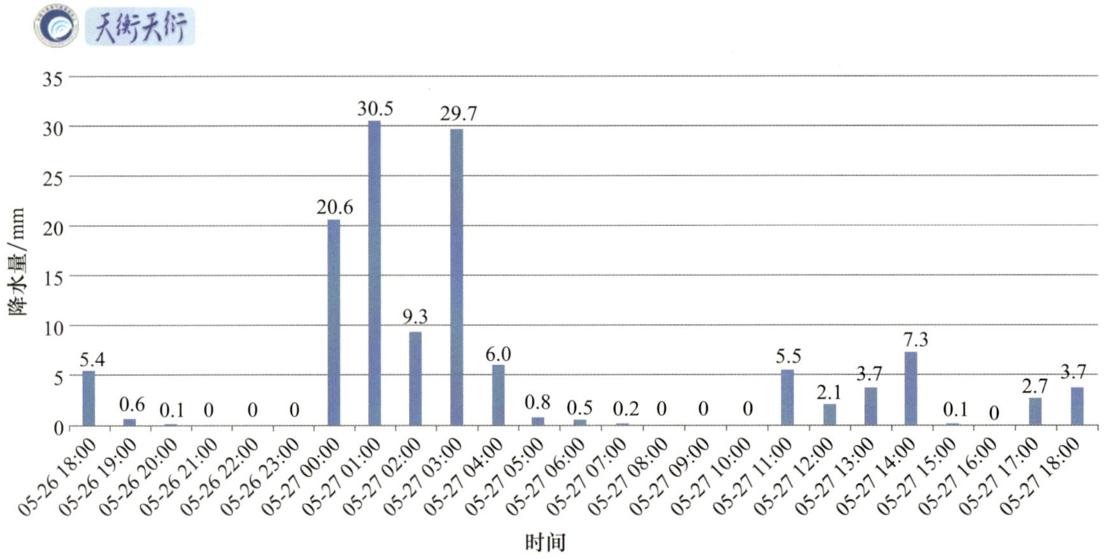

图 1-24　5 月 26 日 18 时—27 日 18 时福建武平梅坑村站降水实况序列图

1.2.2　天气背景

综合气象观测实时业务系统(天衡天衍)实况分析产品显示(图 1-25),5 月 26 日 18 时—27 日 00 时,高空槽后偏北气流与副热带高压(简称副高)边缘西北侧偏南气流持续交汇,南支槽和西南地区低涡切变线稳定维持,配合西南急流,我国南方地区出现分散性暴雨和大暴雨,云南丘北县和福建武平县处于对流云带中,受到持续影响。

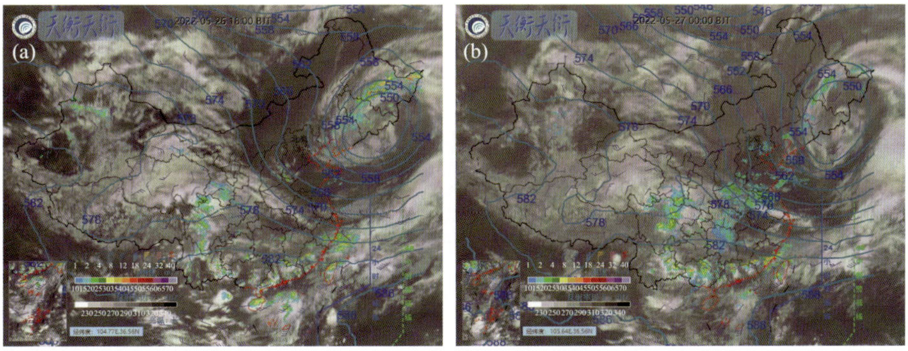

图 1-25 雷达反射率拼图叠加风云四号卫星云图、500 hPa 高度场(单位:hPa)及 850 hPa 风场(单位:m·s[-1])

(a)5 月 26 日 18 时;(b)5 月 27 日 00 时

1.2.3 多源观测特征

1.2.3.1 云南丘北县天气雷达监测

综合气象观测产品系统(天衡天衍)雷达拼图产品显示,5 月 26 日 18 时—27 日 06 时,云南丘北地区对流系统存在稳定少动且持续生成新的对流单体的特征,从而造成了较大的累计降水量和洪水灾害。26 日 18 时回波强度较强,最大回波强度达 50 dBZ,最强回波高度在 7 km 以上,22 时丘北站回波强度减弱,在其西部新生成一较强的回波单体,到 27 日 02—06 时,丘北站东西侧山区上均有较强的回波维持,回波强度在 25～35 dBZ,该地区出现持续性降水天气(图 1-26)。

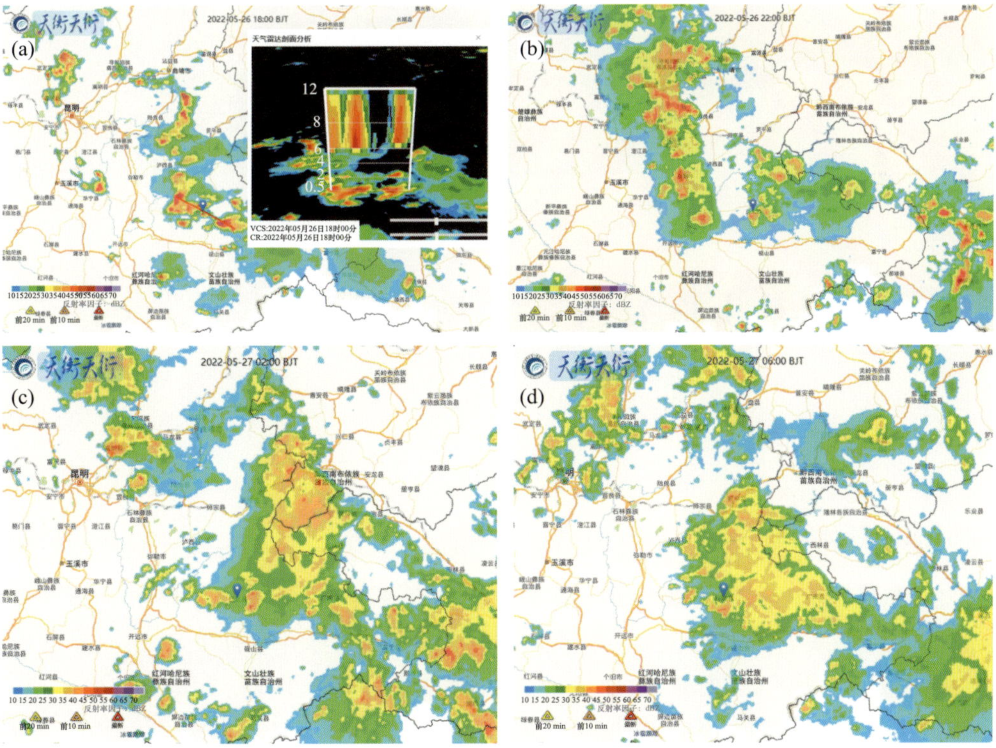

图 1-26 5 月 26 日 18 时(a)、22 时(b)和 27 日 02 时(c)、06 时(d)云南丘北地区天气雷达基本反射率

1.2.3.2　福建龙岩武平天气雷达监测

综合气象观测产品系统(天衡天衍)雷达拼图产品显示,5 月 26 日 20 时—27 日 18 时,福建龙岩武平及周边地区受多个强对流单体过境的影响,造成了持续性强降水。26 日 20 时—27 日 00 时,龙岩、上杭地区回波强度逐渐增强,27 日 00 时最大回波强度达到 50 dBZ,最强回波高度达 6 km 以上,07—12 时,上述地区基本无降水回波,13 时之后再次出现分散性降水回波,16—18 时出现大面积降水回波,回波强度在 35～45 dBZ,再次出现降水天气(图 1-27)。

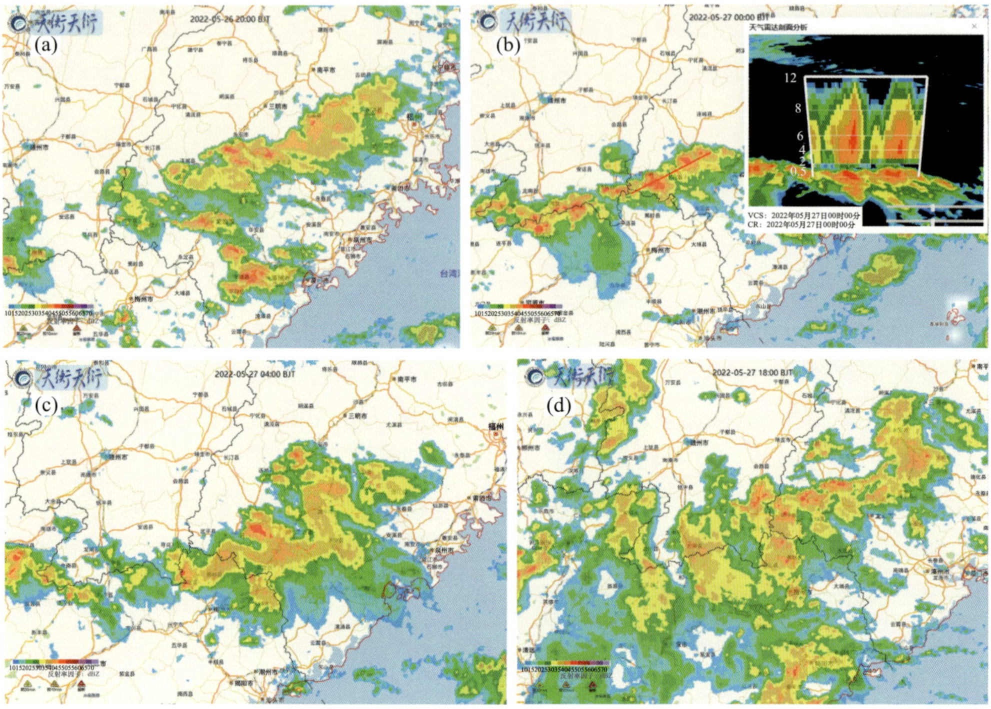

图 1-27　5 月 26 日 20 时(a)及 27 日 00 时(b)、04 时(c)、18 时(d)福建龙岩、上杭等地天气雷达基本反射率因子

1.3　6 月 3—8 日江淮、江南、华南地区强降水

1.3.1　过程特征

1.3.1.1　总体特征

6 月 3—8 日,我国江淮、江南、华南地区发生强降水天气,中国气象局于 6 月 3 日 08 时 30 分启动重大气象灾害(暴雨)Ⅳ级应急响应,6 月 4 日 09 时提升至Ⅲ级,6 月 8 日 18 时 00 分解除,其中应急区域为浙江、安徽、福建、江西、湖北、湖南、广东、广西、贵州等省(区、市),应急区域内地面气象站共 32522 个,其中地面自动站考核站 14037 个(有人站 763 个)。本次过程影响范围广,累计降水量大,呈现多轮短时强降水特征,并伴有局地雷暴大风。

6 月 2 日 20 时—8 日 20 时，全国 144 h 累计降水监测如图 1-28 所示，强降水主要分布在江淮、江南、华南、西南地区南部、东北地区中部等地。应急区域内有 1 个站点累计降水量超过 600 mm，400～600 mm 有 8 个站，250～400 mm 有 162 个站，100～250 mm 有 3068 个站，50～100 mm 有 4808 个站。

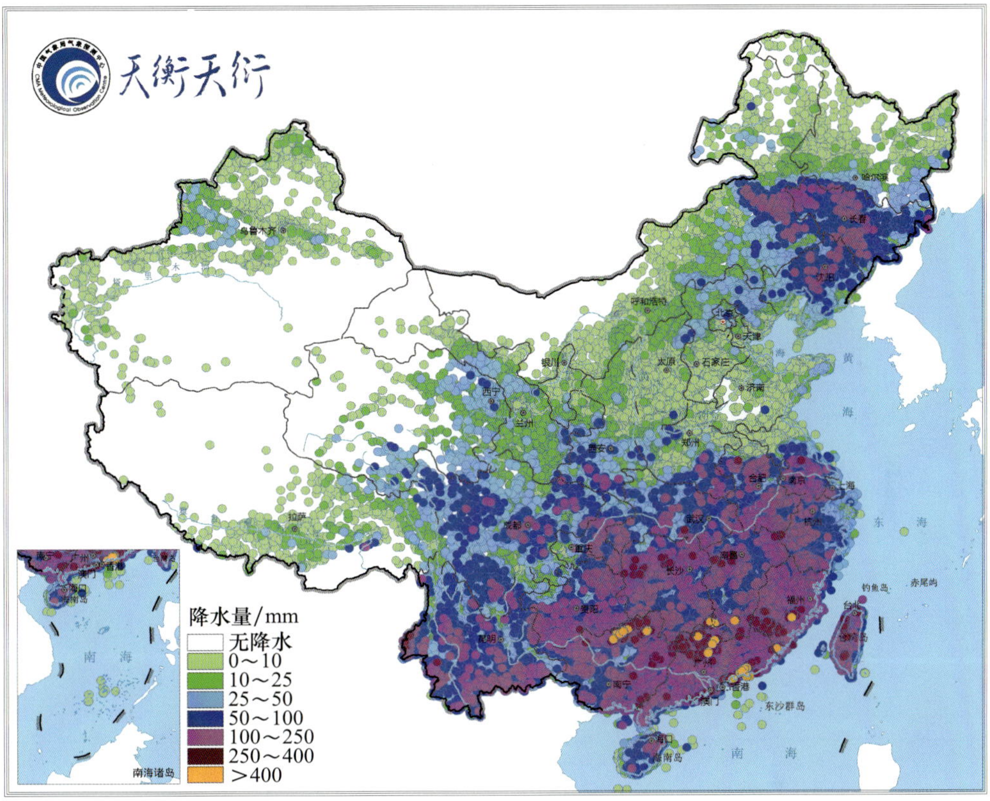

图 1-28　6 月 2 日 20 时—8 日 20 时全国累计降水量分布图

此次强降水天气过程最大累计降水量为 606.7 mm，发生在广东海丰梅陇站，该站点降水呈现多轮短时强降水特征，降水时段主要出现在 6 月 3 日中午至下午、3 日傍晚至 4 日凌晨、6 日下午至傍晚、7 日凌晨至上午，小时最强雨强达 72.3 mm・h^{-1}，出现在 3 日 22 时(图 1-29)；此次强降水天气过程最大小时降水量为 96.3 mm，发生在 5 日 01 时广西河池凤山县江州凤平站，该站点过程降水总量为 186.7 mm，主要以短时强降水为主，有 2 个时次小时降水量超过 50 mm，1 个时次小时降水量超过 90 mm，降水时段主要出现在 5 日 00—01 时(图 1-30)。

1.3.1.2　降水逐日演变特征

以 20 时为日降水量统计界限，6 月 2 日 20 时—3 日 20 时强降水主要出现在陕西、甘肃、四川、湖北、安徽、贵州、湖南、江西、福建、浙江、广西、广东等地，24 h 累计降水量超过 250 mm 有 1 个站，100～250 mm 有 264 个站，50～100 mm 有 1088 个站，日最大累计降水量 276.5 mm，发生在湖南桃江县鲊埠乡车门塅站(图 1-31a)。

6 月 3 日 20 时—4 日 20 时，强降水主要集中在四川、贵州、广西、广东、重庆、湖南、湖北、河南、安徽、江苏、辽宁、吉林等地。24 h 累计降水量超过 250 mm 有 4 个站，100～

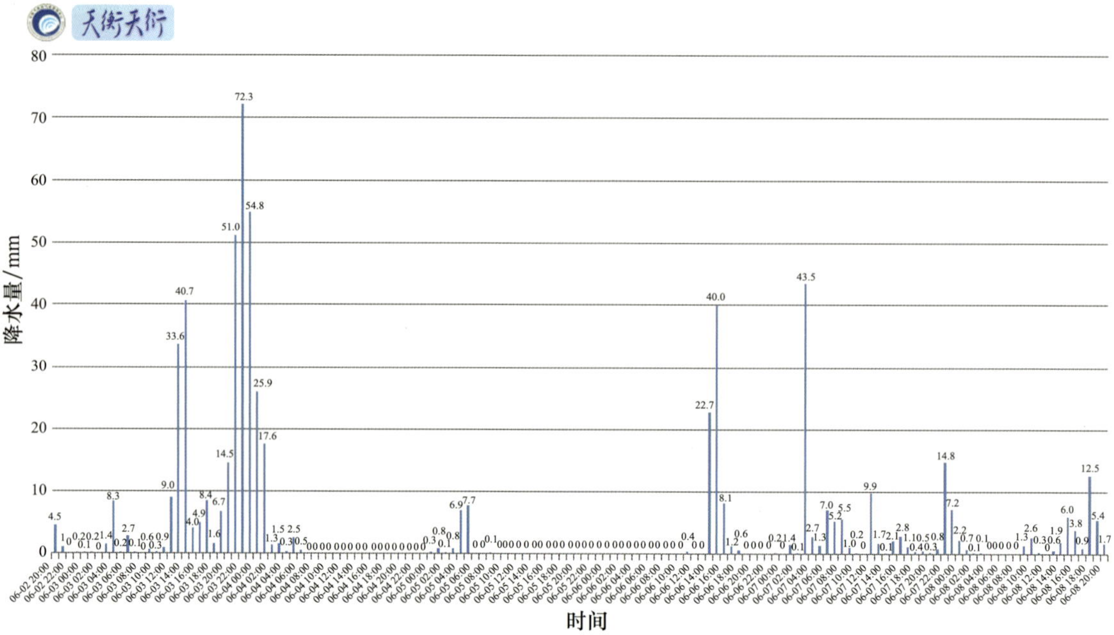

图 1-29　6 月 2 日 20 时—8 日 20 时广东海丰梅陇小时降水实况序列图

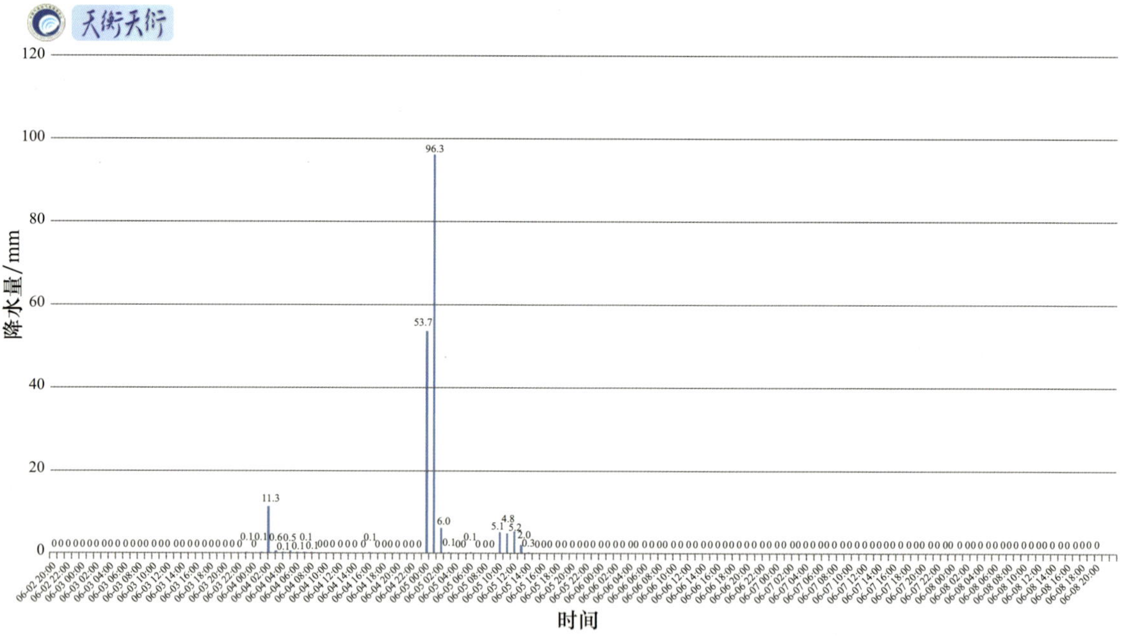

图 1-30　6 月 2 日 20 时—8 日 20 时广西河池凤山县江州凤平小时降水实况序列图

250 mm 有 193 个站，50～100 mm 有 967 个站，日最大累计降水量 364.0 mm，发生在广西融水安陲站(图 1-31b)。

6 月 4 日 20 时—5 日 20 时，强降水主要集中在贵州、重庆、广西、湖南、湖北、江西、安徽、浙江、上海、吉林等地。24 h 累计降水量超过 250 mm 有 1 个站，100～250 mm 有 357 个站，50～100 mm 有 2258 个站，日最大累计降水量 278.6 mm，发生在广西永福永安乡永安村站(图 1-31c)。

6 月 5 日 20 时—6 日 20 时，强降水雨带有所南移，主要集中在云南、广西、广东、福建、辽宁等地。24 h 累计降水量超过 250 mm 有 1 个站，100～250 mm 有 120 个站，50～100 mm 有 788 个站，日最大累计降水量 268.4 mm，发生在江西崇义聂都白溪站(图 1-31d)。

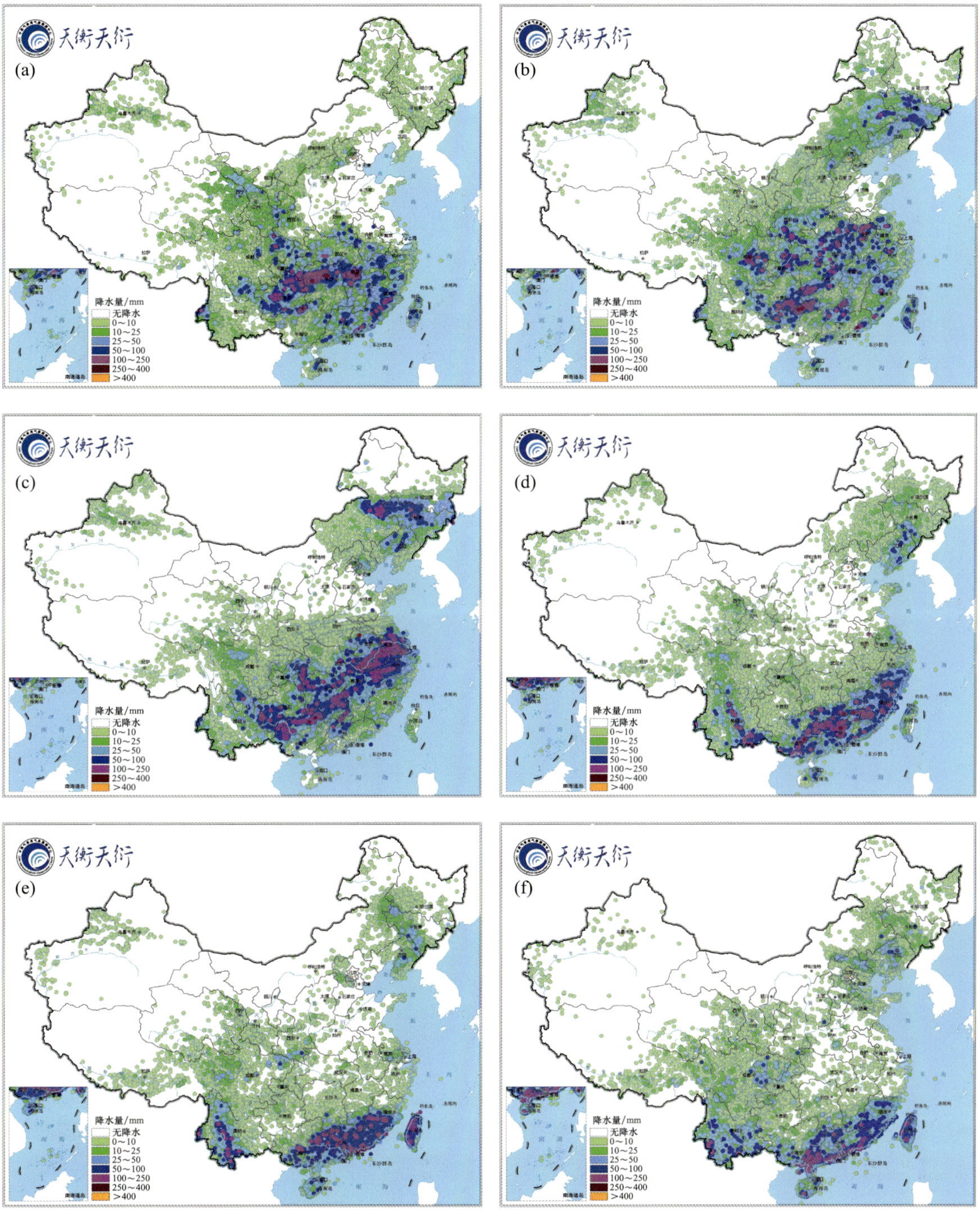

图 1-31　6 月 2 日 20 时—8 日 20 时逐日全国地面站 24 h 累计降水量

(a)2 日 20 时—3 日 20 时；(b)3 日 20 时—4 日 20 时；(c)4 日 20 时—5 日 20 时；(d)5 日 20 时—6 日 20 时；(e)6 日 20 时—7 日 20 时；(f)7 日 20 时—8 日 20 时

6 月 6 日 20 时—7 日 20 时，强降水雨带主要集中在云南、广西、广东等地。24 h 累计降水量超过 250 mm 有 2 个站，100～250 mm 有 73 个站，50～100 mm 有 672 个站，日最大累计降水量 391.6 mm，发生在广东汕尾捷胜（图 1-31e）。

6 月 7 日 20 时—8 日 20 时，强降水雨带继续向南移动，主要集中在云南、广西、广东的南部区域。24 h 累计降水量 100～250 mm 有 122 个站，50～100 mm 有 535 个站，25～50 mm 有 1441 个站，日最大累计降水量 240.1 mm，发生在广东雷州市杨家镇政府（图 1-31f）。

1.3.2 天气背景

本次降水过程主要为西南地区低涡切变线、北方冷涡槽后偏北气流与副高边缘西北侧偏南气流辐合交汇的影响，前期主要以对流性降水为主，后期主要以系统性降水为主①。综合气象观测实时业务系统（天衡天衍）实况分析产品显示，6 月 3 日 00 时东亚中高纬地区为两槽一脊形势，江南、华南等地存在低空急流和切变线，至 6 月 8 日期间北方冷空气南下，江淮、江南、华南等地先后出现强降水天气过程（图 1-32）。

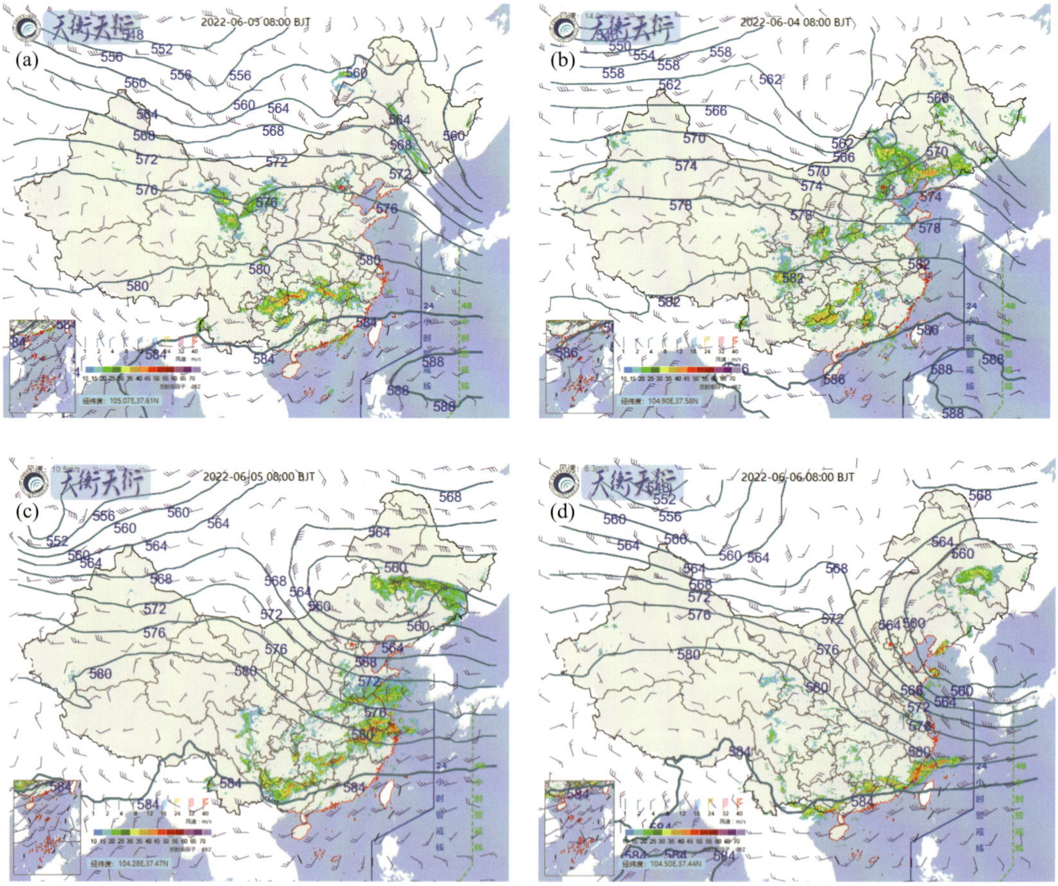

① 中国气象局，2023. 全国高影响天气监测预报服务技术复盘（2022 年）[M]. 北京：气象出版社.

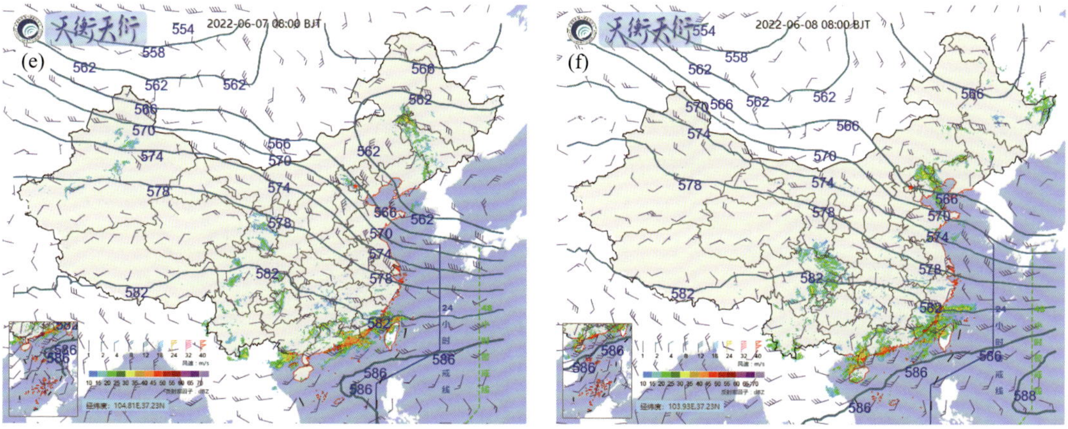

图 1-32　6 月 3 日—8 日逐日 08 时雷达基本反射率拼图叠加
500 hPa 高度场(单位:hPa)及 700 hPa 风场(单位:$m \cdot s^{-1}$)
(a)3 日;(b)4 日;(c)5 日;(d)6 日;(e)7 日;(f)8 日

1.3.3　多源观测特征

1.3.3.1　天气雷达监测

综合气象观测产品系统(天衡天衍)雷达拼图与强对流识别产品显示,6 月 3 日 16—19 时,贵州、四川等地区出现分散性强对流回波,最大回波强度达到 60 dBZ,识别到冰雹(图 1-33)。

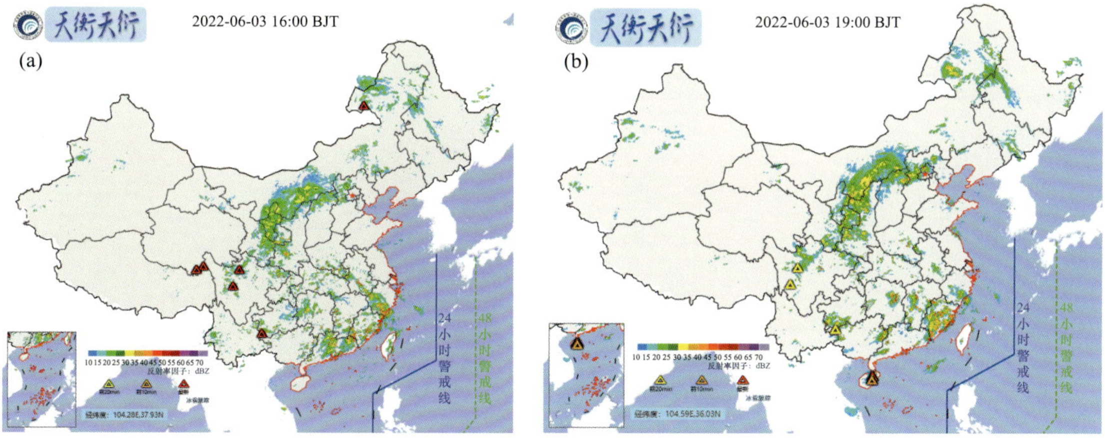

图 1-33　6 月 3 日全国雷达基本反射率叠加冰雹跟踪产品
(a)16 时;(b)19 时

6 月 4 日 13 时,湖北、安徽局地出现强回波,最大回波强度达到 55 dBZ,主体回波顶高达到 8 km(图 1-34)。

6 月 6 日 16 时,降水回波主要分布在黑龙江中部、辽宁东部、宁夏南部、青海南部、四川西部、云南北部和南部、广西东部、海南北部、广东、福建、江西南部、江苏中部等地，局地最大回波强度达到 55 dBZ，并伴有雷电(图 1-35)；7 日 16 时，降水回波主要分布在内蒙古东部、吉林西北部和东南部、陕西中部和南部、山西西南部、甘肃东南部、青海南部、四川西北部和东北部、云南西部和南部、广西东部、广东、海南岛和福建及东南部沿海等地，其中广东和海南局地回波强度达 50 dBZ，回波高度约 6 km，并伴有雷电活动(图 1-35、图 1-36)。

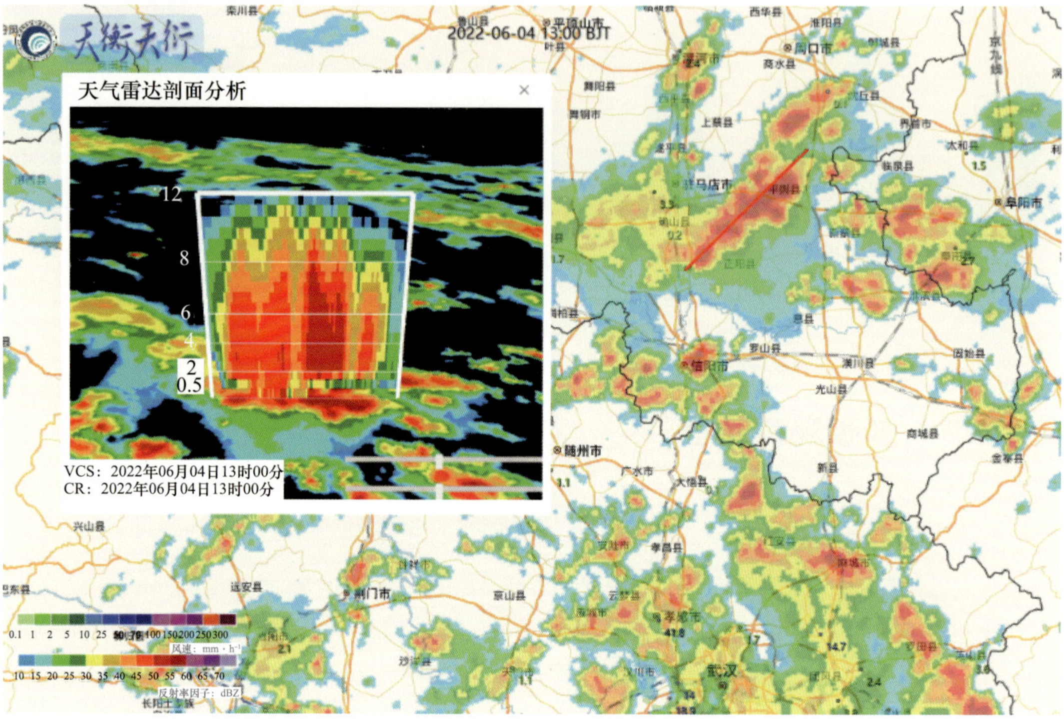

图 1-34　6 月 4 日 13 时湖北、安徽雷达基本反射率、剖面图叠加地面站 1 h 累计降水量

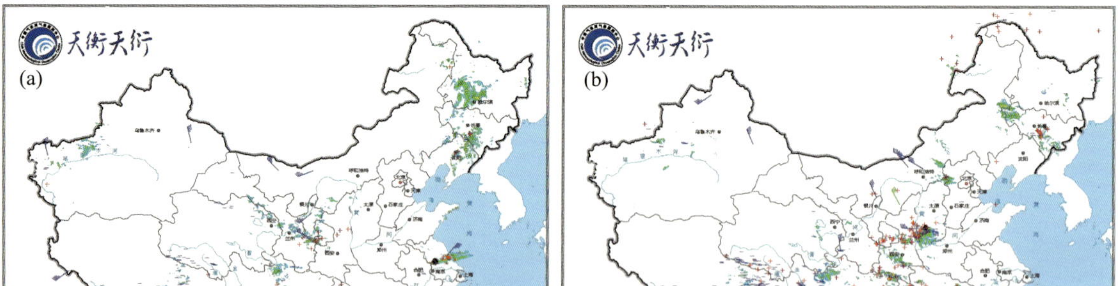

图 1-35　全国天气雷达基本反射率闪电大风产品

(a)6 月 6 日 16 时；(b)6 月 7 日 16 时

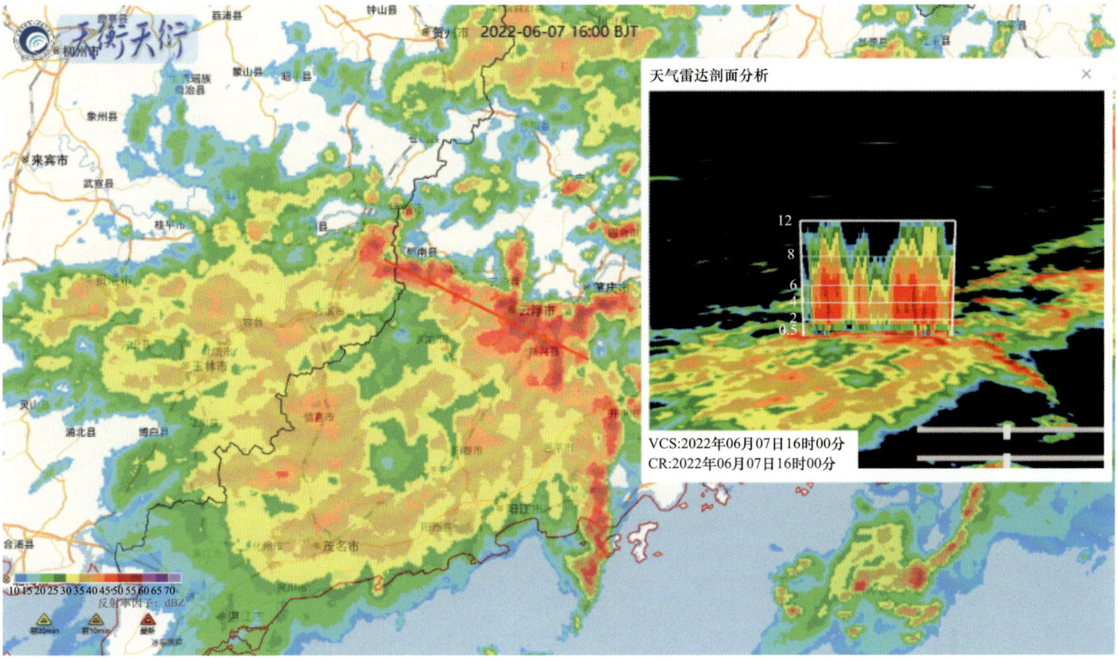

图 1-36　6 月 7 日 16 时广东云浮市雷达回波及剖面

1.3.3.2　雷电监测

6 月 2 日 20 时—8 日 20 时，应急区域内雷电活动频繁(图 1-37、图 1-38)，雷电正闪 84449 次，负闪 192429 次，正闪占比为 30.5%，其中最大正闪强度 298.9 kA，发生在贵州，发生时间 2022-06-04 05:07:38，最大负闪强度－298.8 kA，发生在贵州，发生时间 2022-06-04 03:34:15。雷电活动主要集中在 2 日 21 时—3 日 05 时、3 日 12 时—4 日 02 时、4 日 15 时—5 日 08 时、5 日 15—20 时、6 日 15—17 时，雷电活动区域主要分布在广西、广东、江西。

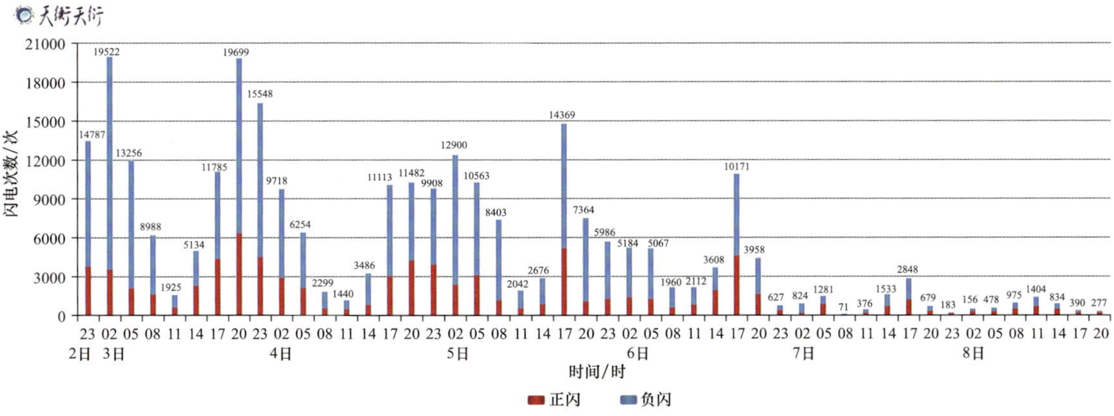

图 1-37　6 月 2 日 20 时—8 日 20 时应急区域雷电 3 h 累计分布图

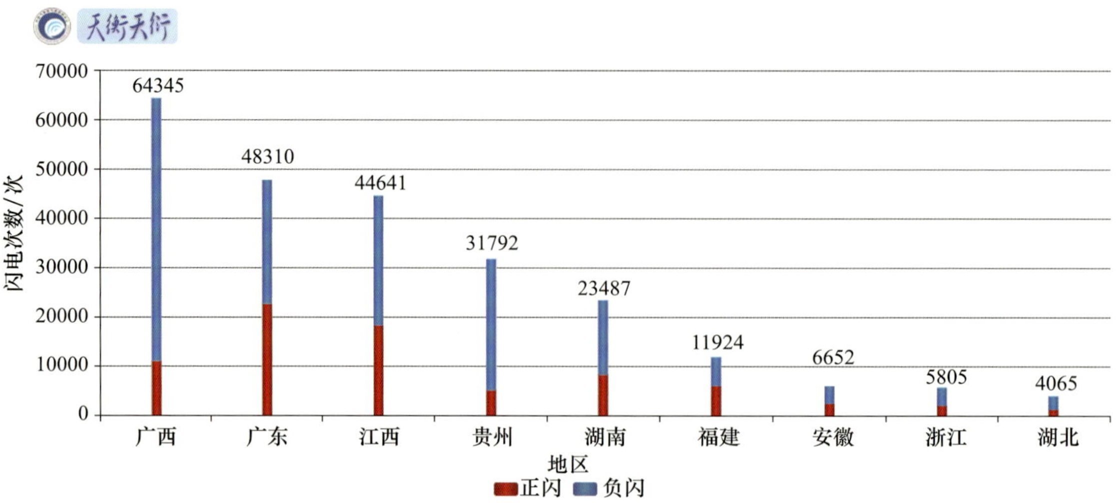

图 1-38　6 月 2 日 20 时—8 日 20 时应急区域雷电空间分布图

1.4 6 月 12—22 日江淮、江南、华南地区强降水

1.4.1 过程特征

1.4.1.1 总体特征

6 月 12—22 日，我国江淮、江南、华南地区发生强降水天气过程，中国气象局于 6 月 12 日 09 时启动重大气象灾害（暴雨）Ⅳ级应急响应，6 月 17 日 10 时提升至Ⅲ级，6 月 22 日 09 时 00 分解除，其中应急区域为浙江、福建、江西、湖南、广东、广西、贵州、云南等省（区、市），应急区域内地面气象站共 30032 个，其中地面自动站考核站 12500 个（有人站 727 个）。本次降水过程影响范围广，持续时间长，累计降水量大，呈现多点散发短时强降水特征，并伴有局地雷暴大风。

6 月 12 日 08 时—22 日 08 时，全国 240 h 累计降水量（图 1-39）显示，强降水主要分布在江淮、江南、华南、西南地区南部、华北地区北部、东北地区等地。应急区域内有 59 个站点累计降水量超过 600 mm，400～600 mm 有 307 个站，250～400 mm 有 114 个站，100～250 mm 有 4224 个站，50～100 mm 有 3250 个站。此次强降水天气过程最大累计降水量为 858.6 mm，发生在广西临桂宛田十二滩漂流风景区，该站点降水呈现多轮短时强降水特征，降水时段主要出现在 17 日下午、20 日凌晨至上午、21 日凌晨、21 日上午，小时最强雨强达 110.3 $mm \cdot h^{-1}$，出现在 20 日 03 时（图 1-40）；此次强降水天气过程最大小时降水量为 149.4 mm，发生在 6 月 18 日 02 时广西柳州融水苗族自治县融水香粉乡站，该站点过程降水总量 763.2 mm，呈现突发性强降水特征，且以短时强降水为主，有 3 个时次小时降水量超过 50 mm，2 个时次小时降水量超过 80 mm，降水时段主要出现在 17 日夜间至 18 日凌晨、20 日凌晨、21 日凌晨至上午，其中 18 日凌晨出现多个时次的短时强降水，18 日 02 时小时雨强达 149.4 $mm \cdot h^{-1}$，18 日

05 时小时雨强达 88.8 mm・h^{-1}(图 1-41)。

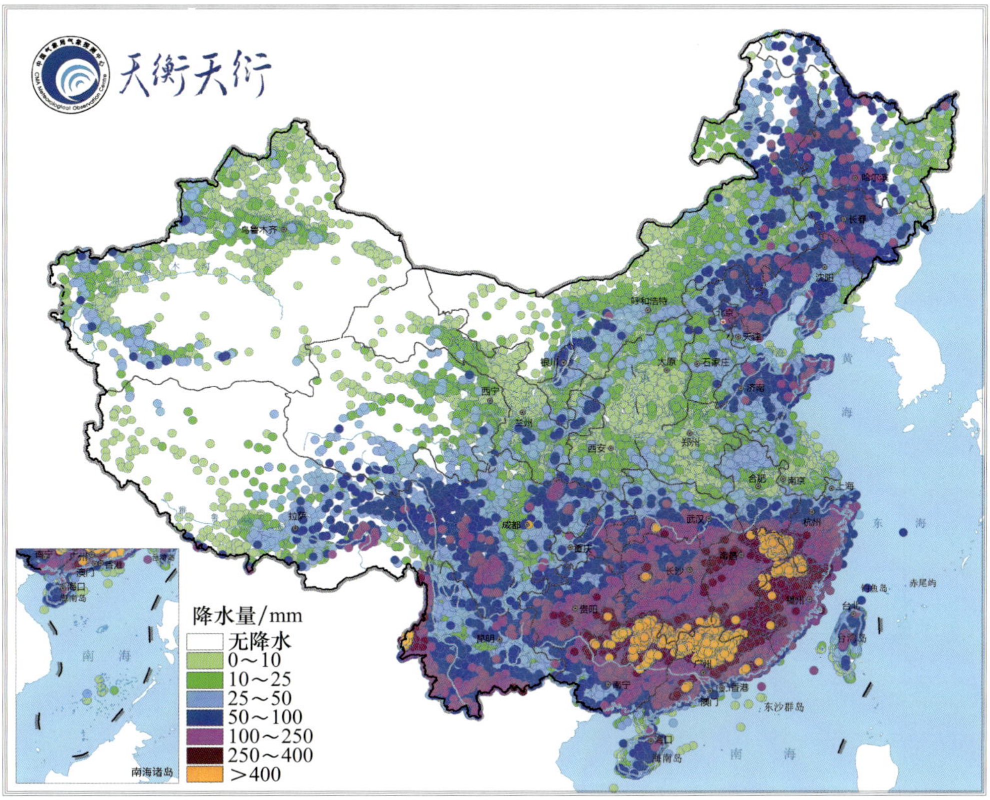

图 1-39　6 月 12 日 08 时—22 日 08 时全国累计降水量分布图

1.4.1.2　降水逐日演变特征

以 08 时为日降水量统计界限，6 月 12 日 08 时—13 日 08 时强降水主要出现在北京、云南、广西、广东、福建等地，24 h 累计降水量 100～250 mm 有 274 个站，50～100 mm 有 1816 个站，日最大累计降水量 274.4 mm，发生在广西永福永安乡永安村站(图 1-42a)。

6 月 13 日 08 时—14 日 08 时强降水主要出现在广西、广东、福建、云南等地，24 h 累计降水量超过 250 mm 有 3 个站，100～250 mm 有 515 个站，50～100 mm 有 1487 个站，日最大累计降水量 300.2 mm，发生在江西全南茅山林场站(图 1-42b)。

6 月 14 日 08 时—15 日 08 时强降水雨带南压，强降水主要出现在广东、福建、云南、山东、吉林等地，24 h 累计降水量超过 250 mm 有 1 个站，100～250 mm 有 69 个站，50～100 mm 有 592 个站，日最大累计降水量 204.3 mm，发生在福建省平潭东兴小学站(图 1-42c)。

6 月 15 日 08 时—16 日 08 时强降水雨带继续向南回撤，强降水主要出现在广东、福建、黑龙江等地，24 h 累计降水量超过 250 mm 有 1 个站，100～250 mm 有 23 个站，50～100 mm 有 625 个站，日最大累计降水量 127 mm，发生在广东谢岗乐园 2 排闸站(图 1-42d)。

6 月 16 日 08 时—17 日 08 时强降水雨带向西发展，强降水主要出现在广西、广东、福建、云南、山东等地，24 h 累计降水量 100～250 mm 有 96 个站，50～100 mm 有 616 个站，日最大累计降水量 244.2 mm，发生在广东梅江区城北镇五里亭站(图 1-42e)。

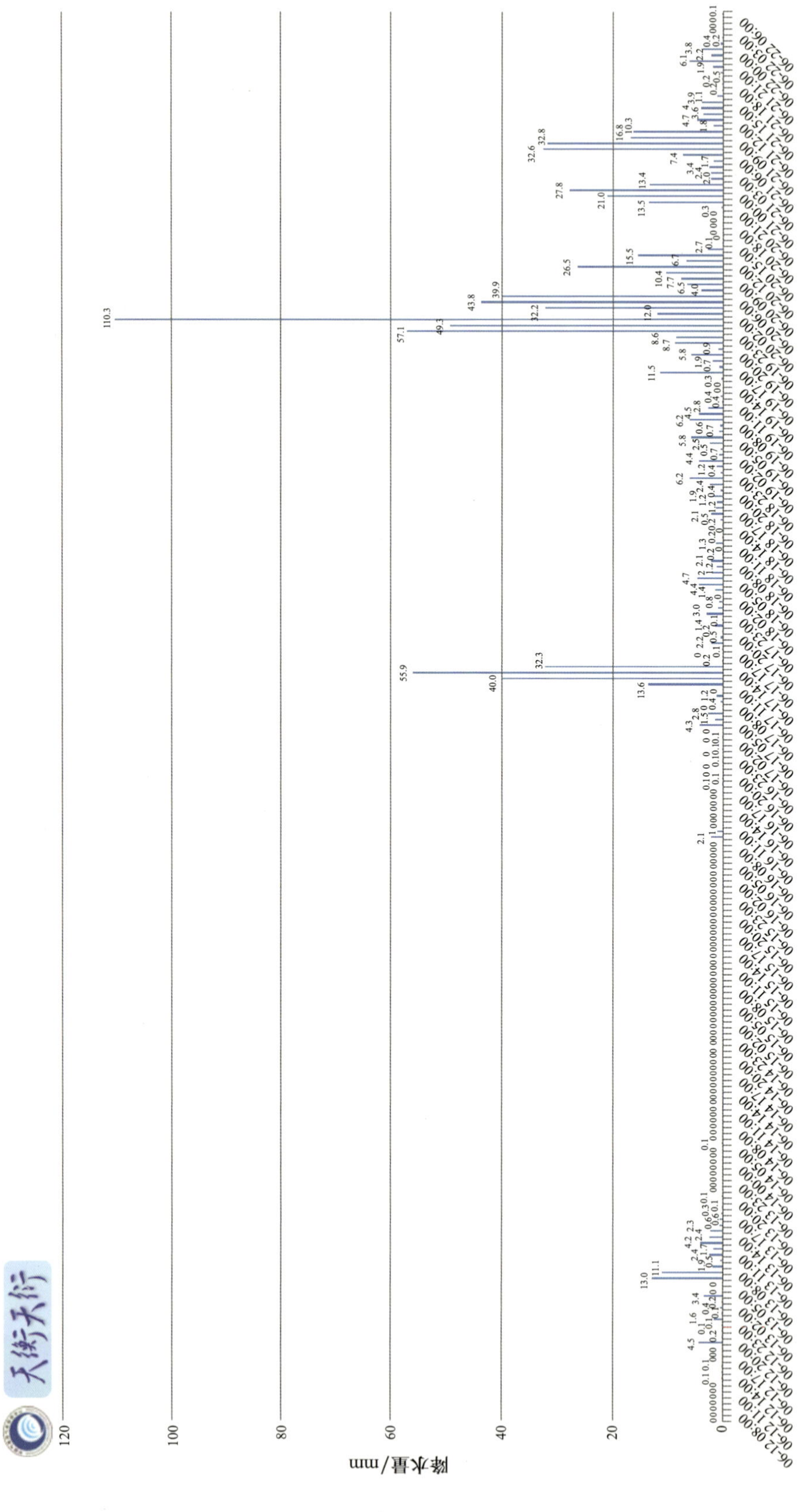

图 1-40　6 月 12 日 08 时—22 日 08 时广西临桂宛田十二滩漂流风景区小时降水实况序列图

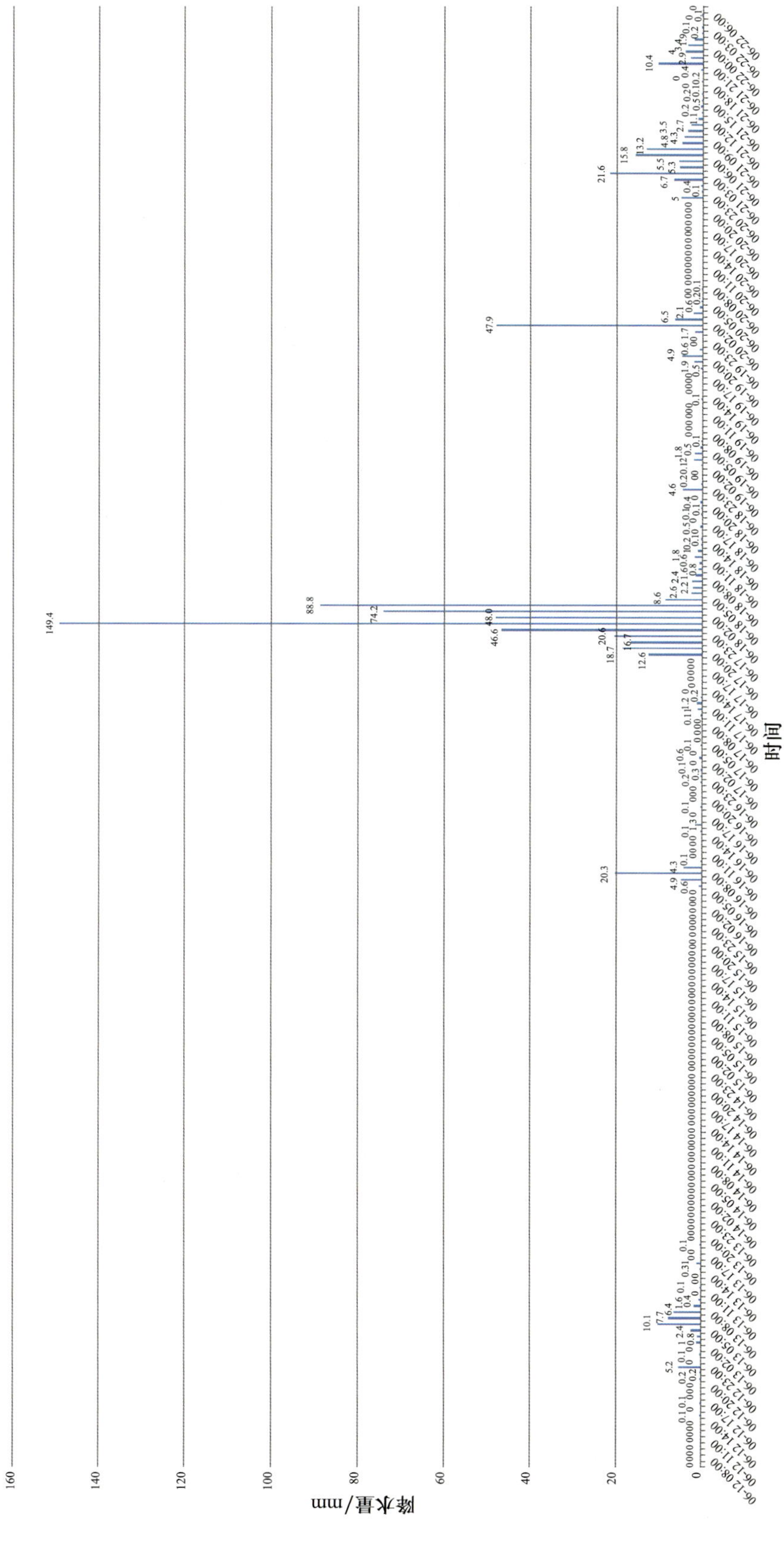

图 1-41 6 月 12 日 08 时—22 日 08 时广西柳州融水苗族自治县香粉乡站小时降水实况序列图

6 月 17 日 08 时—18 日 08 时强降水主要出现在广西、广东、福建、江西、湖南、贵州、辽宁、吉林等地，24 h 累计降水量超过 250 mm 有 5 个站，100～250 mm 有 364 个站，50～100 mm 有 977 个站，日最大累计降水量 491.5 mm，发生在广西香粉站(图 1-42f)。

6 月 18 日 08 时—19 日 08 时强降水主要出现在江淮、江南等地，24 h 累计降水量超过 250 mm 有 11 个站，100～250 mm 有 719 个站，50～100 mm 有 1685 个站，日最大累计降水量 388.7 mm，发生在广西兴安县兴安镇金沙冲水库站(图 1-42g)。

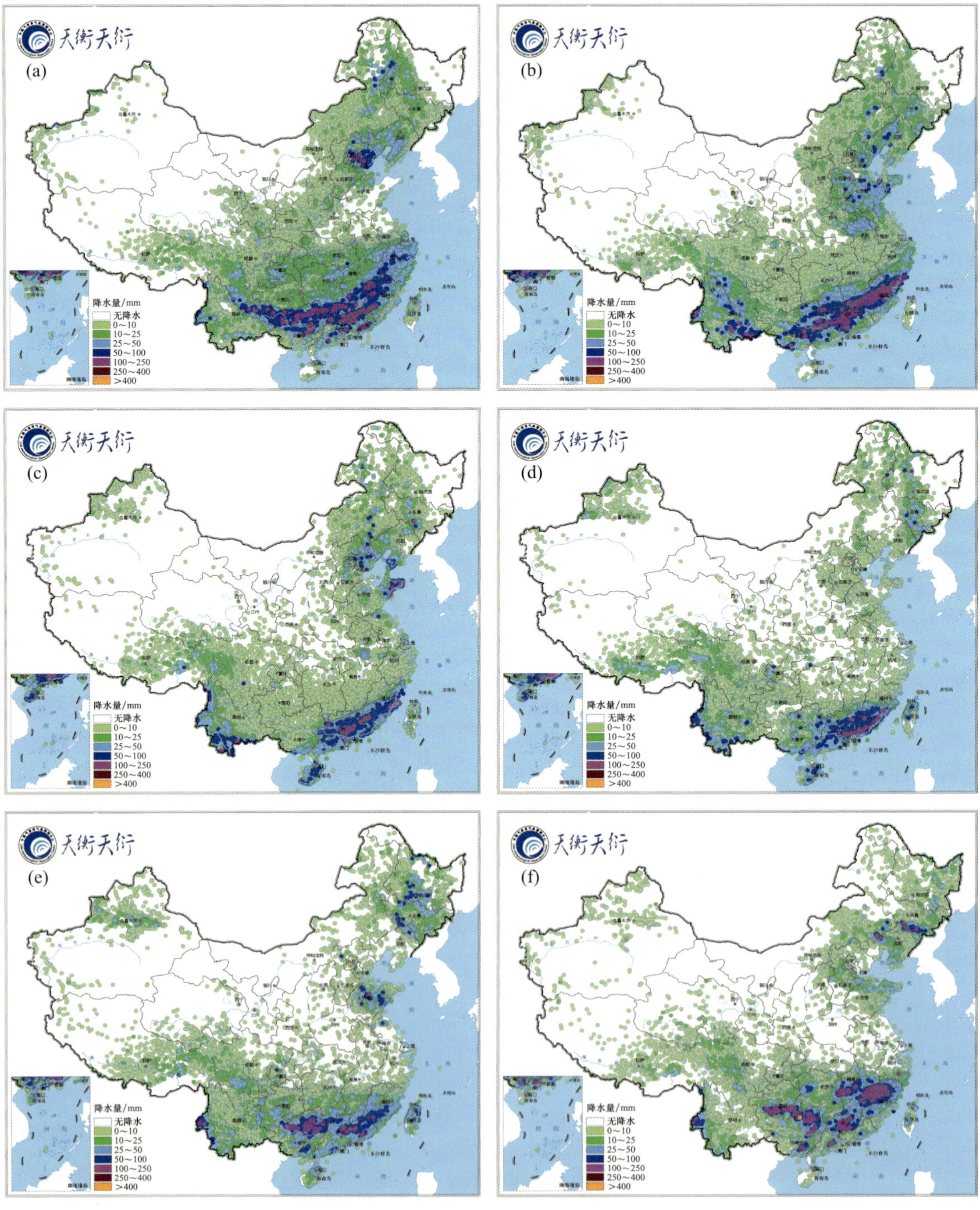

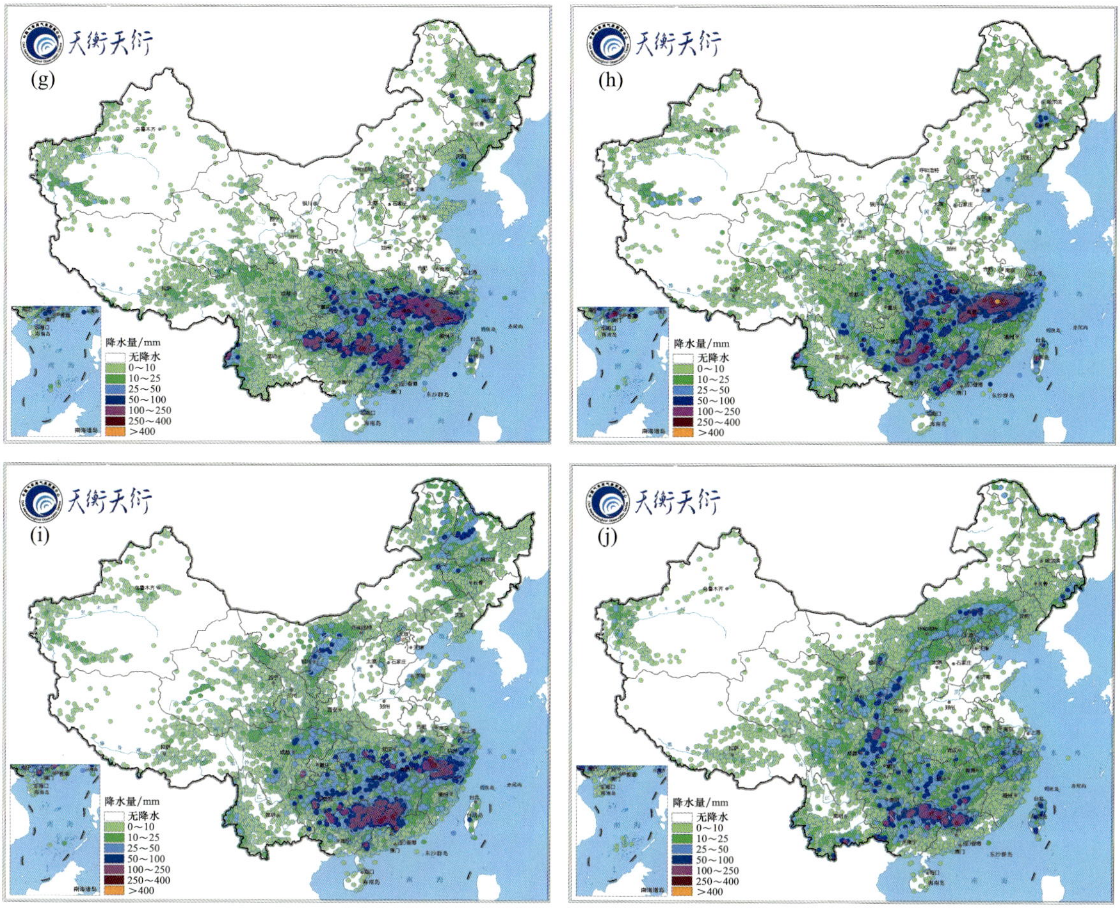

图 1-42　6 月 12 日 08 时—22 日 08 时逐日全国地面站 24 h 累计降水量

(a)12 日 08 时—13 日 08 时；(b)13 日 08 时—14 日 08 时；(c)14 日 08 时—15 日 08 时；(d)15 日 08 时—16 日 08 时；(e)16 日 08 时—17 日 08 时；(f)17 日 08 时—18 日 08 时；(g)18 日 08 时—19 日 08 时；(h)19 日 08 时—20 日 08 时；(i)20 日 08 时—21 日 08 时；(j)21 日 08 时—22 日 08 时

6 月 19 日 08 时—20 日 08 时强降水主要出现在江汉、江淮、江南、华南北部一带，24 h 累计降水量超过 250 mm 有 82 个站，100～250 mm 有 801 个站，50～100 mm 有 1631 个站，日最大累计降水量 402.3 mm，发生在江西婺源思口镇站(图 1-42h)。

6 月 20 日 08 时—21 日 08 时强降水主要出现在江淮、江南、华南等地，24 h 累计降水量超过 250 mm 有 13 个站，100～250 mm 有 559 个站，50～100 mm 有 1349 个站，日最大累计降水量 308.8 mm，发生在江西玉山南山站(图 1-42i)。

6 月 21 日 08 时—22 日 08 时强降水主要出现在广西、广东、湖南、四川等地，24 h 累计降水量超过 250 mm 有 2 个站，100～250 mm 有 178 个站，50～100 mm 有 439 个站，日最大累计降水量 324.8 mm，发生在江西八步开山站(图 1-42j)。

1.4.2　天气背景

本次降水过程主要为冷涡后部冷空气南下、南方西南急流及低层切变线影响，由于副热带高压(简称副高)及切变线位置维持稳定，造成我国江淮、江南、华南等地出现分散性对流云带，持续发生分散性暴雨和大暴雨①。综合气象观测实时业务系统(天衡天衍)实况分析产品显示,6 月 12 日开始冷涡后部冷空气南下,与副高西部边缘的暖湿气流对峙,江南、华南等地存在低空急流、切变线,至 6 月 22 日期间,在我国江淮、江南、华南等地出现强降水天气过程(图 1-43)。

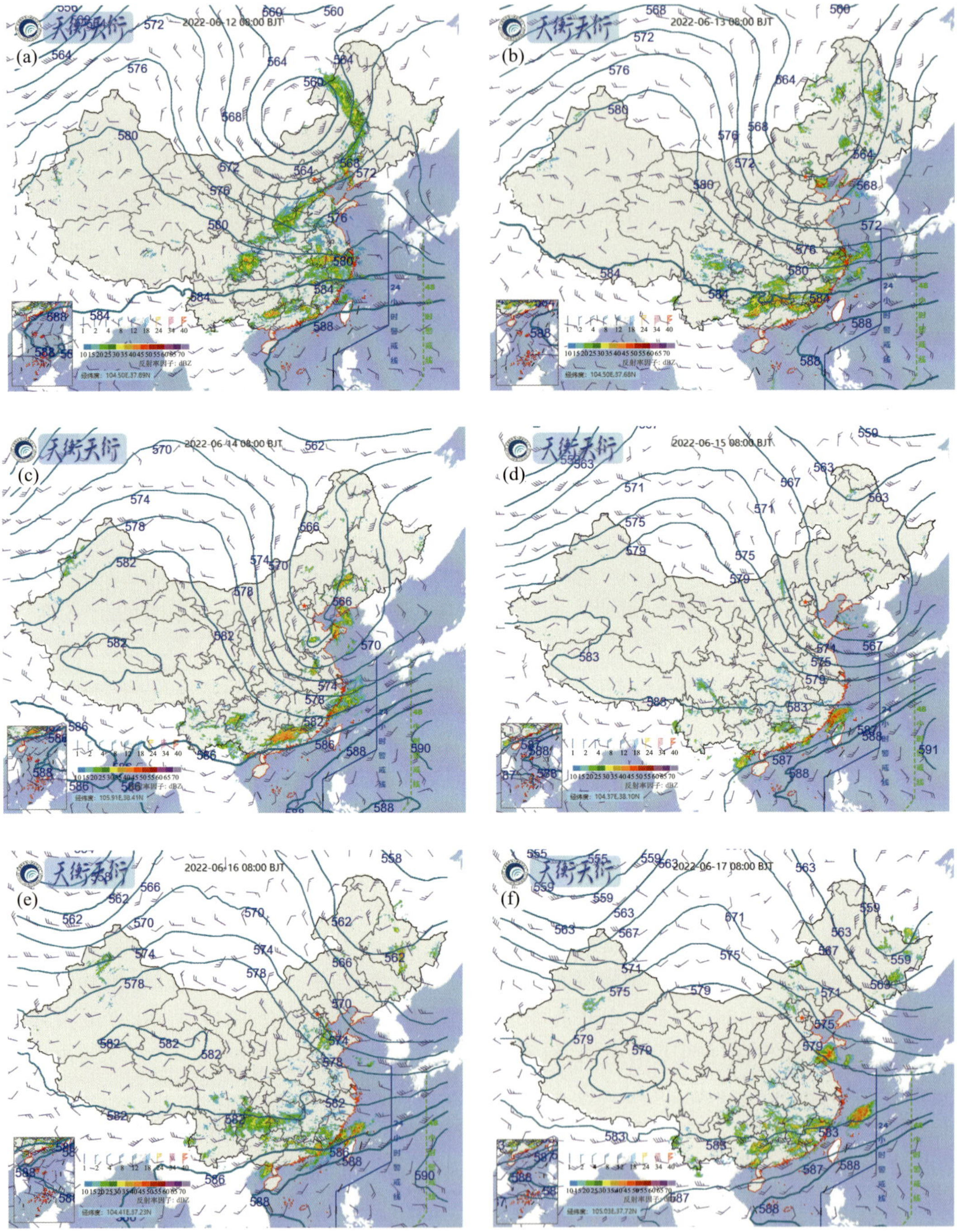

① 中国气象局,2023. 全国高影响天气监测预报服务技术复盘(2022 年)[M]. 北京:气象出版社.

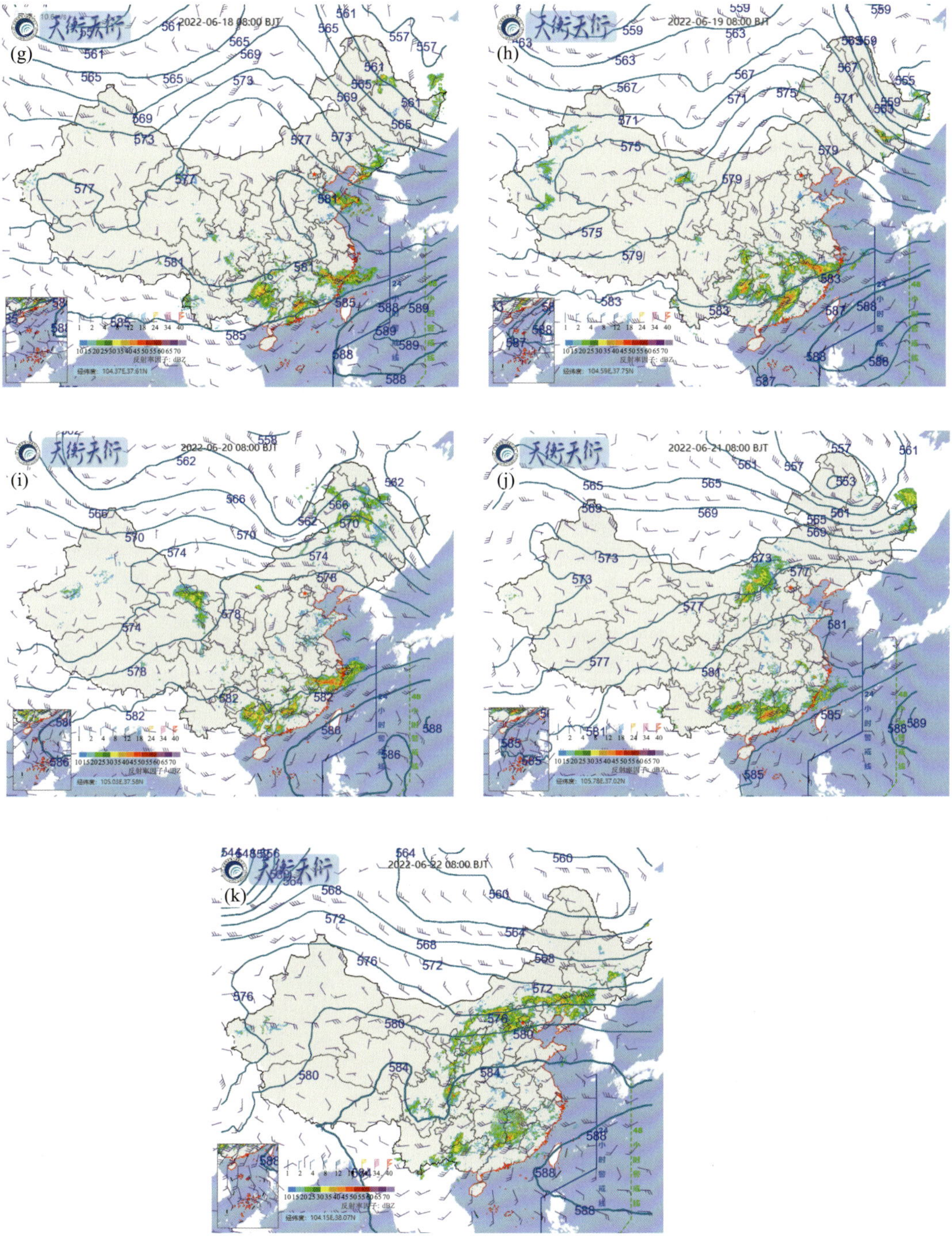

图 1-43　6 月 12 日—22 日逐日 08 时雷达基本反射率拼图叠加
500 hPa 高度场(单位:hPa)及 700 hPa 风场(单位:m·s^{-1})

(a)12 日;(b)13 日;(c)14 日;(d)15 日;(e)16 日;(f)17 日;(g)18 日;(h)19 日;(i)20 日;(j)21 日;(k)22 日

1.4.3 多源观测特征

1.4.3.1 天气雷达监测

综合气象观测产品系统(天衡天衍)雷达拼图与强对流识别产品显示(图 1-44),6 月 13 日 13 时,受东北冷涡影响,山东、河南等周边有强对流回波带生成东移,新生对流单体快速发展,河南境内回波迅速发展加强;15 时,济南附近原弓形回波分裂成多个对流单体,冰雹识别产品识别出多地有降雹;16 时,山东、河南等周边有强对流回波带继续发展东移,济南附近多个对流单体形成新的带状回波;17 时,山东半岛等周边强对流回波逐渐排列组织形成东北—西南走向的带体,并向东南方向移动。

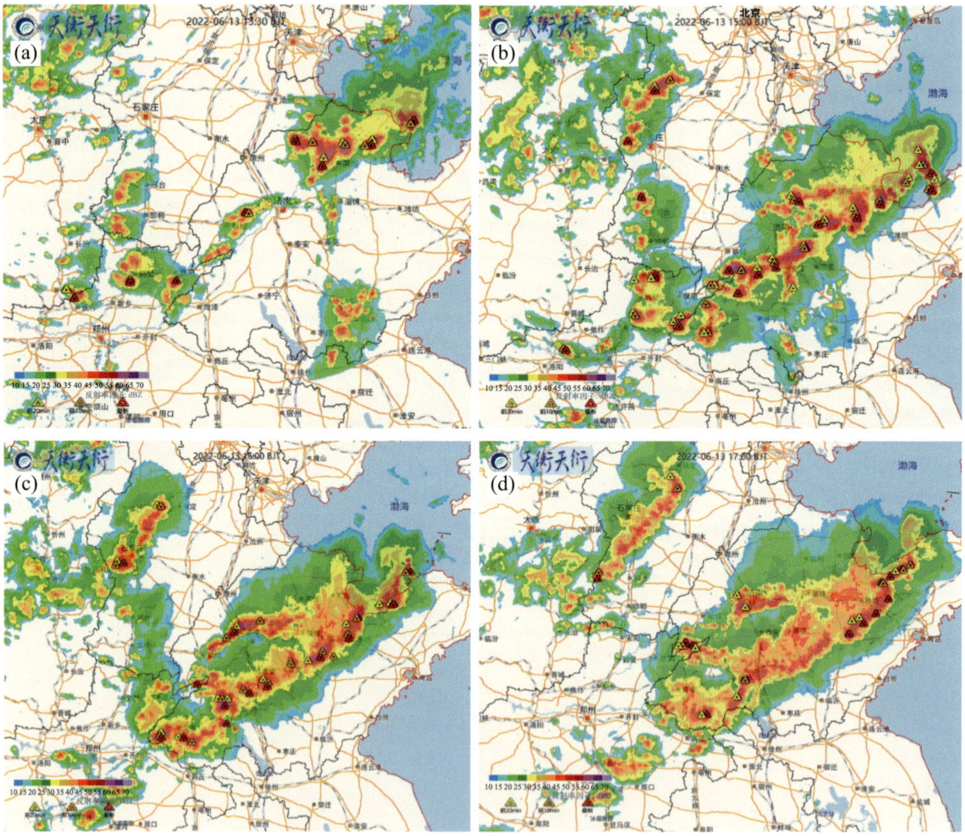

图 1-44 山东、河南等地 6 月 13 日雷达基本反射率叠加冰雹跟踪产品

(a)13 时 30 分;(b)15 时;(c)16 时;(d)17 时

6 月 15 日 16 时,在内蒙古、黑龙江、河南、海南等地识别出冰雹信号,天气雷达基本反射率因子最高达 60 dBZ,强回波顶最高可伸展至 10 km 以上;16 日 17 时,在河北、黑龙江、江苏、广东、河南等地识别出冰雹信号,天气雷达基本反射率因子最高达 65 dBZ,强回波顶最高可伸展至 12 km 以上(图 1-45、图 1-46)。

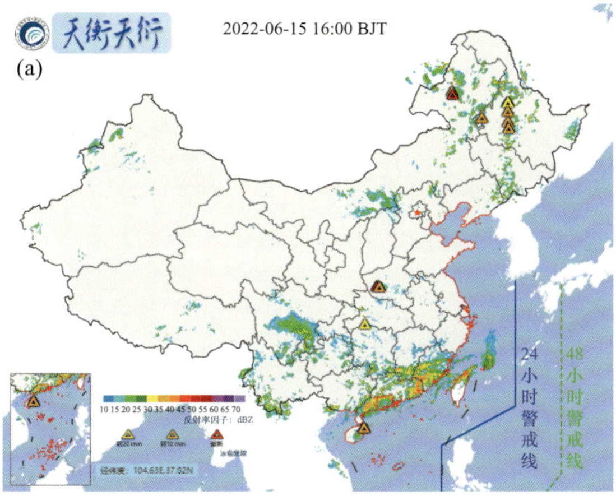

图 1-45　全国天气雷达基本反射率拼图叠加冰雹跟踪产品

(a)6 月 15 日 16 时;(b)6 月 16 日 17 时

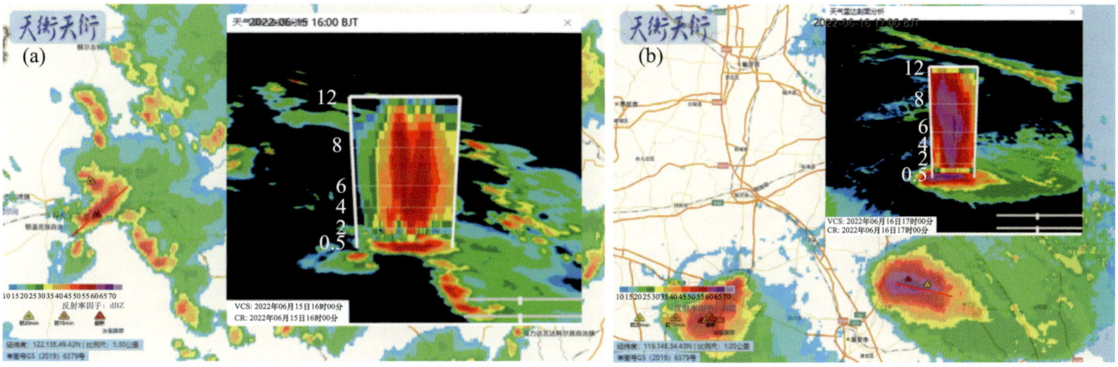

图 1-46　天气雷达回波剖面图

(a)6 月 15 日 16 时内蒙古地区;(b)6 月 16 日 17 时江苏地区

综合气象观测产品系统(天衡天衍)全国天气雷达基本反射率拼图产品显示(图 1-47),6 月 18 日 15 时 30 分,降水回波主要分布在浙江南部、福建东部、江西北部、湖北、湖南、广东中北部、广西东北部、重庆南部、四川西部、山西北部、黑龙江中部、新疆西部等地,最大回波强度达 55 dBZ。

综合气象观测产品系统(天衡天衍)全国天气雷达基本反射率因子拼图叠加闪电大风产品显示(图 1-48),6 月 19 日 20 时,浙江、安徽南部、江西、湖北、湖南、重庆、贵州、四川中西部、广东、广西、福建、内蒙古中部和东北部、青海南部等地有降水回波并伴有雷电活动,最大回波强度超过 50 dBZ;21 日 17 时,广东、广西、贵州、青海、河北、内蒙古东部等地有较强回波并伴有雷电活动,最大回波强度达 55 dBZ。

1.4.3.2　雷电监测

6 月 12 日 08 时—22 日 08 时,应急区域内雷电活动频繁,共发生 509036 次,其中正闪 151788 次,负闪 357248 次,正闪占比为 29.8%,其中最大正闪强度 296.7 kA,发生在湖南,发

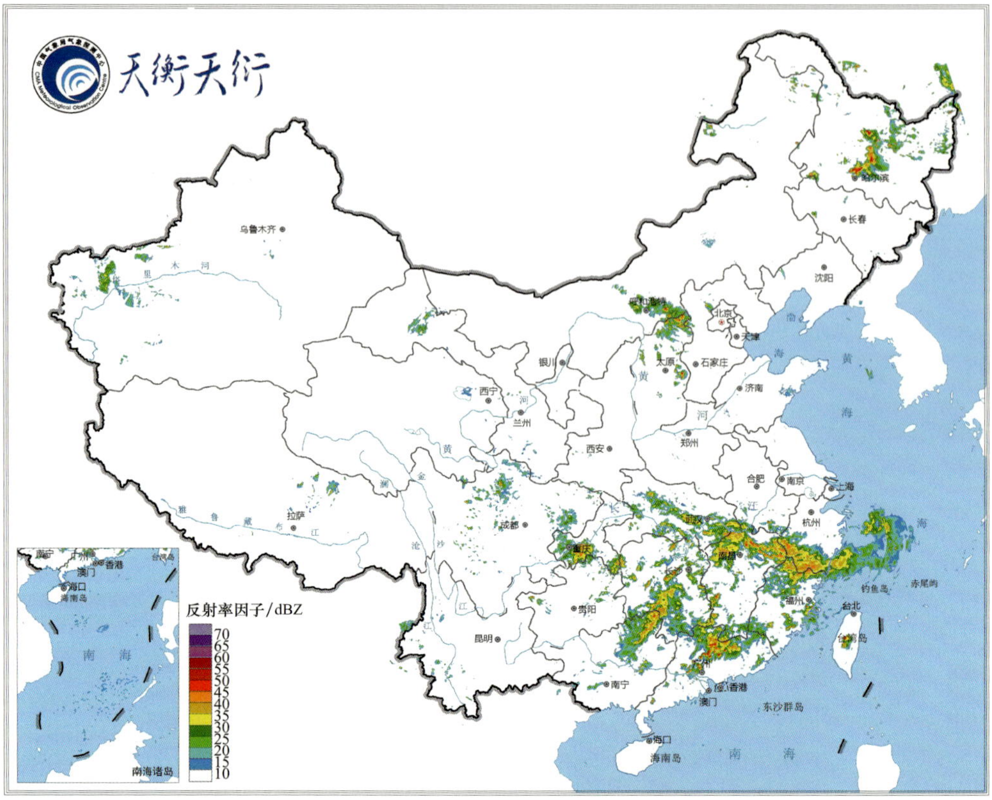

图 1-47　18 日 15 时 30 分全国天气雷达基本反射率因子拼图

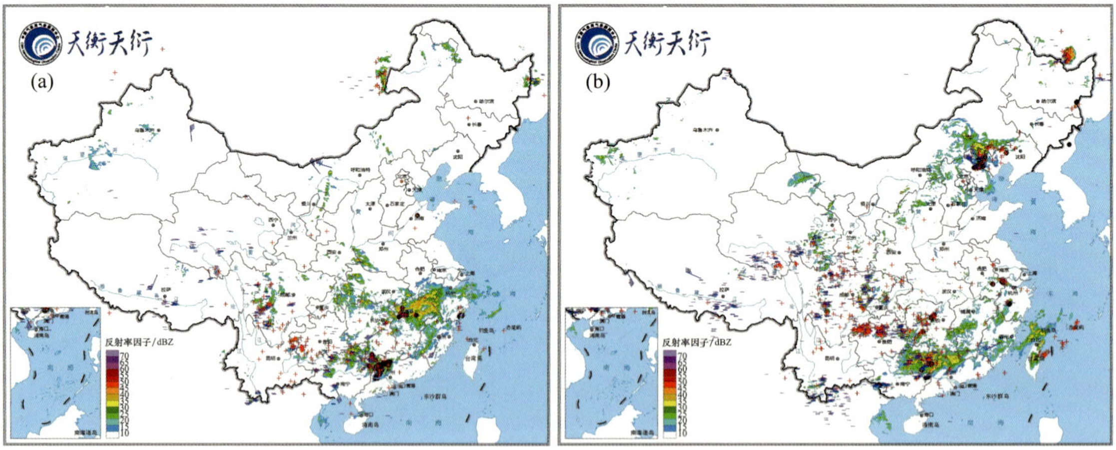

图 1-48　全国闪电大风基本反射率因子

(a)19 日 20 时;(b)21 日 17 时

生时间 2022-06-20 02:41:08,最大负闪强度－300 kA,发生在广西,发生时间 2022-06-19 18:55:30。雷电活动主要集中在 13 日 15—17 时、14 日 15—17 时、18 日 00—08 时、18 日 21 时—19 日 08 时、19 日 21 时—20 日 08 时、20 日 15—20 时、21 日 18—23 时(图 1-49),雷电活动区域主要分布在广东和广西(图 1-50)。

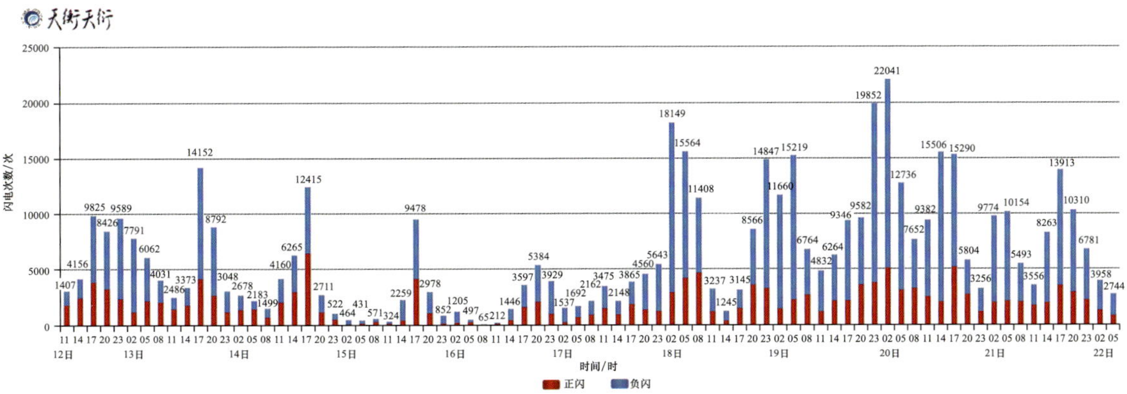

图 1-49　6 月 12 日 08 时—22 日 08 时应急区域雷电 3 h 累计分布图

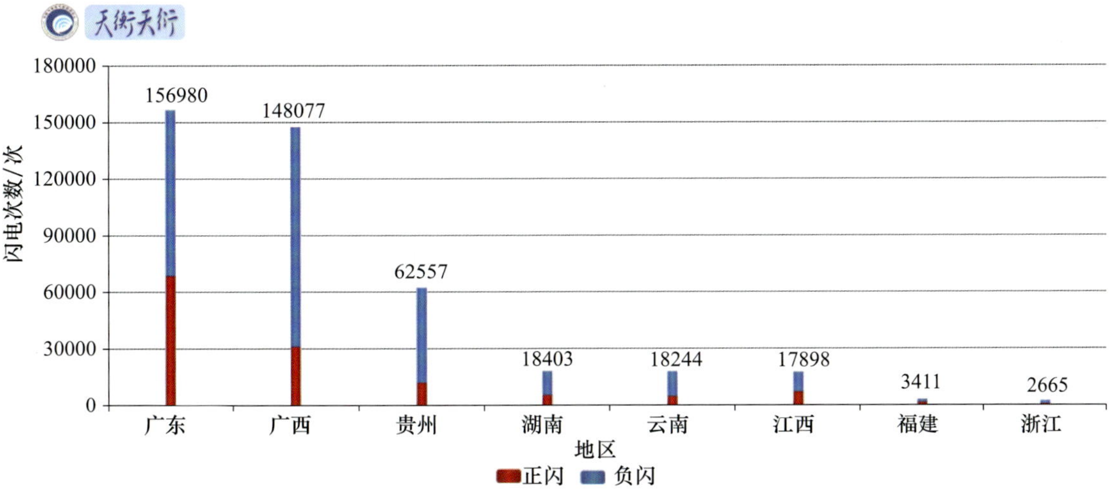

图 1-50　6 月 12 日 08 时—22 日 08 时应急区域雷电空间分布图

1.5　6 月 25—28 日华北、黄淮、西北地区强降水

1.5.1　过程特征

1.5.1.1　总体特征

6 月 25—28 日，我国华北、黄淮、西北地区发生强降水天气过程，中国气象局于 6 月 25 日 10 时启动重大气象灾害(暴雨)Ⅳ级应急响应，6 月 28 日 18 时解除，其中应急区域为北京、河北、山西、内蒙古、江苏、安徽、山东、河南、陕西等省(区、市)，应急区域内地面气象站共 22490 个，其中地面自动站考核站 11903 个(有人站 883 个)。本次过程影响范围广，累计降水量大，具有强对流特征，并伴有局地雷电冰雹活动。

6 月 24 日 20 时—28 日 20 时，全国 96 h 累计降水量(图 1-51)显示，强降水主要分布在华北、黄淮、江淮、西南地区、辽宁等地。应急区域内有 74 个站点累计降水量超过 250 mm，100～250 mm 有 1068 个站，50～100 mm 有 1648 个站。此次强降水天气过程最大累计降水量为 391.1 mm，发生在山东邹城郭里站，该站点降水主要出现在 26 日夜间至 27 日凌晨，其中 26 日 22 时小时降水量达 109.8 mm（图 1-52）；此次强降水天气过程最大小时降水量为 110.7 mm，发生在 6 月 26 日 19 时河北沧州孟村回族自治县站，过程降水总量 198.8 mm，以短时强降水为主，该站点共出现 2 次短时强降水过程，其中 26 日 19 时小时雨强达 110.7 mm · h^{-1}，28 日 14 时小时雨强达 58.9 mm · h^{-1}（图 1-53）。

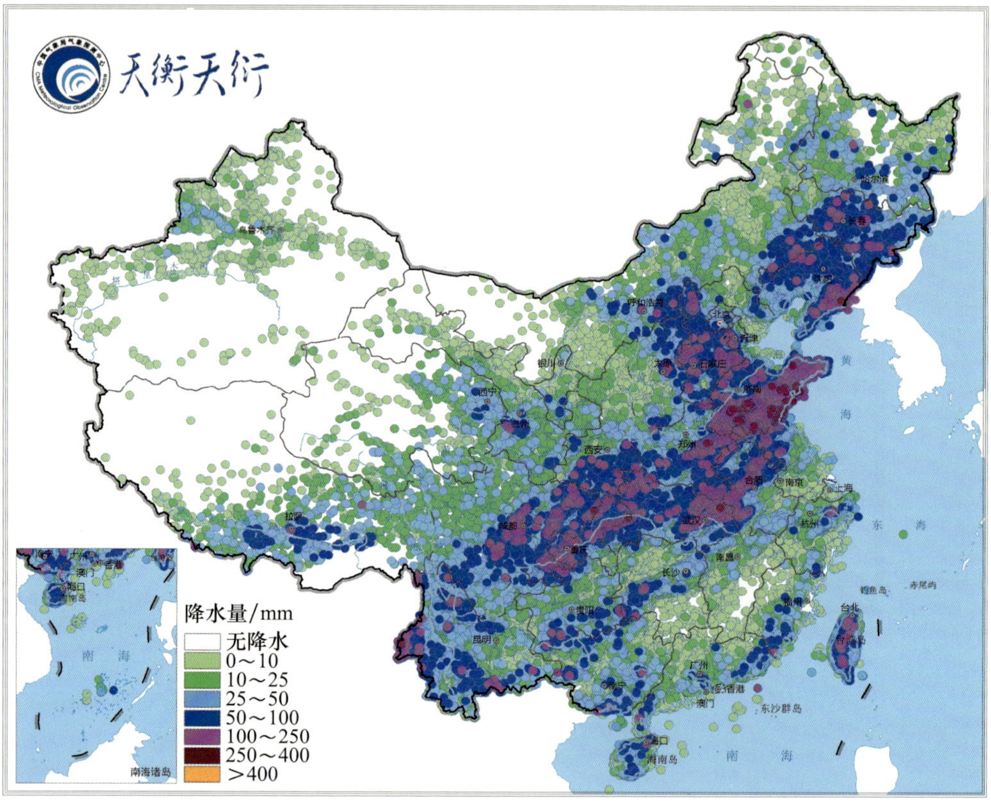

图 1-51　6 月 24 日 20 时—28 日 20 时全国累计降水量分布图

1.5.1.2　降水逐日演变特征

以 20 时为日降水量统计界限，6 月 24 日 20 时—25 日 20 时强降水主要出现在浙江、广东，24 h 累计降水量 100～250 mm 有 10 个站，50～100 mm 有 263 个站，日最大累计降水量 149.2 mm，发生在浙江慈溪附海站（图 1-54a）。

6 月 25 日 20 时—26 日 20 时，强降水主要出现在山东、河北、河南、江苏、陕西、四川、辽宁、海南等地，24 h 累计降水量超过 250 mm 有 14 个站，100～250 mm 有 939 个站，50～100 mm 有 2263 个站，日最大累计降水量 228.5 mm，发生在山东高密双羊站（图 1-54b）。

6 月 26 日 20 时—27 日 20 时，强降水主要出现在山东、河南、安徽、辽宁、江苏、四川、重庆等地，24 h 累计降水量超过 250 mm 有 1 个站，100～250 mm 有 312 个站，50～100 mm 有 2104 个站，日最大累计降水量 374.6 mm，发生在山东邹城郭里站（图 1-54c）。

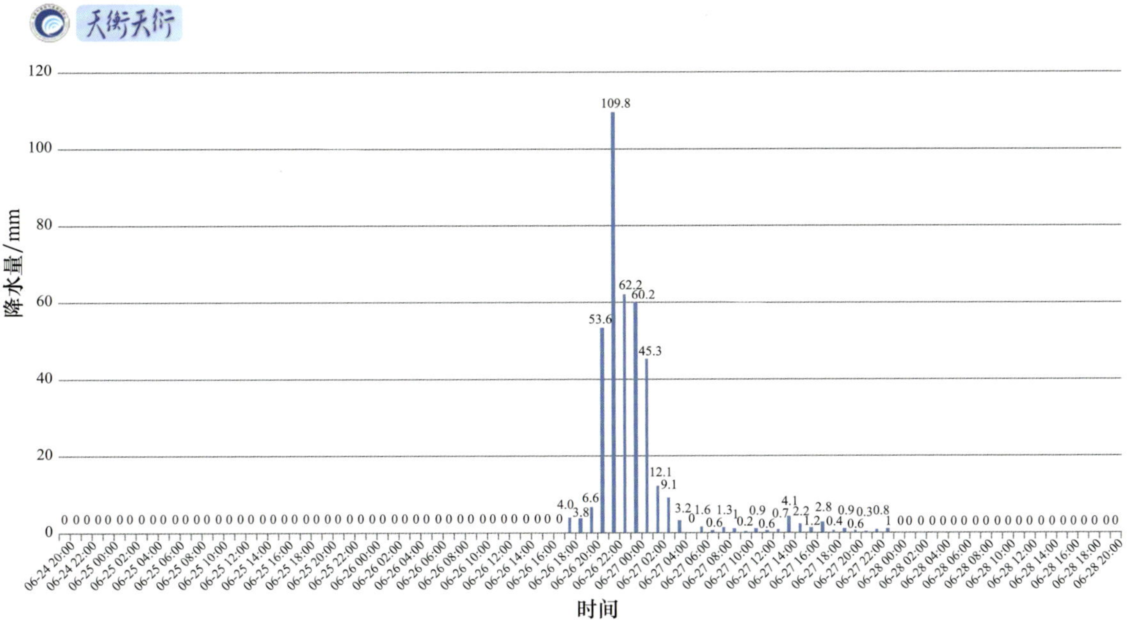

图 1-52　6 月 24 日 20 时—28 日 20 时山东邹城郭里站降水实况序列图

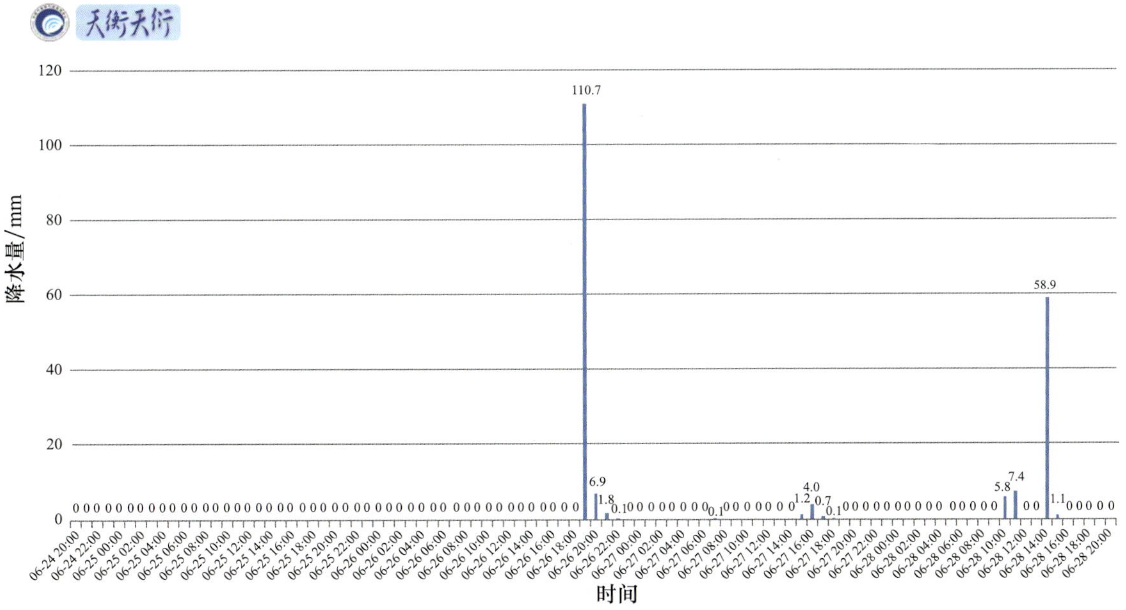

图 1-53　6 月 24 日 20 时—28 日 20 时河北沧州孟村回族自治县站降水实况序列图

6 月 27 日 20 时—28 日 20 时，强降水主要出现在山东、河北、河南、江苏、陕西、四川、辽宁、海南等地，没有站点 24 h 累计降水量超过 250 mm，100～250 mm 有 127 个站，50～100 mm 有 855 个站，日最大累计降水量 286.0 mm，发生在湖北大块地站(图 1-54d)。

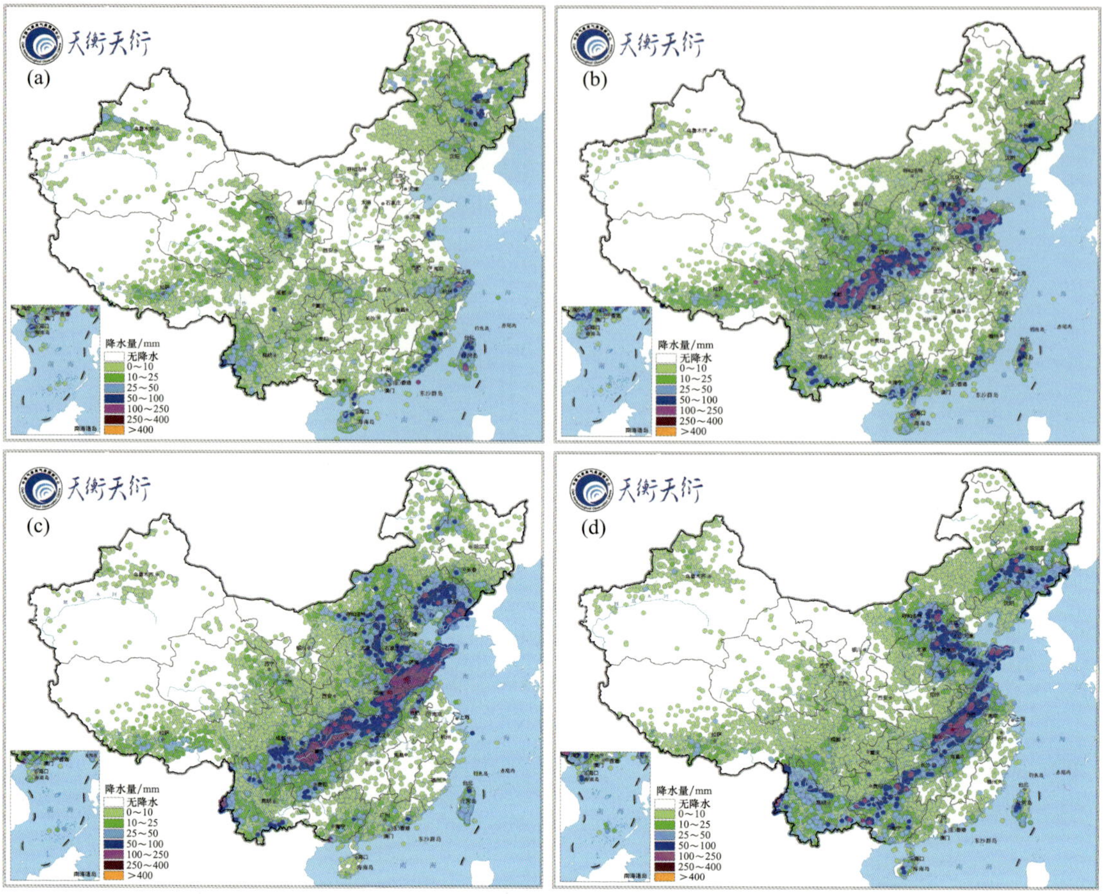

图 1-54　6 月 24 日 20 时—28 日 20 时逐日全国地面站 24 h 累计降水量

(a)24 日 20 时—25 日 20 时;(b)25 日 20 时—26 日 20 时;(c)26 日 20 时—27 日 20 时;(d)27 日 20 时—28 日 20 时

1.5.2　天气背景

本次降水过程主要为副高、高空槽、低涡和地面气旋背景下典型的北方盛夏暴雨过程，随着高空槽及低层低涡切变的移动，配合偏南低空急流的水汽输送，在我国华北、黄淮、西北地区出现强降水天气过程①。综合气象观测实时业务系统(天衡天衍)实况分析产品显示，6 月 24 日 20 时，500 hPa 存在“东高西低”环流形势，低层存在西南急流(图 1-55)。

1.5.3　多源观测特征

1.5.3.1　天气雷达监测

综合气象观测产品系统(天衡天衍)雷达拼图与强对流识别产品显示(图 1-56)，6 月 26 日

① 引自中国天气网：注意！北方入汛来最强降雨开启 这些地方有大暴雨警惕旱涝急转。

16 时，在山东青岛、淄博等地识别出冰雹信号，最大回波强度达 65 dBZ，18 时回波有所发展，最大回波强度达 60 dBZ，16 时山东滨州地区 60 dBZ 强回波顶最高可伸展至 10 km 以上（图 1-57）。

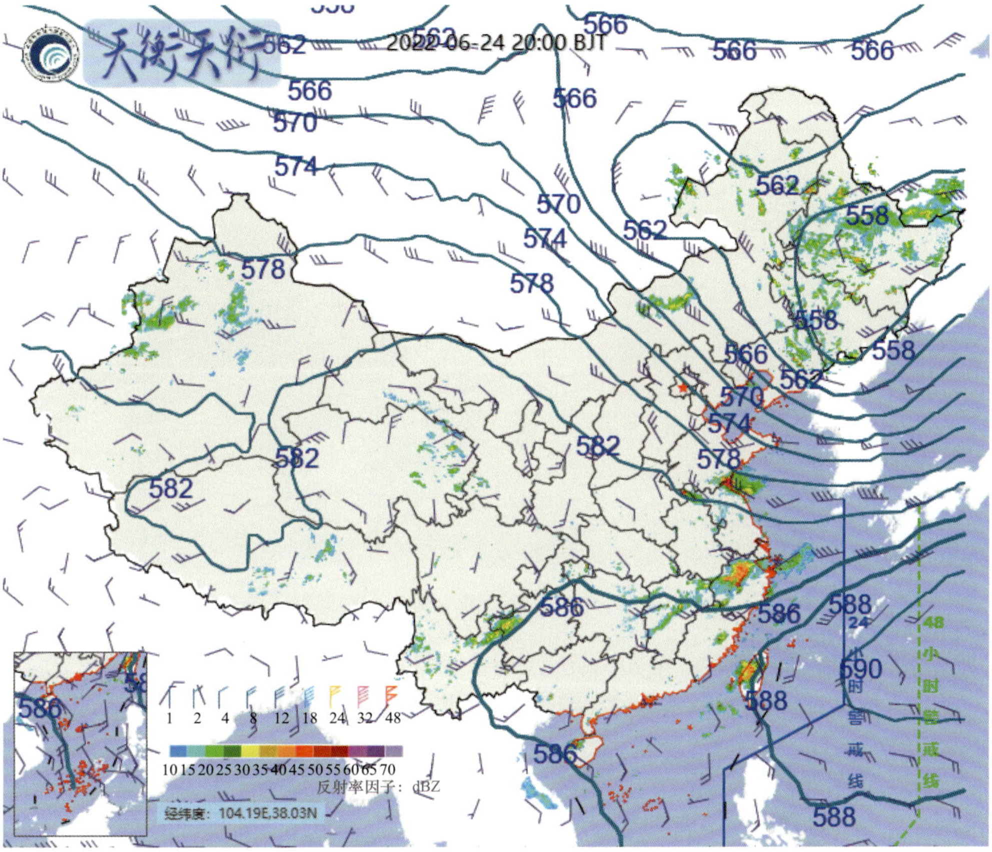

图 1-55　6 月 24 日 20 时雷达反射率因子拼图叠加
500 hPa 高度场（单位：hPa）及 700 hPa 风场（单位：$m \cdot s^{-1}$）

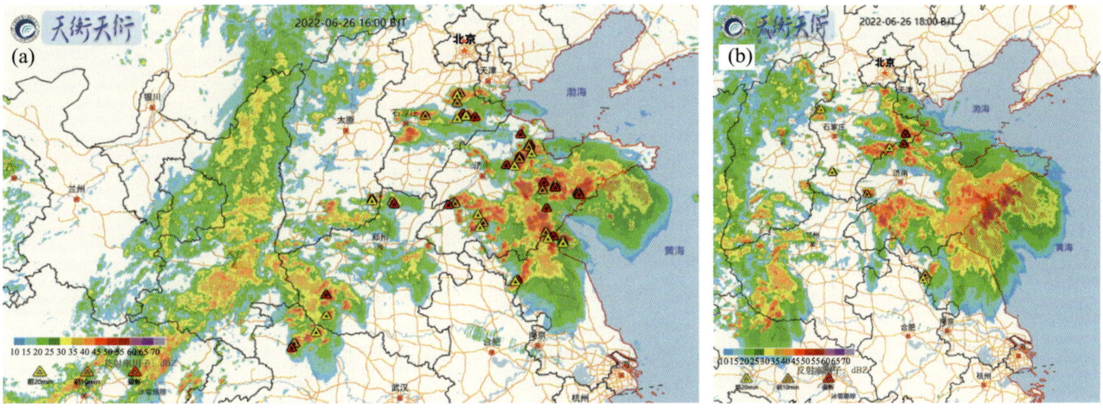

图 1-56　山东一带基本反射率因子拼图叠加冰雹跟踪产品
(a)6 月 26 日 16 时；(b)6 月 26 日 18 时

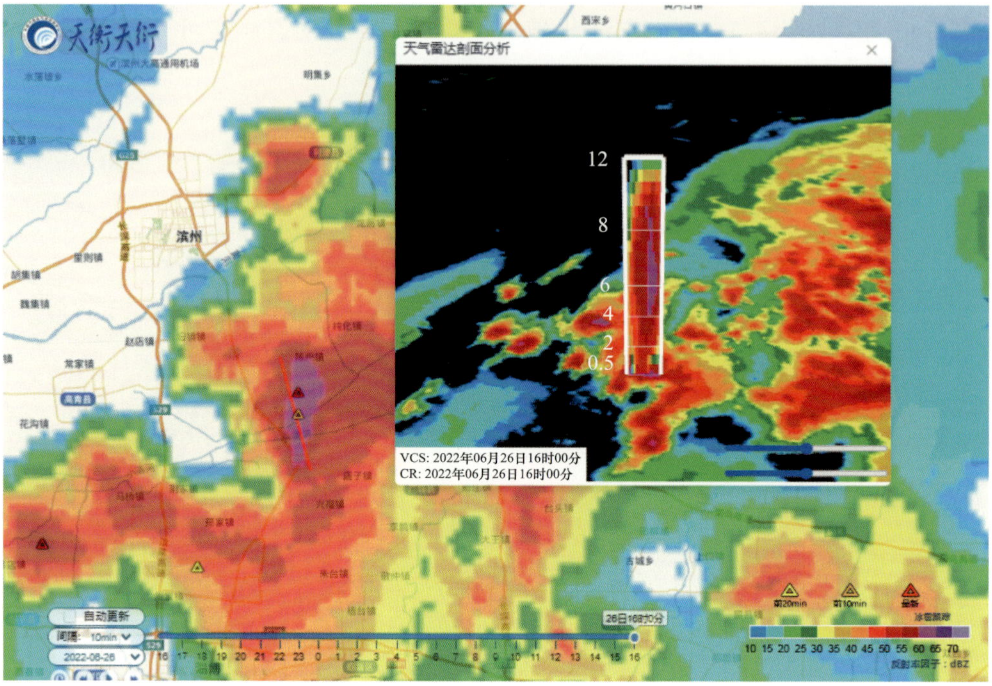

图 1-57　6 月 26 日 16 时山东滨州一带天气雷达基本反射率因子叠加剖面、冰雹跟踪

6 月 27 日 17 时 30 分左右，在苏皖、山西等地识别出冰雹信号，最大回波强度达 66 dBZ，55 dBZ 强回波顶高延伸至 10 km 左右(图 1-58)。

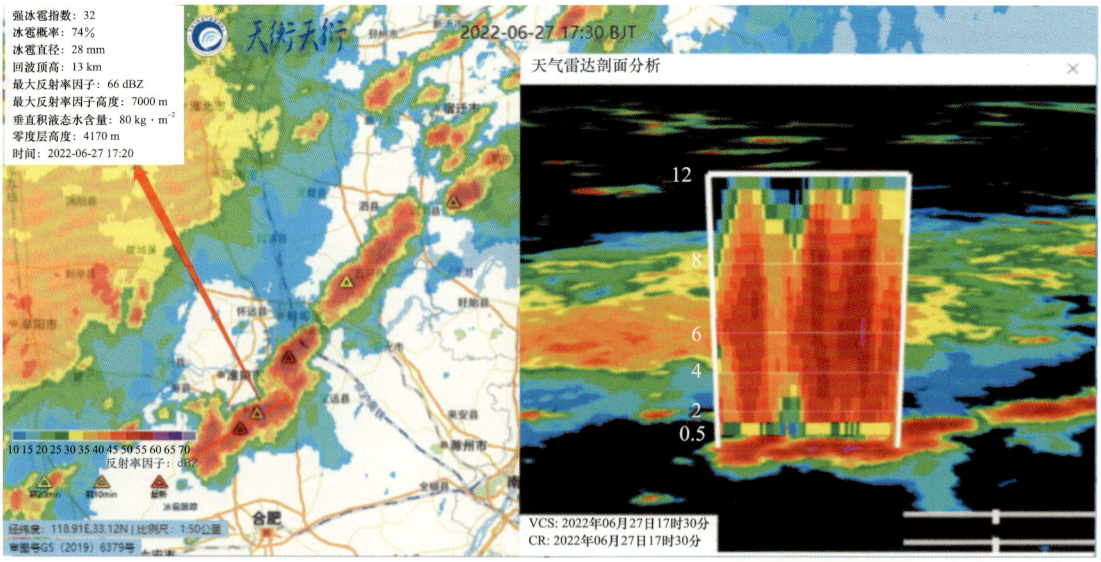

图 1-58　6 月 27 日 17 时 30 分天气雷达基本反射率因子叠加剖面、冰雹跟踪产品

6 月 28 日 14 时，在济南东南方向识别出冰雹信号，最高冰雹概率 80%，直径 36 mm，对应最大反射率 62 dBZ，回波顶高 9 km(图 1-59)。

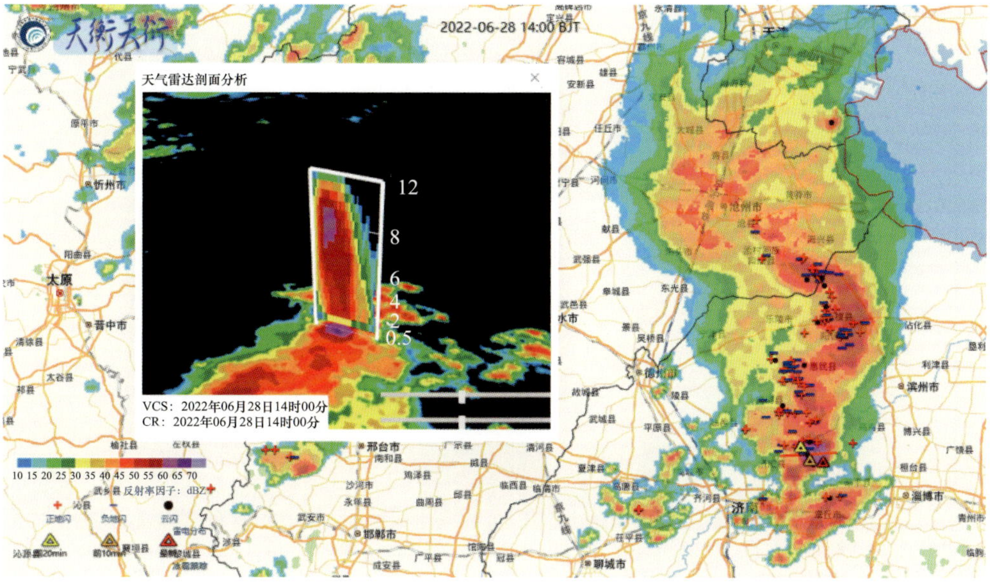

图 1-59　6 月 28 日 14 时山东地区天气雷达基本反射率、垂直剖面叠加雷电分布、冰雹追踪

6 月 28 日 17 时分别于鹤壁、濮阳一带、青州市南部识别出冰雹信号，最高冰雹概率 98%，直径 66 mm，对应最大反射率 69 dBZ，回波顶高 14 km(图 1-60)。

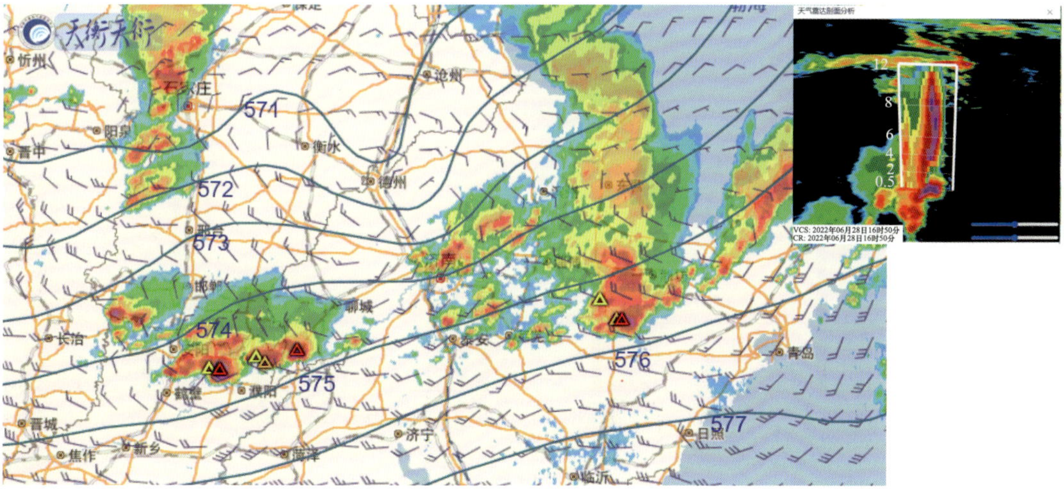

图 1-60　6 月 28 日 17 时山东天气雷达基本反射率、垂直剖面叠加 850 hPa 风场、等高线、冰雹产品

1.5.3.2　雷电监测

6 月 24 日 20 时—28 日 20 时，应急区域内雷电活动频繁，共发生 108435 次，其中正闪 51110 次，负闪 57325 次，正闪占比为 47.1%，其中最大正闪强度 298.4 kA，发生在山东，发生时间 2022-06-27 02:07:23，最大负闪强度 −298.7 kA，发生在内蒙古，发生时间

2022-06-26 11:05:38。雷电活动主要集中在26日12—20时(图1-61),雷电活动区域主要分布在山东和河北(图1-62)。

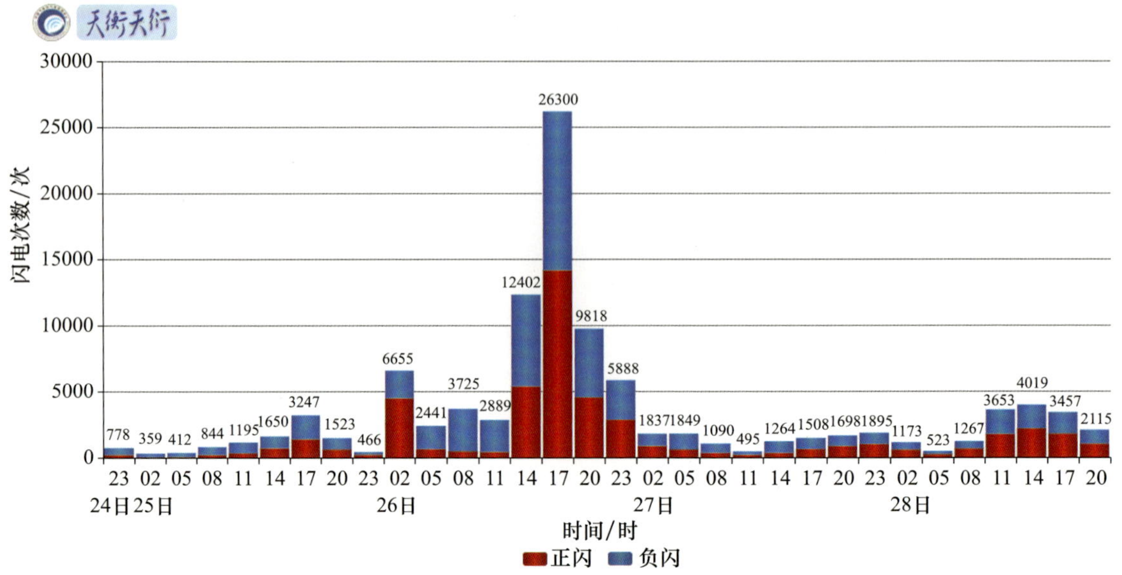

图1-61　6月24日20时—28日20时应急区域雷电3 h累计分布图

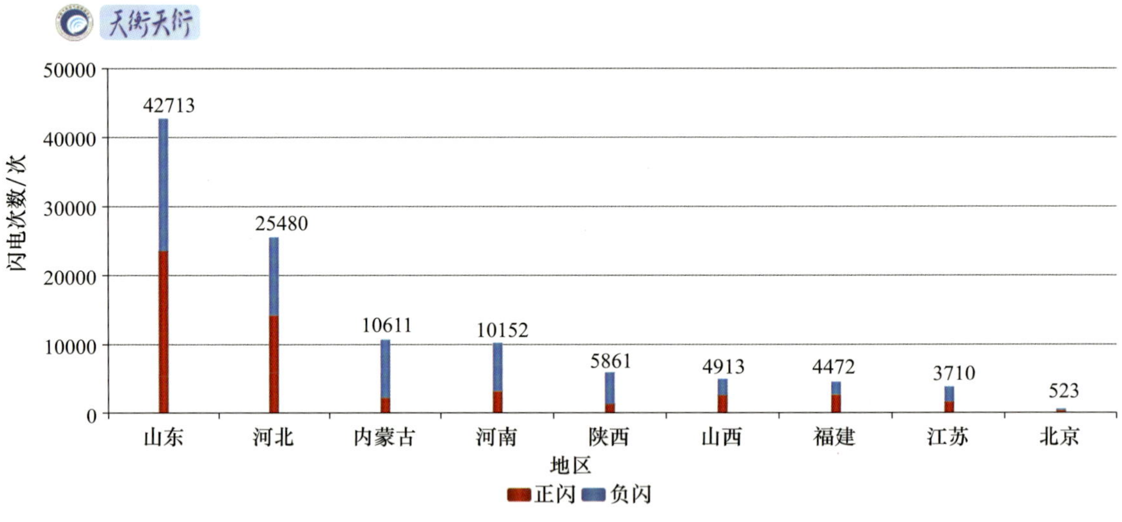

图1-62　6月24日20时—28日20时应急区域雷电空间分布图

1.5.3.3　土壤相对湿度监测

综合气象观测产品系统(天衡天衍)全国24 h 10 cm平均土壤相对湿度产品(图1-63)显示,6月26日16时,全国土壤相对湿度较低的区域主要集中在内蒙古中西部、河南、陕西、山西、新疆北部等地。其中,相对温度40%以下有451个站,40%～50%有241个站,50%～60%有243个站,60%～90%有919个站,超过90%有519个站。

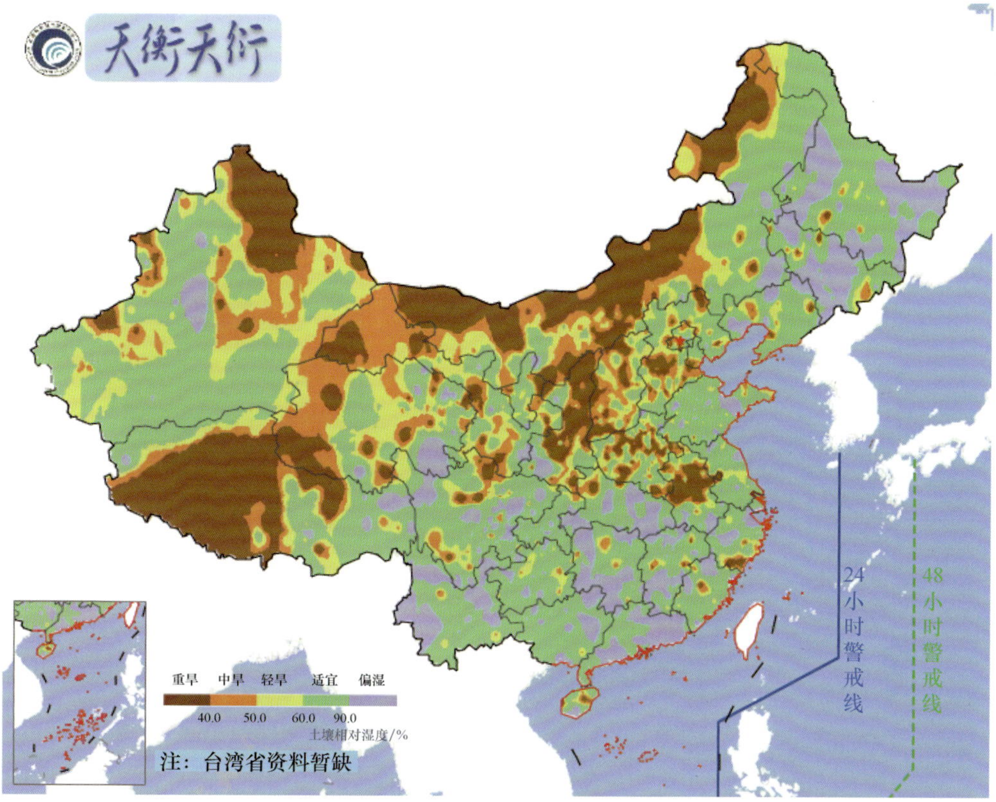

图 1-63 6 月 26 日 16 时全国 24 h 10 cm 平均土壤相对湿度产品分布图

1.6 7 月 11—17 日陕西、江苏、浙江、湖北、重庆、四川强降水

1.6.1 过程特征

1.6.1.1 总体特征

7 月 11—17 日，我国多地发生强降水天气，中国气象局于 7 月 11 日 08 时 30 分启动重大气象灾害（暴雨）Ⅳ级应急响应，17 日 08 时 30 分解除，其中应急区域为陕西、江苏、浙江、湖北、重庆、四川等省（区、市），应急区域内地面气象站共 23721 个，其中地面自动站考核站 11388 个（有人站 519 个）。本次过程影响范围广，累计降水量大，具有强对流特征，并伴有局地雷暴大风。

7 月 11 日 08 时—17 日 08 时，全国 144 h 累计降水量（图 1-64）显示，强降水主要分布在陕西、山西、河南、河北、山东、江苏、四川、吉林、黑龙江等地。应急区域内有累计降水量 400～600 mm 有 11 个站，250～400 mm 有 61 个站，100～250 mm 有 589 个站，50～100 mm 有 1058 个站。此次强降水天气过程最大累计降水量为 585.4 mm，发生在四川安州高川站，该站点降水呈现多轮短时强降水特征，降水时段主要出现在 11 日夜间、12 日夜间、15 日夜间，小时最强雨强达 76.3 mm·h^{-1}，出现在 13 日 03 时(图 1-65)；此次强降水天气过程最大小时降水量为 95.2 mm，发生在 7 月 13 日 00 时四川雅安天全新场后阳站，且以短时强降水为主，有 2 个时次小时降水量超过 50 mm，降水时段主要出现在 12 日夜间至 13 日上午(图 1-66)。

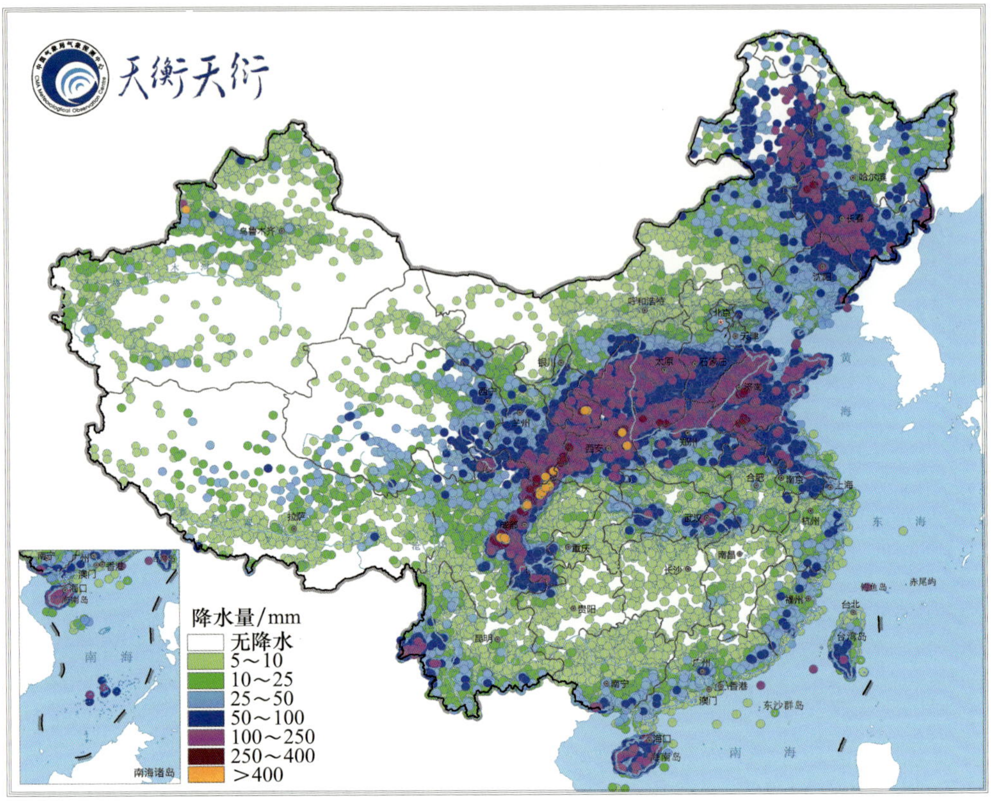

图 1-64　7 月 11 日 08 时—17 日 08 时全国累计降水量分布图

1.6.1.2　降水逐日演变特征

以 08 时为日降水量统计界限，7 月 11 日 08—12 日 08 时强降水主要出现在陕西、河北、山东、陕西、四川等地，24 h 累计降水量 100～250 mm 有 341 个站，50～100mm 有 1391 个站，日最大累计降水量 228.6 mm，发生在甘肃康县贾安村站(图 1-67a)。

7 月 12 日 08 时—13 日 08 时强降水主要出现在山东、陕西、四川、黑龙江、福建等地，24 h 累计降水量超过 250 mm 有 4 个站，100～250 mm 有 223 个站，50～100 mm 有 798 个站，日最大累计降水量 365 mm，发生在四川安州高川站(图 1-67b)。

7 月 13 日 08 时—14 日 08 时强降水主要出现在四川、吉林、陕西、山东等地，24 h 累计降水量超过 250 mm 有 10 个站，100～250 mm 有 119 个站，50～100 mm 有 516 个站，日最大累计降水量 348.3 mm，发生在四川青川苏河站(图 1-67c)。

7 月 14 日 08 时—15 日 08 时强降水主要出现在甘肃、陕西、山东、江苏、安徽等地，24 h 累计降水量超过 250 mm 有 4 个站，100～250 mm 有 47 个站，50～100 mm 有 349 个站，日最大累计降水量 348.3 mm，发生在甘肃庆城翟家河常规站(图 1-67d)。

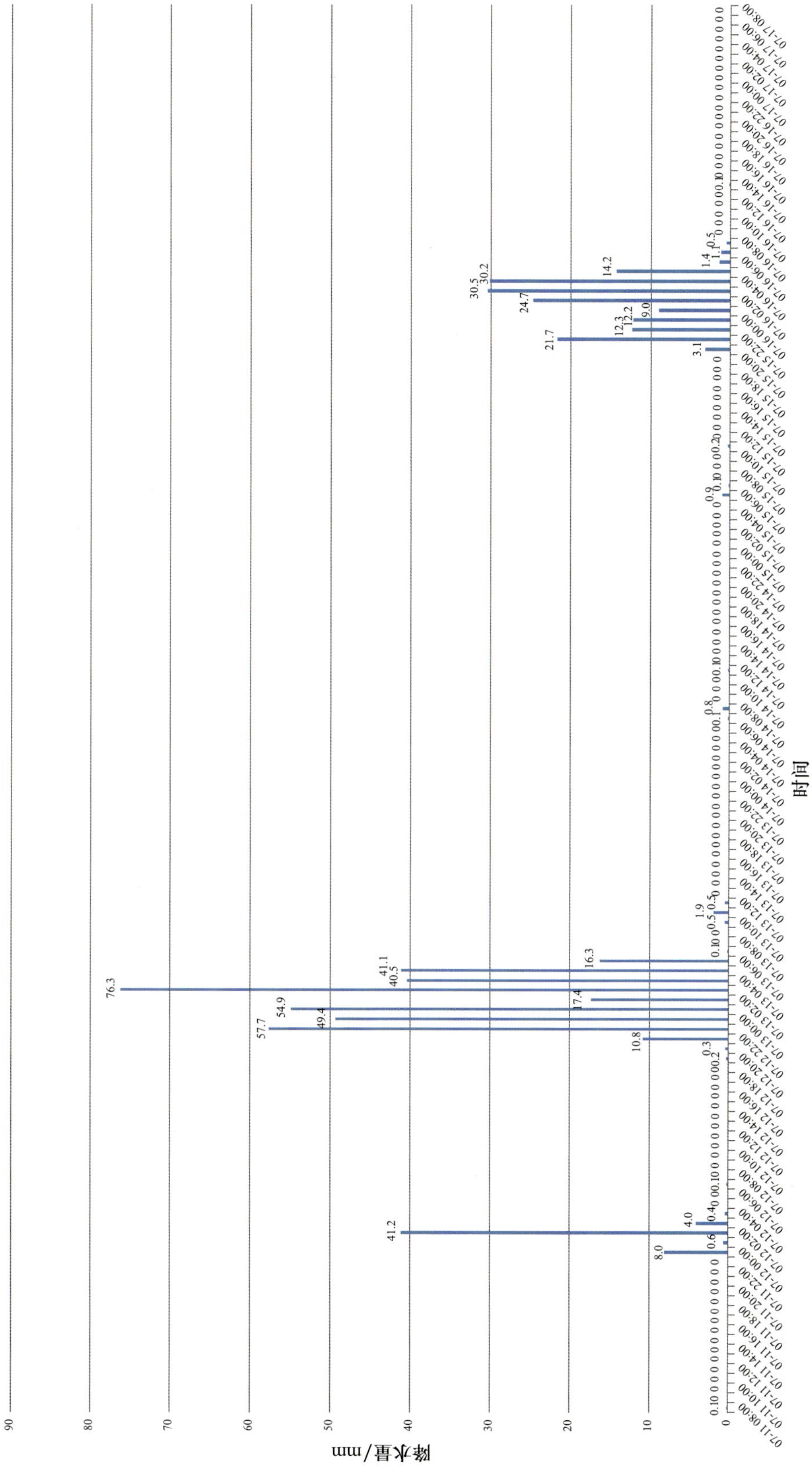

图 1-65　7 月 11 日 08 时—17 日 08 时四川安州高川站小时降水实况序列图

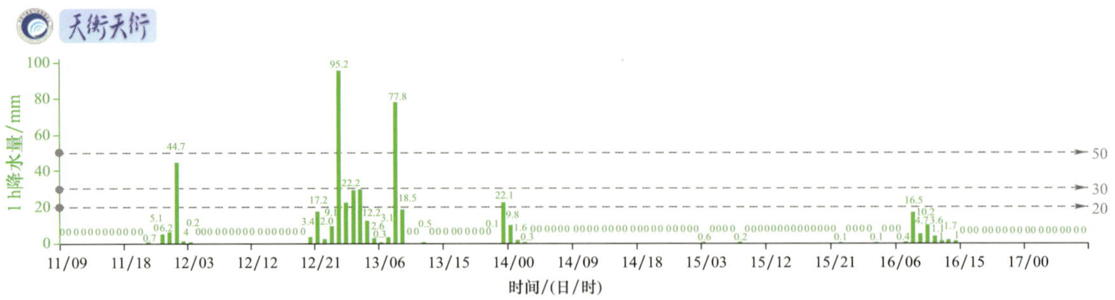

图 1-66　7 月 11 日 08 时—17 日 08 时四川雅安天全新场后阳站小时降水实况序列图

7 月 15 日 08 时—16 日 08 时强降水主要出现在四川、山西、河南、安徽等地，没有站点 24 h 累计降水量超过 250 mm，100～250 mm 有 133 个站，50～100 mm 有 891 个站，日最大累计降水量 241.3 mm，发生在四川绵竹清平盐井站(图 1-67e)。

7 月 16 日 08 时—17 日 08 时强降水主要出现在四川、湖北、河北、河南、山东等地，24 h 累计降水量 100～250 mm 有 58 个站，50～100 mm 有 797 个站，日最大累计降水量 173.2 mm，四川雅安雨城望鱼葫芦坝站(图 1-67f)。

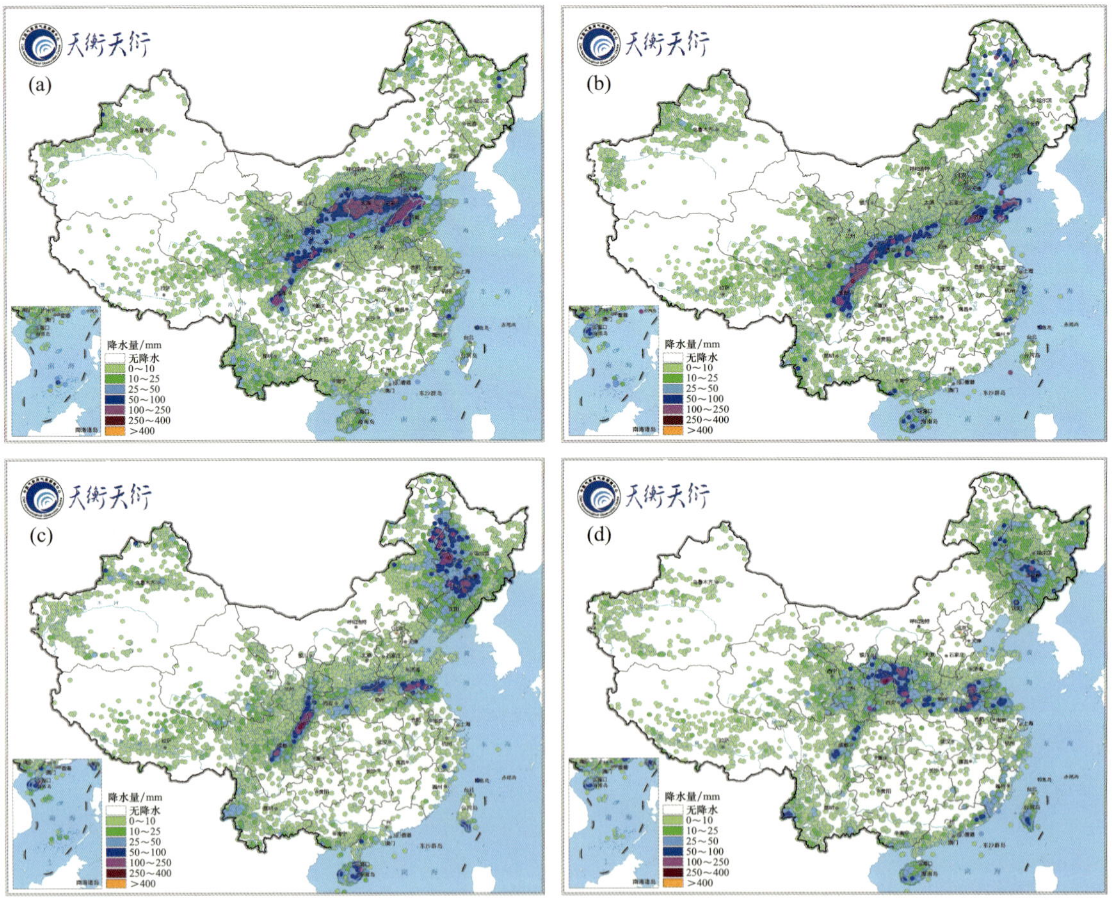

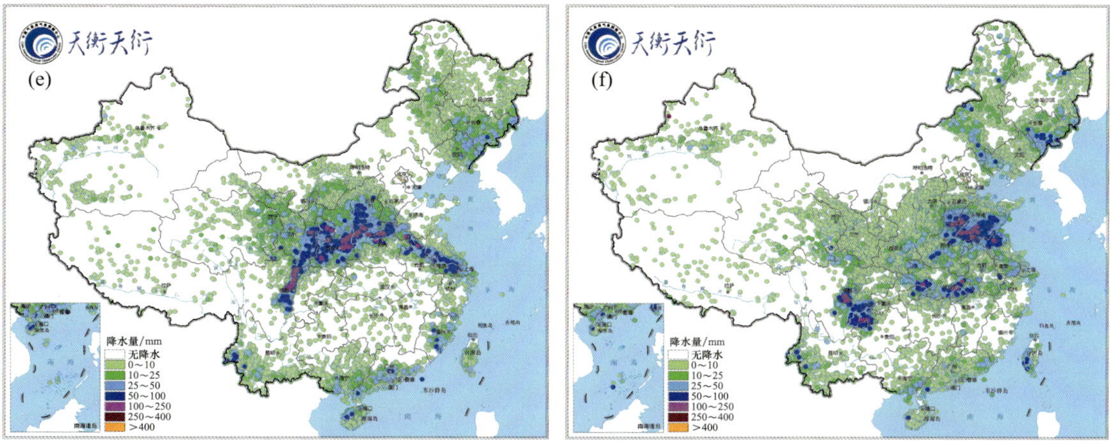

图 1-67　7 月 11 日 08 时—17 日 08 时逐日全国地面站 24 h 累计降水量

(a)11 日 08 时—12 日 08 时；(b)12 日 08 时—13 日 08 时；(c)13 日 08 时—14 日 08 时；(d)14 日 08 时—15 日 08 时；(e)15 日 08 时—16 日 08 时；(f)16 日 08 时—17 日 08 时

1.6.2　天气背景

7 月 11—18 日，随着冷涡系统发展引导冷空气南下，副高南落，受低空急流和低涡切变影响，在陕西、江苏、浙江、湖北、重庆、四川等地出现强降水天气(图 1-68)。

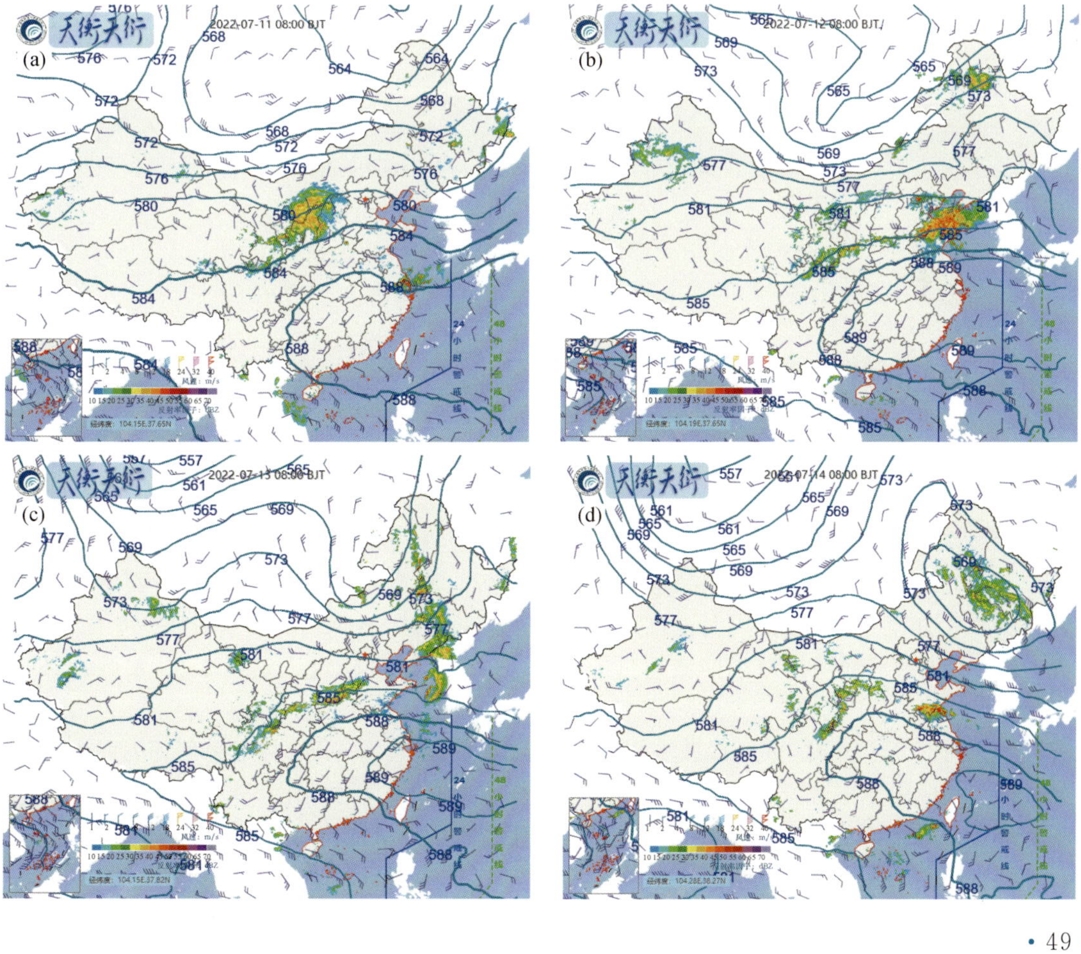

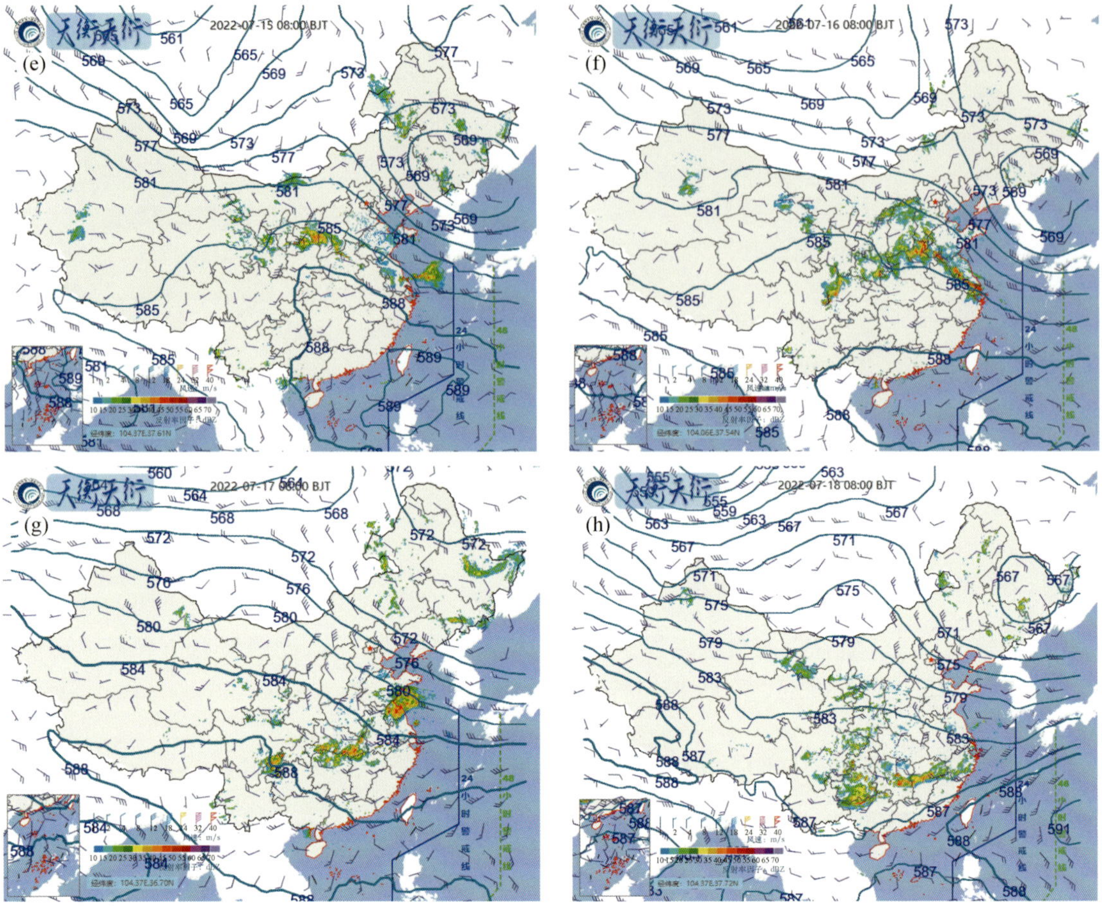

图 1-68　7 月 11—18 日逐日 08 时雷达基本反射率拼图叠加

500 hPa 高度场(单位:hPa)及 700 hPa 风场(单位:m · s^{-1})

(a)11 日;(b)12 日;(c)13 日;(d)14 日;(e)15 日;(f)16 日;(g)17 日;(h)18 日

1.6.3　多源观测特征

1.6.3.1　天气雷达监测

综合气象观测产品系统(天衡天衍)全国天气雷达基本反射率拼图产品显示(图 1-69),7 月 11 日 17 时 30 分,雷达回波主要集中在四川北部、青海东部、甘肃南部、陕西中部、山西、河北、北京、山东北部、黑龙江以及浙江东南部、福建东北部、云南等地。其中,黑龙江、浙江东南部、福建东北部等地局地最强回波超过 60 dBZ,福建屏南县附近识别到冰雹,最强回波顶高达 8 km(图 1-70)。

7 月 12 日 10—16 时,雷达回波主要集中在新疆北部、青海东部、甘肃南部、陕西中部、山西南部、河北南部、山东中部、内蒙古中北部、黑龙江西北部、浙江等地(图 1-71)。其中,12 日 10 时,山东东部等地局地最强回波超过 60 dBZ,山东莱芜附近识别到冰雹,55 dBZ 以上回波伸展至 9 km 以上;16 时,浙江三门县附近识别到冰雹,55 dBZ 以上回波伸展至 10 km 以上(图 1-72)。

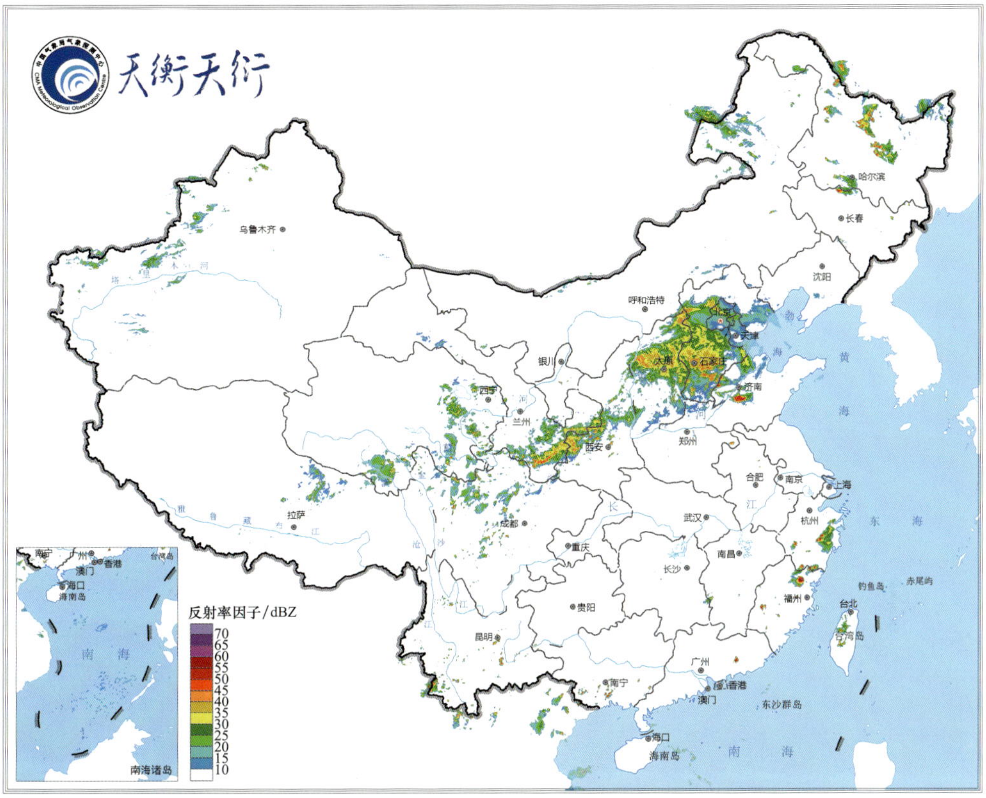

图 1-69　7 月 11 日 17 时 30 分全国天气雷达基本反射率因子拼图

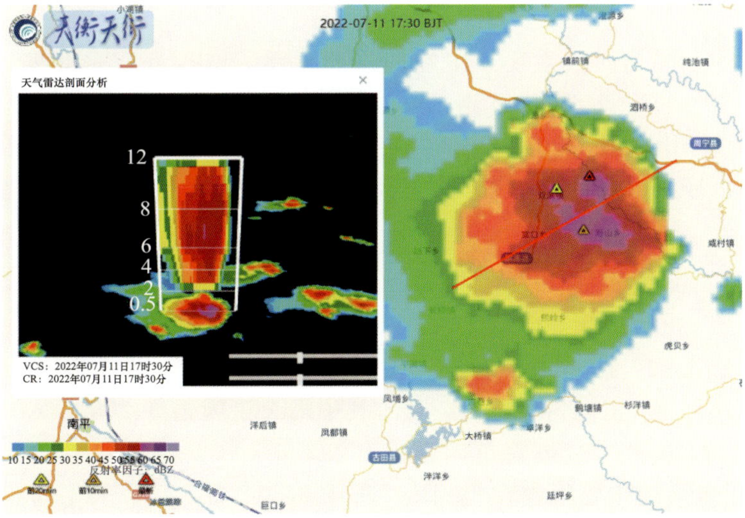

图 1-70　7 月 11 日 17 时 30 分福建屏南县天气雷达基本反射率叠因子加剖面、冰雹识别

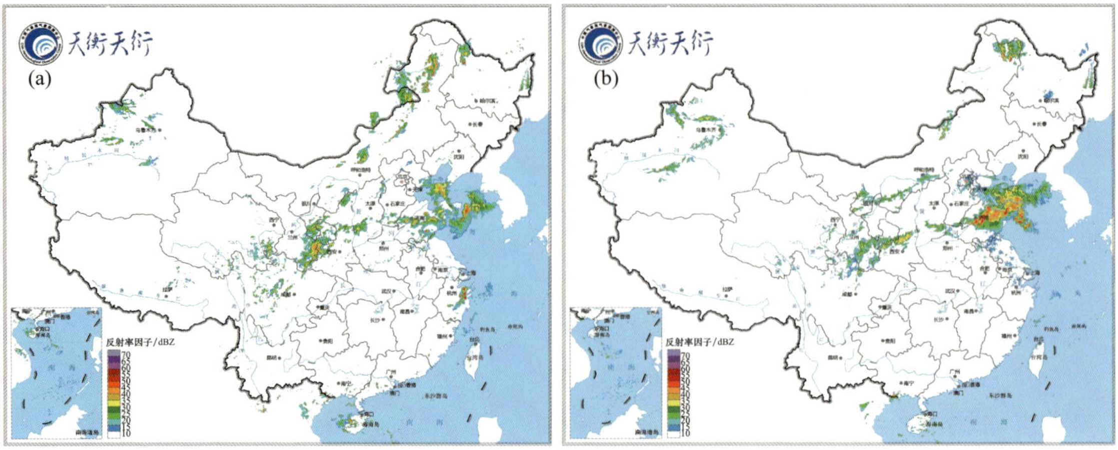

图 1-71　全国天气雷达基本反射率因子拼图

(a)7 月 12 日 10 时；(b)7 月 12 日 16 时

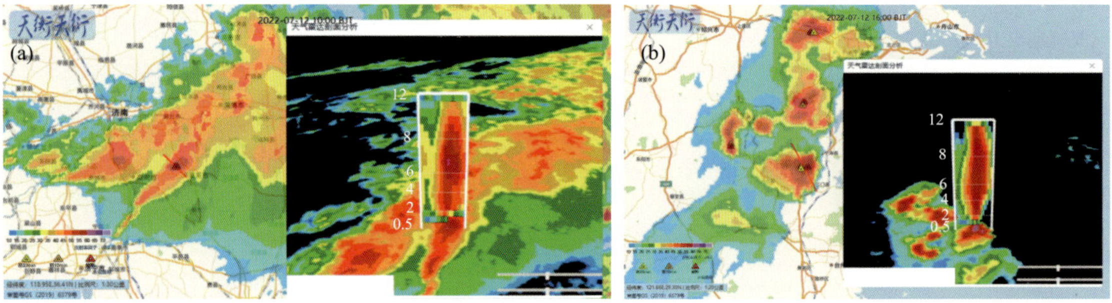

图 1-72　天气雷达基本反射率叠加剖面、冰雹识别

(a)7 月 12 日 10 时山东莱芜附近；(b)7 月 12 日 16 时浙江三门县附近

7 月 17 日 18 时，雷达回波主要集中在四川西北部、重庆、云南东北部、贵州、湖南西北部、江西北部、浙江东部和北部、江苏南部和上海等地；其中，浙江、重庆、湖北、江西等地局地最强回波超过 60 dBZ(图 1-73)。18 时 20 分，浙江东部地区受飑线影响，局地最强回波达 67 dBZ，强回波顶高在 8 km 左右，最大极大风速达到 28.4 $m \cdot s^{-1}$，冰雹发生概率为 79%(图 1-74)。

1.6.3.2　雷电监测

7 月 11 日 08 时—17 日 08 时，应急区域内雷电活动频繁，共发生 81684 次，其中正闪 20065 次，负闪 61619 次，正闪占比为 24.6%，其中最大正闪强度 298.2 kA，发生在四川，发生时间 2022-07-16 04:51:02，最大负闪强度 −298.8 kA，发生在四川，发生时间 2022-07-15 15:48:33。雷电活动主要集中在 12 日 15—16 时、12 日 23 时—13 日 03 时、14 日 05—06 时、15 日 22 时—16 日 09 时、17 日 03—05 时(图 1-75)，雷电活动区域主要分布在四川和陕西(图 1-76)。

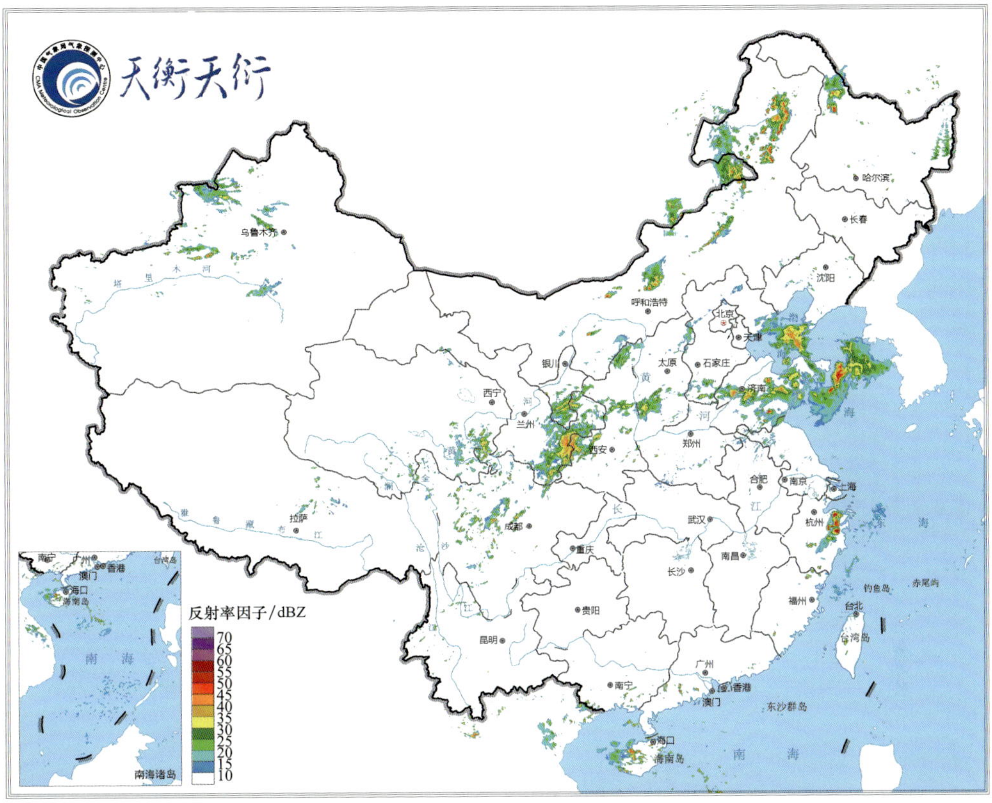

图 1-73　7 月 17 日 18 时全国天气雷达基本反射率因子拼图

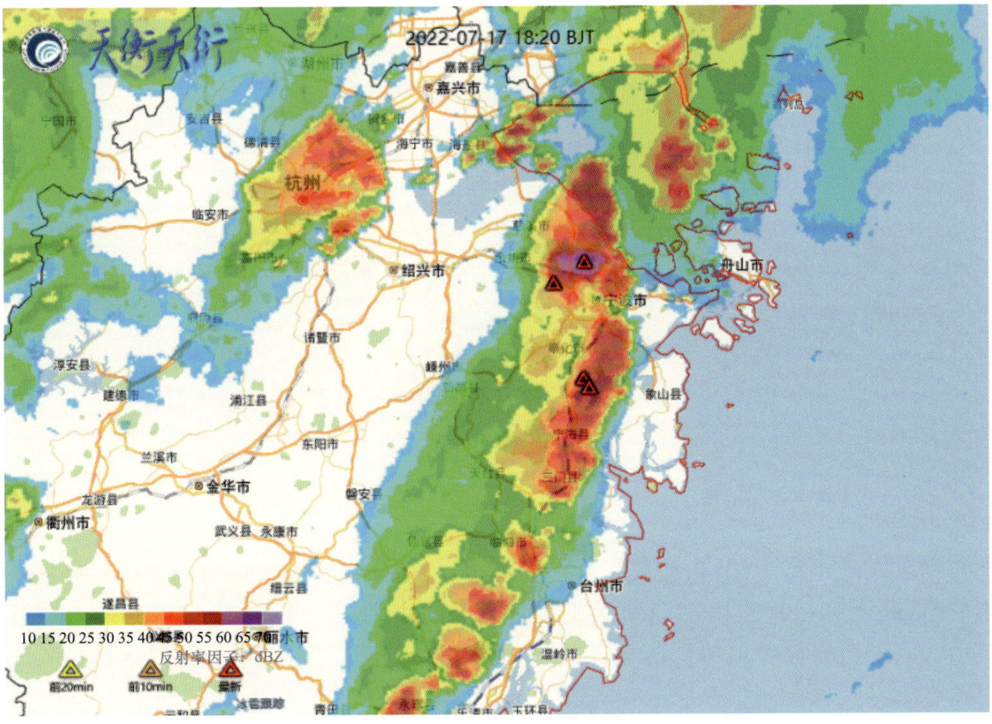

图 1-74　7 月 17 日 18 时 20 分浙江附近天气雷达基本反射率因子拼图叠加冰雹跟踪产品、极大风场

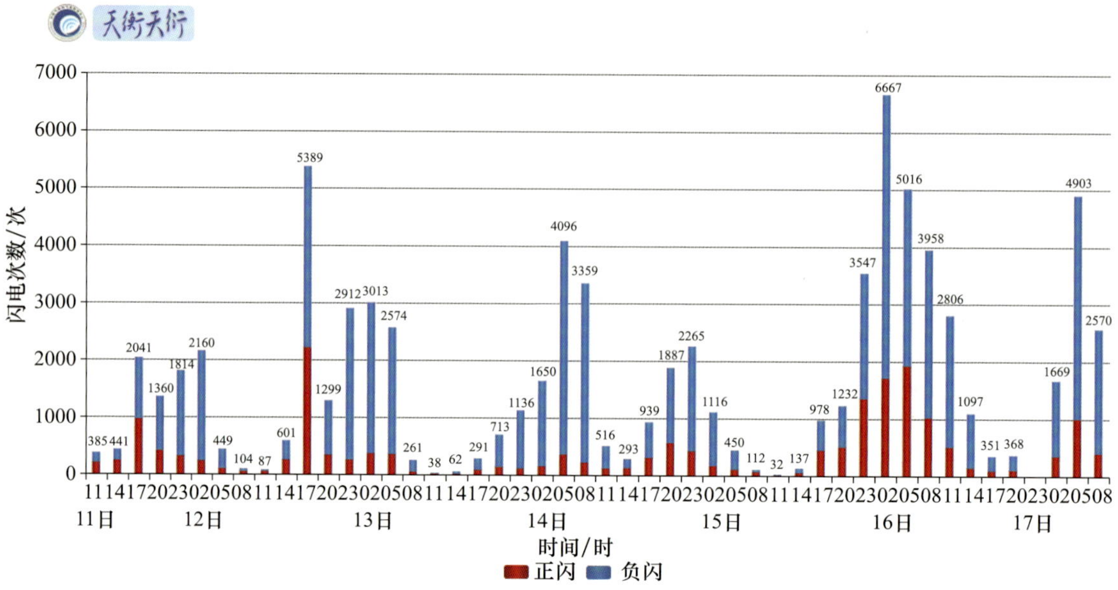

图 1-75　7 月 11 日 08 时—17 日 08 时应急区域雷电 3 h 累计分布图

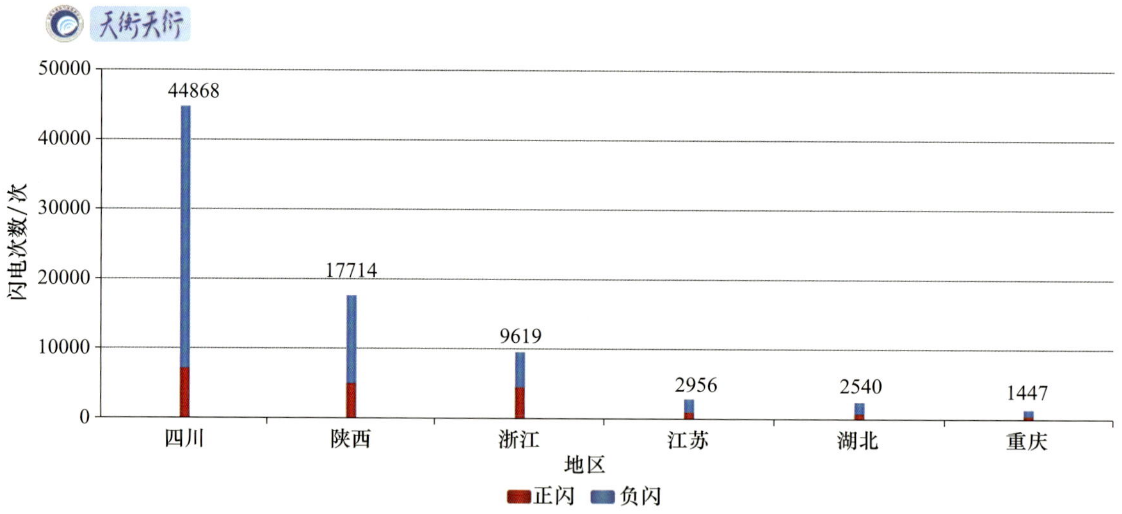

图 1-76　7 月 11 日 08 时—17 日 08 时应急区域雷电空间分布图

1.6.3.3　土壤水分监测

综合气象观测产品系统(天衡天衍)全国 168 h 10 cm 土壤含水量变化图(1-77)显示,受此次降水影响,陕西、四川、重庆部分地区土壤含水量较 7 月 11 日 08 时上升明显,其中甘肃南部、四川北部、山西南部等地较为明显,部分地区 10 cm 土壤含水量增加 20 g · cm^{-3}。

中国气象局气象探测中心研制的全国土壤水分(体积含水量)10 cm 深度融合产品显示,受 7 月 11—12 日降水影响,青海、甘肃、宁夏、陕西、山西、河北、山东和江苏部分地区土壤含水量较 7 月 11 日 15 时(图 1-78)上升明显；受持续高温少雨天气影响，我国南方土壤水分含量延续下降趋势，但西藏东南部、云南西部、广西、广东、江西和湖南部分地区受前期降水影响，土壤水分体积含量持续超过 40%，建议加强城市内涝与农作物涝渍害等灾害的监测与防范。内蒙古中西部近期降水较少，干旱形势持续发展。

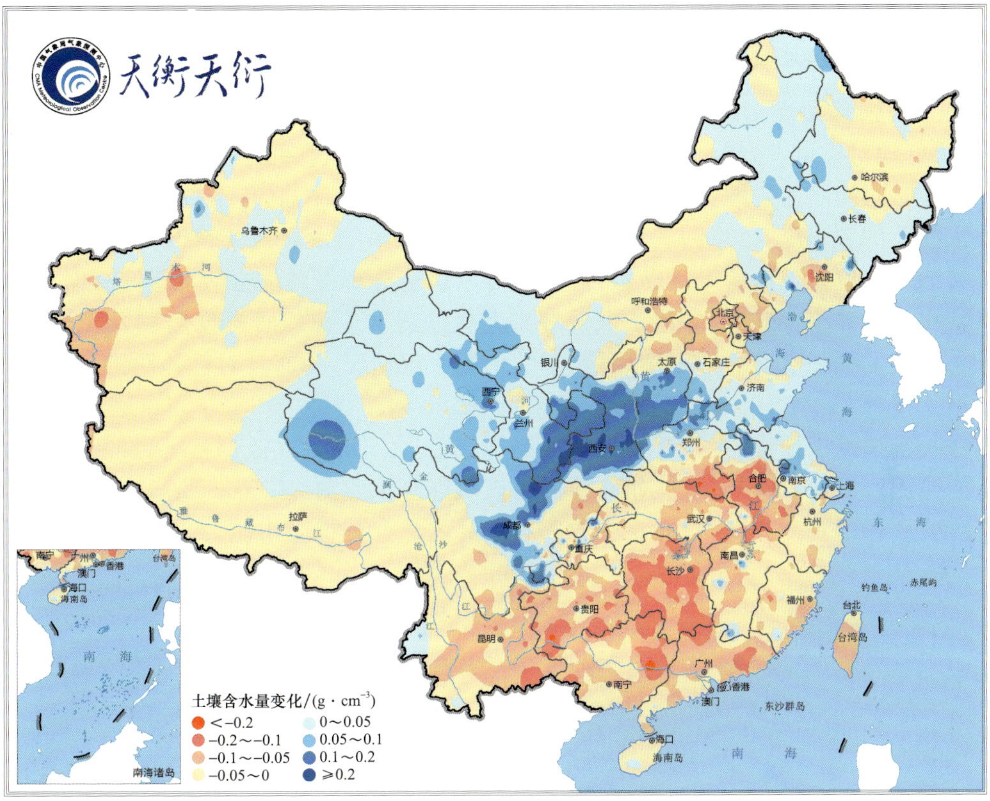

图 1-77　2022 年 7 月 10 日 08 时—17 日 08 时全国 10 cm 土壤含水量变化

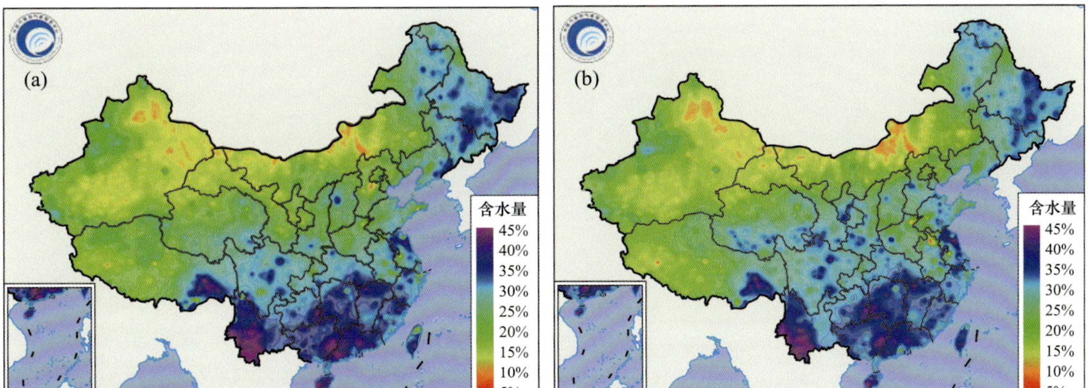

图 1-78　全国土壤水分(体积含水量)10 cm 深度融合产品

(a)7 月 11 日 15 时；(b)7 月 12 日 15 时

1.7 小结

利用天衡天衍系统降水、天气雷达、雷电、大气可降水量、土壤相对湿度、土壤水分监测等产品，对 2022 年 5—7 月份出现在我国的 6 次大范围强降水天气过程进行了描述分析，降水监测相关产品能够很好地对降水过程进行统计分析，能够快速监测并统计出降水累计极值及过程小时最大雨强等站点，并能够灵活进行统计分析；雷达监测相关产品能够识别出强对流特征，能够很好地对雷电、冰雹、大风等进行识别；相控阵雷达则在时空分辨率上更具有优势，可提供 1 min 时间间隔的拼图资料，同时可以提供差分相移率 K_{DP} 产品拼图，可以更精细地监测强降水的范围和强度，更有利于精细监测小尺度对流系统发展演变情况。雷电监测相关产品能够灵活对相应区域内雷电活动进行监测，可以快速分析得到雷电活动最旺盛时段，根据正负闪统计次数及强度，能够更好地认识强对流天气过程。土壤相对湿度监测及土壤水分监测相关产品能够了解降水前后的土壤墒情，了解土壤干湿情况，为有针对性地防涝抗旱提供强有力的数据支撑。

应进一步加强极端性、突发性暴雨的监测与告警，尤其是针对监测盲区、复杂地形区、灾害易发点的监测产品研发，同时开展如面雨量等流域强降水监测，从“点—线—面”角度细致刻画此时、此刻、此地的观测实况，提升观测数据和产品的综合分析应用能力。

第二章　强对流

2.1　3 月 16 日我国中部地区大范围风雹强对流

2.1.1　过程特征

3 月 16 日，对流系统在我国中部地区造成了大范围雷电、降水、雷暴大风、冰雹等灾害天气。其中湖北省境内影响最为严重，伴随着一个在湖北黄冈地区产生大冰雹的强回波单体、一个可能在湖北石首地区造成弱龙卷灾害的中涡旋系统，以及一个影响湖南多地具有弓形回波结构的强飑线系统。

本次强对流天气过程可大致划分为以下 5 个阶段：

阶段一：对流系统的最初形成可追溯至 3 月 15 日 20 时—16 日 00 时的贵州西部（系统 A1）和四川南部（系统 A2）。两组对流系统共同自西南向东北移动（图 2-1）。

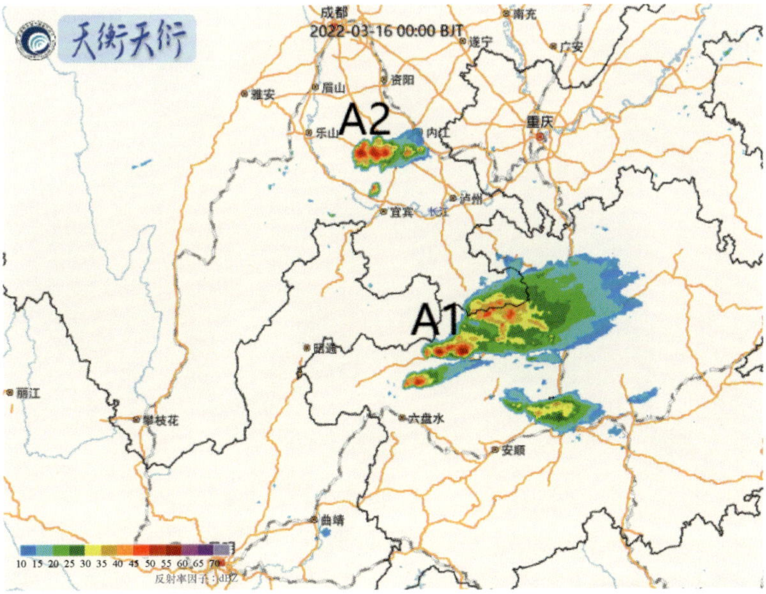

图 2-1　3 月 16 日 00 时天气雷达拼图

阶段二：系统 A1 于 3 月 16 日 08—11 时逐渐发展为线状对流系统并先后开始影响湖南和湖北地区（图 2-2）；系统 A2 于 16 日 06—12 时受低涡系统环流影响，在重庆地区呈气旋性旋转移动，移速减缓。

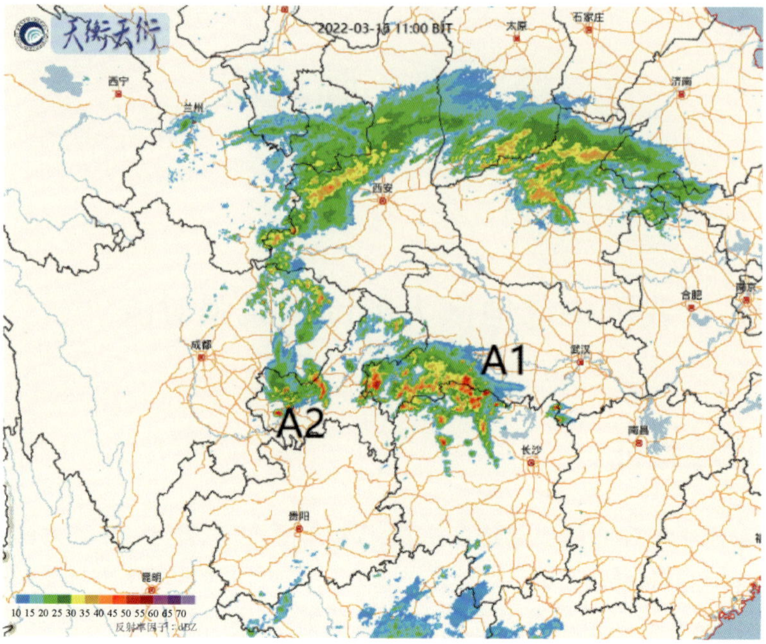

图 2-2　3 月 16 日 11 时天气雷达拼图

阶段三：3 月 16 日 12—16 时，系统 A1 逐渐发展演变为位于东侧的对流性较强的西北—东南走向线状对流系统 B1，以及位于西侧的大致呈西南—东北走向的线状对流系统 B2。同时，系统 A2 发展增强，与 B1、B2 共同向东移动(图 2-3)。

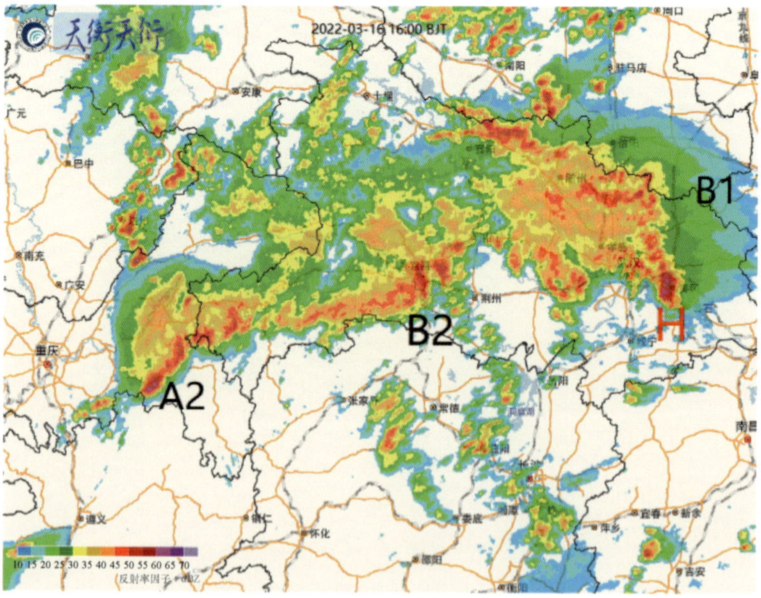

图 2-3　3 月 16 日 16 时天气雷达拼图

阶段四：3 月 16 日 16—22 时，自东向西依次形成 3 个组织形态不同的对流系统。东侧系统 C1 由 B1 发展演变而成，其最南端形成强回波单体 H(图 2-3)，在 16 时 30 分前后影响湖北黄冈地区。中间系统 C2 由 B2 与湖南西部地区新生对流单体合并生成，于 19 时 20 分前后形成具有中涡旋结构的对流系统 M(以下简称“中涡旋 M”)，影响湖北石首地区(图 2-4)。西侧系统 C3 由 B2 西侧的新生对流发展形成，演变为西南—东北走向的飑线 S，并在发展增强过程中表现出弓形回波特征。

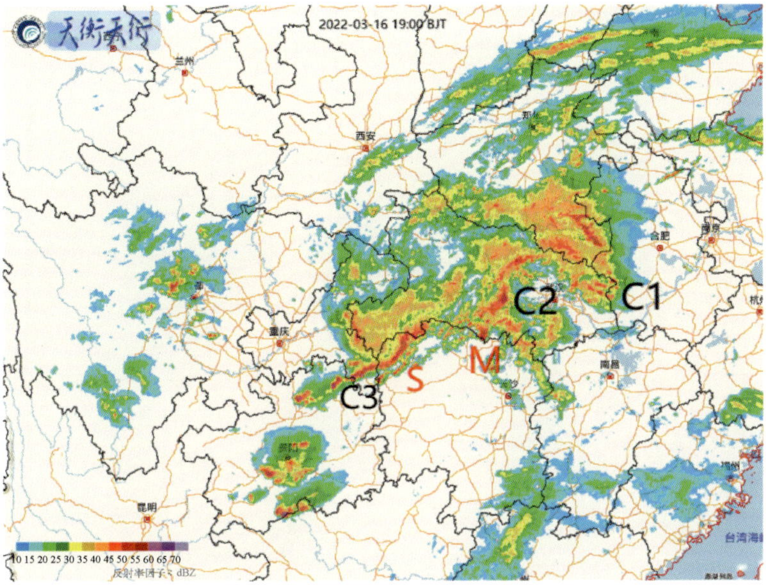

图 2-4　3 月 16 日 19 时天气雷达拼图

阶段五：3 月 16 日 22 时—17 日白天，系统 C1 和 C2 形成大范围降水对流系统，先后影响安徽、江苏、浙江等地(图 2-5)。系统 C3 在湖南逐渐消散。

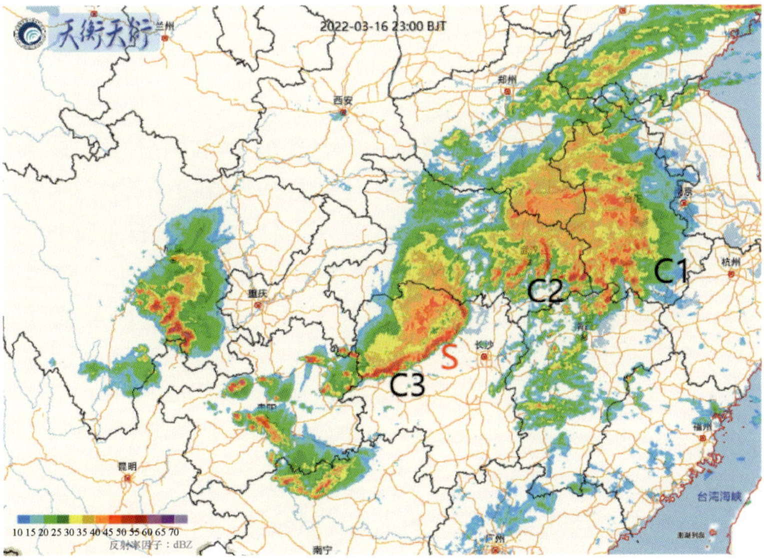

图 2-5　3 月 16 日 23 时天气雷达拼图

2.1.2 关键强对流过程监测

2.1.2.1 强回波单体 H

该回波单体位于线状对流系统 B1 的南端，最大反射率因子达到 70 dBZ，出现在 3 月 16 日 16 时 30 分（图 2-6）。回波强度超过 65 dBZ 的时段超过 1 h，产生直径超过 2 mm 冰雹，主要影响湖北黄冈地区。

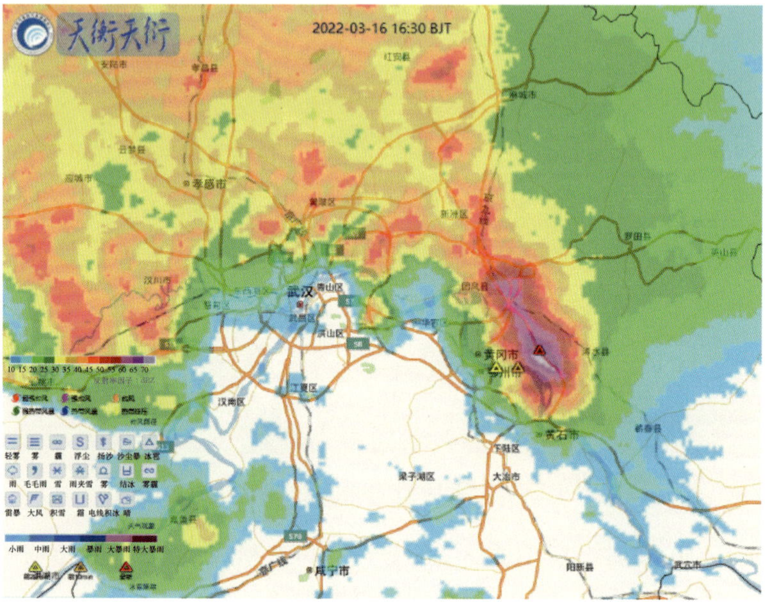

图 2-6　3 月 16 日 16 时 30 分天气雷达拼图及冰雹识别产品

2.1.2.2 中涡旋 M

生成中涡旋 M 的对流单体位于对流系统 C2 中部的西南侧分支。该系统自 3 月 16 日 19 时 08 分—19 时 26 分共有连续 4 个时次识别出龙卷涡旋特征（TVS），其中 19 时 20 分达到中等强度级别（图 2-7）。该系统自西南向东北移动，主要影响湖北石首地区，最强时次恰好位于长江附近。荆州雷达径向速度场显示，1.5°仰角中涡旋明显（因产生于飑线而非典型超级单体，故不称中气旋），0.5°仰角气旋性旋转明显，但并无明显龙卷尺度涡旋信号。该系统具有产生局地小尺度弱龙卷的可能性。当晚武汉中心气象台已成功发布可能伴随龙卷的雷雨大风橙色预警信号。

2.1.2.3 飑线 S

实况分析场 850 hPa 风流场产品显示（图 2-8），系统 C3 所对应的飑线北部在 3 月 16 日 22 时前后有切变线加强形成中尺度涡旋，表明后向入流的增强和北侧气旋性切变的加强，有利于飑线系统的增强和维持。同时，飑线逐渐增强发展，呈现出明显的弓形回波特征。该系统在地面造成冰雹和雷暴大风等强对流灾害天气，主要影响湖南地区，系统完整持续时间超过10 h，强致灾时间超过5 h。

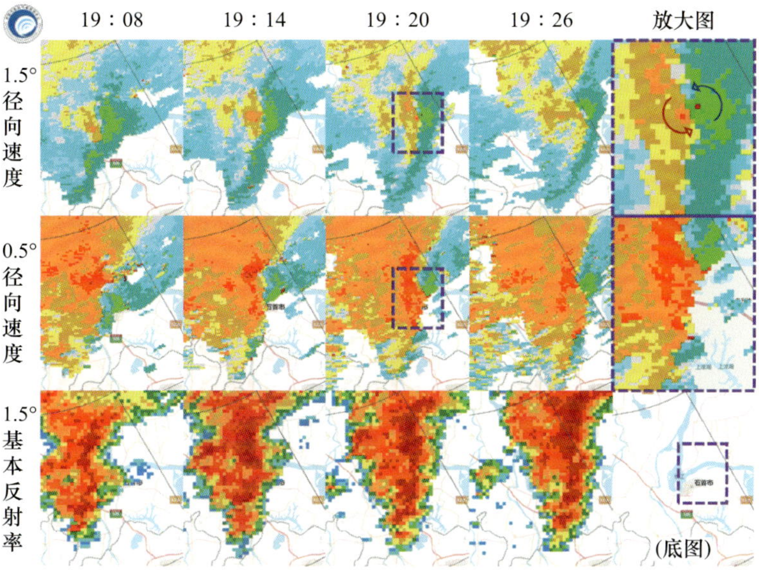

图 2-7 3月16日晚间荆州雷达监测中涡旋系统

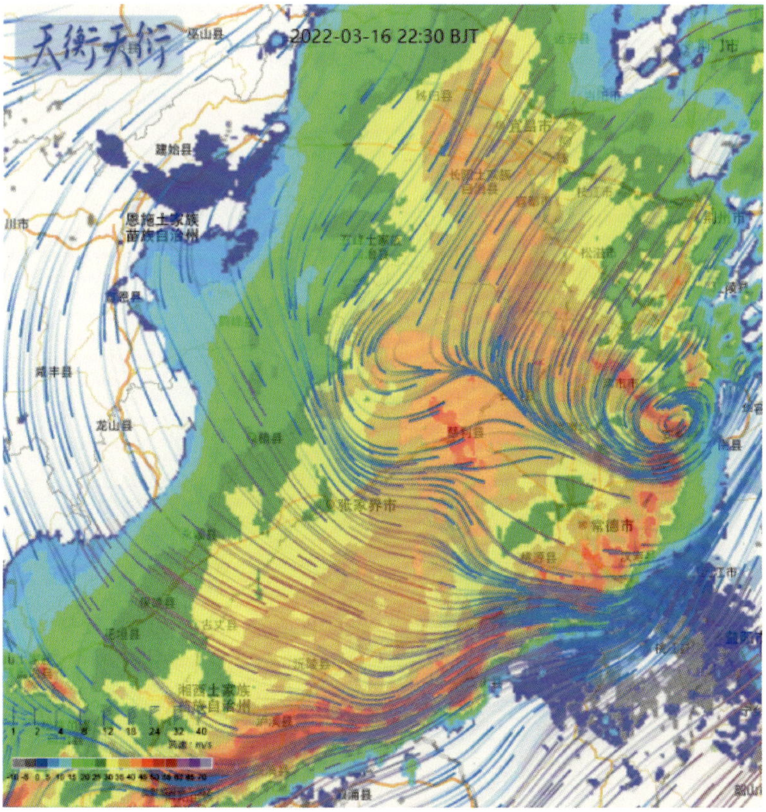

图 2-8 3月16日22时30分荆州雷达监测弓形回波系统

2.1.2.4　雷电监测

综合气象观测产品系统(天衡天衍)全国雷电发生时序图(图 2-9)和分省雷电发生次数图(图 2-10)显示:3 月 16 日 08 时—17 日 08 时,全国雷电活动共 144719 次,其中正闪 46098 次,负闪 98621 次,主要集中在四川、重庆、贵州、湖南、湖北、安徽、河南、江西、广西、云南和陕西等地,时段在 19—23 时最为剧烈,湖北省雷电活动最多,达 45869 次,占全国总雷电次数的 31.7%。

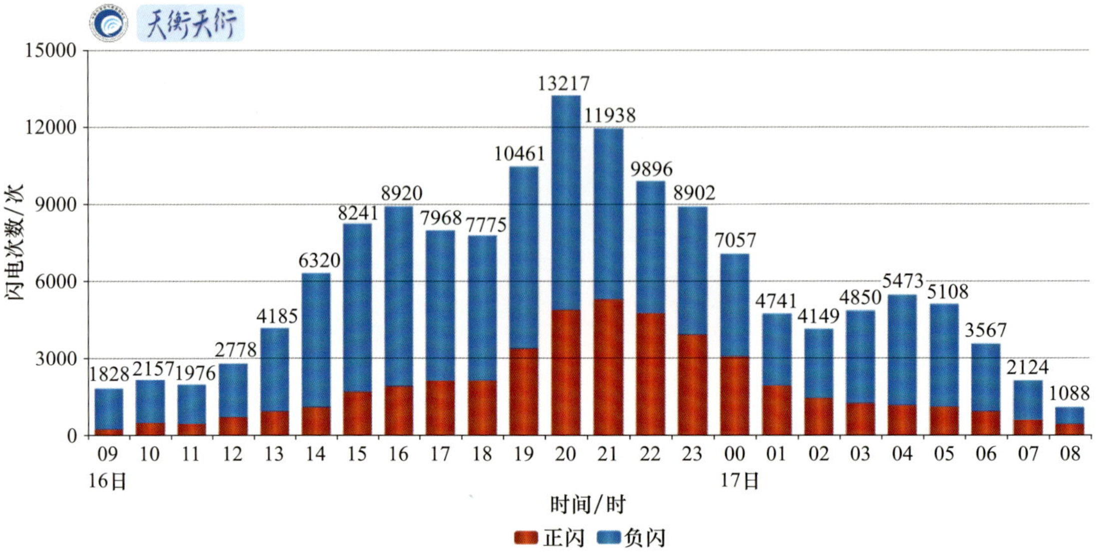

图 2-9　3 月 16 日 08 时—17 日 08 时全国雷电发生时序图①

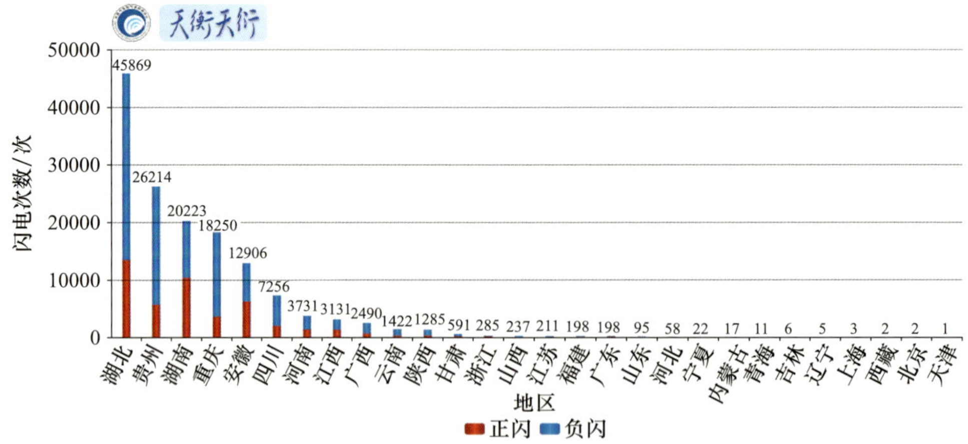

图 2-10　3 月 16 日 08 时—17 日 08 时全国分省雷电发生次数图

2.1.2.5　大风监测

综合气象观测产品系统(天衡天衍)全国地面站 24 h 大风过程产品(图 2-11)显示:3 月 16 日 08 时—17 日 08 时,全国超过 8 级风(17.2 $m \cdot s^{-1}$)的站有 2240 个,中东部地区大风主

① 本图横坐标 09 时对应的数据为 08—09 时,其余同类图都按此处理。

要发生在 16 时之后，极大风出现在湖北浠水巴驿站，极大风速达 34.8 m·s^{-1}，出现时间 2022-03-16 16:40:00(图 2-12)。

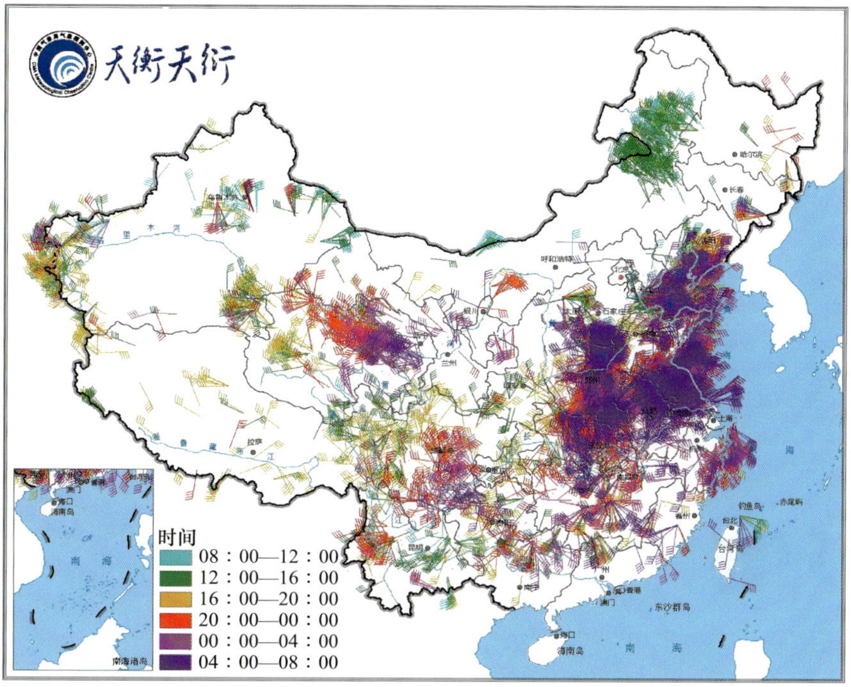

图 2-11　3 月 16 日 08 时—17 日 08 时全国地面站大风过程

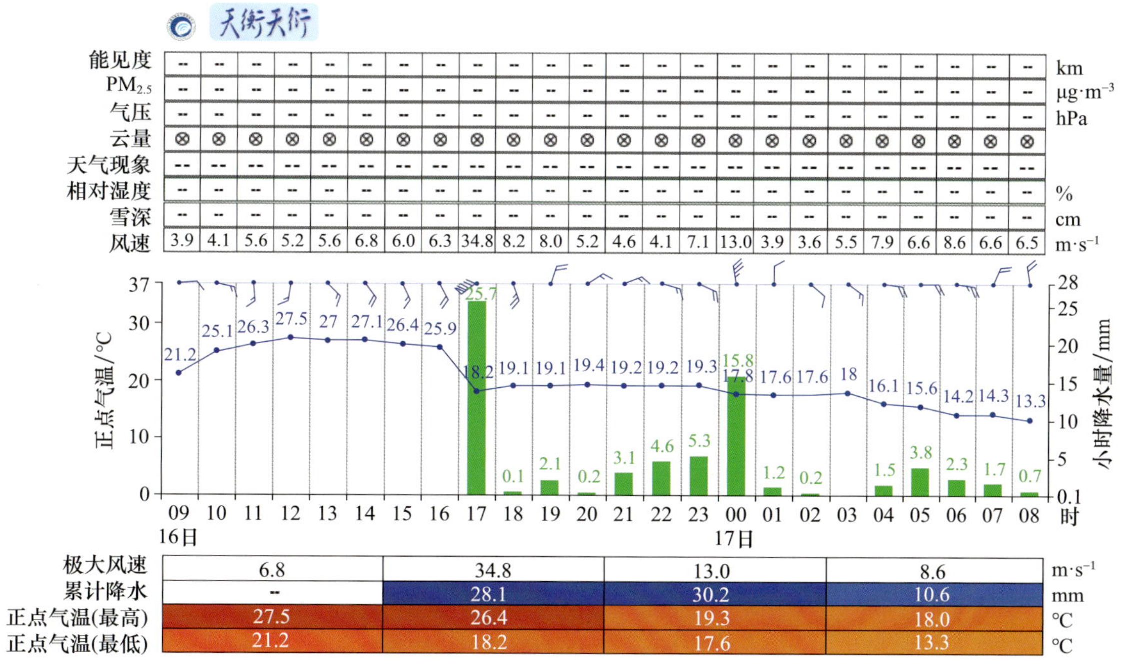

图 2-12　3 月 16 日 08 时—17 日 08 时湖北浠水巴驿站天气实况序列图①

① 本图中横坐标 09 时对应的数据为 08—09 时，其余同类图都按此处理。

2.1.2.6 降水监测

综合气象观测产品系统(天衡天衍)全国地面站 24 h 累计降水量(图 2-13)显示,3 月 16 日 08 时—17 日 08 时,全国降水主要集中在陕西、四川、重庆、贵州、湖南、湖北、河南、安徽、江西、广西和福建等地,其中 24 h 累计降水 10～25 mm 有 5077 个站,25～50 mm 有 2878 个站,50～100 mm 有 1977 个站,100～250 mm 有 233 个站,24 小时最大累计降水量 181.8 mm,发生在湖北鹤峰云蒙站(图 2-14)。

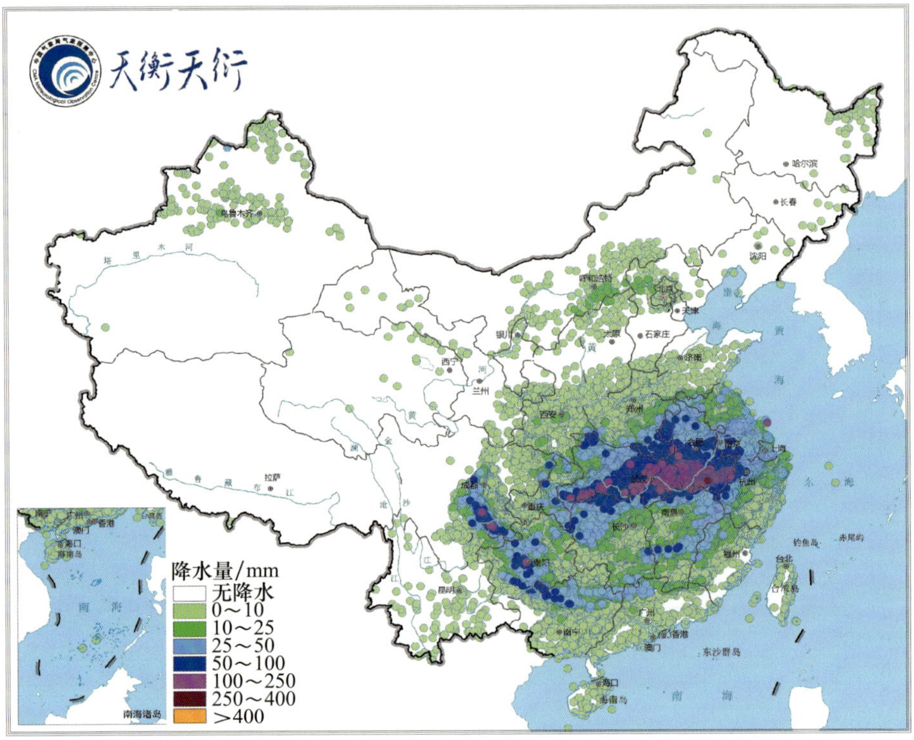

图 2-13　3 月 16 日 08 时—17 日 08 时全国地面站 24 h 累计降水量

综合以上分析,3 月 16 日对流天气系统在我国中部地区造成了大范围雷电、降水、雷暴大风、冰雹等灾害天气。在湖北省境内影响最为严重,16 日 08 时—17 日 08 时湖北省 24 h 闪电次数 144719 次,占全国 31.7%,全国超过 8 级风($17.2\ m \cdot s^{-1}$)的站有 2240 个,极大风出现在湖北浠水巴驿站,极大风速达 $34.8\ m \cdot s^{-1}$,24 h 最大累计降水量 181.8 mm,发生在湖北鹤峰云蒙站。

该系统最初于 3 月 15 日晚在西南地区生成,在 16 日午后逐渐发展为 3 个主要对流系统,自东向西分别伴随有一个在湖北黄冈地区产生大冰雹的强回波单体、一个可能在湖北石首地区造成弱龙卷灾害的中涡旋系统,以及一个影响湖南多地具有弓形回波结构的强飑线系统。

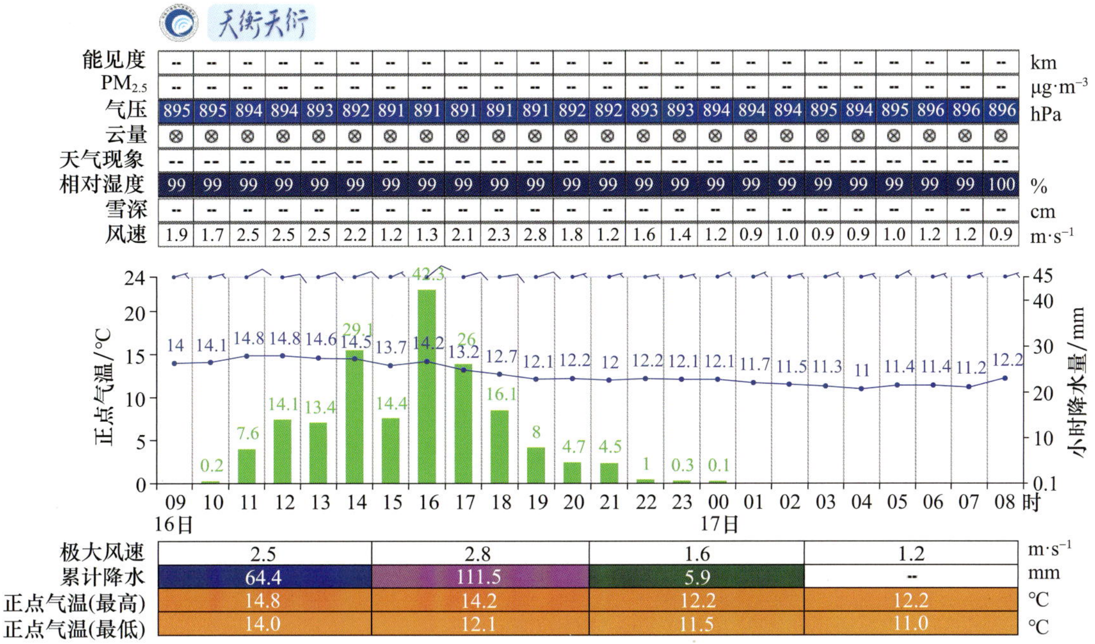

图 2-14　3 月 16 日 08 时—17 日 08 时鹤峰云蒙站地面站天气实况序列图

2.2　3 月 26 日福建福清灾害性大风

2.2.1　过程特征

受西南急流和低层切变影响，3 月 26 日我国南方地区出现大范围强对流天气，此次影响福建福清的强对流过程，雷达观测到多个对流风暴合并加强形成超级单体，超级单体内部有深厚的中尺度气旋，低层 0.5°仰角连续两个体扫识别出 TVS(龙卷涡旋特征)。

福建省福清市东张镇东张华石村 3 月 26 日 16 时 10 分前后出现灾害性大风天气，影响时间持续约 10 min，造成当地 38 户村民 57 间房屋受损(主要是掀翻瓦屋房、铁皮屋顶等)，受影响群众 47 人，7 处强电电杆、若干弱电电杆倒伏。

对流系统雷达回波演变过程：3 月 26 日 06 时前后，广东中北部地区不断有对流单体生成并东移，12 时前后形成一条线状对流回波带。14—16 时，线状对流系统逐渐加强形成东北—西南向的线状排列的多单体风暴系统，持续影响广东、福建沿海地区。15 时前后在广东佛山、广州等地形成风雹，16 时 10 分在福建福清地区造成灾害性大风(图 2-15)，18 时后逐渐东移入海。

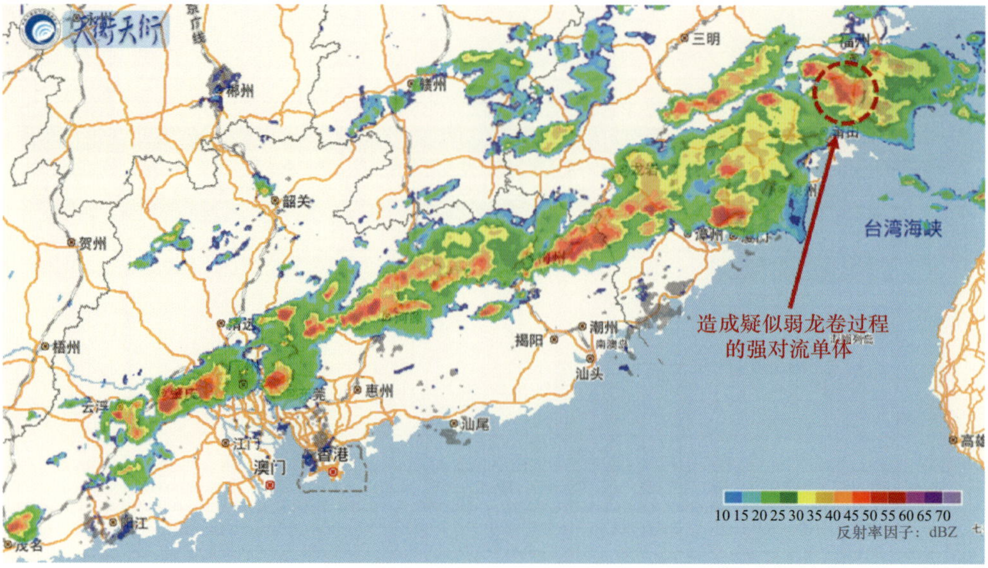

图 2-15　3 月 26 日 16 时 10 分天气雷达基本反射率拼图

2.2.2　单站雷达产品监测

3 月 26 日 15 时 53 分，3 个强对流风暴在福州西南部、莆田北部合并加强，并继续东移加强进入福清境内，16 时 05 分回波最大强度达 63 dBZ。16 时 10 分出现钩状回波、有界弱回波区（BWER，对应有回波穹隆）等典型的超级单体特征，表明有强烈上升气流形成。从径向速度场看出现了明显的中气旋特征，在 1.5°仰角径向速度图上负速度区出现了明显的速度模糊，中气旋最强时段出现在 16 时 05—16 分，并在 16 时 10 分、16 时 16 分连续两个体扫自动识别出龙卷涡旋 TVS 特征（图 2-16）。

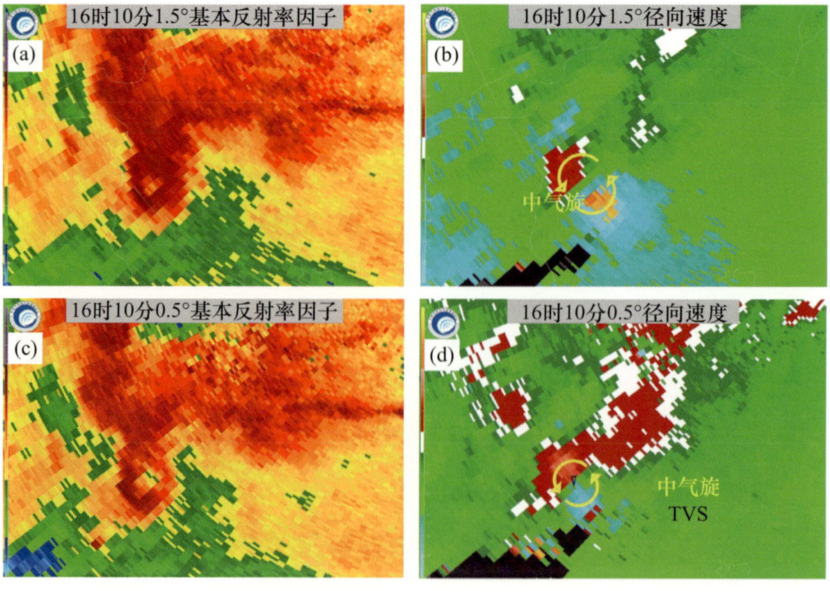

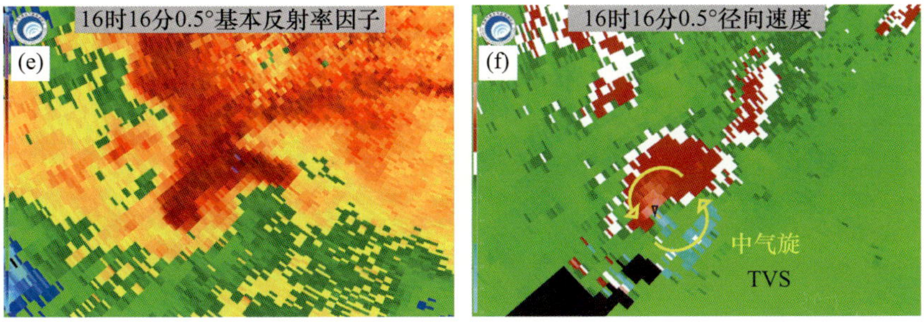

图 2-16　3 月 26 日 16 时 10 分、16 分长乐雷达基本反射率因子和径向速度图

(a)16 时 10 分 1.5°基本反射率；(b)16 时 10 分 1.5°径向速度；(c)16 时 10 分 0.5°基本反射率；(d)16 时 10 分 0.5°径向速度；(e)16 时 16 分 0.5°基本反射率；(f)16 时 16 分 0.5°径向速度

福建长乐双偏振雷达参量分析表明(图 2-17)，3 月 26 日 16 时 10 分反射率最大区域，对应的差分反射率(Z_{DR})大值区，表明涡旋周边有大雨滴聚集。TVS 位置对应相关系数(CC)低值区为 0.8(仅 1 个距离库)，表明有非降水粒子在此汇聚，有可能是弱龙卷或者小型涡旋在此卷起地面尘埃或者灾损碎片。

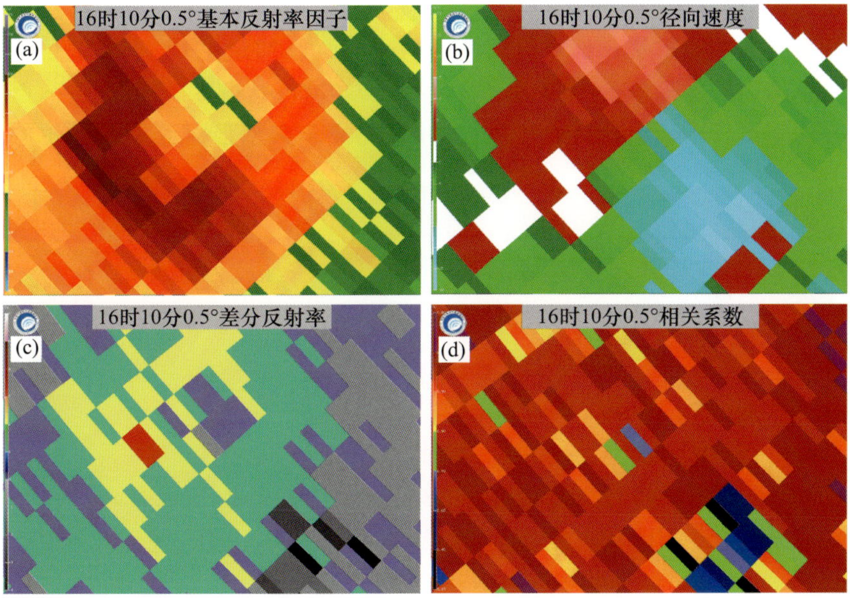

图 2-17　3 月 26 日 16 时 10 分长乐雷达基本反射率因子(a)、径向速度(b)、差分反射率(c)和相关系数(d)

从图 2-16(f)图放大后的图看(图 2-18)，3 月 26 日 16 时 16 分，0.5°仰角上该 TVS 达到最强并出现速度模糊。此时，TVS 两侧的径向速度分别为 16 $m \cdot s^{-1}$ 和 -28.5 $m \cdot s^{-1}$，切变速度差达到 44.5 $m \cdot s^{-1}$，旋转速度约为 22.3 $m \cdot s^{-1}$。此时强回波上回波穹隆已被填充，相关系数等双偏振参量亦无明显特征。此后，中气旋、TVS 等特征迅速消失。表明疑似龙卷结构仅在 16 时 10 分和 16 时 16 分两个体扫内出现，所伴随的相关系数信息仅出现在 16 时 10 分，而非涡旋速度最强的 16 时 16 分，相关系数值并未达到很低。因此，该过程有一定可能产生维持时间在 10 min 以内的弱龙卷过程，详细情况还需要灾害调查信息辅助(福建气象部门已开展现场灾调和无人机航拍)。

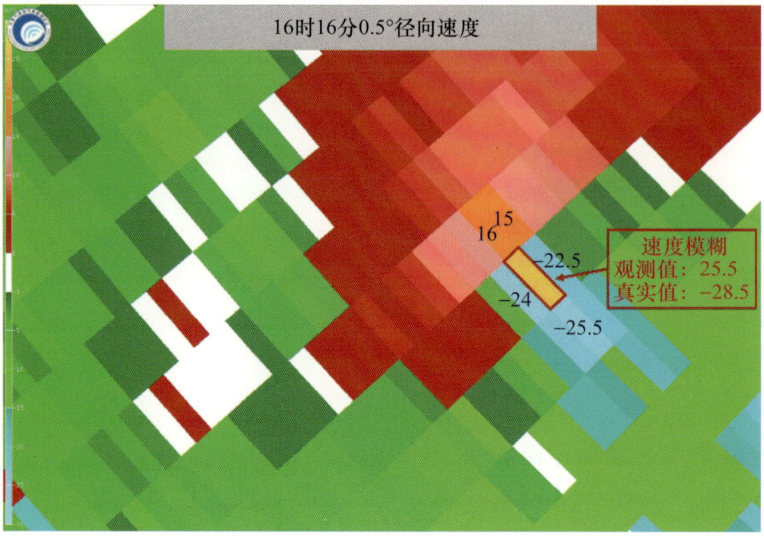

图 2-18　3 月 26 日 16 时 16 分长乐雷达径向速度场 0.5°仰角的 TVS 特征

综合以上分析，此次影响福建福清的强对流过程，在地面灾害性大风出现之前，雷达观测到多个对流风暴合并加强形成超级单体，并呈现钩状回波、穹隆结构、有界弱回波区等超级单体特征。超级单体内部有深厚的中尺度气旋，最大旋转速度达到 22.3 $m \cdot s^{-1}$，低层 0.5°仰角连续两个体扫识别出 TVS（龙卷涡旋特征）。针对此类非典型强对流天气系统的监测识别算法仍需改进。

2.3 4 月 11 日全国多地强对流

2.3.1 过程特征

4 月 11 日，受南支槽和西南涡影响，四川多地暴发多单体对流风暴，自西向东移动发展，在四川、陕西、河南、河北、山东、辽宁等地造成大范围降水、雷电、雷暴大风、冰雹等灾害性天气。

综合气象观测产品系统（天衡天衍）显示，4 月 11 日 15 时 30 分左右，四川地区中部至东北地区中部有锋面系统发展，带状回波南、北两端的辽宁和四川均有对流活动（图 2-19），19 时，锋面系统中对流活动增强，四川、陕西、河北、辽宁有雷电、冰雹天气出现（图 2-20）。20 时前后，东北地区对流活动减弱，河北境内对流东移至山东并发展加强。四川东部受南支槽和西南涡叠加影响，对流强烈发展，21 时前后逐渐形成东北—西南向的飑线系统，先后影响乐山、宜宾、自贡、资阳等地市，造成 10 级以上雷暴大风和冰雹（图 2-21），21 时 50 分左右，飑线内部的强对流单体袭击安岳县，造成 13 级大风和冰雹，气温由 26.6 ℃骤降至 16.4 ℃。12 日凌晨，强对流系统东移至重庆境内，产生 11 级雷暴大风（图 2-22）。12 日 06 时，系统移至重庆东部、贵州北部、湖南西部，回波减弱（图 2-23）。

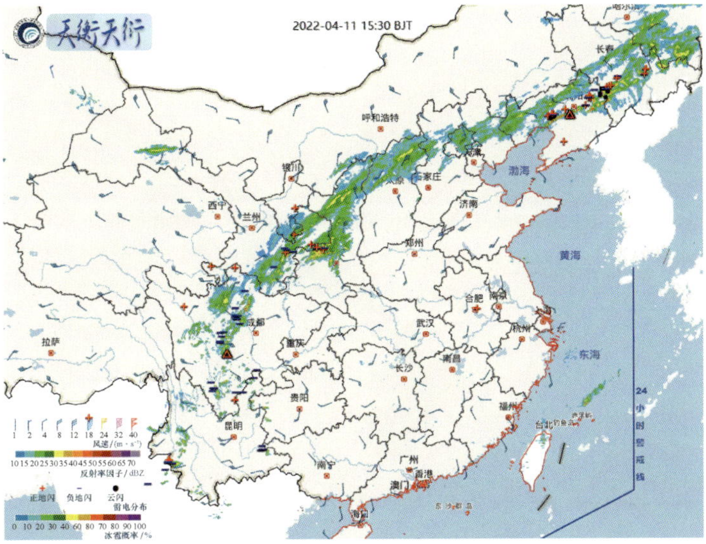

图 2-19　4 月 11 日 15 时 30 分天气雷达基本反射率拼图叠加雷电和冰雹识别产品

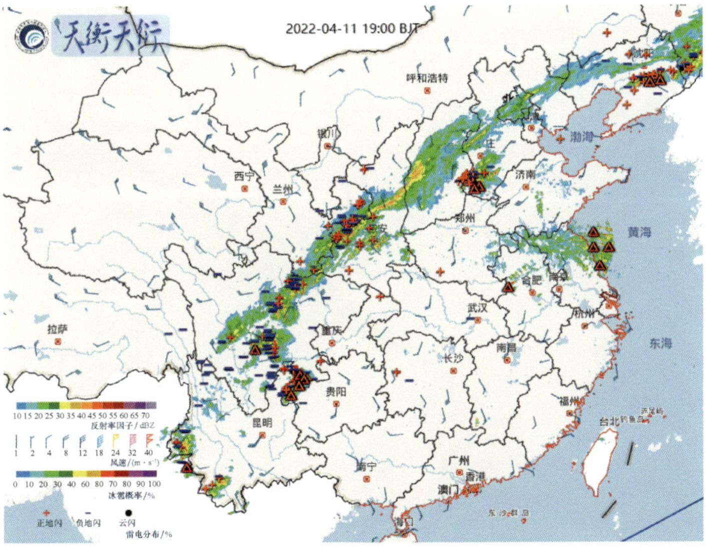

图 2-20　4 月 11 日 19 时 00 分天气雷达基本反射率拼图叠加雷电和冰雹识别产品

2.3.2　关键强对流过程监测

2.3.2.1　强回波单体

4 月 11 日 20 时 20 分—22 时，成都以东飑线中多个对流单体发展，其中 20 时 50 分自贡市对流单体回波强度最强，最大反射率因子达 76 dBZ，回波顶高 15 km，冰雹直径估测超 100 mm；其次是位于宜宾市的对流单体，最大反射率因子达 71 dBZ，回波顶高 16 km，冰雹直径估测约 97 mm（图 2-24）。

4 月 11 日 21 时 10 分，宜宾市对流单体进一步发展，最大反射率因子 72 dBZ，回波顶高

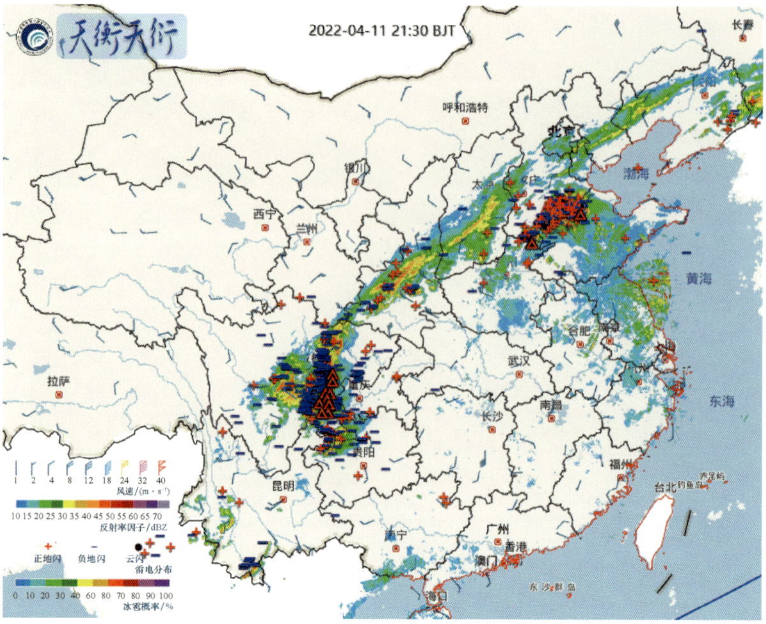

图 2-21　4 月 11 日 21 时 30 分天气雷达基本反射率拼图叠加雷电和冰雹识别产品

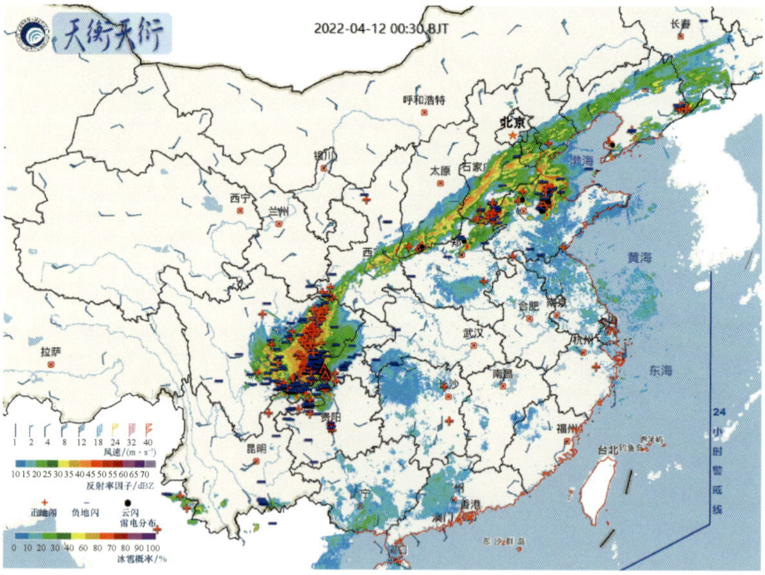

图 2-22　4 月 12 日 00 时 30 分天气雷达基本反射率拼图叠加雷电和冰雹识别产品

16 km，冰雹直径估测超 100 mm；自贡市对流单体回波减弱至 69 dBZ，回波顶高 14 km，冰雹直径估测约 55 mm。

4 月 11 日 21 时 30 分，资阳市乐至县对流单体发展，最大反射率因子 67 dBZ，回波顶高 13 km，该单体向安岳县东移并加强，冰雹直径估测约 48 mm。

4 月 11 日 21 时 42 分，重庆永川雷达监测到飑线以 55 km · h^{-1} 的速度快速东移，向安岳一带靠近（图 2-25），飑线上的对流单体回波顶高达 16 km（图 2-26），并且有明显的中层径向辐合和强核质心突降特征，辐合的正负速度差值超过 25 m · s^{-1}（图 2-27）。

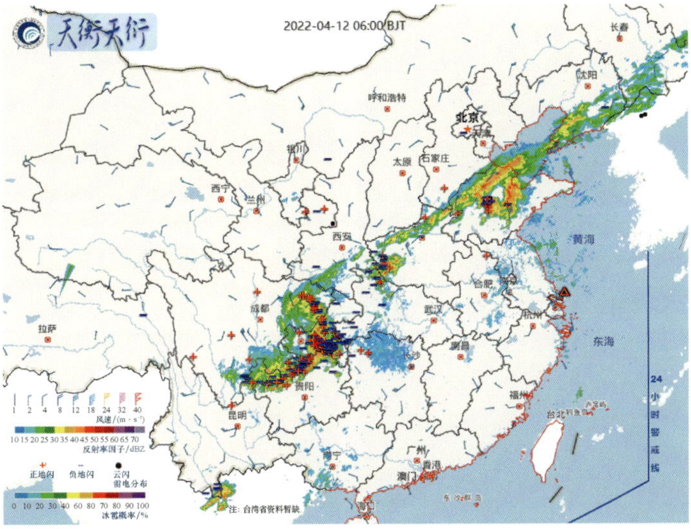

图 2-23　4 月 12 日 06 时 00 分天气雷达基本反射率拼图叠加雷电和冰雹识别产品

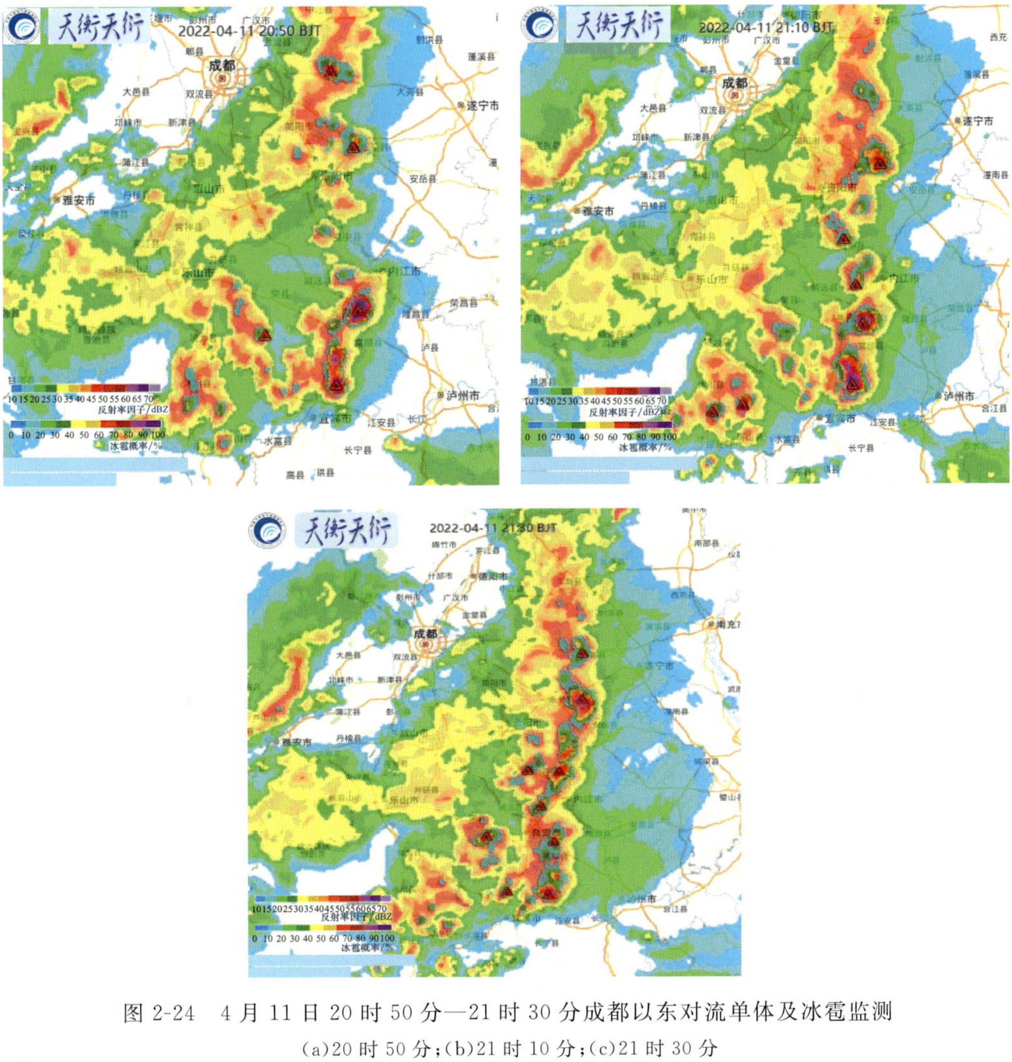

图 2-24　4 月 11 日 20 时 50 分—21 时 30 分成都以东对流单体及冰雹监测

(a)20 时 50 分；(b)21 时 10 分；(c)21 时 30 分

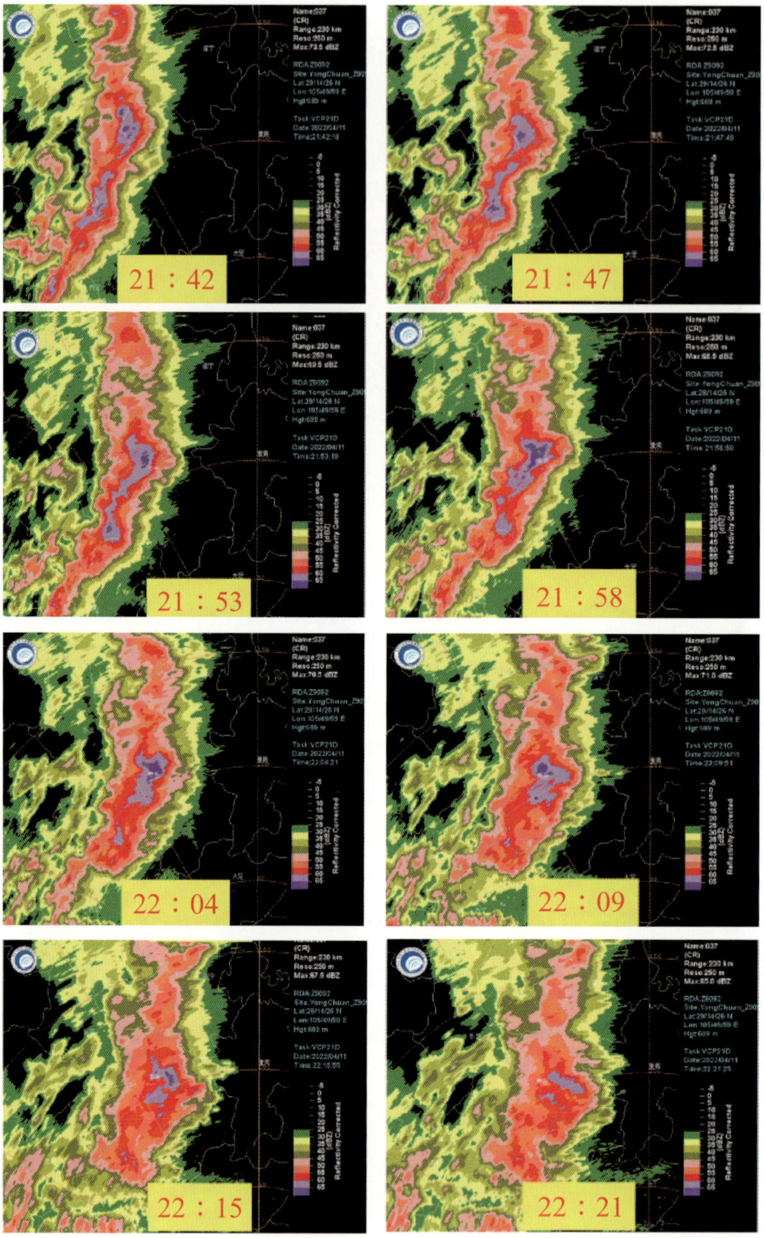

图 2-25　4 月 11 日 21 时 42 分—22 时 21 分成都以东对流单体监测

飑线上的对流单体回波快速增强，最强达到 67 dBZ，≥55 dBZ 的高悬的强反射率因子核心高达 7 km，垂直扩展到－20 ℃等温线以上，Z_{DR} 柱高达 6～7 km（图 2-28、图 2-29），表明有持续时间较长的强上升气流，低层反射率因子梯度强，中高层具有回波悬垂和低层有界弱回波区 BWER（对应有回波穹隆）的特征（图 2-30）。同时垂直累计液态含水量 VIL 大，高达 65 kg・m^{-2}，径向速度场上出现强的风暴顶辐散特征。4 月 11 日 21 时 53 分，双偏阵雷达粒子相态识别在低层识别出明显的大冰雹区，表明此时冰雹粒子开始降落到地面（图 2-31）。

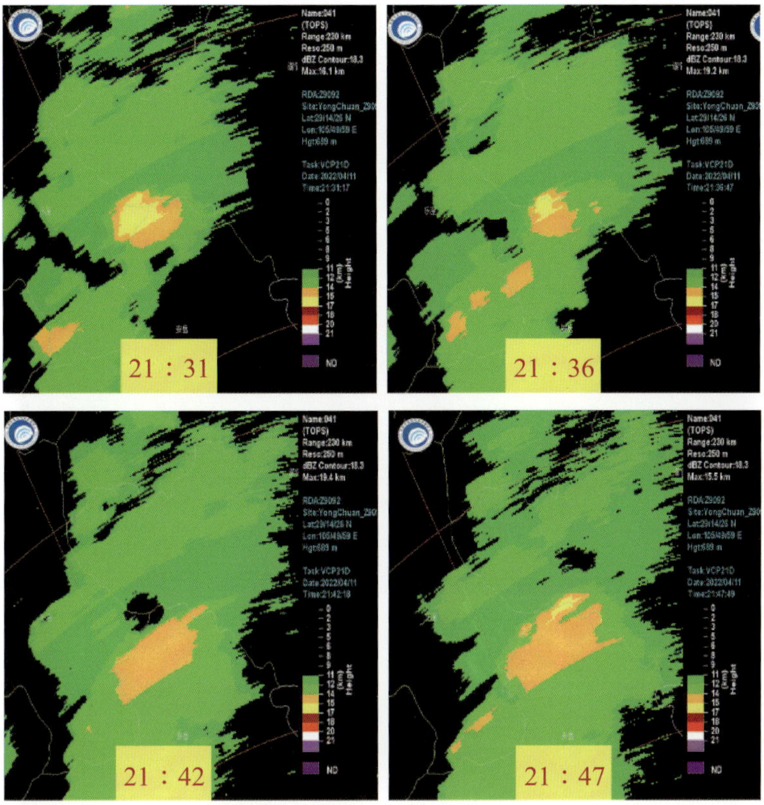

图 2-26　4 月 11 日 21 时 31—47 分对流单体风暴回波顶高

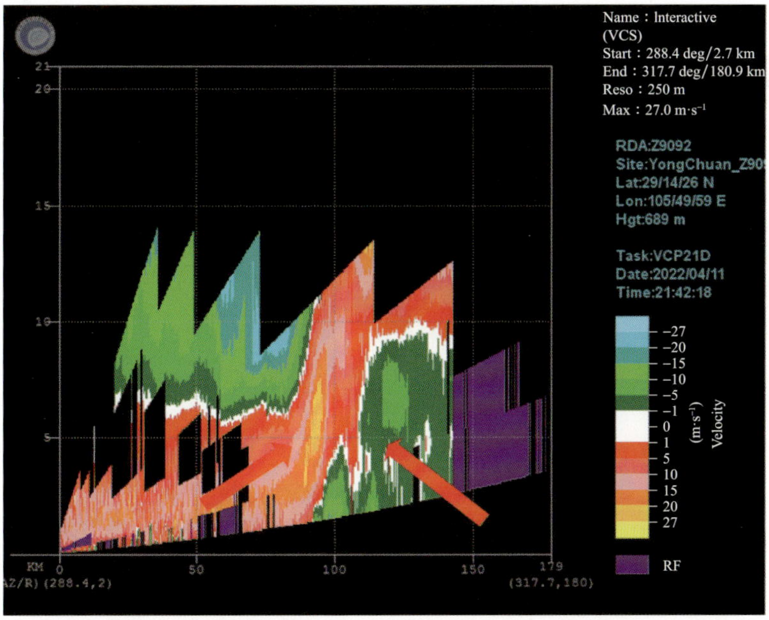

图 2-27　4 月 11 日 21 时 42 分对流单体中层径向辐合

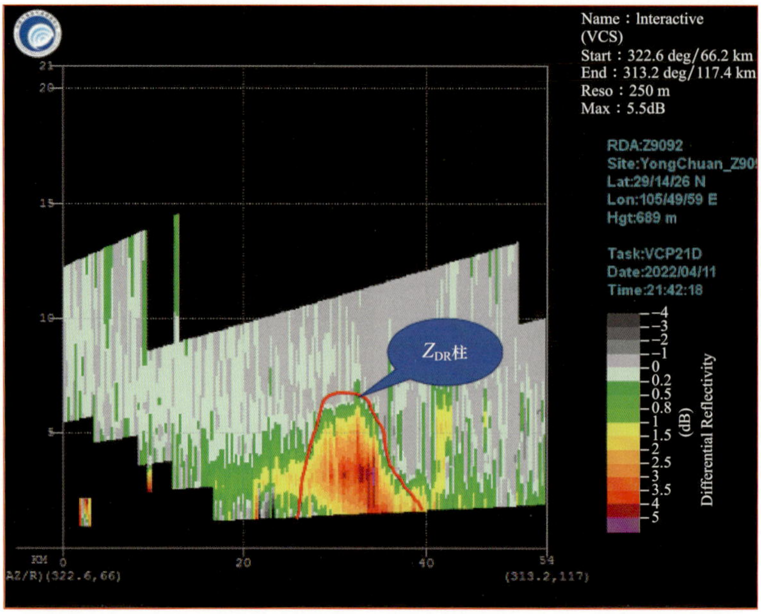

图 2-28　4 月 11 日 21 时 42 分 Z_{DR} 柱

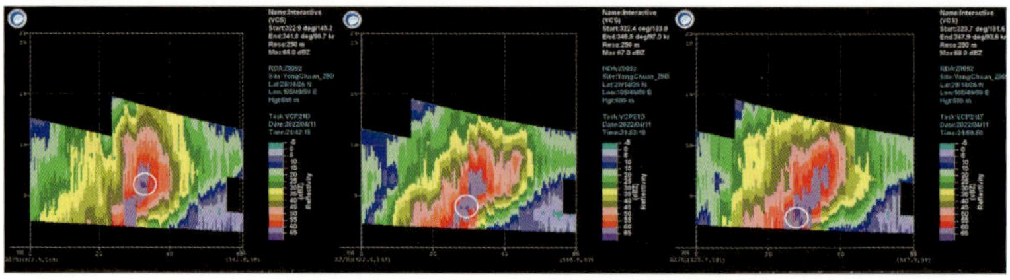

图 2-29　4 月 11 日 21 时 42—53 分对流单体反射率因子垂直剖面图

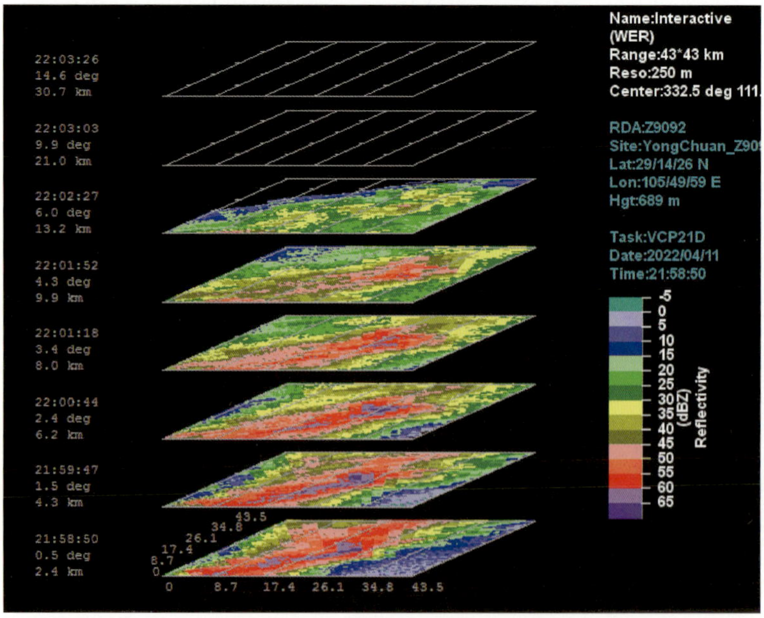

图 2-30　4 月 11 日 21 时 58 分有界弱回波区 BWER

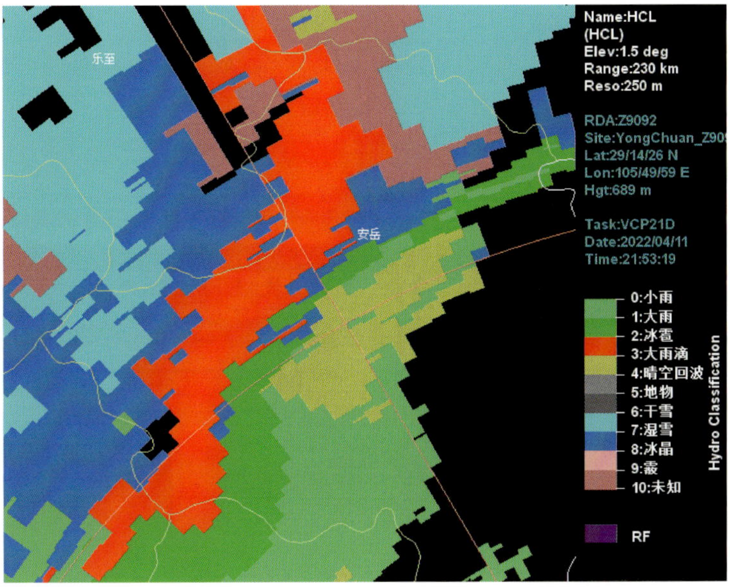

图 2-31 4 月 11 日 21 时 53 分粒子相态产品识别出明显的冰雹区

2.3.2.2 大风监测

综合气象观测产品系统(天衡天衍)全国地面站 24 h 大风过程监测产品显示(图 2-32),4 月 11 日 06 时—12 日 06 时,全国共有 2810 个站极大风速超过 8 级(17.2 $m \cdot s^{-1}$),其中,

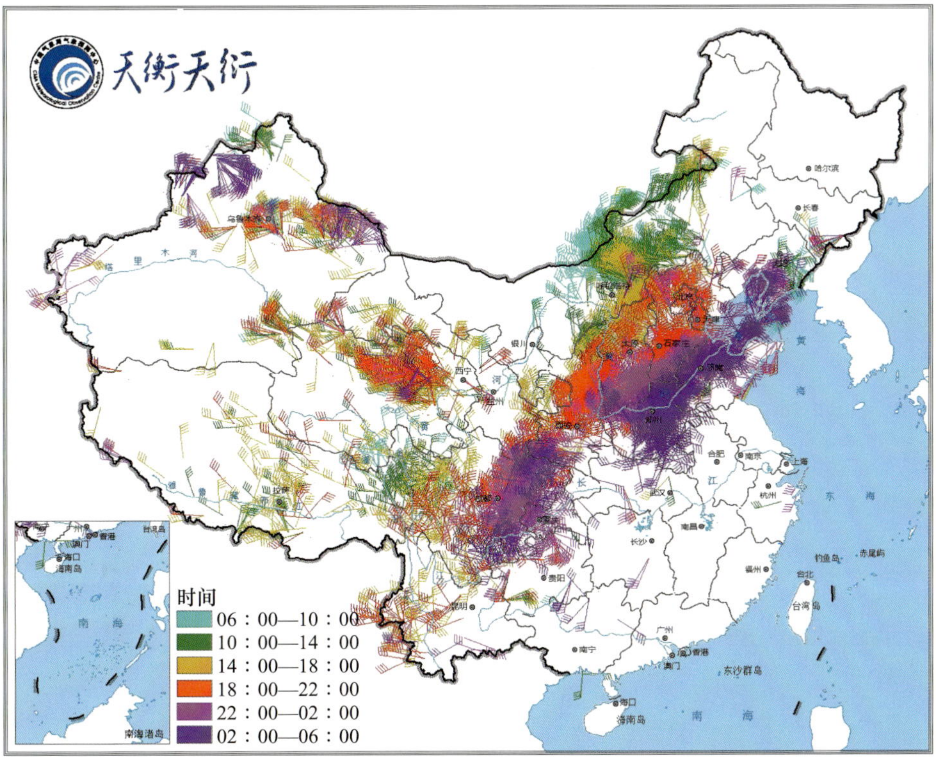

图 2-32 4 月 11 日 06 时—12 日 06 时全国地面站 24 h 大风过程图

11 日 18 时起，大风主要集中在四川、陕西、河南、河北、山东等地。11 日 22 时—12 日 02 时，四川、重庆地区持续大风，有 351 个站出现 8 级以上大风，最大风速 37.4 $m \cdot s^{-1}$ 出现在安岳站，出现时间 21 时 57 分(图 2-33)。其次是富顺李桥站 36.9 $m \cdot s^{-1}$，出现时间 21 时 03 分。

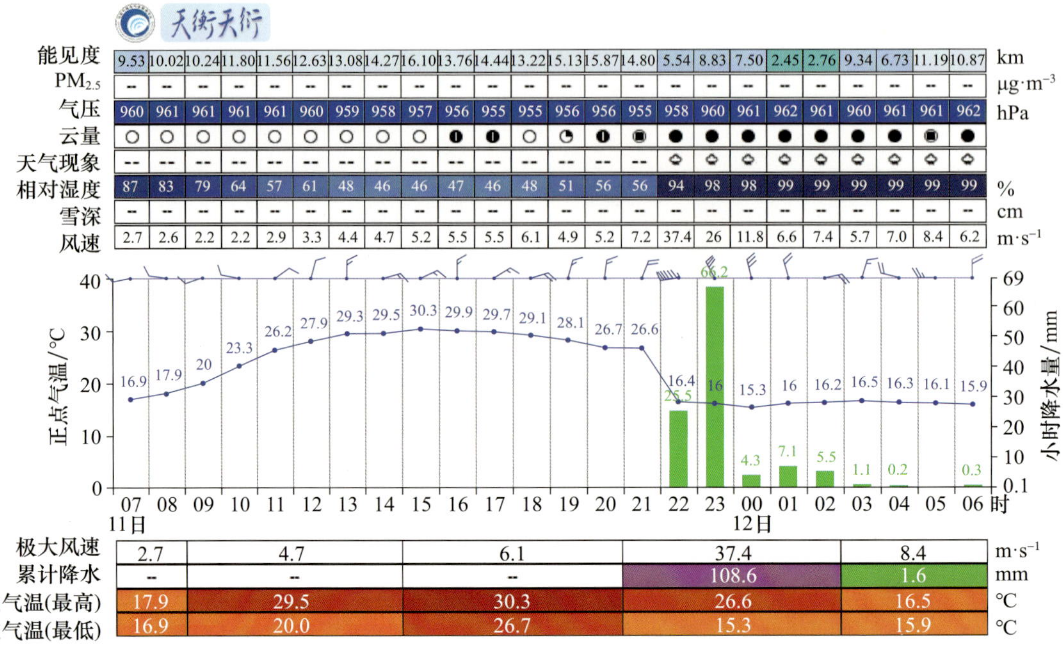

图 2-33　4 月 11 日 06 时—12 日 06 时安岳国家地面站天气实况序列图

2.3.2.3　雷电监测

综合气象观测产品系统(天衡天衍)全国雷电发生时序图(图 2-34)和分省雷电发生次数图(图 2-35)显示：4 月 11 日 16 时—12 日 06 时，全国雷电活动 44137 次，其中正闪 12366 次，负

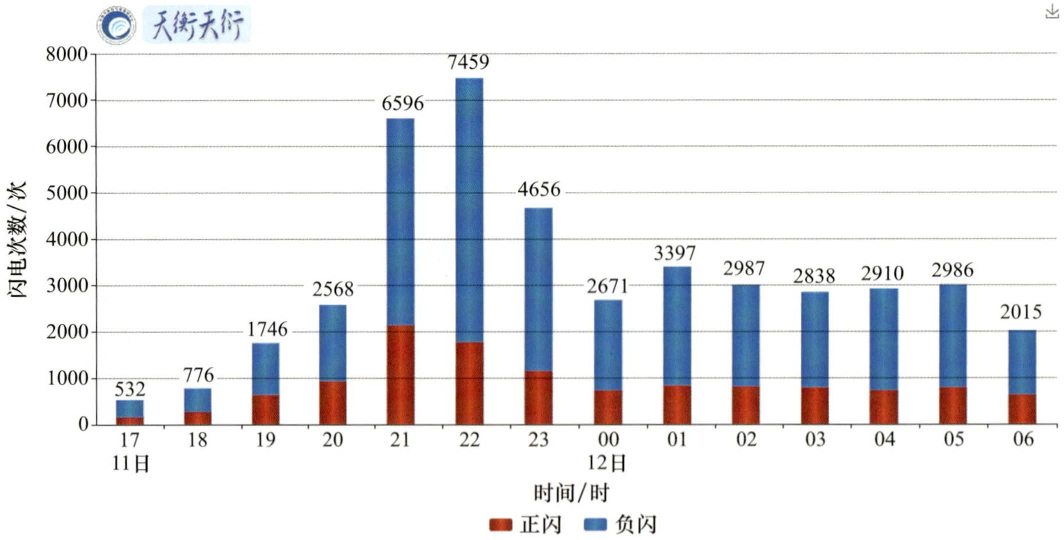

图 2-34　4 月 11 日 16 时—12 日 06 时全国雷电发生时序图

闪 31771 次，时段在 11 日 21—23 时最为剧烈，主要集中在四川、山东、贵州、重庆、云南等地，其中四川雷电活动频次最高，达 15159 次，占全国总雷电次数的 34.3%。

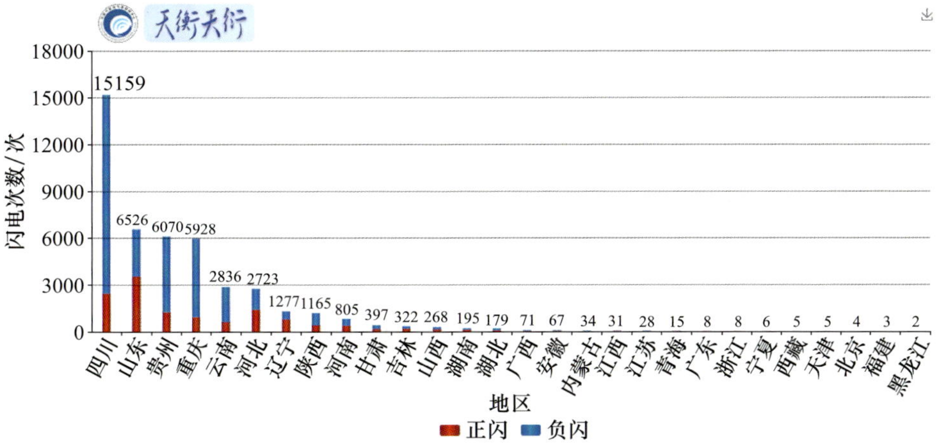

图 2-35　4 月 11 日 16 时—12 日 06 时分各省(区、市)雷电发生次数图

2.3.2.4　降水监测

综合气象观测产品系统(天衡天衍)全国地面站 24 h 累计降水量(图 2-36)显示，4 月 11 日 15 时—12 日 15 时，全国降水主要集中在四川、重庆、贵州、湖南、湖北、山东、吉林和云南等地，其中 24 h 累计降水 10～25 mm 有 567 个站，25～50 mm 有 268 个站，50～100 mm 有 34 个

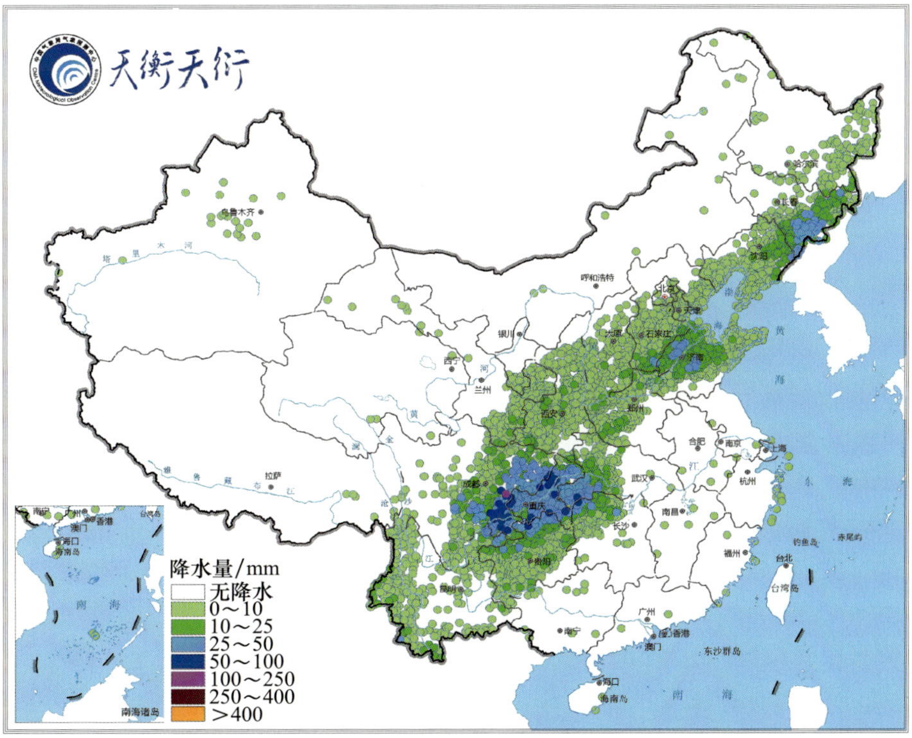

图 2-36　4 月 11 日 15 时—12 日 15 时全国地面站 24 h 累计降水量

站，100～250 mm 有 1 个站，24 h 最大累计降水量 115.1 mm，发生在四川安岳站，11 日 23 时该站小时降水量 66.2 mm。

4 月 11 日，强对流天气系统在四川、陕西、河南、河北、山东、辽宁等地造成大范围降水、雷电、雷暴大风、冰雹等灾害性天气。

综上所述，受南支槽和西南涡影响，四川多地暴发多单体对流风暴，自西向东移动发展，雷达监测到飑线移速快、回波强度强、回波顶高度高、风暴顶辐散特征强，垂直液态含水量高，粒子相态识别出明显冰雹区。4 月 11 日 22 时前后，四川安岳地区最大反射率因子达到 65 dBZ，回波强度大于 60 dBZ 的时长超过 20 min，冰雹直径估测超 50 mm，气温由 26.6 ℃ 骤降至 16.4 ℃，极大风速达 37.4 $m \cdot s^{-1}$，为安岳有气象记录以来的最大风速。11 日 15 时—12 日 15 时，四川安岳站 24 h 累计降水量 115.1 mm。

2.4 4 月 24—25 日西南涡影响下我国南方多地风雹和强降水

2.4.1 过程特征

4 月 24—25 日，我国中部及南部区域受西南涡影响，出现了大范围强对流天气过程，此过程为典型的西南涡强致灾个例，主要产生冰雹、雷暴大风和短时强降水。西南涡降水雨带北部形成了较大范围的短时强降水，并在河南中南部、湖北大部地区造成持续性降水过程。

对流系统演变过程回顾（图 2-37）。4 月 24—25 日，我国中南部强对流过程的主要特征是，西南涡发展较为旺盛，其影响区域内能量、水汽和切变条件较好。影响西南涡移动的主要是 500 hPa 短波槽，无冷空气、副高、热带气旋等天气尺度系统影响。

本次过程最初触发可追溯至 4 月 23 日夜间 20 时前后四川和贵州西部形成的局地对流单体，向东移动。至 24 日 00 时前后，对流系统在四川中东部增强，造成局地冰雹和强降水，并伴随西南涡东移影响四川东部和重庆北部等地。当夜，我国中部及南部大部分地区受轻雾影响，在天气雷达监测中表现为大范围以 15～25 dBZ 为主的回波，至 06 时前后逐渐消散，表明水汽条件十分充沛。

4 月 24 日上午，回波影响范围逐渐扩大，但强度与 23 日夜间相比有所减弱。我国南方大部地区对流有效位能持续积累，为强对流天气提供了有利条件。12 时 30 分—13 时 00 分，贵州西部至重庆东南部一带出现呈线状排列的多单体对流风暴并产生局地冰雹，15 时前后，对流单体逐渐连接，加强发展为飑线系统。与此同时，在西南涡东南侧的暖式切变区域及其前面的暖区中，有大量呈线状排列的多个对流单体触发并发展增强，对流单体强度超过 60 dBZ，在局地造成冰雹和雷暴大风灾害，影响范围涉及湖北、湖南、贵州、江西乃至福建等地。

4 月 24 日夜间，经过几小时的东移发展，西南涡南侧雨带南端于 18—20 时逐渐增强形成具有多段弓形回波特征的飑线系统，而雨带北部则以较大范围降水系统为主，部分地区出现短时强降水。22—24 时，雨带北部回波系统逐渐增强增宽，在影响范围内形成持续性降水，覆盖河南中南部、湖北中部大部地区，自北向南主要影响南阳、襄阳、荆州等地。

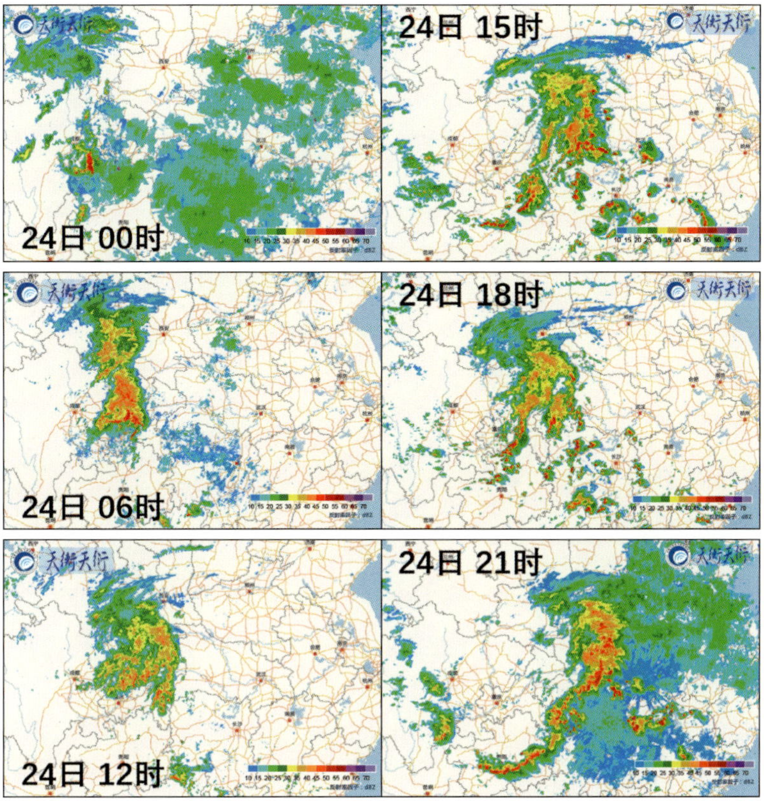

图 2-37 4 月 24 日天气雷达组合基本反射率因子拼图

4 月 25 日 00—02 时，该强降水系统北侧擦过郑州，向南影响至武汉地区。此阶段除该系统外，另外两处强降水系统主要影响安徽至江西一带，以及贵州至广西一带。25 日 07 时，系统主要影响区域在安徽、江苏、湖北东部，之后回波继续向东偏南方向移动发展；11 时，回波演变成一条从江西南昌至江苏南京的带状回波，回波带上有分布不均的对流单体；12 时 20 分左右，在江西南昌附近 40 dBZ 以上的回波形成一条约 120 km 左右排列紧密的回波带；14 时，其后方长沙至南昌出现多个分布不均的对流单体；15 时，强降水回波主要分布在杭州、南昌、长沙以及安徽南部(图 2-38)。

2.4.2 关键强对流过程监测

2.4.2.1 冰雹监测

4 月 24 日 13 时 00—40 分，贵州西部至重庆东南部触发的一系列对流单体中，有至少 5 个单体最大反射率因子达 65～68 dBZ，识别出冰雹。15—18 时，西南涡南侧雨带南部及东侧暖湿环境下大量对流单体识别出冰雹(图 2-39)。其中，贵州毕节市金沙县后山镇 24 日 16 时左右出现冰雹，降雹时长约 20 min，冰雹最大直径 7 mm。

遵义雷达监测显示(图 2-40)，4 月 24 日 15 时有一对流单体在快速向后山镇方向移动，到 15 时 30 分，该对流单体发展到成熟阶段，此时 0.5°仰角上最大回波达到 63 dBZ，垂直剖面上显示，回波悬垂，回波顶高达到 10 km 以上，60 dBZ 回波顶高在 8 km 左右。

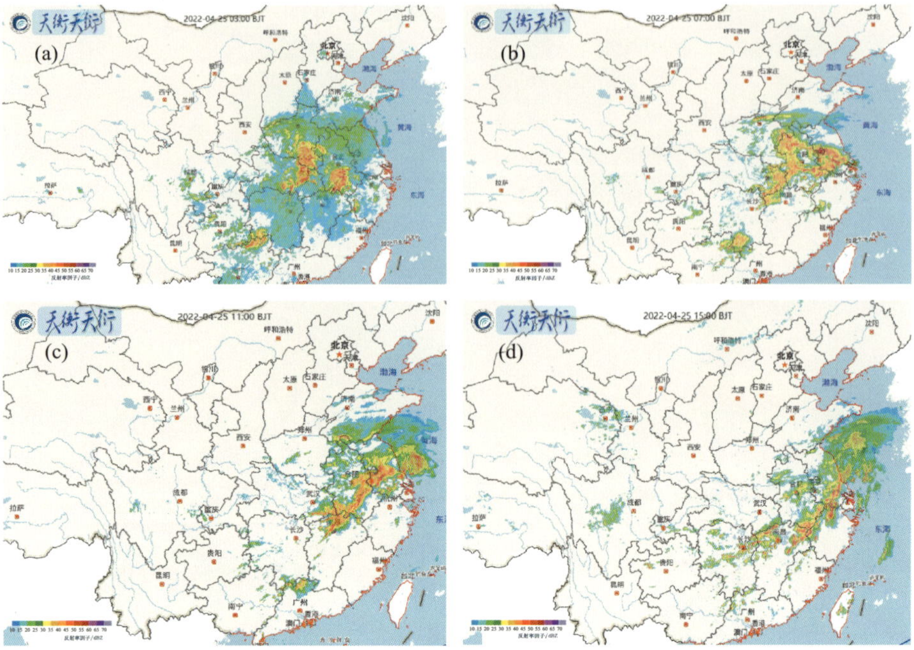

图 2-38　4 月 25 日 03—15 时雷达回波演变图

(a)03 时；(b)07 时；(c)11 时；(d)15 时

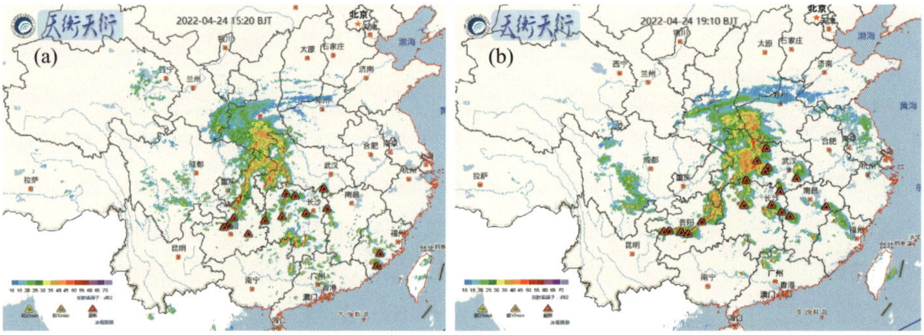

图 2-39　4 月 24 日 15 时 20 分(a)和 19 时 10 分(b)冰雹识别示例图

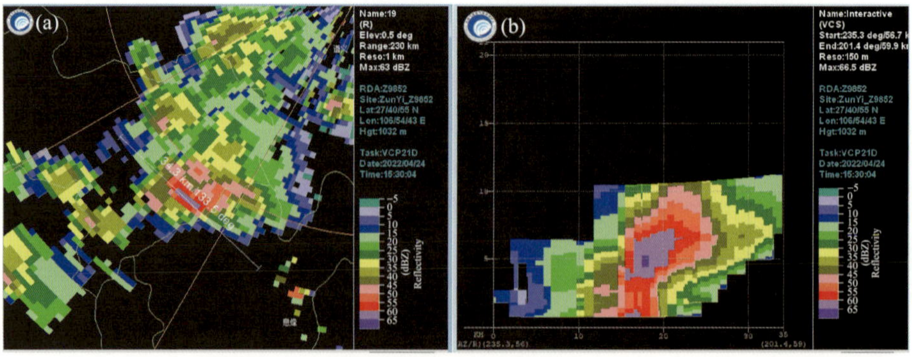

图 2-40　4 月 24 日 15 时 30 分遵义雷达产品图

(a)基本反射率；(b)垂直剖面

2.4.2.2 降水监测

本次过程导致湖北荆州、宜昌，广西桂林等地出现强降水，其中湖北天门市 4 月 25 日 01 时最大雨强达到 71.4 mm·h^{-1}。湖北荆州雷达监测显示，1.5°仰角上 25 日 00 时 36 分，天门附近回波强度在 45～55 dBZ，对应的 1.5°仰角径向速度图上出现了逆风区，表明有大暴雨产生。双偏振雷达 K_{DP} 产品图显示，K_{DP} 值较大，在 1.1～3.1，表明有强降水产生(图 2-41)。

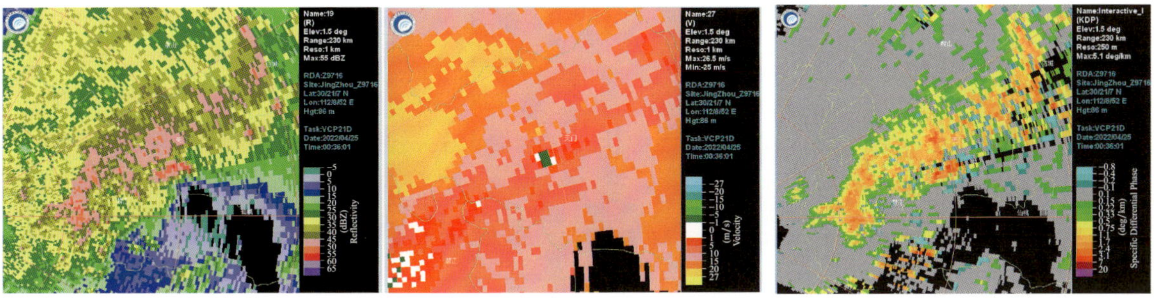

图 2-41 4 月 25 日 00 时 36 分荆州雷达产品图

降水过程实况监测如下：综合气象观测产品系统(天衡天衍)全国地面站小时降水产品显示(图 2-42)，4 月 24 日夜间，四川东部至重庆一带出现降水，00—06 时最大 1 h 累计降水 10～25 mm 有 635 个站，25～50 mm 有 64 个站，50～100 mm 有 4 个站，其中最大 1 h 累计降水量 58.6 mm，发生在四川东兴高粱蒋家坪站(图 2-43)。

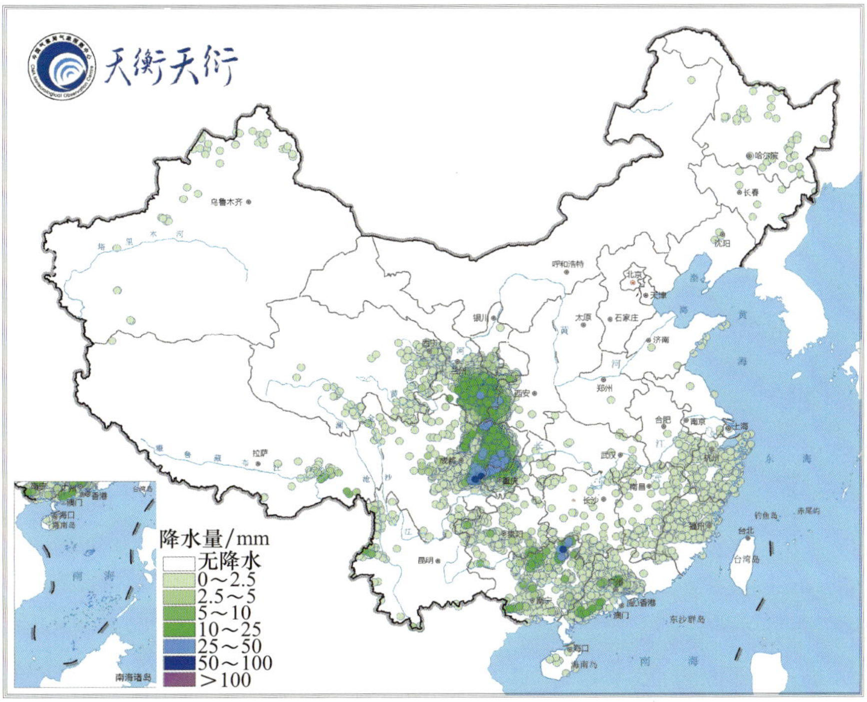

图 2-42 4 月 24 日 00—06 时全国地面站最大 1 h 累计降水量

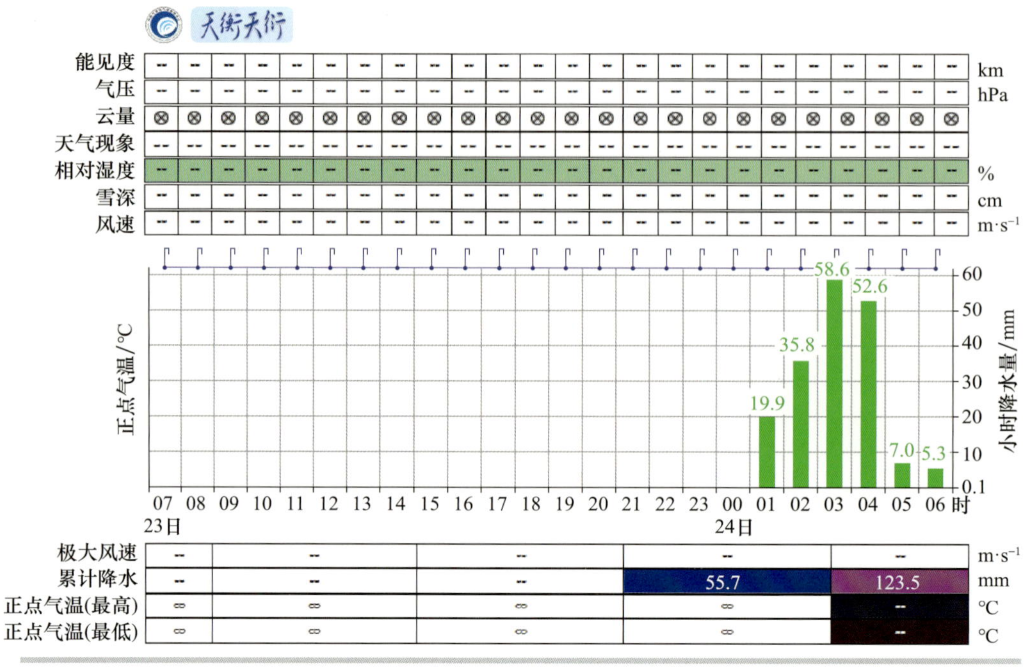

图 2-43　4 月 23 日 06 时—24 日 06 时四川东兴高粱蒋家坪站天气实况序列图

4 月 24 日上午雨带有所东移，主要影响区域为四川东部、甘肃南部、陕西南部和重庆中部至北部一带（图 2-44），06—12 时最大 1 h 累计降水 10～25 mm 有 849 个站，25～50 mm 有 73 个站，50～100 mm 有 3 个站，其中西南区域最大 1 h 累计降水量 47.4 mm，发生在四川邻水观音桥站（图 2-45）。

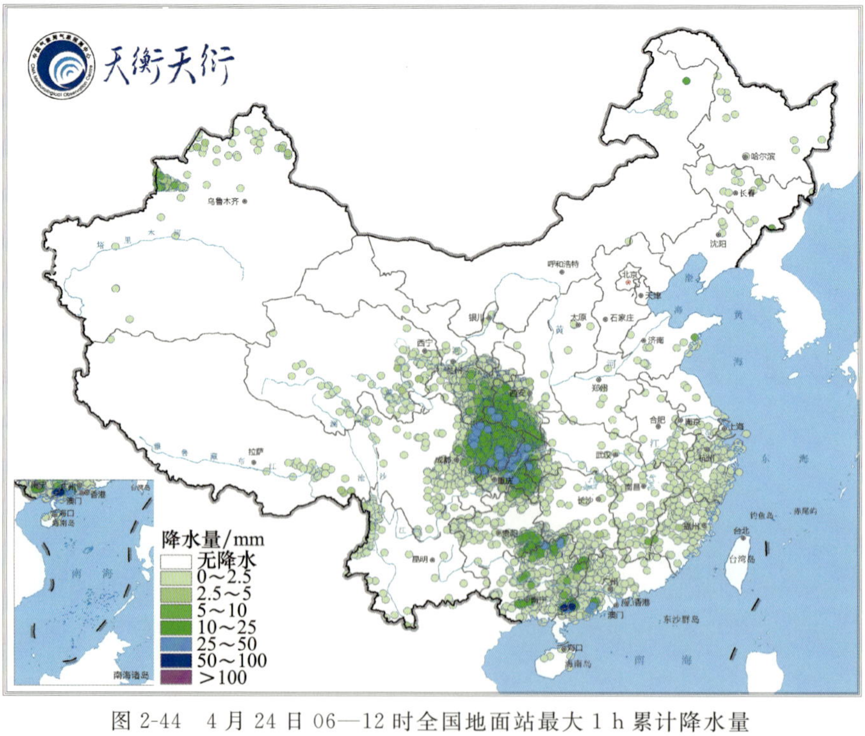

图 2-44　4 月 24 日 06—12 时全国地面站最大 1 h 累计降水量

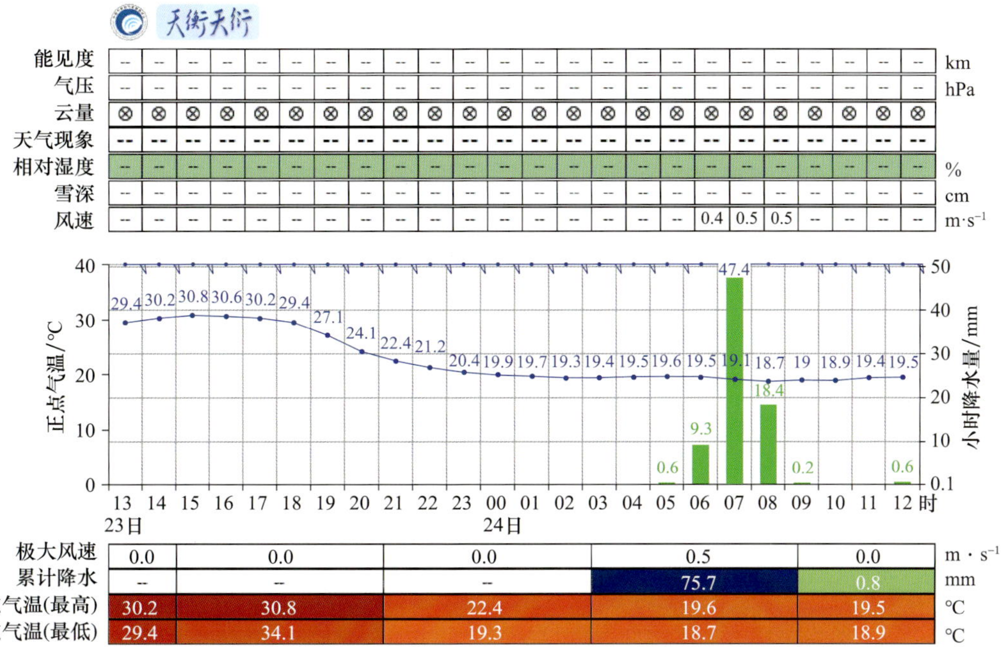

图 2-45 4 月 23 日 12 时—24 日 12 时邻水观音桥站天气实况序列图

4 月 24 日午后至夜间，降水影响区域进一步东移扩大，主要影响区域在四川中部至东部、甘肃南部、陕西南部、重庆大部、贵州、湖南、湖北、河南、江西等地(图 2-46)，24 日 12 时—25 日 00 时最大 1 h 累计降水量 10～25 mm 有 1497 个站，25～50 mm 有 428 个站，50～100 mm 有 39 个站，其中最大 1 h 累计降水量 84.4 mm，发生在河南唐河白马堰站(图 2-47)，其次分别为 79.0 mm(湖北远安八角站)、67.3 mm(贵州长顺凯佐站)。

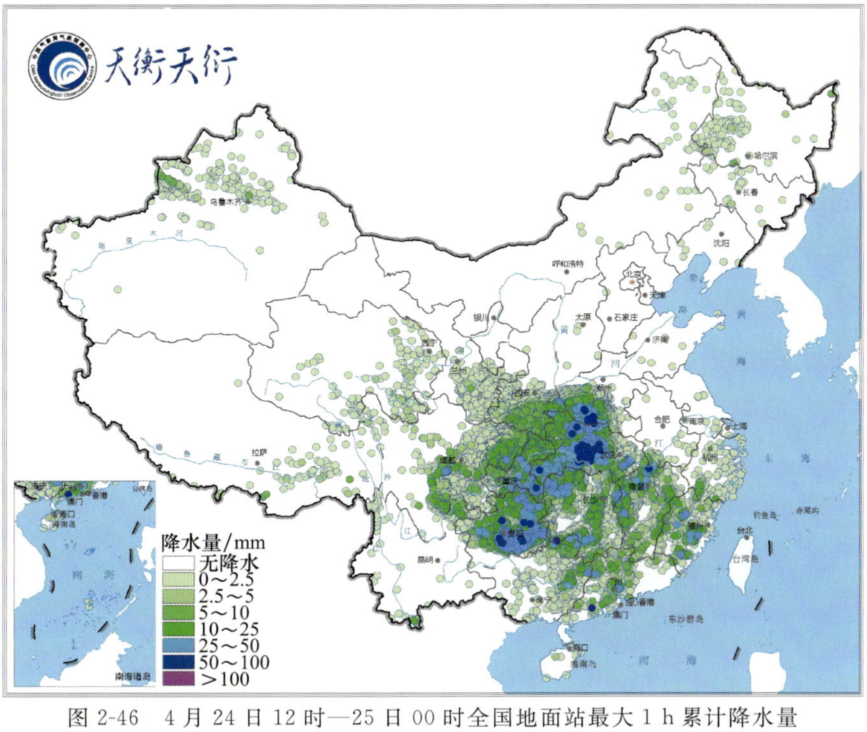

图 2-46 4 月 24 日 12 时—25 日 00 时全国地面站最大 1 h 累计降水量

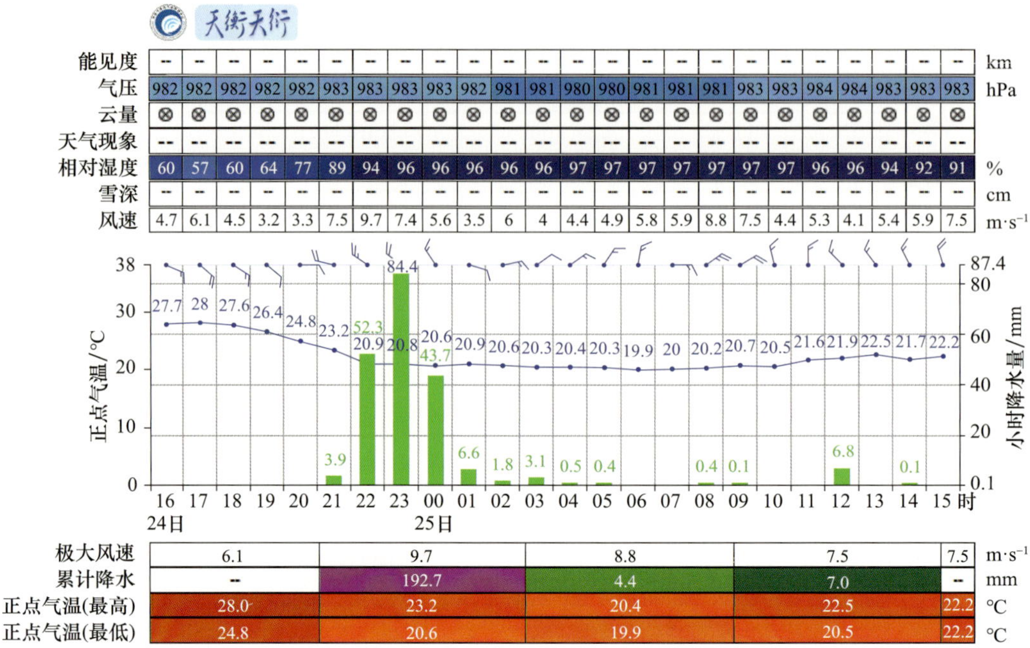

图 2-47 4 月 24 日 15 时—25 日 15 时唐河白马堰站天气实况序列图

4 月 25 日夜间至白天，降水影响区域已覆盖至我国中东部至南部大部地区（图 2-48），00—15 时最大 1 h 累计降水量 10～25 mm 有 1671 个站，25～50 mm 有 348 个站，50～100 mm 有 24 个站，其中最大 1 h 累计降水量 71.4 mm，发生在湖北天门站。

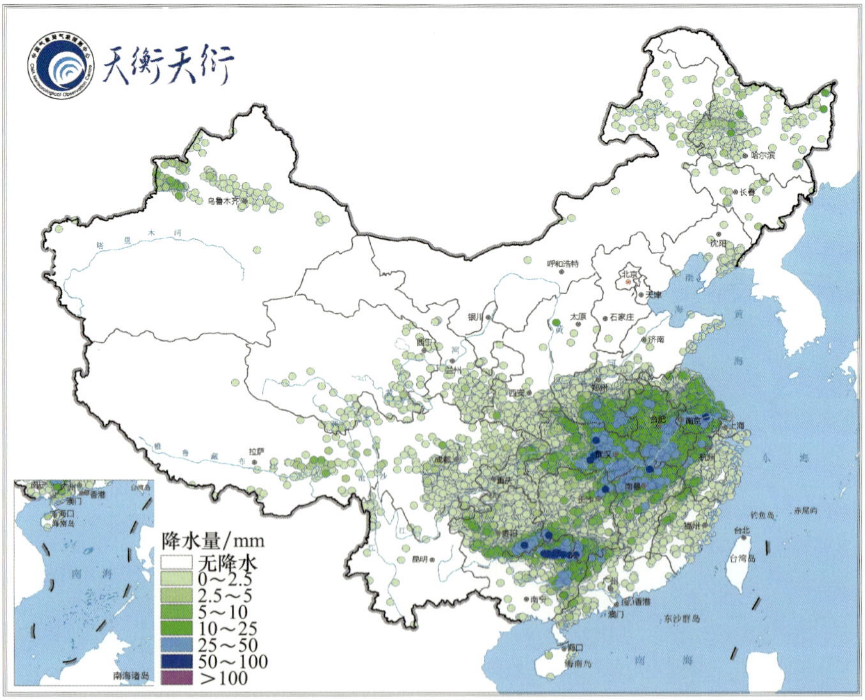

图 2-48 4 月 25 日 00 时—25 日 15 时全国地面站最大 1 h 累计降水量

本次强降水主要影响时段为 4 月 24—25 日，综合气象观测产品系统（天衡天衍）全国地面站累计降水产品显示（图 2-49），24 日 03 时—25 日 15 时，36 h 累计降水量较大区域集中在河南、湖北、重庆、四川、江苏、安徽、江西等地。36 h 累计降水量 25～50 mm 有 3265 个站，50～100 mm 有 1627 个站，100～250 mm 有 137 个站，其中 36 h 最大累计降水量 204.1 mm，发生在河南唐河白马堰站。

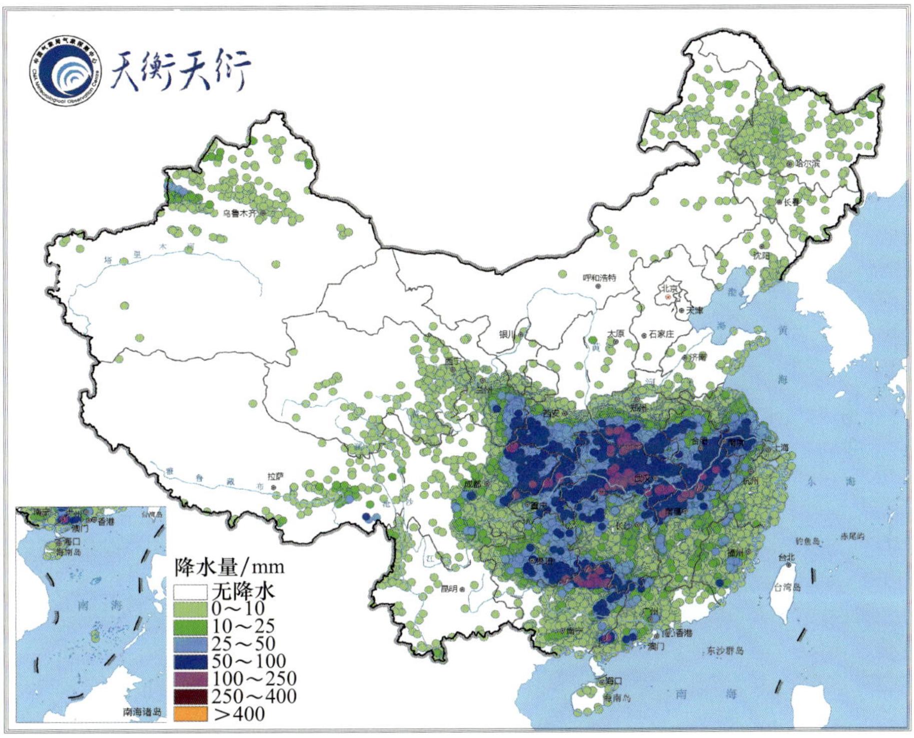

图 2-49　4 月 24 日 03 时—25 日 15 时全国地面站 36 h 累计降水量

2.4.2.3　闪电大风监测

全国 6 h 闪电大风过程产品显示（图 2-50），4 月 24 日 03—09 时闪电主要集中在四川、重庆等地，总闪分别为 3419 次、3728 次。四川超过 8 级风有 8 个站，最大值为 22.3 $m \cdot s^{-1}$，出现在利州大石漫天岭站；重庆超过 8 级风有 9 个站，最大值为 25.7 $m \cdot s^{-1}$，出现在万盛南天门站。24 日 09—15 时，闪电主要集中在重庆、湖北、湖南等地，总闪分别为 3458 次、2428 次、1880 次。重庆超过 8 级风有 5 个站，最大值为 22.1 $m \cdot s^{-1}$，出现在南川鸣玉站；湖北超过 8 级风有 2 个站，最大值为 23.4 $m \cdot s^{-1}$，出现在神农架神农顶站。

4 月 24 日 15—21 时，闪电主要集中在贵州、湖南、湖北、江西等地（图 2-51），总闪分别为 21132 次、7667 次、7117 次、3062 次。贵州超过 8 级风有 23 个站，最大值为 24.4 $m \cdot s^{-1}$，出现在石阡国荣站；湖南超过 8 级风有 23 个站，最大值为 24.6 $m \cdot s^{-1}$，出现在临湘市黄盖湖站；湖北超过 8 级风有 12 个站，最大值为 30.2 $m \cdot s^{-1}$，出现在咸安双溪站；江西超过 8 级风有 18 个站，最大值为 27.3 $m \cdot s^{-1}$，出现在石城高田胜江站。24 日 21 时—25 日 03 时，闪电主要集中在湖北、贵州、江西、安徽等地，总闪分别为 8011 次、6696 次、5082 次、3955 次。湖北超过 8 级风有 18 个站，最大值为 25.6 m·s^{-1}，出现在崇阳大湖山站；贵州超过 8 级风有 5 个站，最大值为 26.4 m·s^{-1}，出现在长顺凤凰坝站；江西超过 8 级风有 12 个站，最大值为 27.5 m·s^{-1}，出现在濂溪姑塘三中站；安徽超过 8 级风有 19 个站，最大值为 24.3 m·s^{-1}，出现在贵池殷汇站。

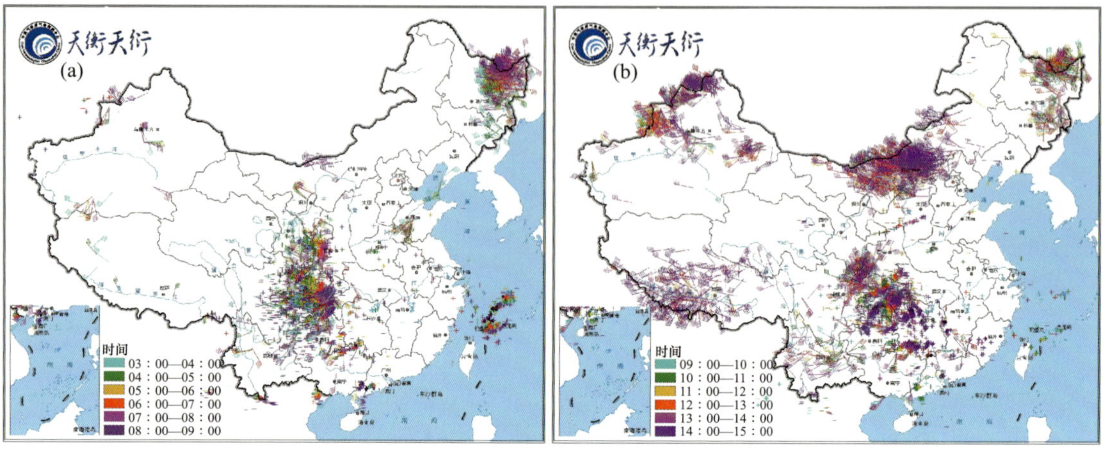

图 2-50　4 月 24 日 03—15 时全国 6 h 闪电大风过程

(a)03—09 时；(b)09—15 时

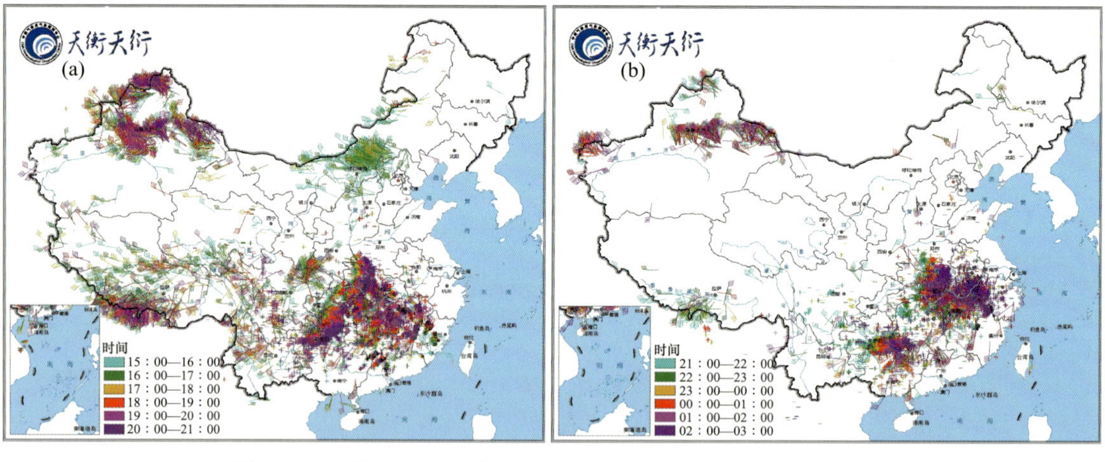

图 2-51　4 月 24 日 15 时—25 日 03 时全国 6 h 闪电大风过程

(a)24 日 15—21 时；(b)24 日 21 时—25 日 03 时

4 月 25 日 09—15 时，闪电主要集中在安徽、广西、江苏等地(图 2-52)，总闪分别为 6674 次、3340 次、2719 次。安徽超过 8 级风有 11 个站，最大值为 22.6 m·s^{-1}，出现在九华山天台站；广西超过 8 级风有 7 个站，最大值为 25.1 m·s^{-1}，出现在全州才湾天湖水库站。25 日 09—15 时，闪电主要集中在江西、浙江等地，总闪分别为 6846 次、3175 次。江西超过 8 级风有 71 个站，最大值为 38 m·s^{-1}，出现在天海站；浙江超过 8 级风有 99 个站，最大值为 26.8 m·s^{-1}，出现在余杭永胜村站。

综上所述，4 月 24—25 日，我国中部及南部区域受西南涡影响，出现了大范围强对流天气过程，主要产生冰雹、雷暴大风和短时强降水。大量产生冰雹的对流单体不仅生成

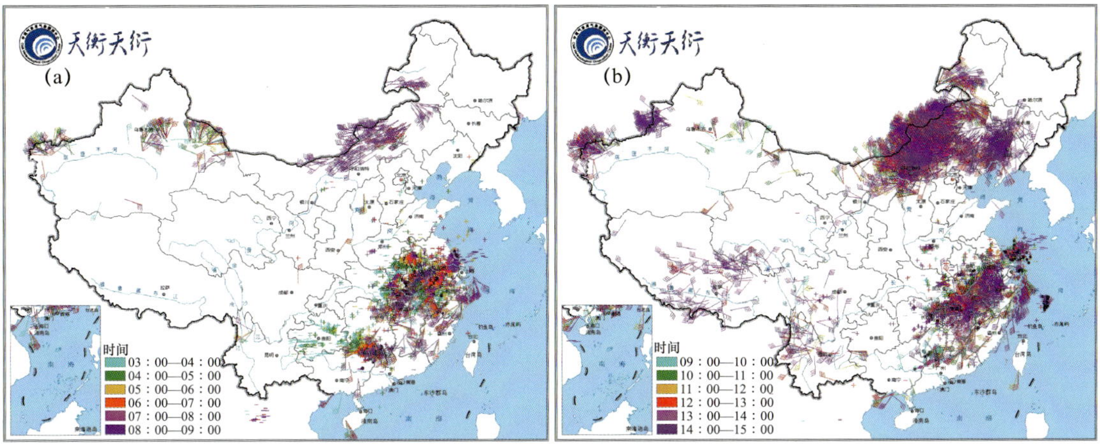

图 2-52　4 月 25 日 03—15 时全国 6 h 闪电大风过程

(a)03—09 时；(b)09—15 时

于冷涡雨带上，也在其东南方向大范围能量、水汽和切变环境良好的暖区范围内生成，对流单体最大回波达到 65 dBZ 以上，并且强回波核心可达到 6～8 km 高度。西南涡降水雨带北部形成了较大范围短时强降水并在河南中南部、湖北大部地区造成持续性降水过程。此过程为典型的西南涡强致灾个例，因其产生强对流范围较大，精密监测预警具有一定挑战。

2.5　5 月 24 日华北飑线

2.5.1　过程特征

5 月 24 日华北地区出现一次由飑线系统造成的以雷暴大风为主的强对流过程。此次强对流过程给华北地区带来了雷电、雷暴大风、冰雹和强降水。

飑线过程简要回顾。如图 2-53 所示，飑线过程经历了初生、发展、旺盛和减弱 4 个阶段。

初生阶段(5 月 24 日 11 时 10 分—12 时 20 分)：24 日 11 时 10 分开始，华北北部开始出现弱回波，呈零散的东北至西南走向带状分布。

发展阶段(5 月 24 日 12 时 20 分—14 时 50 分)：12 时 30 分，华北北部出现大范围带状回波系统，并逐渐发展加强为飑线，持续向东南方向移动。

旺盛阶段(5 月 24 日 14 时 50 分—15 时 40 分)：15 时 40 分，雷达回波进一步加强，带状回波当中对流单体结构明显，个别单体发展旺盛，最大回波强度达到 63 dBZ，飑线两端的对流发展明显强于中部，飑线整体继续向东南方向发展。

减弱阶段(5 月 24 日 15 时 40 分—17 时 40 分)：至 17 时 40 分，飑线偏西部分强度有所减弱，飑线中部对流单体开始消散，飑线结构发生断裂，飑线东北部分支强度维持。

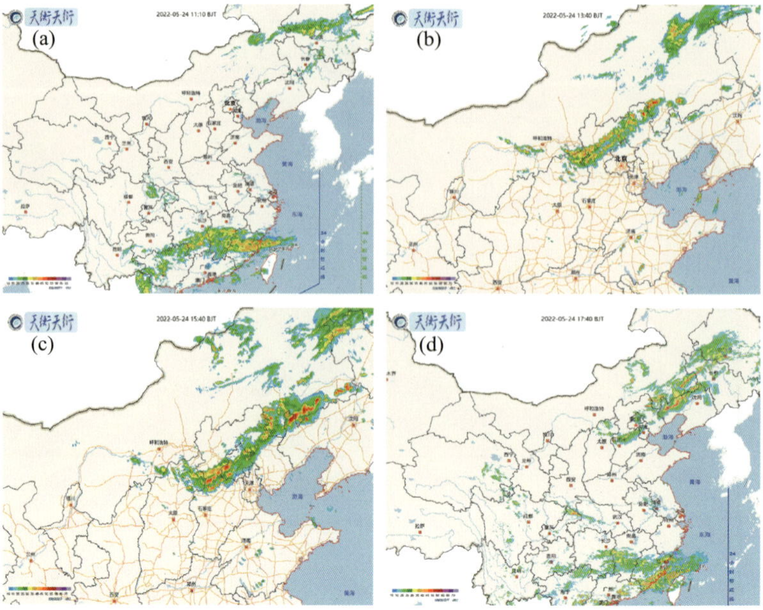

图 2-53 5 月 24 日 11 时 10 分(a)、13 时 40 分(b)、15 时 40 分(c)、17 时 40 分(d)华北北部飑线时间演变图

2.5.2 关键强对流过程监测

2.5.2.1 天气雷达监测

华北飑线过程在单站雷达上也得到了很好的监测。从北京大兴雷达单站监测结果看，5 月 24 日 15 时 10 分，北京城区西北部飑线对流回波带东移南压，到 15 时 20 分，飑线东北端的强对流回波最大强度达 55 dBZ，历经北京门头沟、房山等地；飑线西南端的河北涞源县附近不断有新的对流单体生成，15 时 36 分，回波不断增强发展，一度出现旁瓣回波。15 时 48 分，影响北京城区的对流单体在飑线移动方向的左侧生成，并向北京城区移动发展(图 2-54)，影响城区的主要时段在 16 时 00—40 分。

5 月 24 日 14 时 24 分，北京大兴雷达监测到影响门头沟的强对流单体快速向东南方向移动，15 时 48 分(图 2-55)，最大反射率因子达到 58 dBZ，回波顶高达 12 km，1.5°仰角径向速度场上，最大径向速度达到 26 $m \cdot s^{-1}$，双偏振相关系数产品 CC 值在 0.85 左右，差分反射率 Z_{DR} 值在 0.5～3.0，表明有冰雹和大雨滴混合物。

5 月 24 日 15 时 42 分(图 2-56)，大兴雷达水凝物分类产品显示在高层 6.0°仰角上识别出霰粒子，中层 3.4°仰角有冰雹粒子，到 1.5°仰角上冰雹降落并开始融化，而在 0.5°仰角的近地面有少量冰雹粒子和大雨滴。

综合气象观测产品系统(天衡天衍)雷达回波剖面产品显示(图 2-57)，5 月 24 日 15 时 40 分，位于北京东北方向的对流单体发展旺盛，强回波顶高达 8 km，最大反射率因子 63 dBZ。系统识别出该对流单体发生冰雹现象的概率为 77%。

2.5.2.2 雷电大风监测

综合气象观测产品系统(天衡天衍)雷电监测产品显示(图 2-58)，华北地区 5 月 24 日

12—19 时雷电活动 7428 次，其中正闪 4836 次，负闪 2592 次，最大正闪强度 296.3 kA，发生在内蒙古，时间 2022-05-24 17:51:05，最大负闪强度－138.6 kA，发生在河北，发生时间 2022-05-24 17:18:31。

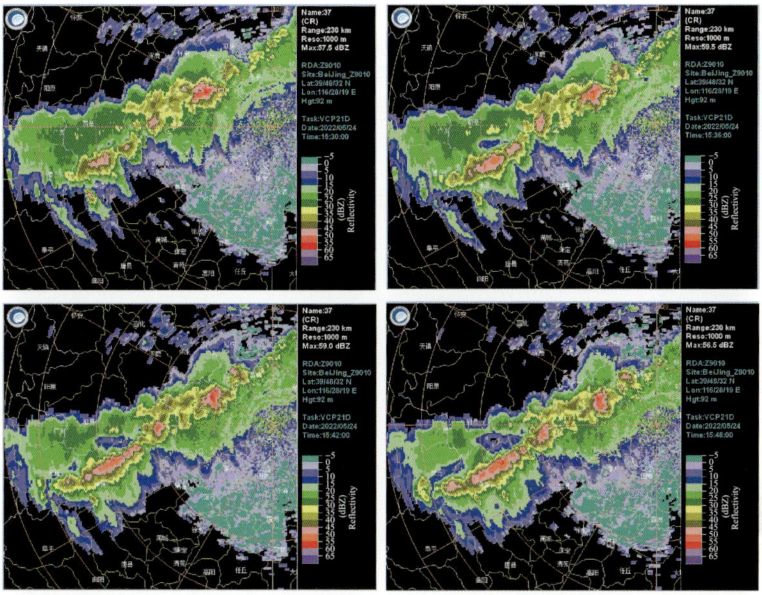

图 2-54　5 月 24 日 15 时 30—48 分逐 6 min 大兴雷达组合反射率图

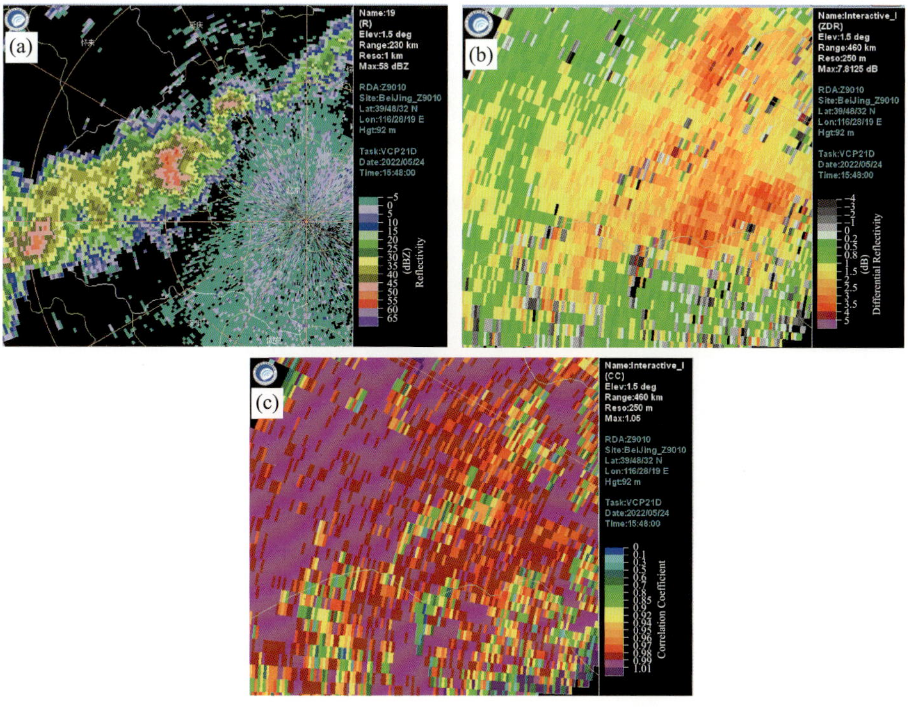

图 2-55　5 月 24 日 15 时 48 分大兴雷达反射率因子(a)、相关系数(b)、Z_{DR} 产品(c)

2.5.2.3 降水监测

综合气象观测产品系统（天衡天衍）全国地面站 6 h 累计降水产品显示（图 2-59），5 月 24 日 12—18 时，6 h 华北地区最大累计降水量 17.8 mm，发生在河北隆化河东站。

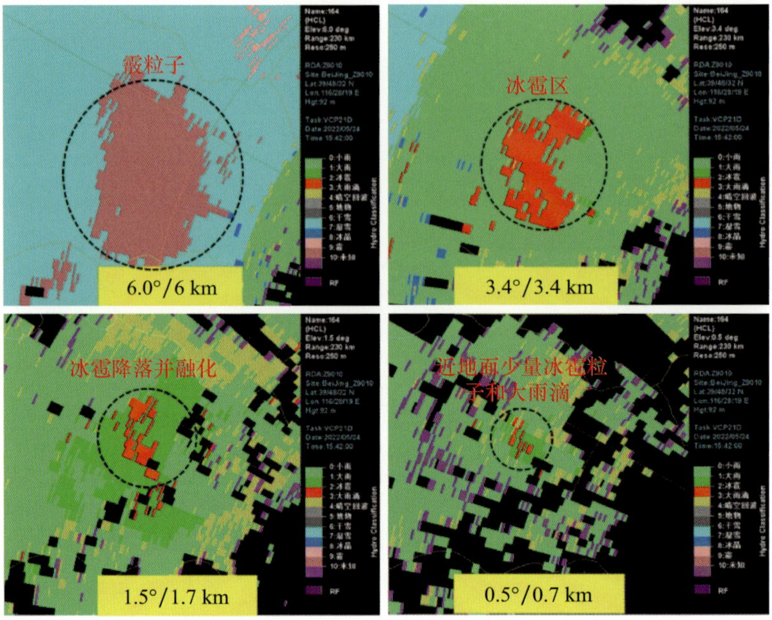

图 2-56　5 月 24 日 15 时 42 分大兴雷达水凝物分类产品

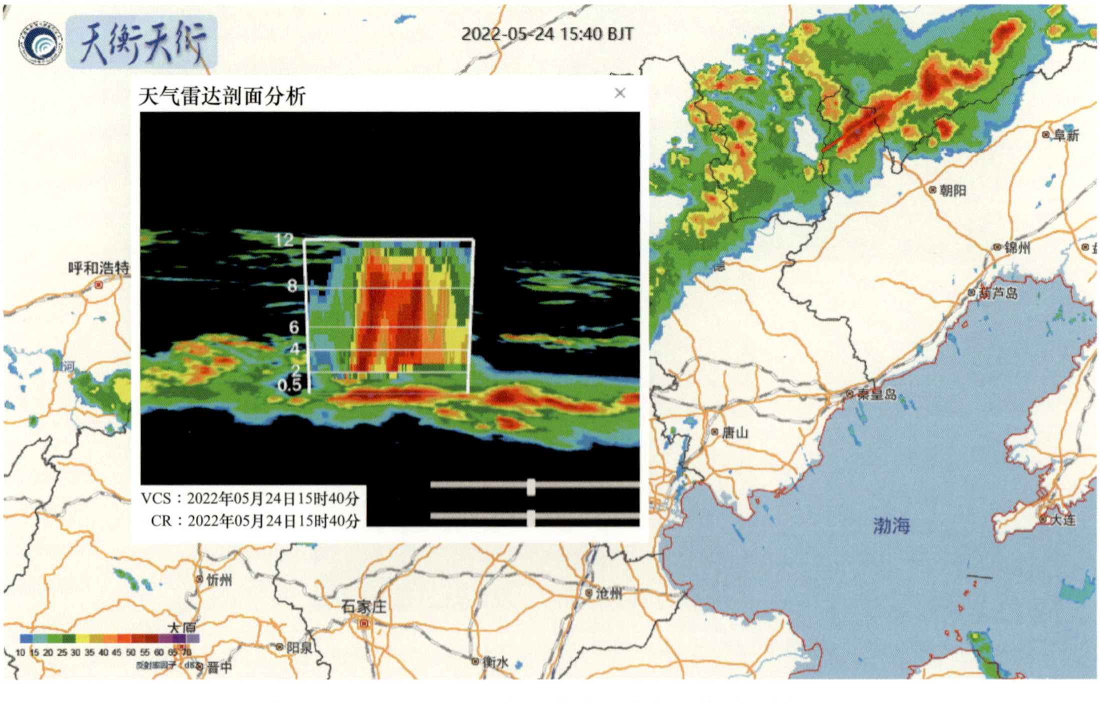

图 2-57　5 月 24 日 15 时 40 分华北北部飑线雷达剖面图

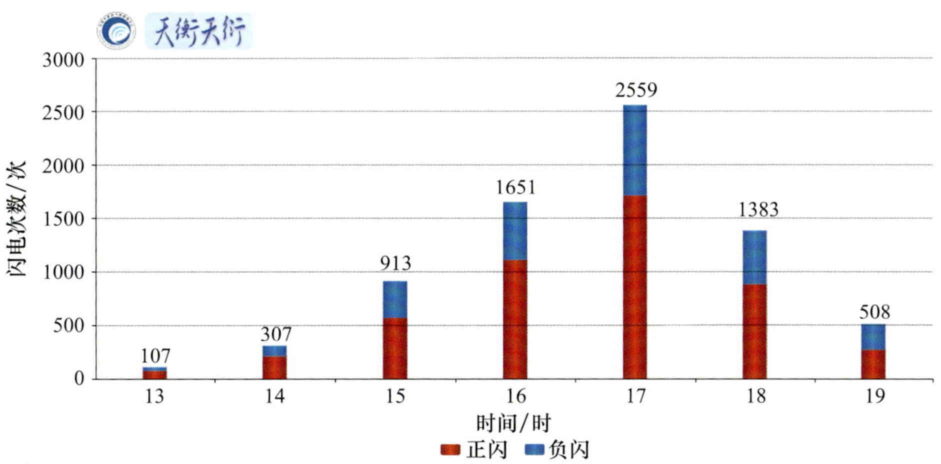

图 2-58　5 月 24 日 12—19 时华北地区雷电时间分布

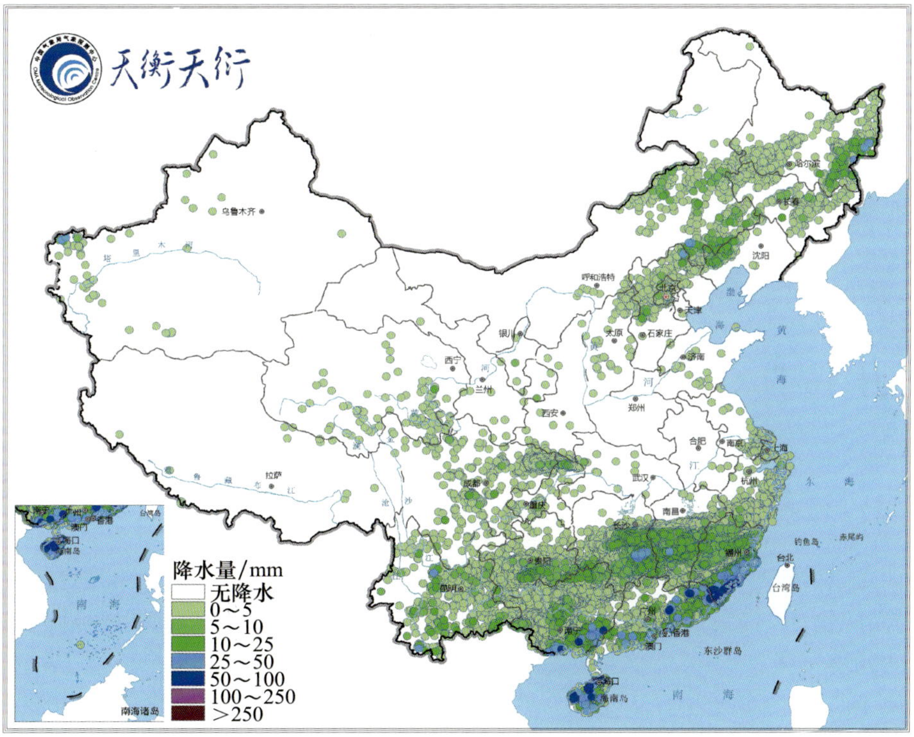

图 2-59　5 月 24 日 12—18 时全国地面站 6 h 累计降水

2.5.2.4　云雷达监测

从北京 7 部云雷达监测结果看(图 2-60)，5 月 24 日 14 时起，北京延庆、怀柔和上甸子有云系发展，延庆在 15 时回波接触地面，出现降水，结合延庆站径向速度图看，2 km 以下径向速度已达 9～10 $m \cdot s^{-1}$，为对流性降水，对流云顶高度达到 12 km。从云水相态识别产品来看，混合相态达到 6 km，对流较强。

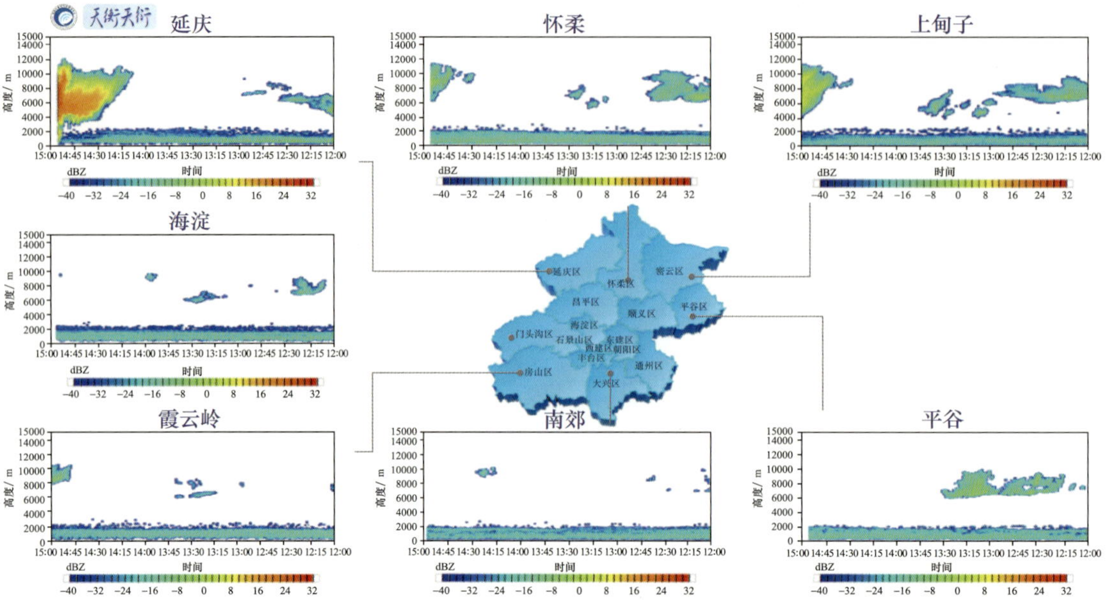

图 2-60　5 月 24 日 12—15 时北京 7 站云雷达反射率因子时序图

综合以上分析，5 月 24 日华北地区出现一次由飑线系统造成的以雷暴大风为主的强对流过程。雷达拼图产品、雷达双偏振产品的双偏振相关系数（CC）、差分反射率（Z_{DR}）、云雷达和雷电监测产品都很好地跟踪监测了此次强对流天气过程的发生和演变。此次强对流过程给华北地区带来了雷电、冰雹和降水。华北地区雷电活动 7428 次，6 h 华北地区最大累计降水量 17.8 mm，发生在河北隆化河东站。北京房山十渡、门头沟斋堂等地出现冰雹。

2.6　6 月 16 日广州从化龙卷

2.6.1　过程特征

6 月 16 日 19 时左右广东从化区太平镇出现龙卷，双偏振天气雷达监测到超级单体钩状回波、龙卷涡旋特征（TVS）、龙卷地物碎片特征（TDS）等典型结构，X 波段相控阵雷达识别出更为精细的龙卷特征。

6 月 16 日 19 时 25 分左右从化区太平镇出现龙卷，尺度很小，距离龙卷最近的（约 700 m）太平二中气象站录得 6 级阵风（12.6 $m \cdot s^{-1}$）。经现场目击者反馈，该龙卷生命史为 3 min 左右，造成部分区域停电、临时棚架倒塌、绿化树损毁堵塞交通等情况，主要涉及太平开发区、太平村、太平镇沿江西路等地段，暂无发现人员伤亡。

2.6.2　关键强对流过程监测

2.6.2.1　S 波段天气雷达监测

广州 S 波段双偏振天气雷达于 6 月 16 日 19 时 00—30 分时段内监测到造成本次龙卷过程

的超级单体风暴。该超级单体风暴具有典型的钩状回波和中气旋特征(图 2-61)。风暴向偏东方向移动。当日,周边区域内有多个相似单体形成,但仅有此单体具有稳定维持的中气旋结构。

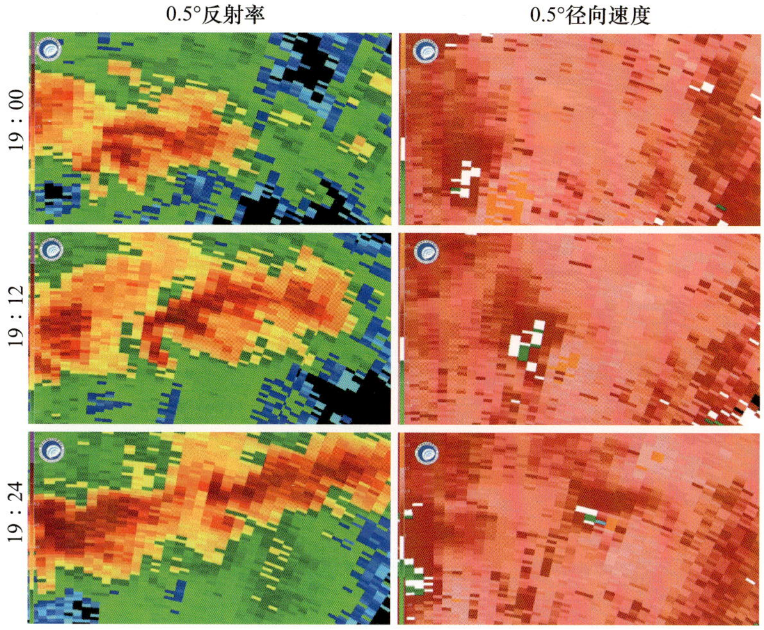

图 2-61 6 月 16 日 19 时 00—24 分广州 0.5°仰角天气雷达监测图

在 6 月 16 日 19 时 24 分和 19 时 30 分两个时次,0.5°仰角径向速度场监测到清晰的 TVS 结构。该 TVS 位于雷达站南偏东 15°方向约 50 km 位置,距地面高度约为 700 m 以内。在 TVS 最强的 19 时 24 分(图 2-62),在对速度模糊进行质控处理之后,速度与所对应的径向速度分别为 $-2.5\ m\cdot s^{-1}$ 和 $33\ m\cdot s^{-1}$,方位角切变达到 $35.5\ m\cdot s^{-1}$,旋转速度 $18\ m\cdot s^{-1}$。同时,该 TVS 对应有明显的谱宽(SW)高值区域($15\ m\cdot s^{-1}$)以及相关系数低值区域(0.78),前者表明该位置具有强烈的速度不均匀分布特征,后者表明该处粒子相态复杂,并非由单一降水粒子构成,而是伴随杂质,即呈现出龙卷地物碎片特征,这印证了龙卷的发生。19 时 36 分,TVS 和中气旋特征迅速消失。

2.6.2.2 X 波段相控阵雷达监测

广州相控阵雷达具有更快的扫描速度,可在 1 min 完成一次扫描,空间分辨率达到 30 m(图 2-63)。6 月 16 日 19 时 20—25 分,在龙卷发生的关键时段,相控阵雷达提供了 5 次精密监测,可以清晰观测到钩状回波、TVS、TDS(低相关系数区)的形成和演变过程。

龙卷出现期间,相控阵雷达精密地监测到了像素级的龙卷涡旋,最大正速度为 $25.5\ m\cdot s^{-1}$,最大负速度为 $-10.5\ m\cdot s^{-1}$(图 2-64)。龙卷直径<200 m,对应高度约为 300 m。广州 X 波段相控阵雷达具备双偏振功能,相关系数(CC)产品上观测到显著的低值区域,最低值小于 0.5(广州 S 波段雷达观测值为 0.78)。这表明此时可能已经有杂物被卷入空中,造成 CC 显著降低,形成比 S 波段雷达更为显著的 TDS 特征。该特征有利于进一步确认龙卷的发生。龙卷涡旋周边 Z_{DR} 值较大,表明龙卷外围伴有较大尺寸的雨滴,但龙卷涡旋本体 Z_{DR} 较小。

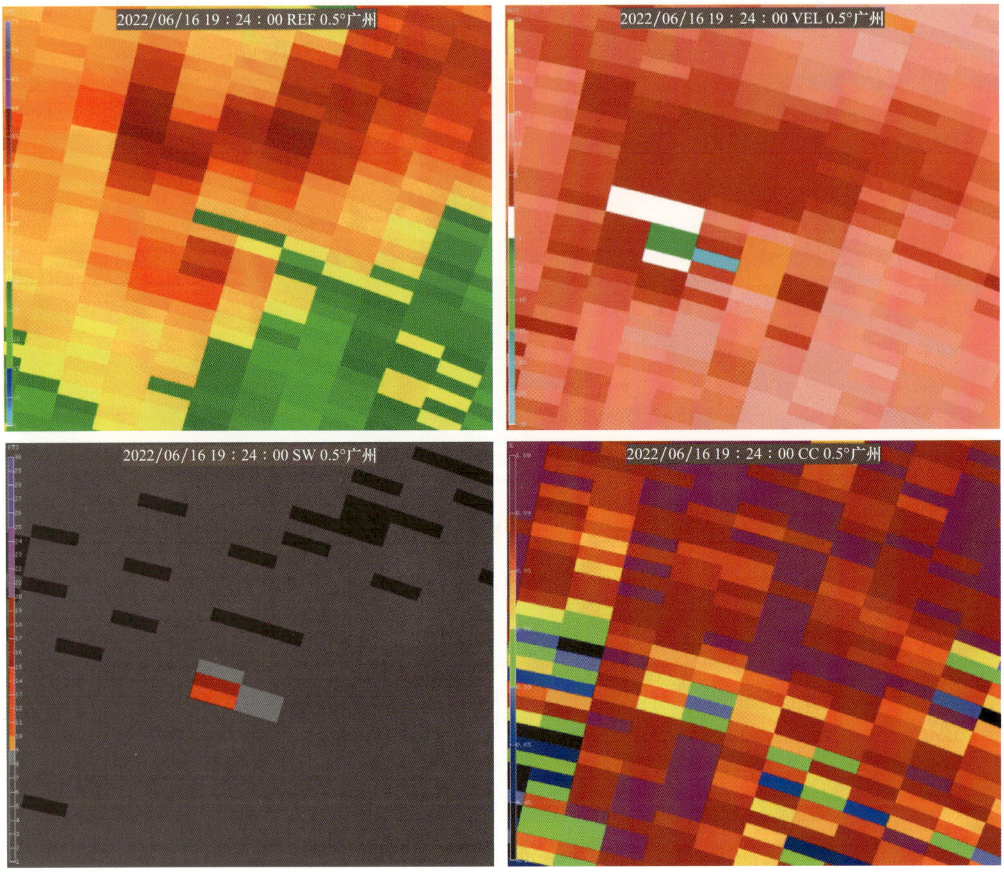

图 2-62　6 月 16 日 19 时 24 分广州 0.5°仰角雷达监测图

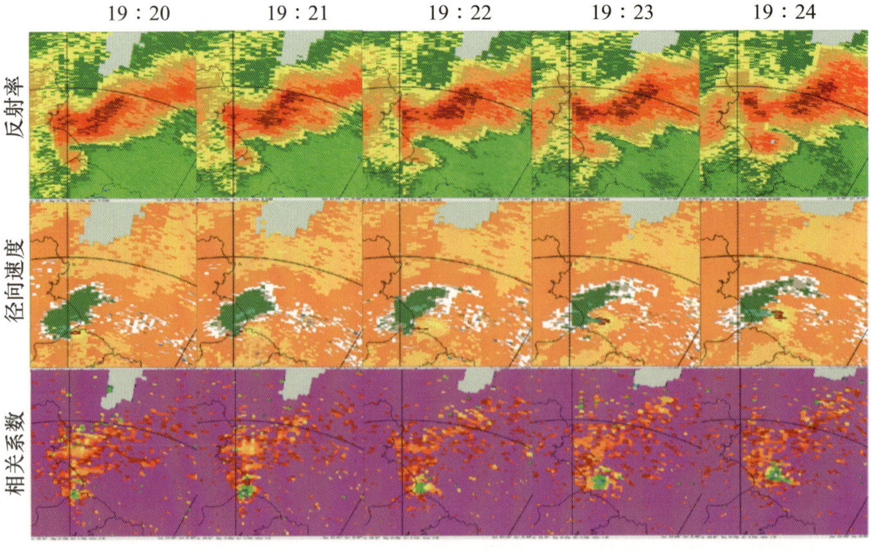

图 2-63　6 月 16 日 19 时 20—24 分广州帽峰山 X 波段相控阵雷达监测图

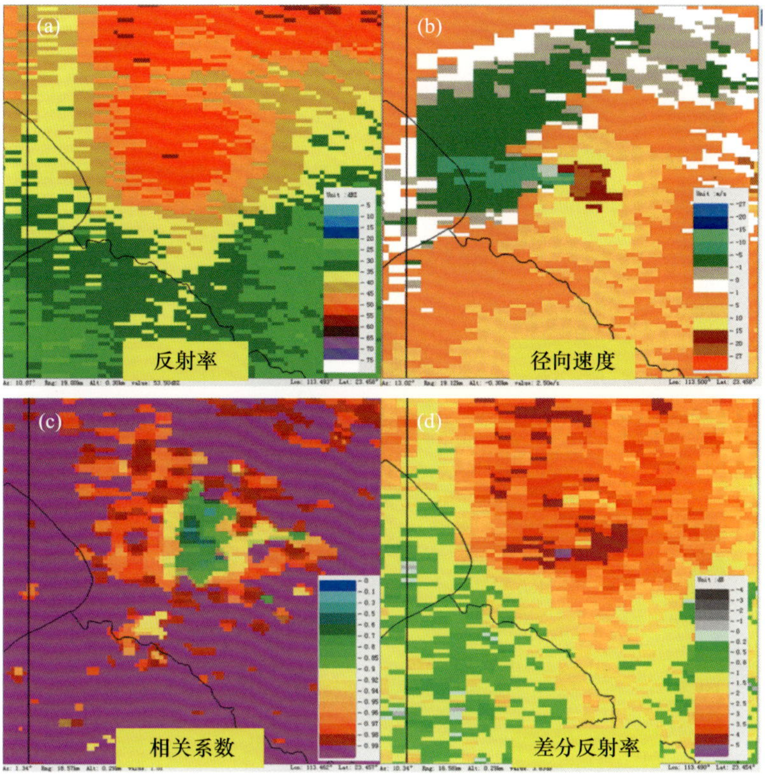

图 2-64　6 月 16 日 19 时 25 分广州帽峰山 X 波段相控阵雷达监测图
(a)反射率;(b)径向速度;(c)相关系数;(d)差分反射率

2.6.2.3　地面与雷电监测

综合气象观测实时业务系统(天衡天衍)产品显示(图 2-65),6 月 16 日 19 时 20 分,龙卷位置西侧雷达回波达到 55 dBZ,并伴有雷电活动。19 时 30 分,雷达回波逐渐向东移动,强度略微有所减弱。位于龙卷位置西南方向约 3 km 的广东白云钟落潭新和站,19 时 19 分监测到 12.7 $m \cdot s^{-1}$ 的大风,风向由北风急转为西南风(图 2-66)。

综上所述,本次龙卷过程,S 波段双偏振天气雷达成功捕捉到超级单体钩状回波、TVS、TDS 等典型结构。X 波段相控阵雷达识别出更为精细的龙卷特征,且时空分辨率达到 1 min、30 m 量级,大大提升了雷达对龙卷发生发展过程的精密监测能力。这体现出多波段雷达协同观测对于龙卷等强对流天气过程监测预警能力提升的巨大潜力。

新一代天气雷达业务软件(ROSE 2.0)于 6 月 16 日 19 时 18 分和 19 时 24 分连续 2 个体扫识别到龙卷涡旋特征 TVS,由于 TVS 强度未满足缺省报警阈值条件,未能对本次龙卷进行有效报警。广州雷达多次发出龙卷虚警,经初步分析,造成虚警的影响因素主要包括地物干扰、速度模糊处理不当,以及阈值设置不合理等。这表明,现有龙卷自动报警功能有待进一步完善,算法有待于优化升级。

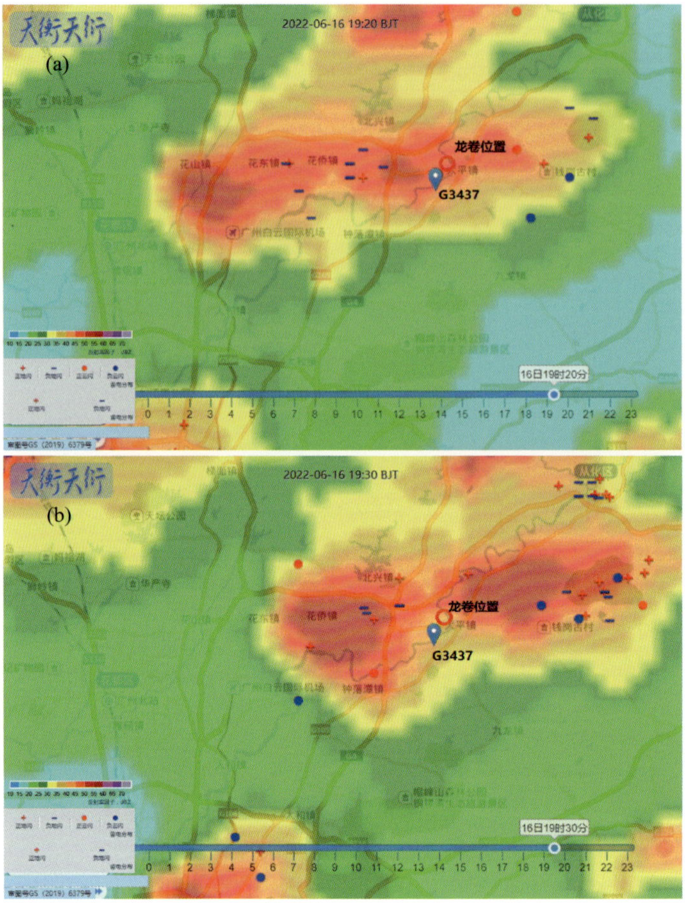

图 2-65　6 月 16 日 19 时 20 分(a)、19 时 30 分(b)广州龙卷位置附近雷电监测

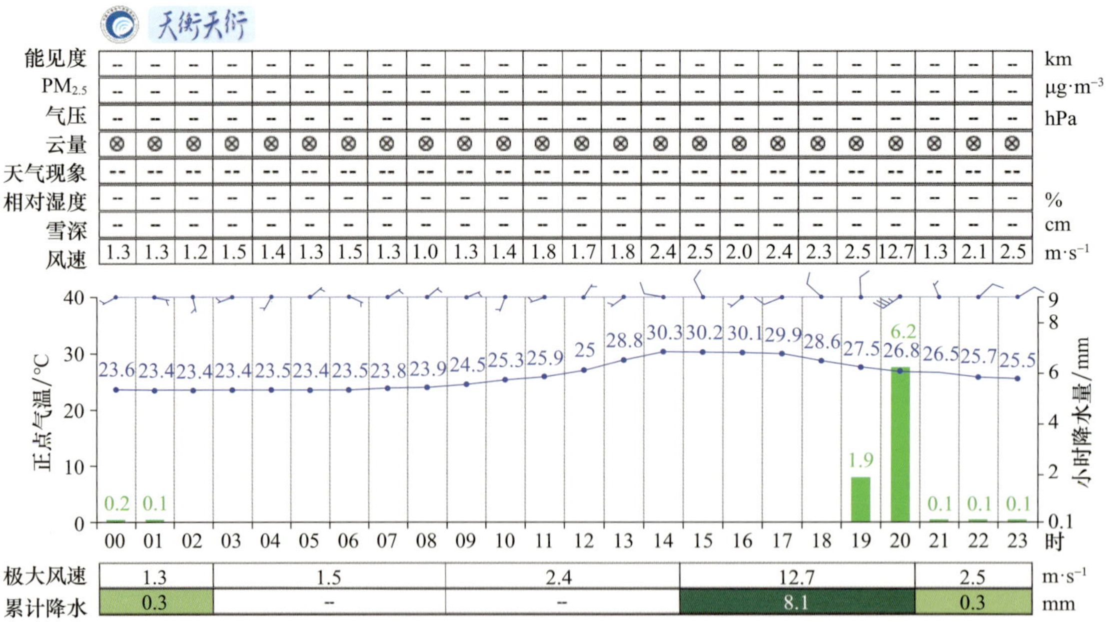

图 2-66　6 月 15 日 23 时—16 日 23 时广东白云钟落潭新和站天气实况序列图

2.7 7 月 20 日江苏宿迁、连云港、盐城多地强对流

2.7.1 过程特征

7 月 20 日，江苏宿迁、连云港、盐城等多地发生强对流天气，江苏宿迁雷达监测到连云港海州区新坝镇 G15 国道附近有龙卷涡旋特征，江苏连云港雷达多次监测到江苏盐城响水附近龙卷涡旋特征（TVS）和中气旋，11—14 时苏皖地区包括江苏连云港、淮安、盐城、南京，安徽马鞍山等地出现 8 级以上大风。

2.7.2 关键强对流过程监测

2.7.2.1 天气雷达监测

综合气象观测产品系统（天衡天衍）龙卷涡旋特征和中气旋产品显示（图 2-67），7 月 20 日 10 时 39 分，从江苏宿迁雷达 1.45°仰角监测到宿迁沭阳县有正负速度对，最大正速度为 20 $m \cdot s^{-1}$，最大负速度为 -10 $m \cdot s^{-1}$。11 时 56 分，连云港海州区新坝镇 G15 国道附近有 TVS 特征，监测到 1.4 km 最大风切变为 63 $m \cdot s^{-1}$，最大回波强度为 55 dBZ，回波顶高达

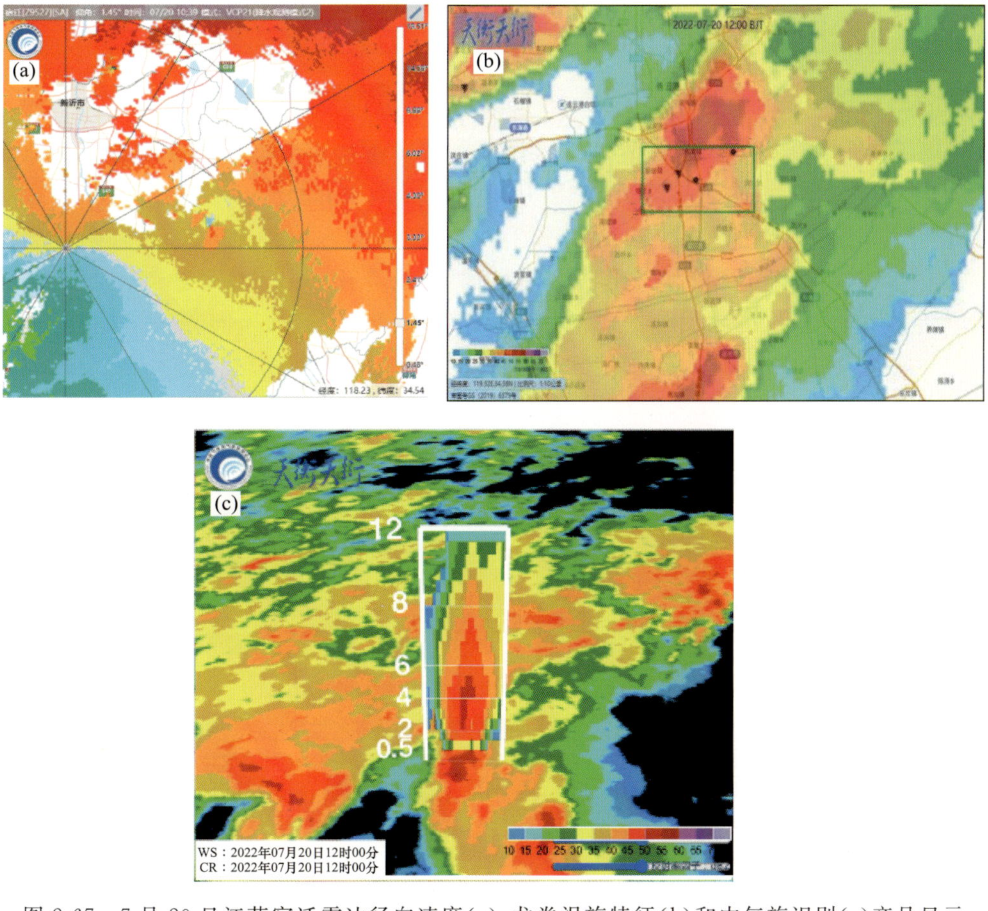

图 2-67 7 月 20 日江苏宿迁雷达径向速度(a)、龙卷涡旋特征(b)和中气旋识别(c)产品显示

7 km。12 时,江苏连云港海州新坝站风向突变,由西南风转为西北风,风速明显增强,由 6.4 m·s^{-1} 增大至 10.5 m·s^{-1}(图 2-68)。

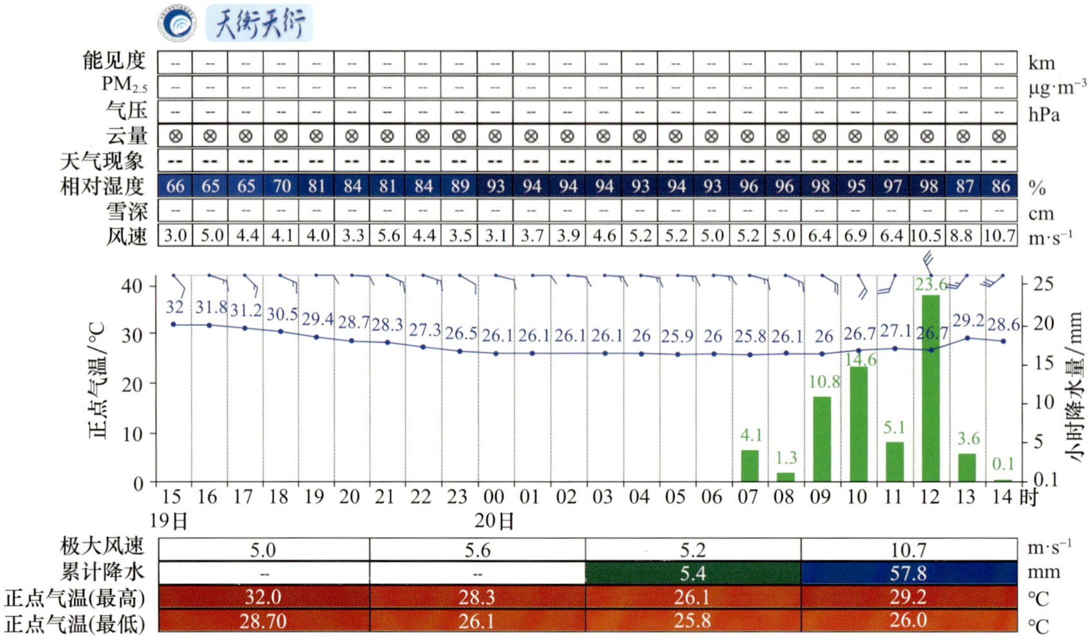

图 2-68　7 月 19 日 14 时—20 日 14 时江苏海州新坝站实况序列图

从 7 月 20 日 12 时 30 分—13 时 00 分,江苏连云港雷达多次监测到江苏盐城响水附近龙卷涡旋 TVS 特征和中气旋特征。12 时 42 分,监测到 0.4 km 最大风切变为 47 m·s^{-1},最大回波强度为 55 dBZ,回波顶高达 10 km(图 2-69)。江苏响水地面站观测到有明显的风速增大、风向突变和气压波动。12 时 43 分风速明显增强,由 5 m·s^{-1} 增大至 14.3 m·s^{-1},风向由东南风转为西南风,维持至 13 时 01 分,风速降为 6.5 m·s^{-1},风向转为东南风;本站气压呈先增大后降低趋势,由 12 时 43 分 1000.6 hPa 增大为 12 时 53 分 1001.6 hPa,随后在 13 时 01 分降至 1000.2 hPa,此次强天气过程持续时间为 15 min(图 2-70)。

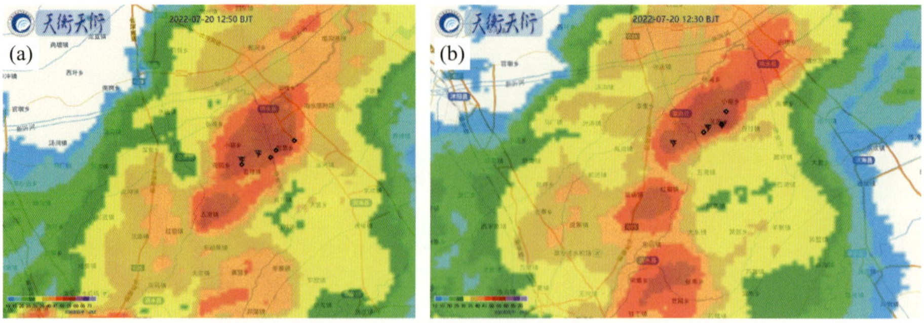

图 2-69　7 月 20 日 12 时 30 分(a)、12 时 50 分(b)江苏连云港天气雷达龙卷涡旋特征和中气旋识别产品

2.7.2.2　大风监测

综合气象观测产品系统(天衡天衍)苏皖地区地面站 3 h 极大风产品显示(图 2-71),7 月

20 日 11—14 时，江苏连云港、淮安、盐城、南京，安徽马鞍山等地有 8 级以上大风，3 h 极大风 8～9 级的有 96 个站，10～11 级的有 1 个站，其中 1 h 最大极大风速 24.7 $m \cdot s^{-1}$，发生在江苏洪泽湖避风港站，出现时间为 2022-07-20 11:04:00。

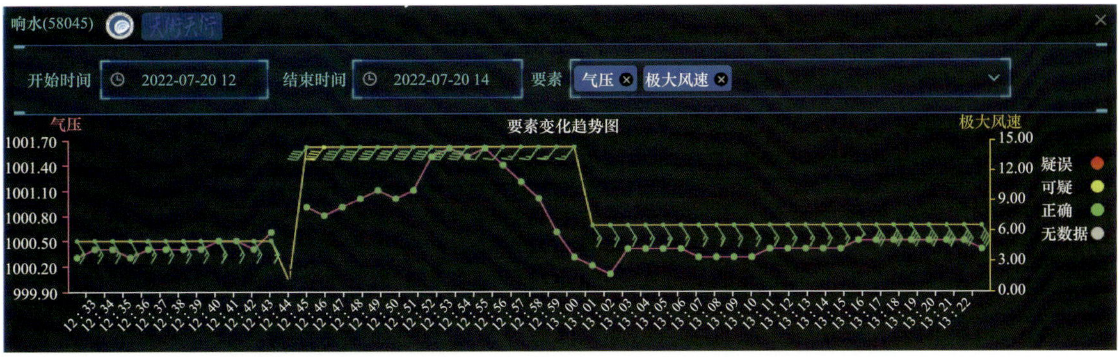

图 2-70　7 月 20 日 12—14 时江苏响水站分钟级气压和极大风监测

图 2-71　7 月 20 日 11—14 时苏皖地区地面站 3 h 8 级以上大风产品显示

2.7.2.3　降水监测

江苏省地面站 3 h 累计降水产品显示，7 月 20 日 11—14 时，降水主要集中在连云港、徐州、宿迁、淮安、盐城等地，3 h 累计降水 50～100 mm 有 10 个站，25～50 mm 有 41 个站，10～25 mm 有 206 个站，5～10 mm 有 233 个站，其中 3 h 最大累计降水量 73.2 mm，发生在江苏赣榆厉庄站(图 2-72)。

2.7.2.4　冰雹监测

综合气象观测产品系统(天衡天衍)冰雹识别产品显示(图 2-73)，7 月 20 日 13 时，在东北地区、内蒙古东部、江苏北部监测到冰雹信号。14 时起，滁州市、天长市、南京市六合区、射阳县等地相继识别出冰雹信号，14 时 50 分（图 2-74），江苏盐城大丰地区监测到冰雹概率为 82%，天气雷达反射率因子最高达 66 dBZ，强回波顶最高在 16 km 以上。

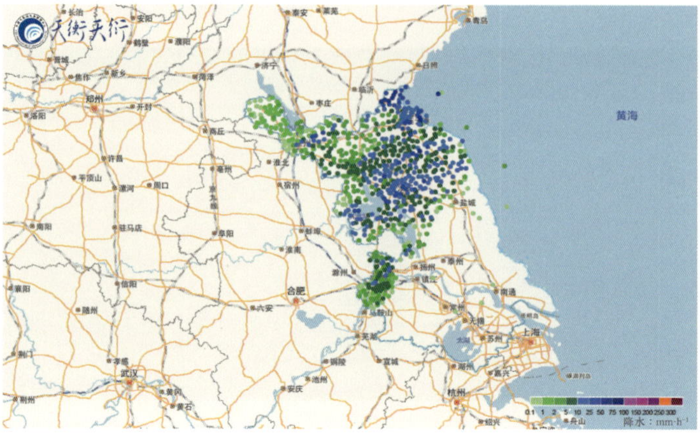

图 2-72　7 月 20 日 11—14 时江苏省地面站 3 h 累计降水产品显示

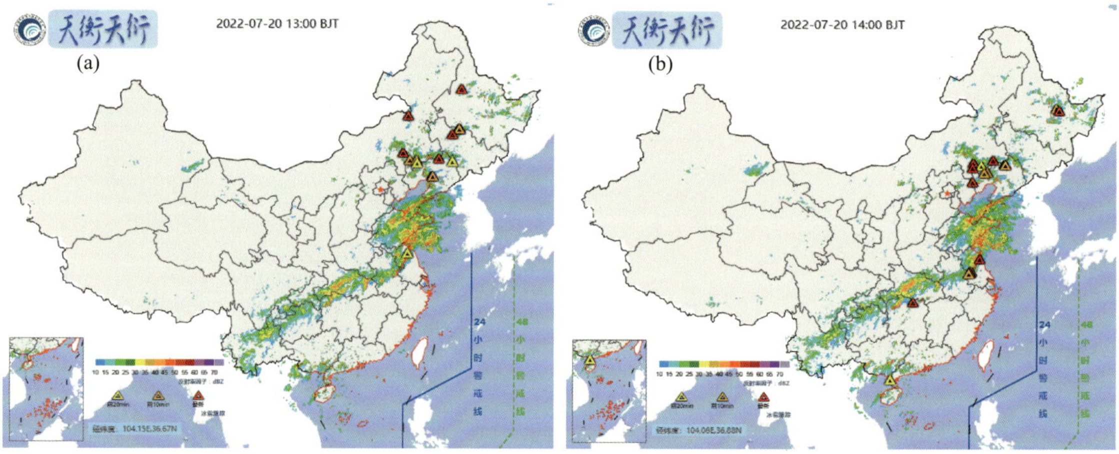

图 2-73　7 月 20 日 13 时(a)、14 时(b)全国天气雷达组合反射率拼图叠加冰雹跟踪产品

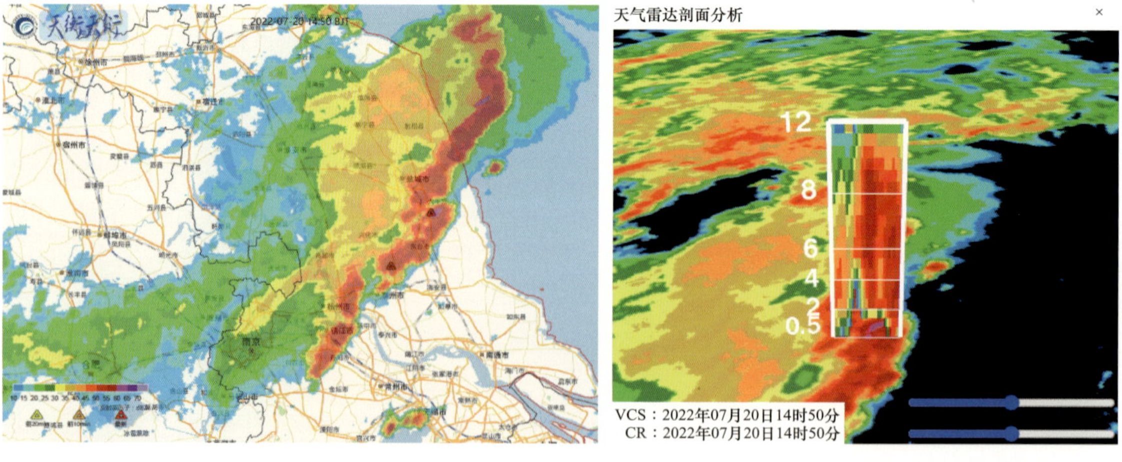

图 2-74　7 月 20 日 14 时 50 分江苏盐城大丰区冰雹反射率(a)和冰雹天气雷达回波剖面分析(b)

2.8 7月17日浙江宁波奉化雷暴大风

2.8.1 过程特征

7月17日，浙江宁波市奉化区翡翠湾发生码头事故，发生地观测到雷暴大风，强回波对流单体触发下击暴流，并伴有雷电发生。

7月17日12时33分，浙江宁波市奉化区翡翠湾码头事故发生地观测到对流单体强回波，伴有雷电发生，地面站先后4站极大风速超过了10级，距离码头最近的浙江奉化塘头自动气象站录得1 h累计降水量51.8 mm，极大风速33.7 $m \cdot s^{-1}$(12级风)，风速发生了两次剧增(12时20分由2.7 $m \cdot s^{-1}$增至16 $m \cdot s^{-1}$、12时40分由23.2 $m \cdot s^{-1}$增至33.7 $m \cdot s^{-1}$)，并且风向发生了突变(12时39分风向由东风突变为南风)。此次雷暴大风/下击暴流过程持续时间30～40 min，表现出突发、持续时间短、强度大的特点。

2.8.2 关键强对流过程监测

2.8.2.1 天气雷达监测

综合气象观测产品系统(天衡天衍)全国天气雷达组网拼图产品显示(图2-75)，7月17日11时40分，浙江宁波奉化区西南侧有强对流天气正在发展，12时30分，对流单体回波发展最强，最大回波强度超过60 dBZ，冰雹发生概率59%，回波顶高达10 km。13时，对流单体逐渐移出奉化区，强对流天气对奉化区造成的影响减弱。

浙江省雷电监测数据显示，强回波发展时段伴有雷电活动，7月17日12—13时，浙江省雷电活动479次，其中正闪192次，负闪287次，最大正闪强度77.3 kA，最大负闪强度−72.8 kA。

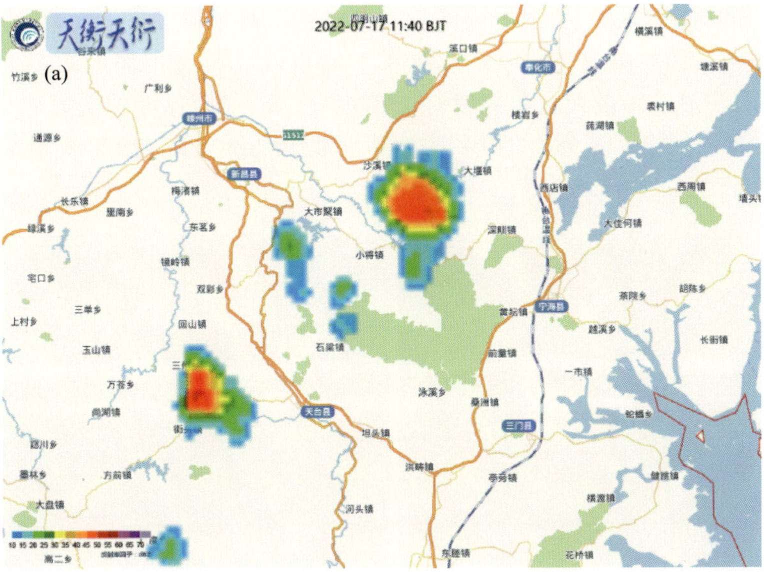

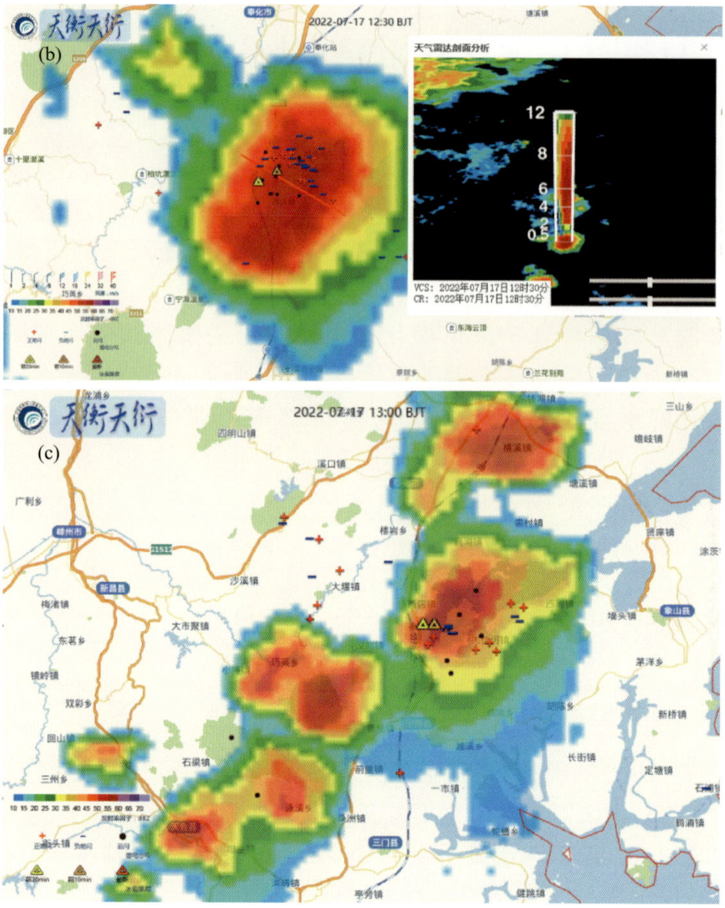

图 2-75　7 月 17 日 11 时 40 分(a)、12 时 30 分(b)、13 时(c)全国天气雷达组网拼图

宁波雷达反射率和径向风产品显示，7 月 17 日 12 时 33 分受灾点位于风暴移动方向前部，从 0.5°仰角径向速度分析，受灾点处波束距离地面高度为 1.2 km 左右，其高度高于下击暴流开始向四周辐散的典型高度(1 km)，在 0.5°仰角该区域有很弱的辐散式的正负速度区(图 2-76)，但没有明显的辐散式正负速度对。12 时 27 分，径向速度图上可看出 2 个辐散式速度对(图 2-77)。12 时 27—33 分，45 dBZ 回波高度从 10 km 下降到 7 km 左右，是地面发生下击暴流的先兆特征之一(图 2-78)。

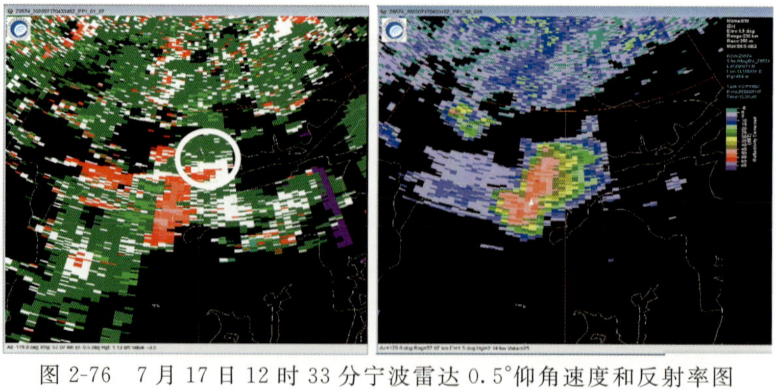

图 2-76　7 月 17 日 12 时 33 分宁波雷达 0.5°仰角速度和反射率图

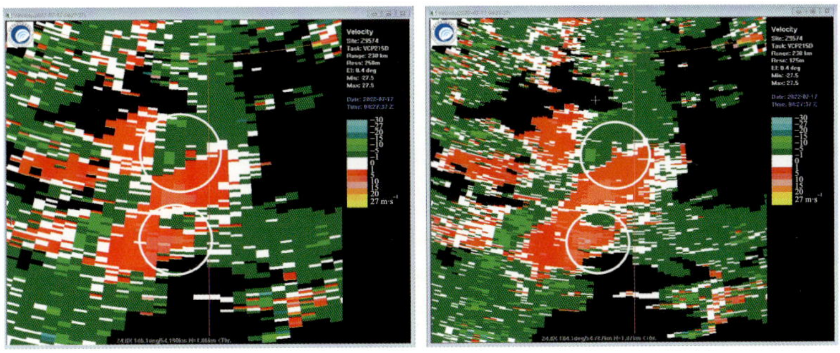

图 2-77 7 月 17 日 12 时 27 分宁波雷达 0.5°仰角 250 m 分辨率(a)、125 m 分辨率(b)径向速度图

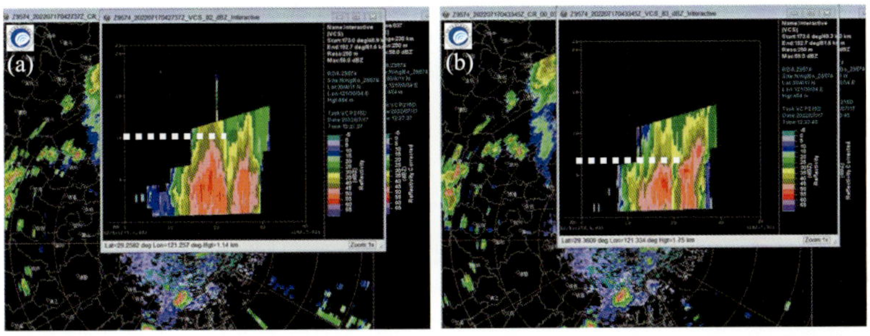

图 2-78 7 月 17 日 12 时 27 分(a)、33 分(b)宁波雷达 45 dBZ 回波高度

2.8.2.2 地面站监测

7 月 17 日 11—12 时，浙江省 1 h 极大风速超过 8 级风的站数为 5 个，最大值为 18.9 $m \cdot s^{-1}$。12—13 时，1 h 极大风速超过 8 级风的站数增至 32 个，2 个站超过 11 级风，最大值为 33.7 $m \cdot s^{-1}$，发生在浙江奉化塘头站。该站是距离事故地最近的地面自动站，12 时 39 分发生了风向突变，

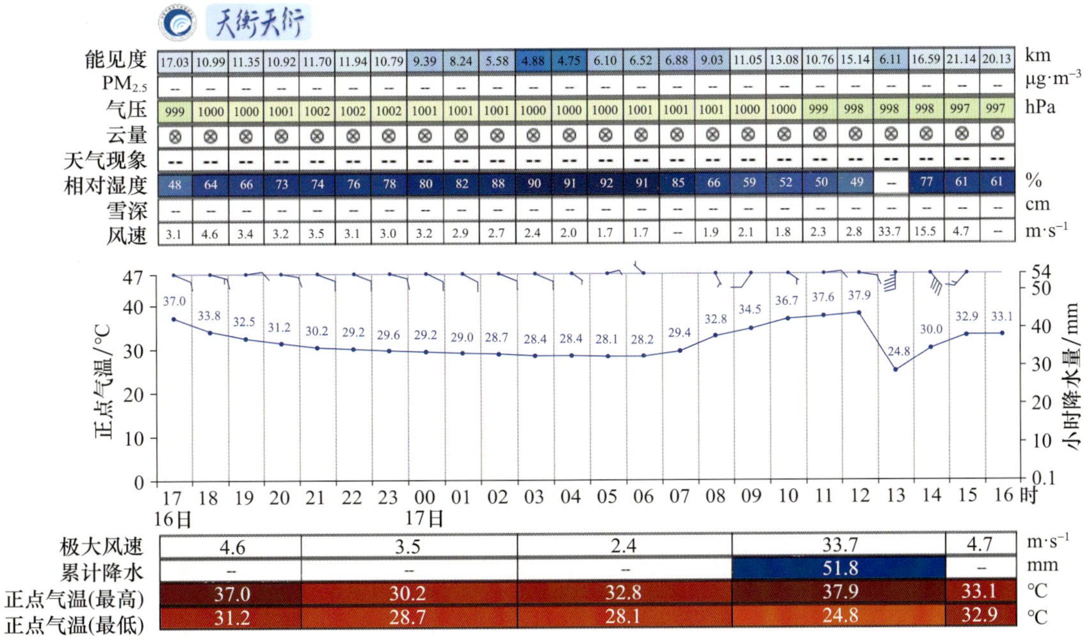

图 2-79 7 月 16 日 16 时—17 日 16 时奉化塘头站天气实况序列图

由东风转变为南风，同时，极大风速发生两次剧增，分别为 12 时 20 分（由 2.7 m·s^{-1} 增至 16 m·s^{-1}）和 12 时 40 分（由 23.2 m·s^{-1} 增至 33.7 m·s^{-1}）（图 2-79、图 2-80）。邻近站点奉化栖凤站，12 时 35 分风向突变，由东南风转变为西风，且极大风速由 12 时 20 分的 4.3 m·s^{-1} 剧增至 30.1 m·s^{-1}（图 2-81、图 2-82）。宁海峡山站，12 时 56 分风向突变，由东北风转变为西北风，极大风速由 12 时 30 分 3.4 m·s^{-1} 剧增为 28.1 m·s^{-1}（图 2-83、图 2-84）。

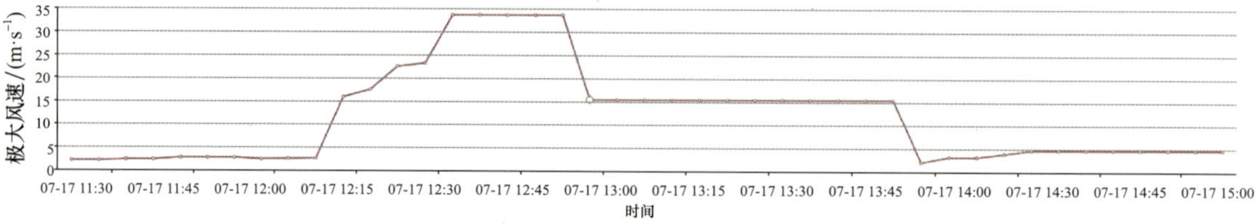

图 2-80　7 月 17 日 11—15 时奉化塘头站极大风速分钟变化图

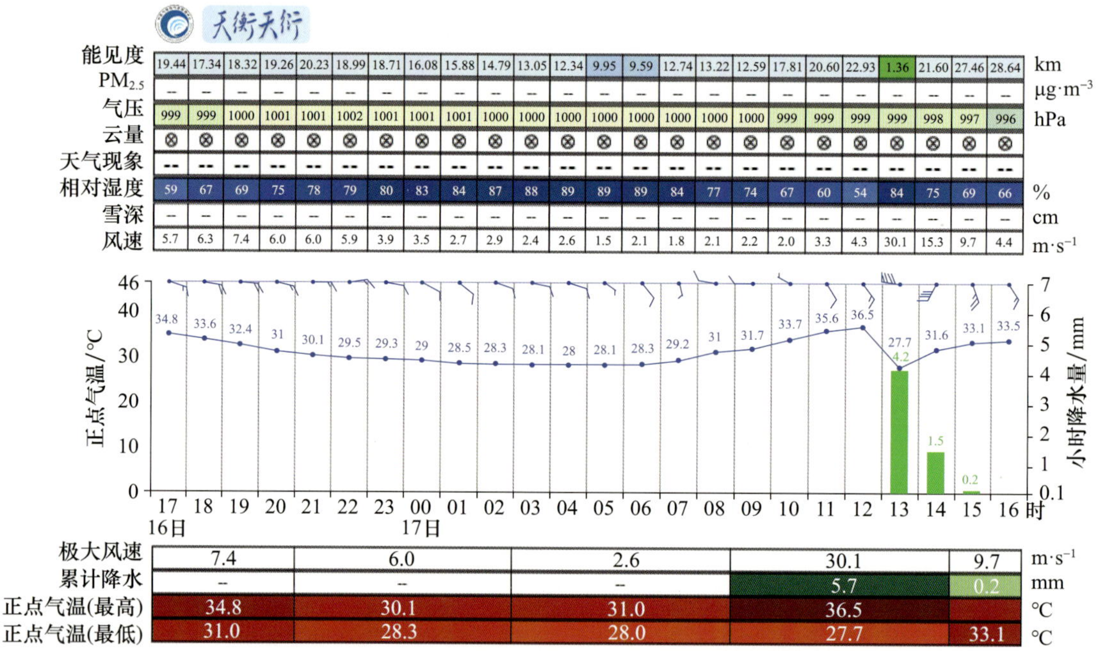

图 2-81　7 月 16 日 16 时—17 日 16 时奉化栖凤站实况序列图

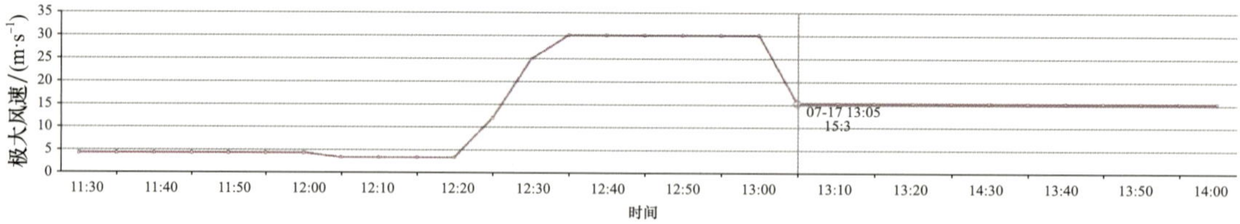

图 2-82　7 月 17 日 11—14 时奉化栖凤站极大风速分钟变化图

2.8.2.3　降水监测

浙江省地面站累计降水监测显示（图 2-85），7 月 17 日 13 时，1 h 累计降水量在 50～100 mm 有 1 个站，25～50 mm 有 1 个站，10～25 mm 有 29 个站，5～10 mm 有 35 个站。1 h 最大累计降水量 51.8 mm，发生在浙江奉化塘头站（图 2-79）。

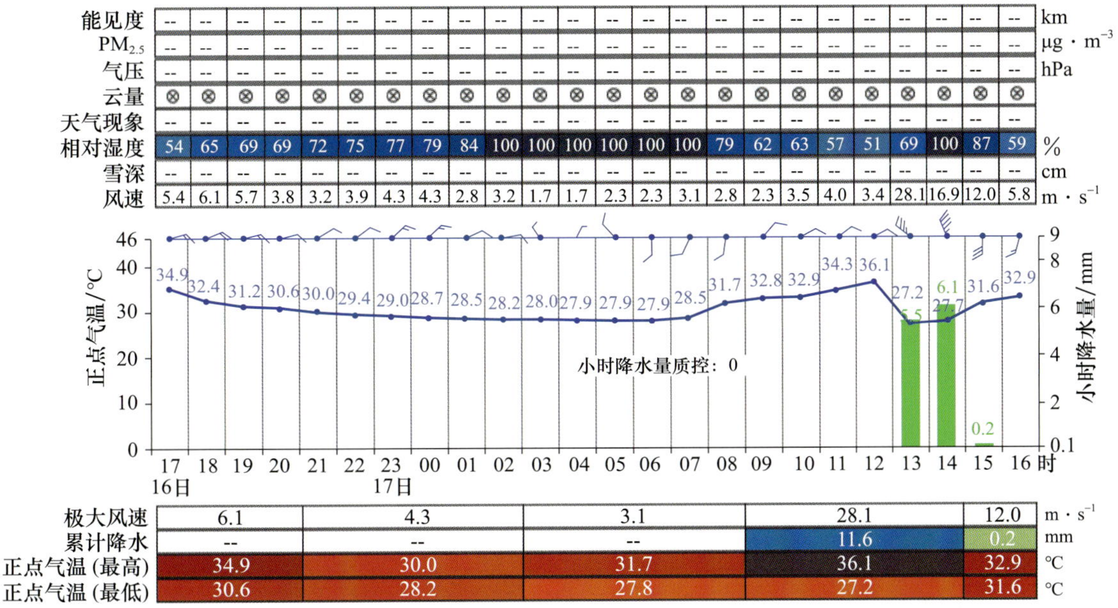

图 2-83　7 月 16 日 16 时—17 日 16 时宁海峡山站天气实况序列图

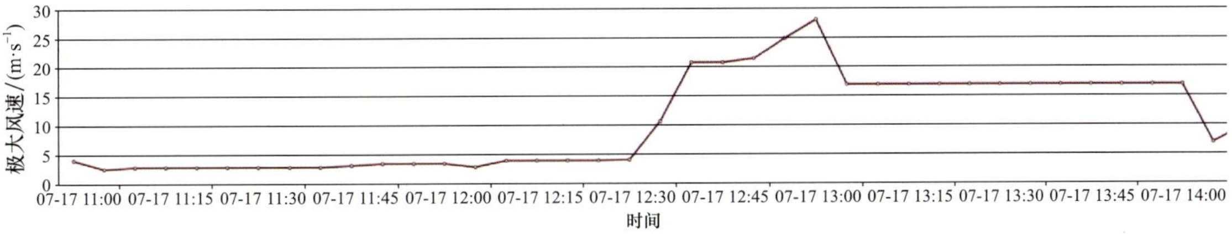

图 2-84　7 月 17 日 11—14 时宁海峡山站极大风速分钟变化图

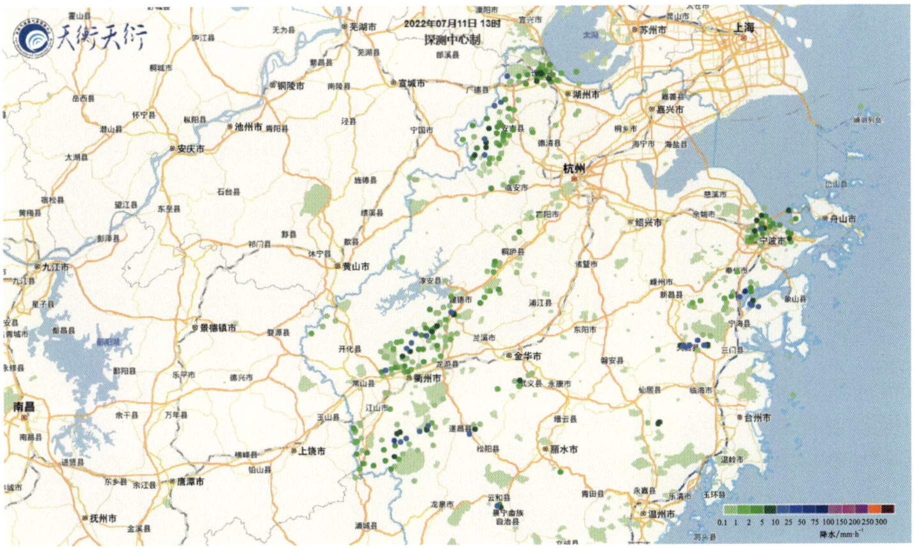

图 2-85　17 日 13 时浙江省地面站 1 h 累计降水

2.9 小结

运用天衡天衍系统的降水、天气雷达、雷电和大风等产品，对 2022 年 3—7 月在我国发生的 8 次强对流天气过程进行了描述和分析。结果表明，天气雷达的监测产品可识别出强对流特征，并能识别雷电、冰雹、大风等变化特征；雷电监测产品可监测特定区域内的雷电活动，分析雷电活动高峰时段变化特征；降水监测产品能对降水过程中降水累计最大值和降水最强小时等站点信息进行灵活统计分析。

未来，针对强对流天气监测，应进一步强化天气雷达、地基垂直遥感观测及雷达对极端和突发性强对流天气的监测和预警能力，尤其是提升天气雷达协同观测、地基垂直遥感综合监测能力，加强预警信号产品、融合产品的研发，以支撑气象防灾减灾的需要。

第三章　台风

2022 年，在西北太平洋和南海共有 25 个台风生成（图 3-1），与常年同期（25.1 个）基本持

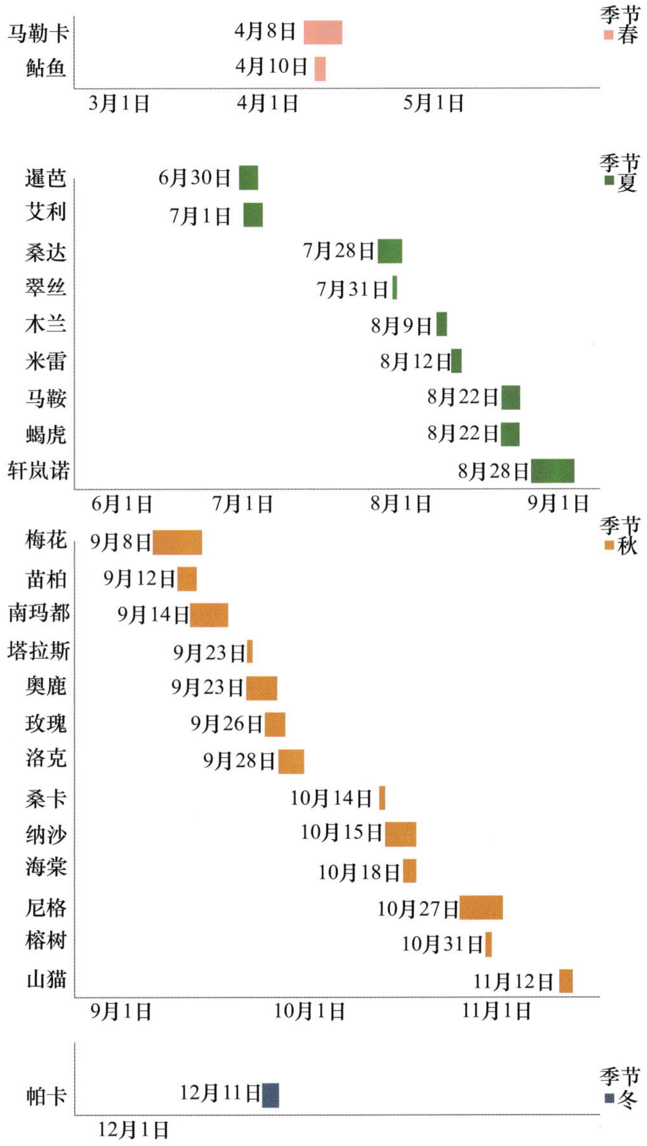

图 3-1　2022 年台风日历①

（彩条长度表示该台风生命周期长短）

① 引自中央气象台发布的《2022 年度天气盘点——台风》。

平。有 4 个登陆我国，具有生成源地偏北偏西、登陆数偏少、秋台风偏多、双台风活动频繁、台风路径复杂等特点。从季节上来看，春季生成 2 个；夏台风（6—8 月）9 个，较常年同期（11.1 个）偏少 2.1 个；秋台风（9—11 月）13 个，较常年同期（10.7 个）偏多 2.3 个；冬季 1 个。

台风平均生成位置（19.7°N，135.5°E）较常年平均（16.1°N，136.3°E）偏北 3.6 个纬度，偏西约 0.8 个经度。2022 年度仅有 4 个台风登陆我国（“暹芭”“木兰”“马鞍”“梅花”），较常年同期（7.17 个）偏少 3.17 个，其中，有 3 个台风在广东登陆（2 个台风在广东电白登陆）（图 3-2）。

台风名称	登陆时间	登陆地点	登陆强度
暹芭	7月2日15时	广东电白	台风，12级 (35 m·s^{-1})
木兰	8月10日10时50分	广东徐闻	热带风暴，9级 (23 m·s^{-1})
马鞍	8月25日10时30分	广东电白	台风，12级 (33 m·s^{-1})
梅花	9月14日20时30分	浙江舟山	强台风，14级 (42 m·s^{-1})
	9月15日00时30分	上海奉贤	台风，12级 (35 m·s^{-1})
	9月16日00时	山东青岛	热带风暴，9级 (23 m·s^{-1})
	9月16日12时40分	辽宁大连	热带风暴，9级 (23 m·s^{-1})

图 3-2　2022 年登陆台风强度①

3.1 台风“暹芭”

3.1.1 总体特征

台风“暹芭”是 2022 年第 3 号台风，也是 2022 年首个登陆（7 月 2 日下午在广东电白沿海登陆）我国的台风，登陆时间较常年偏晚。但台风“暹芭”在临近登陆时强度增强，以峰值强度登陆广东电白（台风级，12 级，35 m·s^{-1}），使它成为了近 20 年来登陆广东最强的南海台风。

台风“暹芭”体型庞大、结构完整，在移入广西东北部停止编号后，其残余环流仍然长时间维持，与西风带系统结合，一路北上，先后影响我国 17 个省（区、市），降水范围广、持续时间长。

受台风“暹芭”及其残余环流影响，海南、广东、广西、湖南、河南、安徽等地超过 60 个测站的日降水量达到特大暴雨量级，海南三亚国家气象观测站日降水量（421.6 mm）突破当地有气象记录以来日降水量历史极值。

3.1.2 7 月 2 日台风登陆实况

综合气象观测产品系统（天衡天衍）中全国天气雷达基本反射率拼图监测显示（图 3-3a），7 月 2 日 10—13 时，台风“暹芭”向西北方向移动，天气雷达回波组合反射率最高 55 dBZ。地面站和海洋（海岛站和锚碇浮标）风力监测产品显示（图 3-3b），在华南及沿海地区监测到大风天气，1 h 极大风极值 31.8 m·s^{-1}，发生在广东珠海市金湾区南水镇白藤咀站，出现时间为 12 时 25 分（图 3-4）。

① 引自中央气象台发布的《2022 年度天气盘点——台风》。

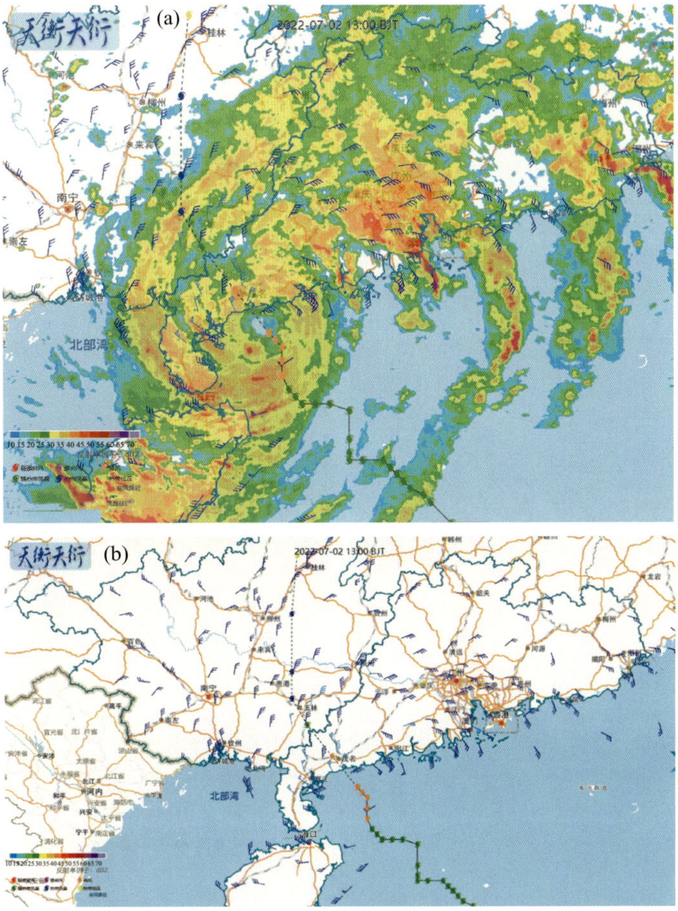

图 3-3　7 月 2 日 13 时台风“暹芭”影响区域天气雷达基本反射率拼图产品(a)、
地面站和海洋(海岛站和锚碇浮标)风力监测产品(b)

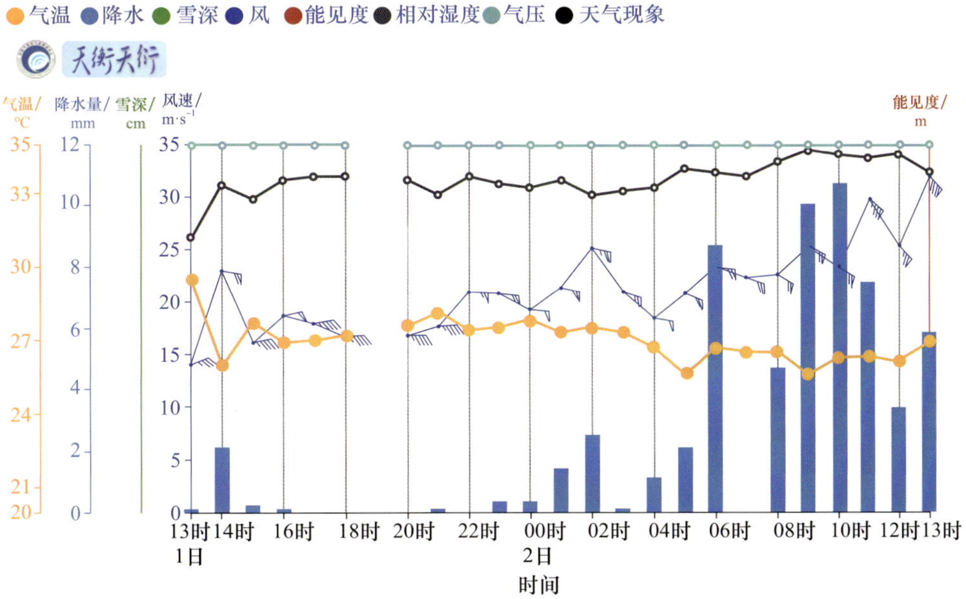

图 3-4　7 月 1 日 13 时—7 月 2 日 13 时广东珠海市金湾区南水镇白藤咀站天气实况时序图

3.1.3 海洋监测

台风“暹芭”发展过程中，船舶站航程主要环绕台风外围螺旋云带，航程距离台风中心最近时约 180 km，观测到海平面气压为 989.5 hPa，台风处于强度发展阶段(图 3-5a)。海洋观测风场组网刻画出临岸台风结构，左侧陆地的影响加剧了台风“暹芭”的高非对称性。螺旋云带主要集中于中心右侧，外围雨带沿东北象限径向向外传播(图 3-5b)。

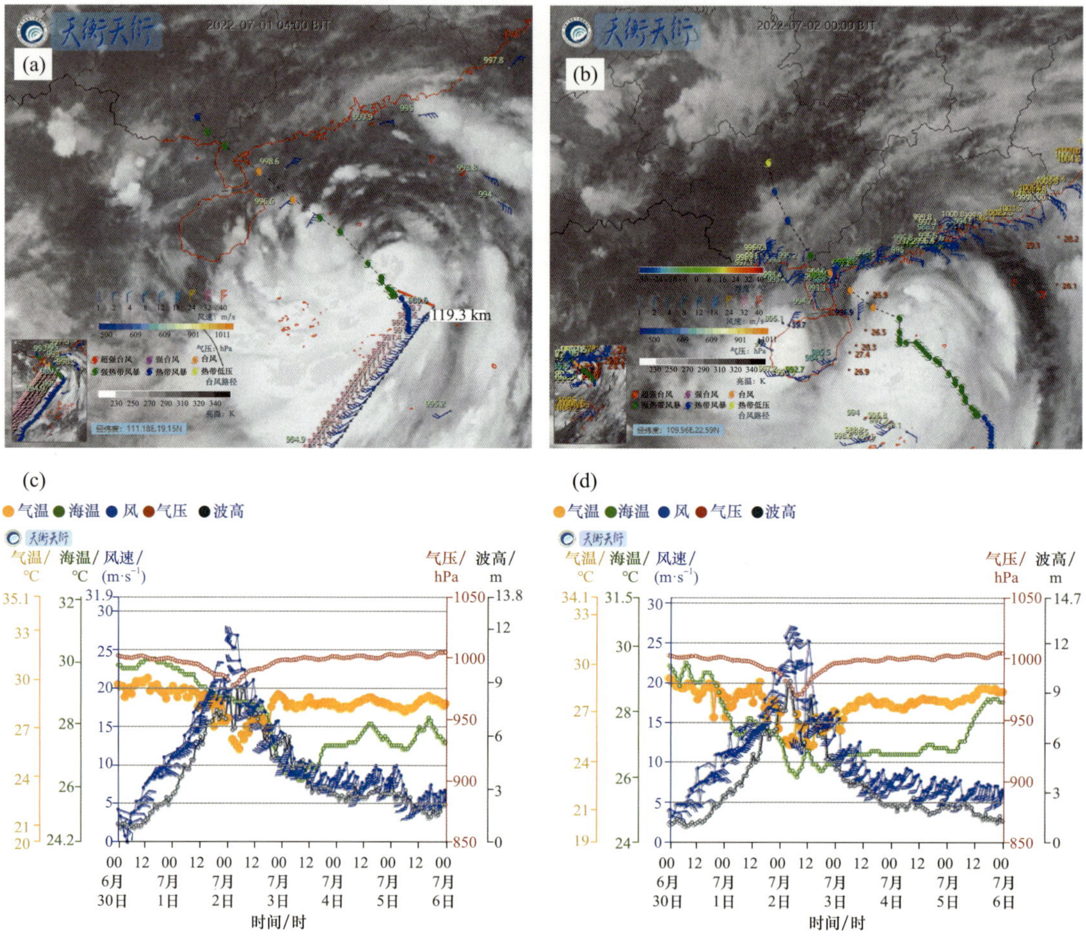

图 3-5　2022 年 7 月 1 日 04 时船舶站观测叠加葵花-8 云图(a)；7 月 2 日 00 时锚定浮标、船舶站、沿海站、海岛站综合海洋观测叠加葵花-8 云图(b)；2022 年 6 月 30 日 00 时—7 月 6 日 00 时文昌龙楼近站气象浮标(c)、茂名气象浮标(d)

7 月 1 日 12 时—7 月 2 日 18 时，文昌龙楼近站、茂名气象浮标单站观测到台风快速增强的特征(图 3-5c、图 3-5d)，风速、气压均出现突变。其中，茂名站 7 月 2 日 09 时左右位于台风中心位置。伴随风速增强、气压下降，海表面温度(SST)降低近 4 ℃，文昌龙楼近站海温降低延迟快速增强过程约 12 h。波高与风速呈现高相关性，快速增强过程中波高最高时接近 10 m。

3.1.4　暖心、EPT、风圈等结构监测

中国气象局气象探测中心台风假相当位温、风流场、风圈等典型产品显示（图 3-6），6 月 30 日 16 时、19 时，随着台风“暹芭”的强度增强，假相当位温等值面柱体逐渐变粗，周边环绕气流螺旋上升，展现出台风核心区域对流的快速发展情况。

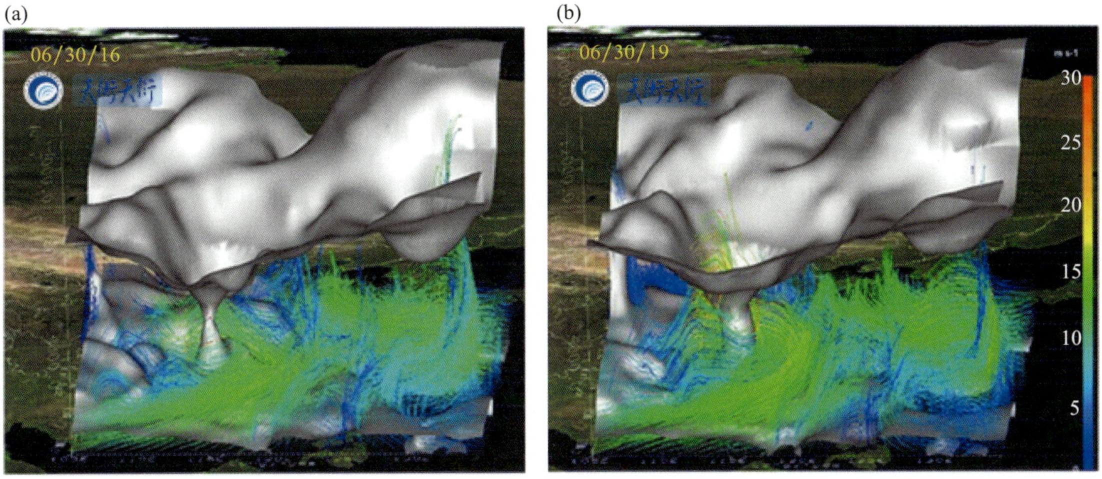

图 3-6　6 月 30 日 16 时(a)、19 时(b)EPT 叠加风流场三维产品

7 月 2 日 11 时，台风“暹芭”7 级风圈覆盖广东南部及沿海，中心最强风力等级在 11 级以上，9～11 级风圈接近华南沿海地区。台风“暹芭”暖心强度维持在 6 K 以上，高层暖心垂直高度位于 12～16 km（图 3-7）。台风“梅花”登陆前夕 10 级风圈同样集中于中心右侧，台风“暹芭”与台风“梅花”同样出现 14 级风圈，但台风“梅花”12 级以上风圈结构更为完整，整体强度更高（图 3-8）。

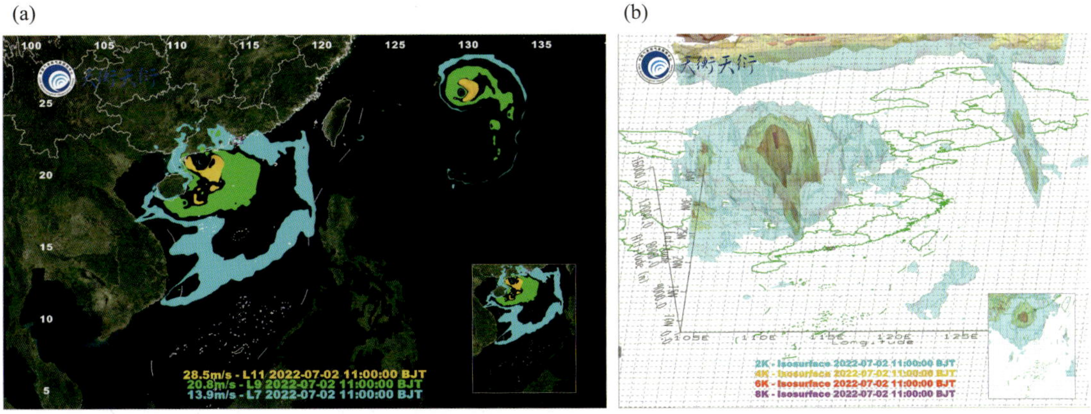

图 3-7　7 月 2 日 11 时台风实况分析风圈(a)、暖心(侧视)产品(b)

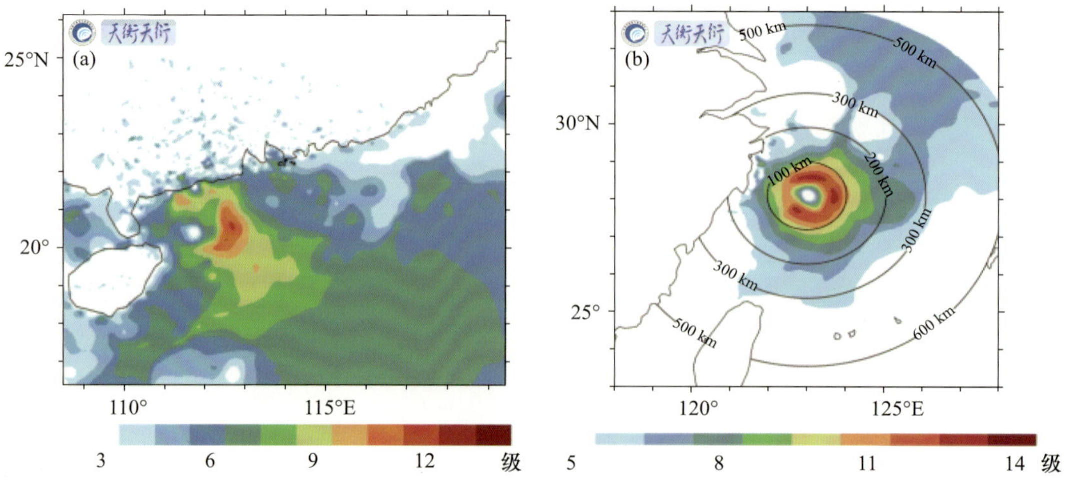

图 3-8　实况格点风圈产品台风登陆期间应用示例

(a)台风“暹芭”;(b)台风“梅花”

3.2 台风“轩岚诺”

3.2.1　总体特征

国家气象中心认定:8 月 29 日 02 时,台风“轩岚诺”升格为强热带风暴。当日 14 时,升格为台风。20 时,升为强台风。8 月 30 日 02 时,升格为超强台风,评级为 2022 年首个超强台风。17 时,中国气象局国家气象中心将其强度提升至 17 级以上。8 月 31 日凌晨,联合台风警报中心升格台风“轩岚诺”为 5 级超级台风,标志成为该机构评级下 2022 年首个 5 级超级台风。9 月 6 日 04 时 50 分左右,登陆韩国。

台风“轩岚诺”主要特点有 3 点。(1)台风强度强。台风进入东海后加强为超强台风,持续 28 小时。(2)台风覆盖范围广,结构不对称。台风云系直径超过 1000 km,东南侧云系发展旺盛。台风在东海北上的过程中,降水区集中在东侧,北侧和西侧出现晴空区。(3)路径呈“V”字型转向特征。台风“轩岚诺”于 9 月 1—2 日完成“V”字型转向,路径最南端约 21.2°N,出现罕见的北翘路径。

9 月 1 日白天,高空 500 hPa 副热带高压(简称副高)呈东西带状分布,台风“轩岚诺”受其南侧偏东气流引导,快速、稳定地朝偏西方向移动至台湾岛东南侧洋面。随后台风“轩岚诺”北侧的副高开始断裂,分成华南沿海、日本以南洋面东西 2 个单体,分别提供了南、北 2 个引导分量,受其影响台风“轩岚诺”移动明显放缓甚至滞留。1 日晚上副高南北范围缩小,台风“轩岚诺”转为偏北向移动。

3.2.2 台风“轩岚诺”进入东海后增强过程监测

9 月 3—5 日，台风“轩岚诺”西北象限前进路径附近区域的风切变值在 5 m · s^{-1} 以下，强风切主要出现在右侧深厚云系影响的区域（图 3-9）。弱的垂直风切变（小于 5 m · s^{-1}）有利于台风“轩岚诺”在近海进一步增强。

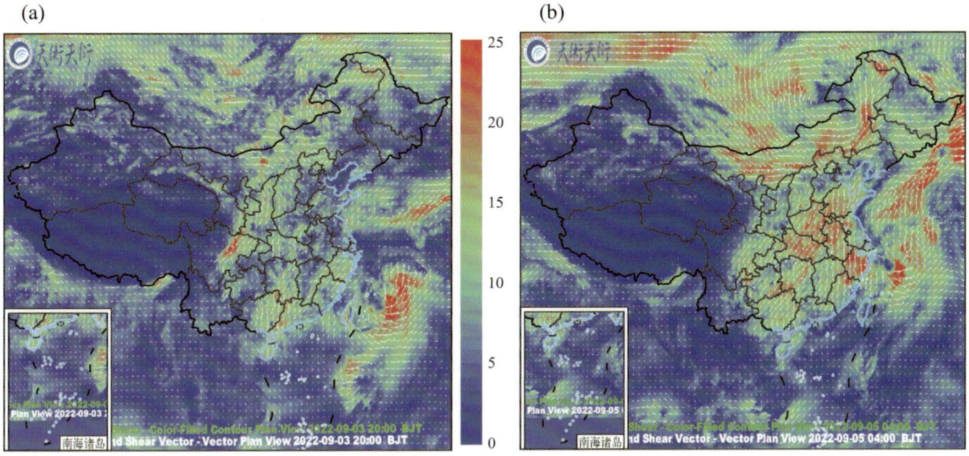

图 3-9　9 月 3 日 21 时(a)、5 日 04 时(b)实况格点 0～3 km 垂直风切产品

9 月 3—4 日 24 h 平均海温格点产品显示（图 3-10），东海东南部海温超过 30 ℃，海水表层热量充沛。4—5 日台风“轩岚诺”强度增强阶段，其东南侧一直维持强盛的西南季风水汽输送带（图 3-11a），伴随较强的低层螺旋入流。高海温与强低层水汽输送为台风“轩岚诺”快速增强主要影响因素。充足的水汽条件为积云对流暴发释放大量凝结潜热提供条件，从而支撑暖心结构的维持与发展，中高层粗壮的 EPT 柱体进一步印证了这一点（图 3-10b）。对比进入东海之前（3 日 21 时）与增强阶段（5 日 03 时），台风“轩岚诺”暖心结构明显向高空发展，暖心层顶延伸至 13 km 以上。

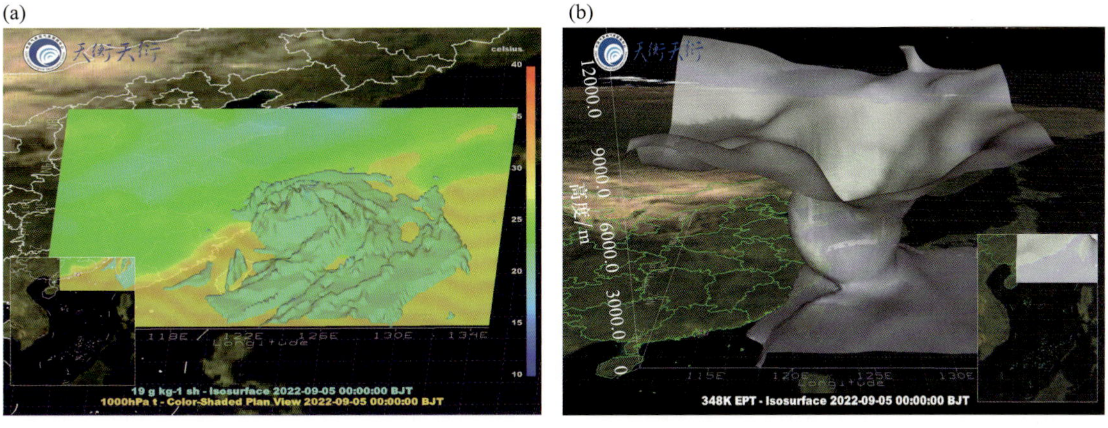

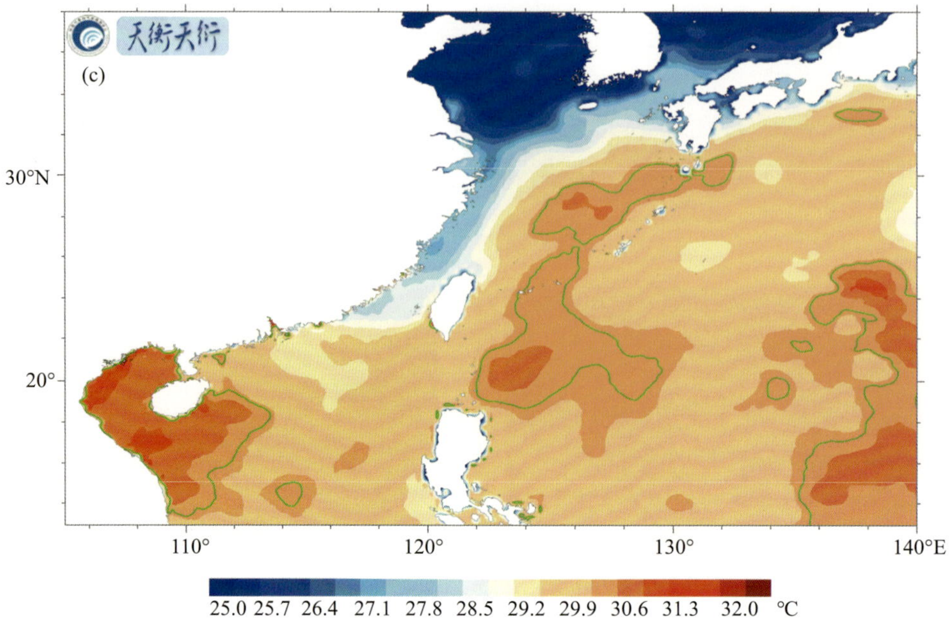

图 3-10　9 月 5 日 00 时水汽三维产品(a)、EPT 三维产品(b)

及 9 月 3 日实况格点 24 h 平均海表温度(c)

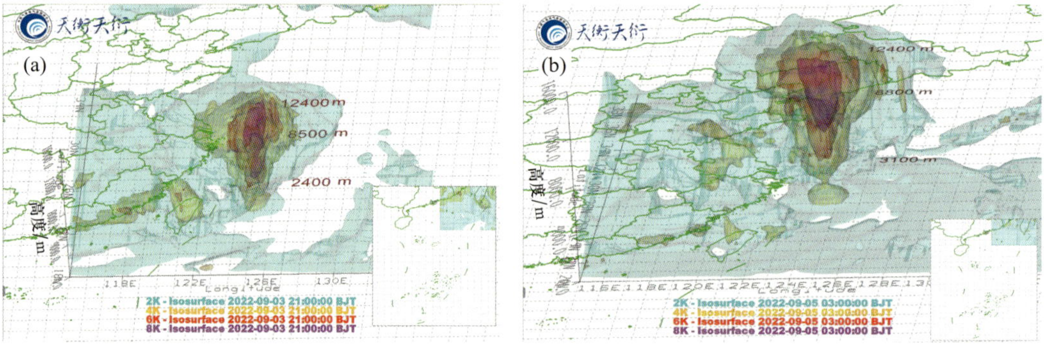

图 3-11　9 月 3 日 21 时(a)、5 日 03 时(b)暖心三维产品

3.3 台风“梅花”

3.3.1　总体特征

2022 年第 12 号台风“梅花”进入东海海域后长时间维持着强台风强度，9 月 14 日晚首次登陆浙江舟山，并在随后 48 h 相继登陆上海奉贤、山东青岛和辽宁大连。台风“梅花”不仅是 2022 年以来登陆我国的最强台风，还刷新多个纪录。它是 1949 年以来首个 4 次登陆不同省

(区、市)的台风，也是1949年以来最晚登陆山东、辽宁的台风；同时还是1950年以来登陆上海的最强台风。另外，台风“梅花”登陆时恰逢天文大潮期，风、雨、潮三碰头导致多地出现内涝，部分地区出现海水倒灌。

台风“梅花”首次登陆时最大回波强度约55 dBZ，眼区直径约90 km，二次登陆时，台风回波面积明显增大，眼区直径增大至130 km，北侧眼壁60 dBZ强回波发展高度超6 km。两次登陆期间，宁波主城区、上海浦东新区雷达差分相移率(K_{DP})最大值分别为1.8 (°)·km^{-1}、2 (°)·km^{-1}，最大径向风速均在35 m·s^{-1}左右，对应高度约1 km。

台风登陆前后，小时极大风速最大值为53.6 m·s^{-1}，出现在浙江嵊泗徐公岛站，波高最大值为11.3 m，出现在舟山锚碇浮标站。9月15日08时24 h最大累计降水量439.2 mm，强降水主要集中在浙江、上海、江苏、山东地区。两次登陆后，登陆点附近大气可降水量均明显增加，均超过70 mm，登陆前后周边区域雷电活动整体较弱且无明显变化。

3.3.2　综合监测

3.3.2.1　天气雷达监测

综合气象观测产品系统(天衡天衍)雷达拼图监测产品(图3-12)显示，9月14日20时30分，台风“梅花”首次在浙江舟山登陆，登陆时最大回波强度约55 dBZ，台风眼区直径约90 km。15日00时30分，台风“梅花”在上海奉贤再次登陆，台风回波面积明显增大，台风眼区直径增大至130 km，台风北侧眼壁出现超过60 dBZ的强回波，回波强中心发展高度超过6 km，对应台风风雨影响最大区域。

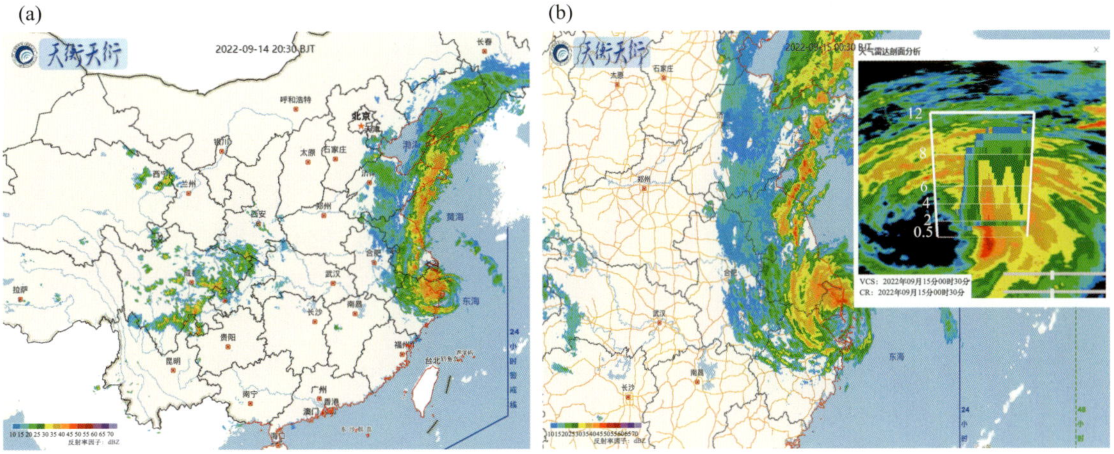

图3-12　9月14日20时30分(a)、15日00时30分(b)台风“梅花”天气雷达回波及剖面产品

宁波和上海青浦雷达单站产品(图3-13)显示，台风“梅花”首次登陆舟山期间，宁波主城区K_{DP}最大值约1.8 (°)·km^{-1}；登陆上海期间，上海浦东新区K_{DP}最大值约2 (°)·km^{-1}。两次登陆前后，宁波和上海青浦雷达监测到最大径向风速均在35 m·s^{-1}左右，对应高度约1 km。

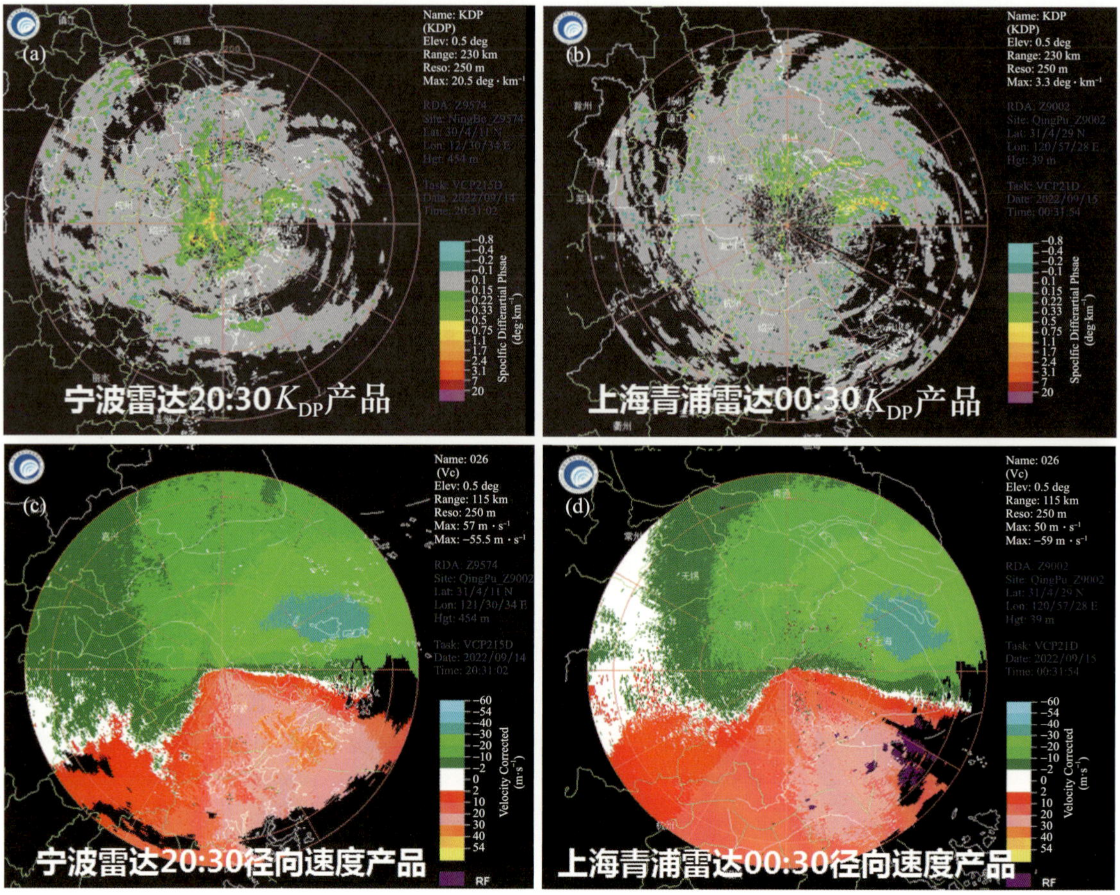

图 3-13　9 月 14 日 20 时 30 分宁波雷达差分相移率(a)、径向速度产品(c)；
15 日 00 时 30 分上海青浦雷达差分相移率(b)、径向速度产品(d)

3.3.2.2　大风监测

综合气象观测产品系统(天衡天衍)大风产品显示，9 月 14 日 19 时—15 日 01 时，浙江、上海、江苏 1 h 极大风速超过 16 级的站有 2 个，15 级的站有 9 个，14 级的站有 14 个，12～13 级的站有 84 个，其中 1 h 极大风速最大值 53.6 m · s^{-1}，出现在浙江嵊泗徐公岛站，出现时间 2022-09-14 22:31:00(图 3-14)。

台风“梅花”首次登陆前后，9 月 14 日 21 时，浙江、上海、江苏 1 h 极大风速超过 14 级的站有 7 个，12～13 级的站有 61 个，10～11 级的站有 81 个(图 3-15)，其中 1 h 极大风速最大值 48.1 m · s^{-1}，出现在浙江普陀东亭站，出现时间 2022-09-14 20:31:00(图 3-16)。

台风“梅花”二次登陆前后，9 月 15 日 01 时，浙江、上海、江苏 1 h 极大风速超过 14 级的站有 2 个，12～13 级的站有 23 个，10～11 级的站有 53 个(图 3-17)，其中 1 h 极大风速最大值 43.2 m · s^{-1}，出现在上海马迹山站，出现时间 2022-09-15 00:08:00(图 3-18)，该站极大风速于 23 时达到峰值 49.3 m · s^{-1}，气温 24.5 ℃。

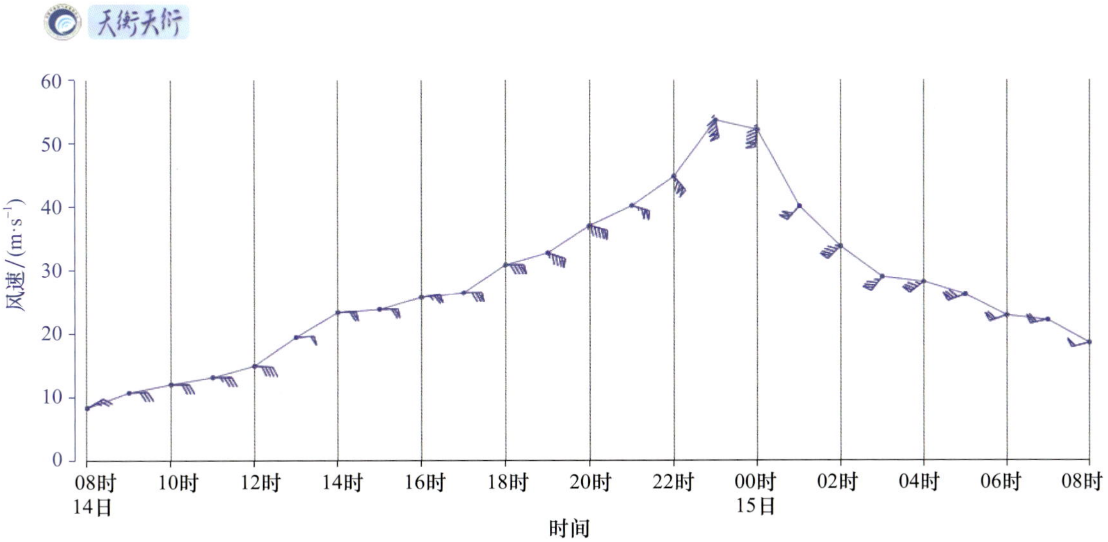

图 3-14　9 月 14 日 08 时—15 日 08 时浙江嵊泗徐公岛站极大风实况序列图

图 3-15　9 月 14 日 21 时浙江等地 1 h 极大风速分布图

3.3.2.3　降水与水汽监测

综合气象观测产品系统(天衡天衍)华东地区地面站 24 h 累计降水产品(图 3-19)显示，9 月 14 日 08 时—15 日 08 时，受台风“梅花”影响，强降水主要集中在浙江、上海、江苏、山东地区；24 h 累计降水量超过 400 mm 有 5 个站，250～400 mm 有 94 个站，100～250 mm 有

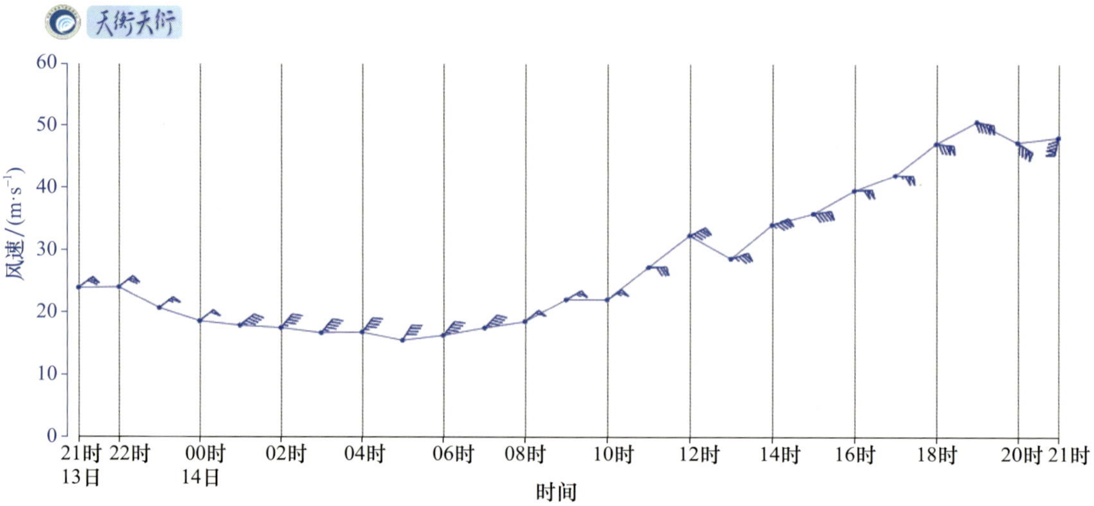

图 3-16　9 月 13 日 21 时—14 日 21 时浙江普陀东亭站极大风实况序列图

图 3-17　9 月 15 日 01 时上海、浙江等地 1 h 极大风速分布图

753 个站，最大累计降水量为 439.2 mm，发生在浙江余姚东岗站（图 3-20）；小时雨强最大值 85.6 mm · h^{-1}，发生在浙江海曙薛家站，发生时间为 9 月 14 日 20 时。

综合气象观测产品系统（天衡天衍）大气可降水量产品（图 3-21、图 3-22）显示，9 月 14 日 20 时 30 分，台风“梅花”在浙江舟山登陆后大气可降水量明显增加，超过 70 mm；15 日 00 时 30 分在上海浦东登陆后，上海区域大气可降水量明显增加，超过 70 mm。

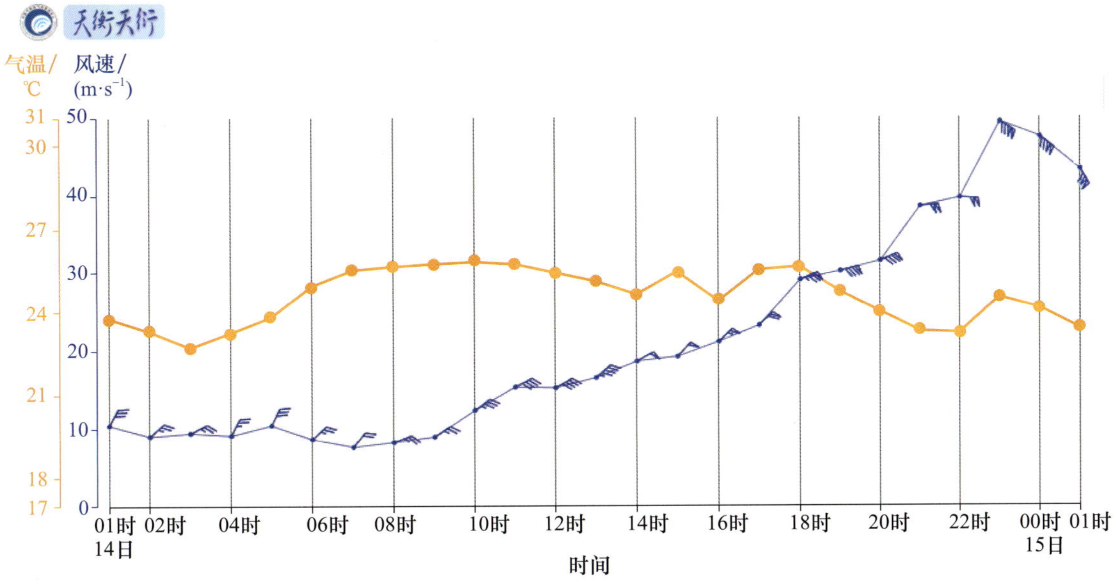

图 3-18 9 月 14 日 01 时—15 日 01 时上海马迹山站极大风、气压和气温天气实况序列图

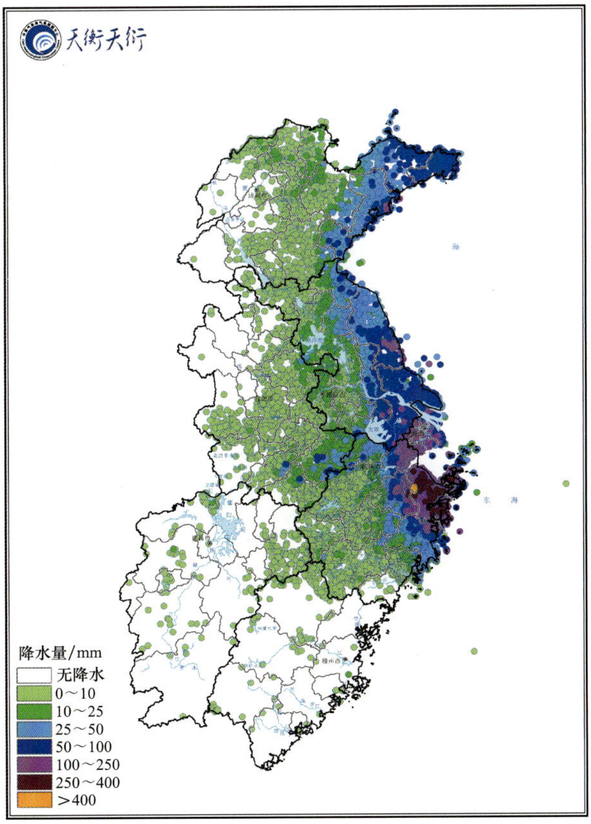

图 3-19 9 月 14 日 08 时—15 日 08 时华东地面站 24 h 累计降水量

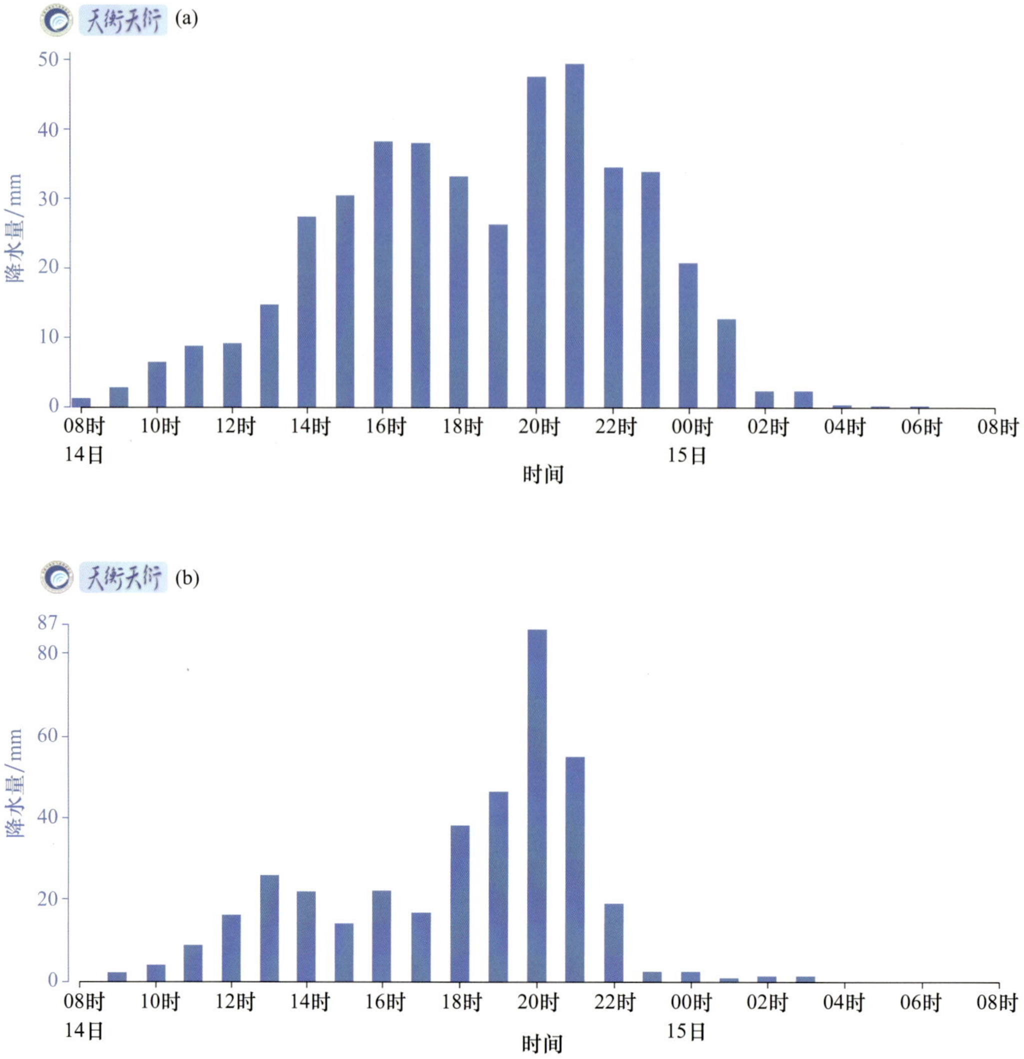

图 3-20　9 月 14 日 08 时—15 日 08 时浙江余姚东岗站(a)、海曙薛家站(b)降水量实况序列图

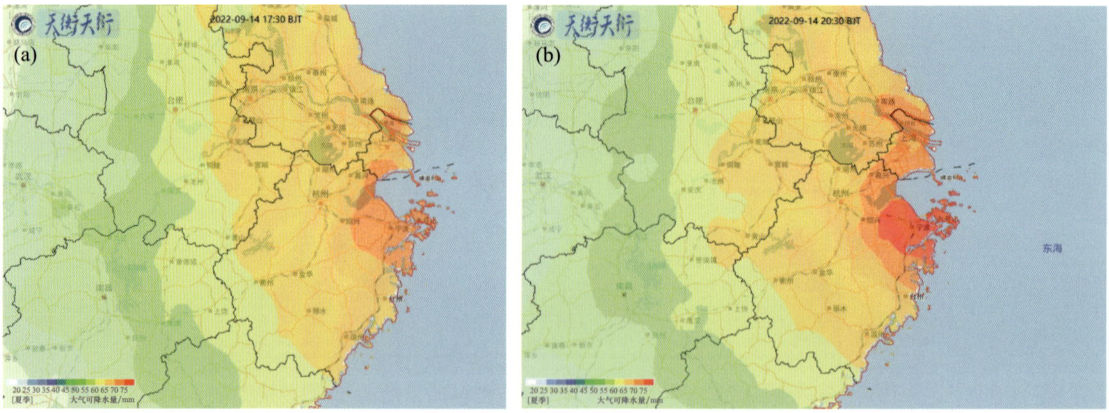

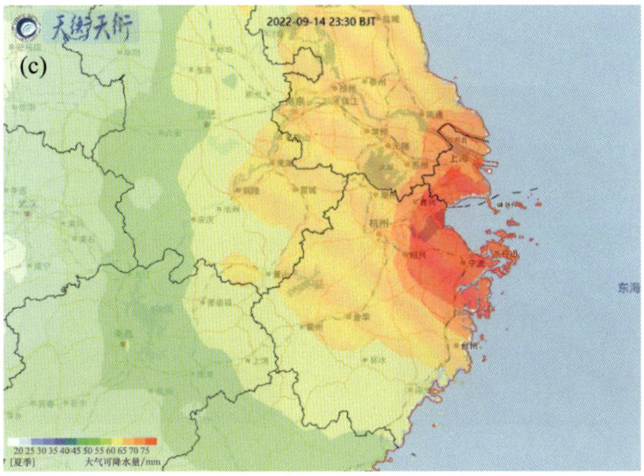

图 3-21 9 月 14 日 17 时 30 分(a)、20 时 30 分(b)和 23 时 30 分(c)3 h 大气可降水量变化

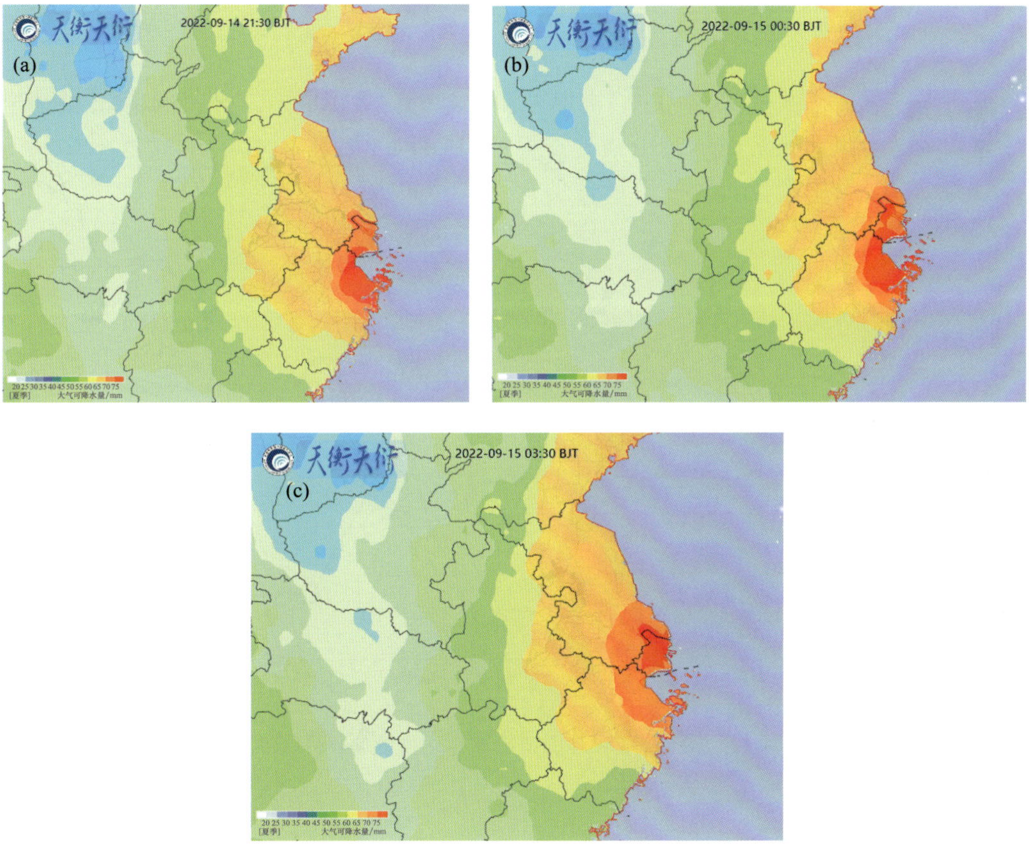

图 3-22 9 月 14 日 21 时 30 分(a)、15 日 00 时 30 分(b)和 03 时 30 分(c)3 h 大气可降水量变化

3.3.2.4 云雷达监测

杭州站毫米波云雷达产品(图 3-23)显示,9 月 14 日 18 时—15 日 06 时,台风“梅花”西部外围主要为层状云降水,云顶高度超过 8 km,融化层(0 ℃层)高度约 5 km,降水粒子下落速度 5～

7 m·s^{-1}，降水强度中等。

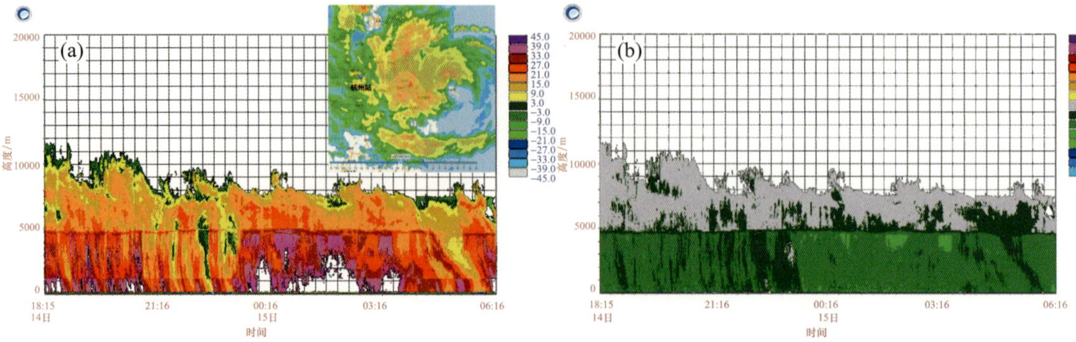

图 3-23　9 月 14 日 18 时—15 日 06 时杭州站云雷达反射率因子(a)、垂直径向速度(b)

3.3.2.5　海洋观测监测

综合气象观测产品系统(天衡天衍)海洋观测产品(图 3-24)显示，台风“梅花”登陆前后，波高最大值出现在台风路径东侧的舟山锚碇浮标站，14 日 04 时波高 4.5 m，气压 1001.6 hPa，随台风逐渐逼近，气压降低，19 时达最低值 976.2 hPa，受天文大潮共同影响，波高增大至 11.3 m。

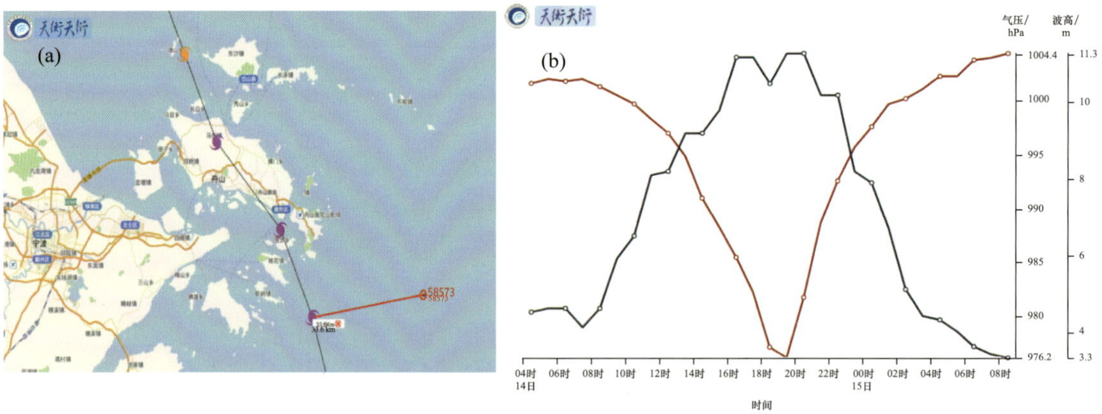

图 3-24　9 月 14 日 04 时—15 日 08 时舟山锚碇浮标站位置(a)和气压、波高实况序列图(b)

3.3.2.6　雷电监测

雷电分布产品(图 3-25)显示，9 月 14 日 12 时—20 时 30 分，台风“梅花”周边区域共监测到 95 次闪电活动，其中 18 次在陆上，77 次在周边海域。14 日 20 时 30 分—15 日 06 时，台风“梅花”周边区域共监测到 95 次闪电活动，其中 17 次在陆上，78 次在周边海域。台风“梅花”登陆前后周边区域雷电活动整体较弱且无明显变化。

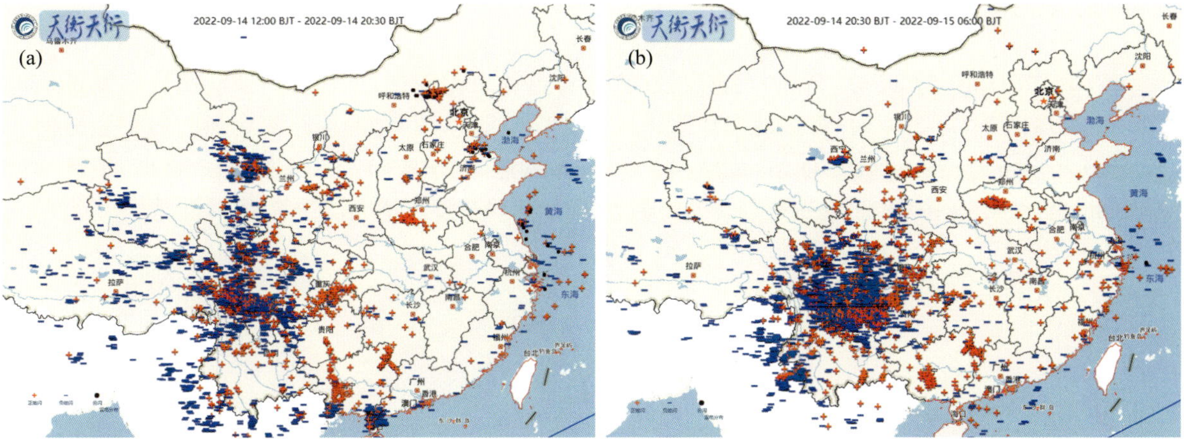

图 3-25　9 月 14 日 12 时—20 时 30 分(a)、20 时 30 分—15 日 06 时(b)台风“梅花”周边雷电分布

3.4 台风“马鞍”

3.4.1　总体特征

国家气象中心认定：8 月 24 日 20 时，因海上多地实测出现 12 级以上持续风速，将“马鞍”升格为台风(35 $m \cdot s^{-1}$，970 hPa)。8 月 25 日 10 时 30 分左右，“马鞍”以台风强度(33 $m \cdot s^{-1}$)登陆广东省茂名市电白区沿海，20 时 30 分左右，于越南广宁省沿海再次登陆(图 3-26)。24 日 08 时—26 日 08 时，受台风“马鞍”影响，广东省茂名市电白区电白普降大到暴雨，局部大暴雨，降水量最大站点为罗坑镇里联村 107.5 mm；陆地部分地区出现 9～11 级大风，沿海海面普遍出现 10～11 级、局部 12 级大风(海陵岛海洋站风速 43.7 $m \cdot s^{-1}$)。

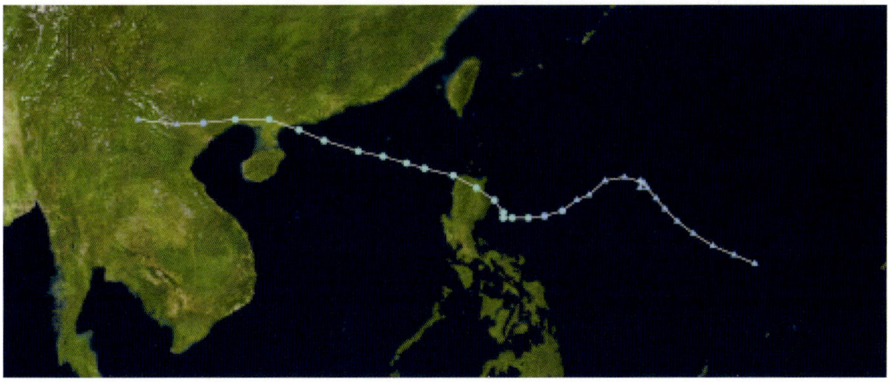

图 3-26　台风“马鞍”路径图

3.4.2 综合监测

8 月 25 日 10 时 50 分，台风“马鞍”位于广东省电白东南附近，天气雷达回波组合反射率最高 60 dBZ(图 3-27)。10 时，海陵岛海洋站风速 43.7 m·s^{-1}(图 3-28)。距离台风“马鞍”最近的海洋观测设备为茂名锚碇浮标站，该站监测到最大风速为 21.4 m·s^{-1}，发生在 10 时，浪高为 3.9 m。受台风“马鞍”影响，该锚碇浮标站海温逐渐减小，风速逐渐增大，气压有所回升(图 3-29)。

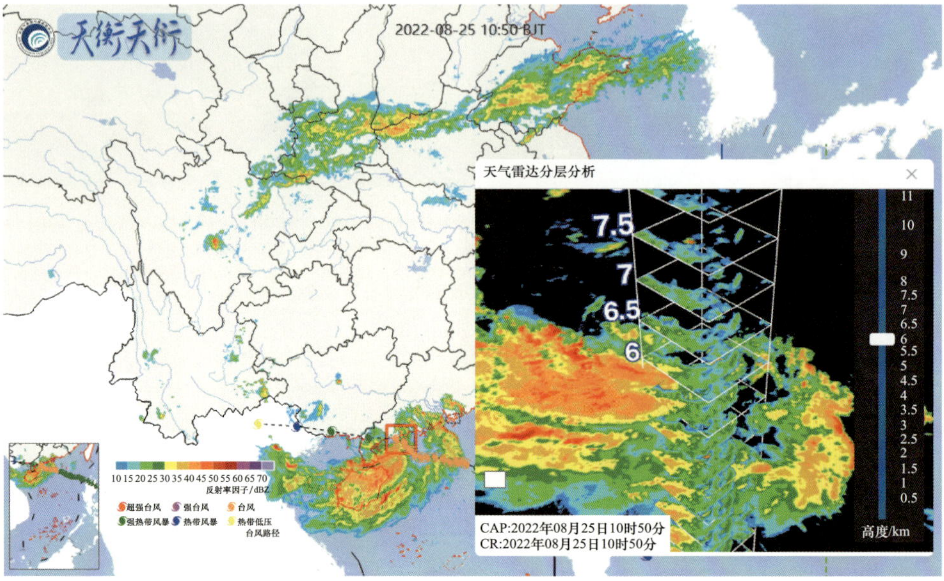

图 3-27　8 月 25 日 10 时 50 分台风“马鞍”影响区域组合反射率回波及剖面图

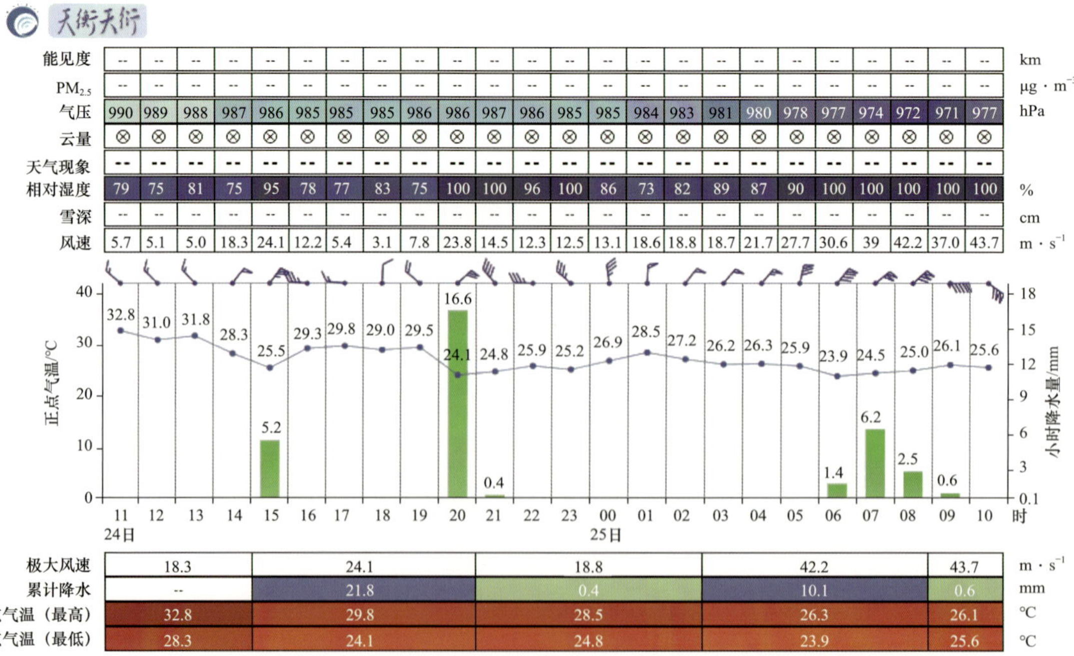

图 3-28　8 月 24 日 10 时—25 日 10 时海陵岛海洋站天气实况时序图

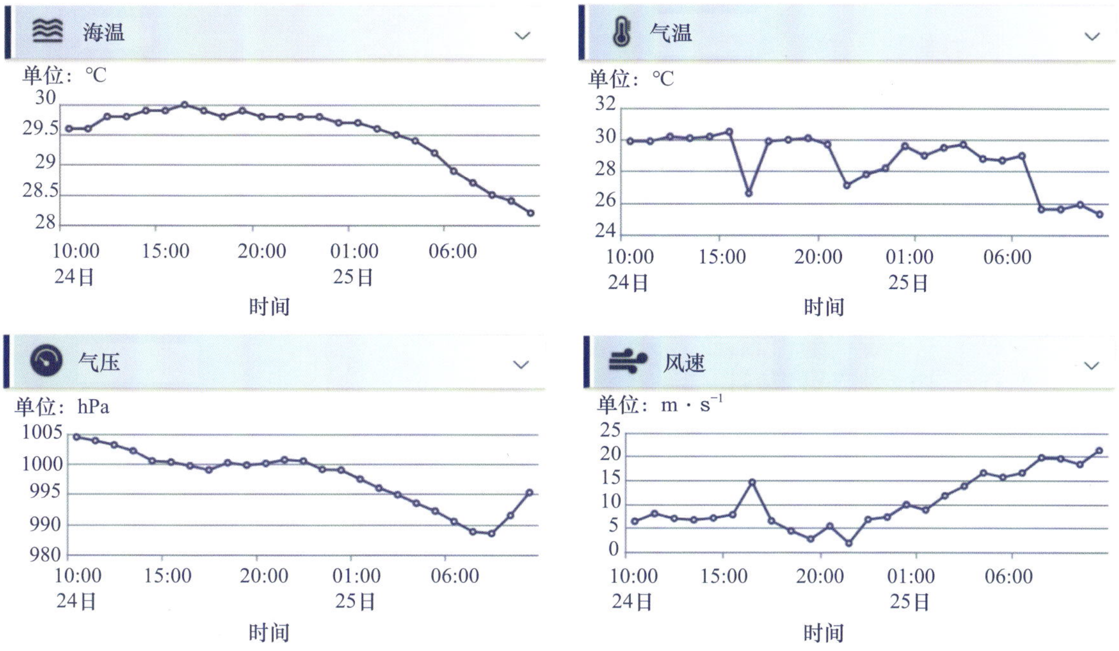

图 3-29　8 月 24 日 10 时—25 日 06 时茂名浮标站气象要素时序图

3.5 小结

由台风引发的暴雨、大风等灾害影响是我国华南和华东沿海的重要灾害性天气系统，天衡天衍系统对台风的监测包括卫星、雷达、地面自动站、海洋站等手段，并创新性研发了台风暖心、垂直中心路径、假相当位温等三维可视化产品，以支撑台风定位、定强及预报。但是，台风的立体刻画及多源观测产品的综合性、针对性分析仍需不断优化，同时海洋组网及融合产品的研发及应用还需加强。

第四章　沙尘、雾/霾

4.1 3 月 13—16 日内蒙古、华北、江淮等地沙尘

4.1.1　过程特征描述

3 月 13—16 日，内蒙古中西部、甘肃中东部、青海东部和西北部、宁夏、陕西大部、山西、天津南部、河北南部和西部、河南、山东中西部、湖北大部、湖南北部、安徽中北部、新疆南部等地出现扬沙和浮尘天气，内蒙古中部的部分地区为沙尘暴，局地出现了强沙尘暴。

综合气象观测产品系统（天衡天衍）全国地面 PM_{10} 产品（图 4-1）显示，3 月 13 日 18 时起，内蒙古中西部地区出现 PM_{10} 浓度大于 420 $\mu g \cdot m^{-3}$ 的区域，全国 1 h 最大 PM_{10} 浓度 998 $\mu g \cdot m^{-3}$，

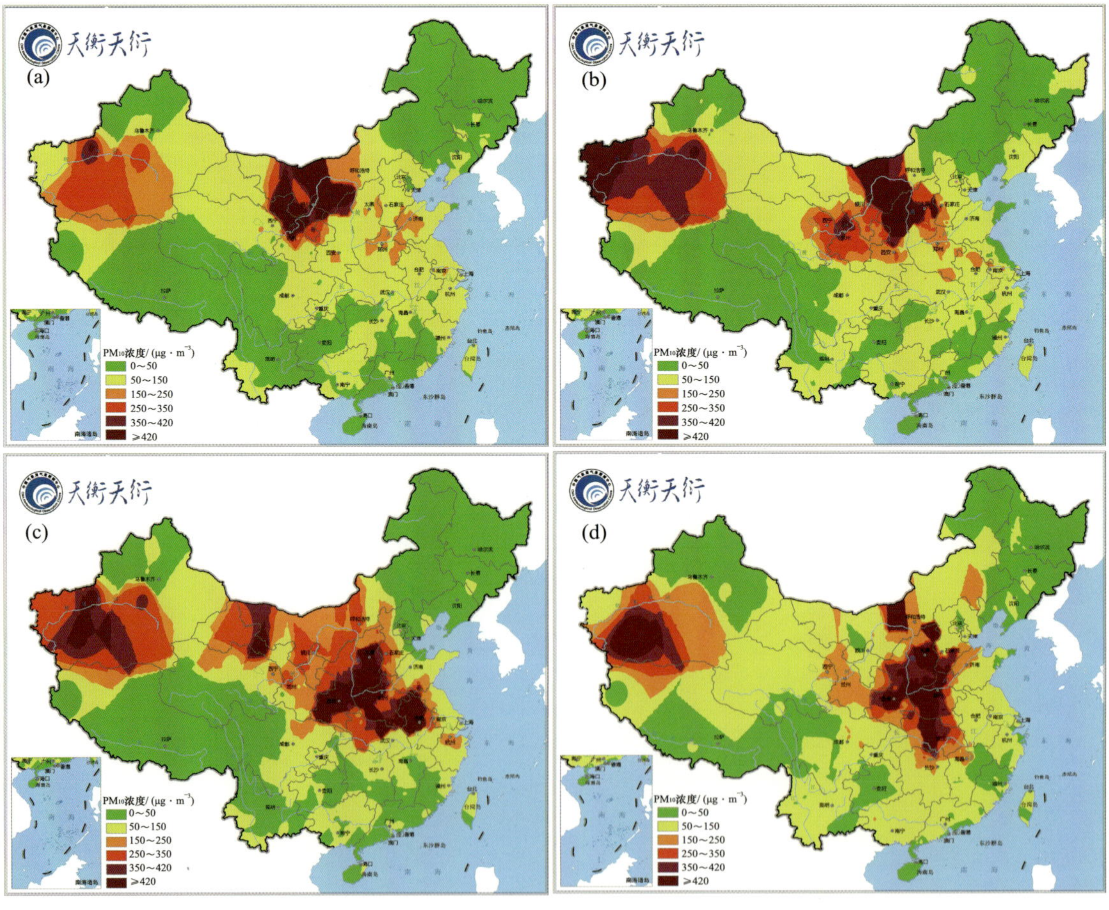

图 4-1　3 月 13 日 18 时(a)、14 日 06 时(b)、14 日 17 时(c)、15 日 10 时(d)全国地面 1 h PM_{10} 浓度插值场分布

发生在内蒙古聚英学校站，超过 420 $\mu g \cdot m^{-3}$ 有 36 个站，350～420 $\mu g \cdot m^{-3}$ 有 15 个站。随后沙尘区域不断向东南扩大，14 日 06 时 PM_{10} 高值区域已影响至陕西北部、山西北部、河北西部和南部等地，全国 1 h 最大 PM_{10} 浓度 991 $\mu g \cdot m^{-3}$，发生在内蒙古综合楼站，超过 420 $\mu g \cdot m^{-3}$ 有 54 个站，350～420 $\mu g \cdot m^{-3}$ 有 28 个站。14 日 17 时，PM_{10} 高值区域南推东移至黄淮、江淮等地，全国 1 h 最大 PM_{10} 浓度 945 $\mu g \cdot m^{-3}$，发生在河南上街区政府站，超过 420 $\mu g \cdot m^{-3}$ 有 203 个站，350～420 $\mu g \cdot m^{-3}$ 有 56 个站。15 日 10 时，黄淮、江淮东部 PM_{10} 浓度逐渐降低，华中中北部、华北南部、黄淮西部等地受偏南风回流影响，PM_{10} 浓度仍然较大，全国 1 h 最大 PM_{10} 浓度 820 $\mu g \cdot m^{-3}$，发生在山西，超过 420 $\mu g \cdot m^{-3}$ 有 185 个站，350～420 $\mu g \cdot m^{-3}$ 有 63 个站。

4.1.2　天气背景

综合气象观测实时业务系统（天衡天衍）实况分析产品显示（图 4-2），3 月 13 日 08 时 500 hPa 高空图上，整个欧亚大陆受高空槽影响，中纬度地区处于平直的纬向环流控制之下，中西伯利亚地区有一个冷涡存在，与之配合有 −47 ℃的冷中心。低槽位于蒙古国一带，环流纬向度较大，延伸至阿拉善、甘肃地区，槽后具有明显的冷平流，且温度槽落后于高度槽。槽底部有较强风速带，风速大于 30 $m \cdot s^{-1}$，为此次沙尘天气提供了较好的输送机制。在新疆北部有一弱脊的存在，脊前西北气流引导冷空气不断南下，此时，内蒙古西部地区已经出现扬沙天

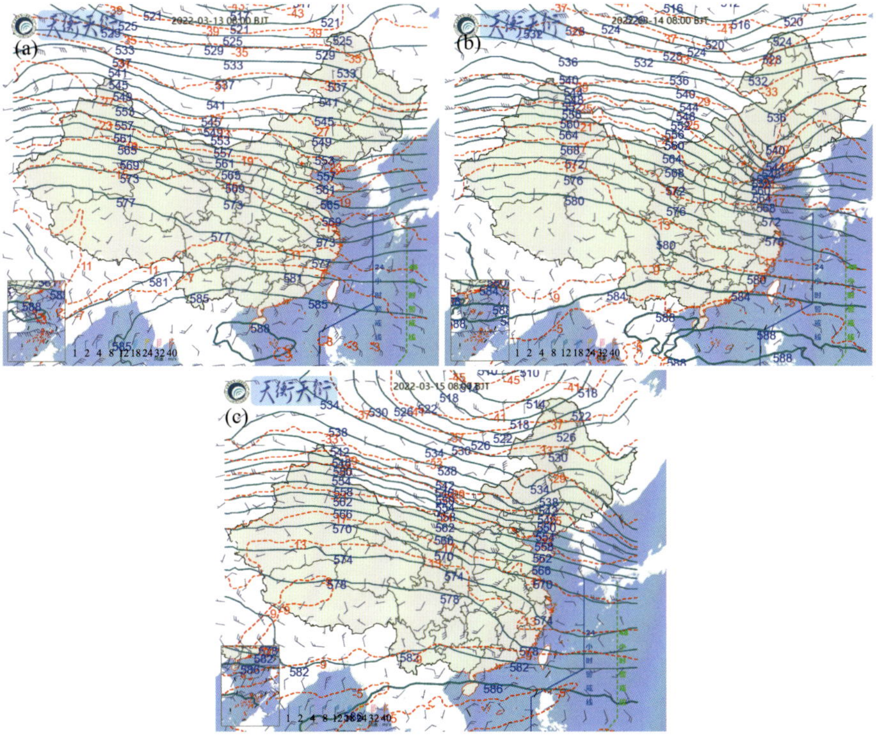

图 4-2　3 月 13 日 08 时(a)、14 日 08 时(b)和 15 日 08 时(c)500 hPa
等高线（蓝色，单位：hPa）、等温线（红色，单位：℃）和风场（单位：$m \cdot s^{-1}$）图

气。14 日 08 时，高空槽东移至辽宁、渤海湾和山东一带，且明显加深，槽后出现较强西北气流带，风速大于 30 m·s^{-1}，受其影响，沙尘范围扩大至陕西、山西、河北一带，随后 14 日白天影响至黄淮、江淮地区。15 日 08 时，随着系统东移及风力减小，江淮东部沙尘减弱。

4.1.3 多源观测特征

综合气象观测产品系统（天衡天衍）地面站 1 h 极大风产品（图 4-3）、全国视程障碍格点天气现象产品（图 4-4）和 1 h 最低能见度产品（图 4-5）显示，3 月 13 日 18 时，伴随大风内蒙古中西部地区出现沙尘天气，该地区能见度也较低，全国 200～500 m 有 11 个站，50～200 m 有 3 个站，小于 50 m 有 1 个站。至 14 日 06 时，大风前沿已推进至河北西北部、山西东部一带，沙尘影响至陕西、山西等地，这些地区能见度降低，200～500 m 有 59 个站，50～200 m 有 40 个站，小于 50 m 有 2 个站。14 日 17 时，随着大风前沿向南达到安徽、杭州一带，沙尘影响区域进一步南推至陕西南部、山西南部、河南、江苏北部、安徽和湖北北部地区，这些地区对应能见度较低，200～500 m 有 3 个站，50～200 m 有 1 个站。至 15 日 10 时，伴随黄淮、江淮地区偏南风回流影响，湖北、河南、山东西部、山西南部、河北南部地区维持沙尘天气，能见度相对有所好转。

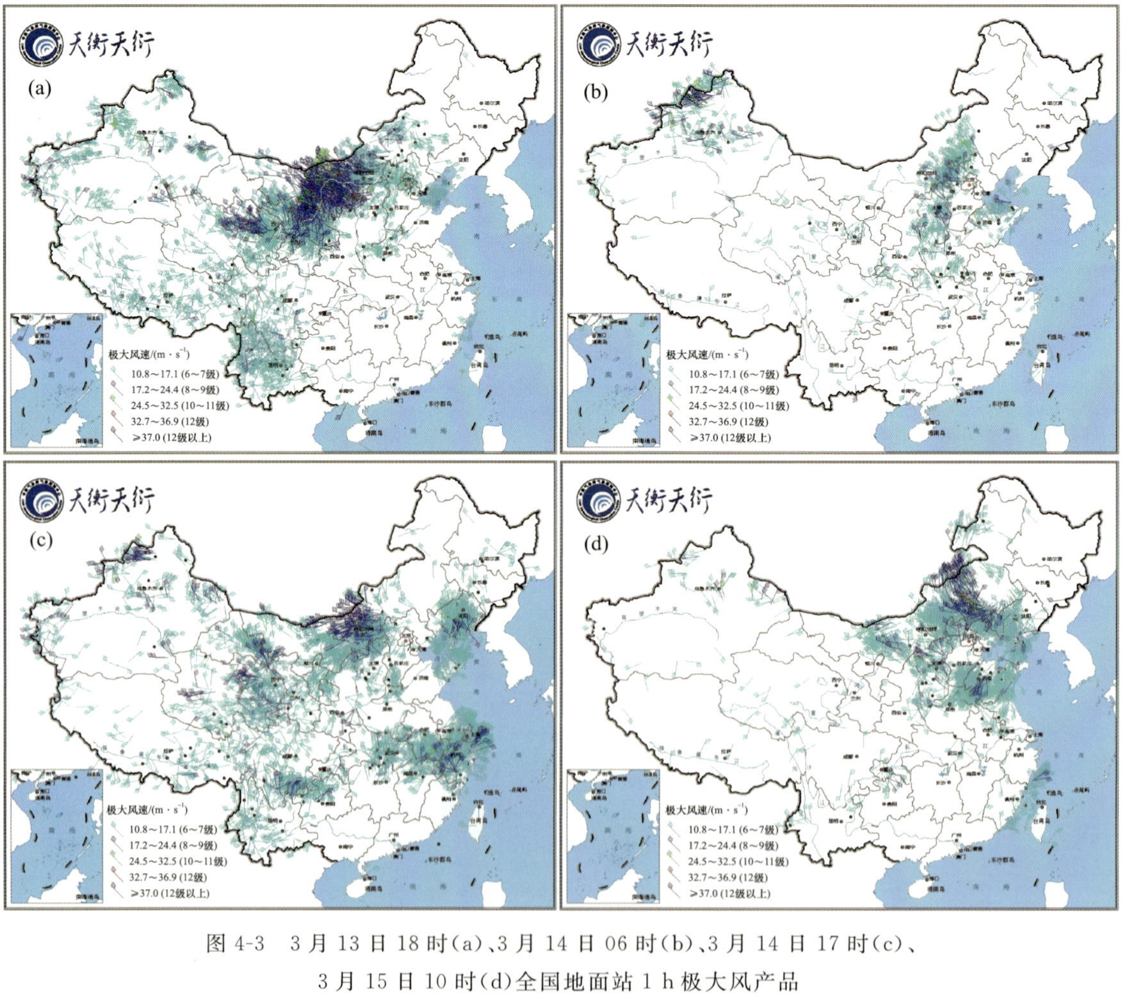

图 4-3　3 月 13 日 18 时(a)、3 月 14 日 06 时(b)、3 月 14 日 17 时(c)、3 月 15 日 10 时(d)全国地面站 1 h 极大风产品

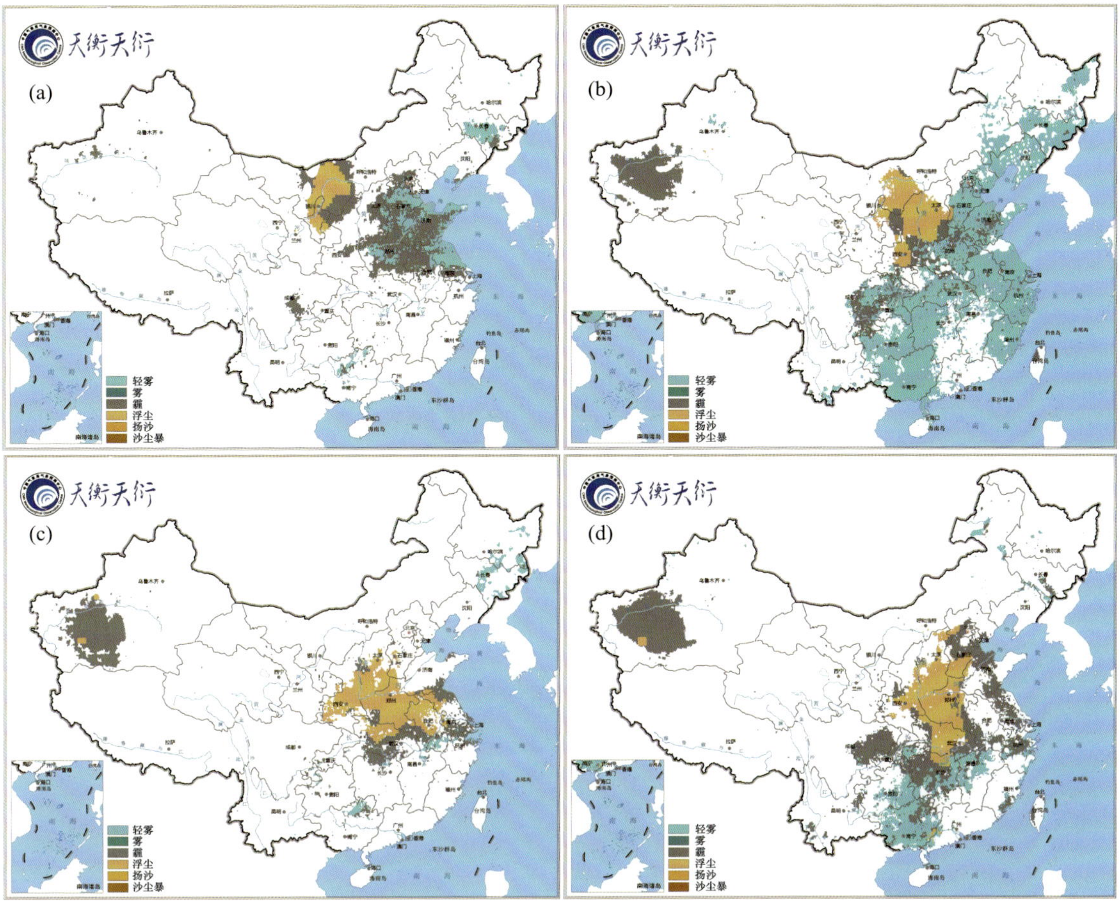

图 4-4　3 月 13 日 18 时(a)、3 月 14 日 06 时(b)、3 月 14 日 17 时(c)、
3 月 15 日 10 时(d)全国视程障碍格点天气现象产品

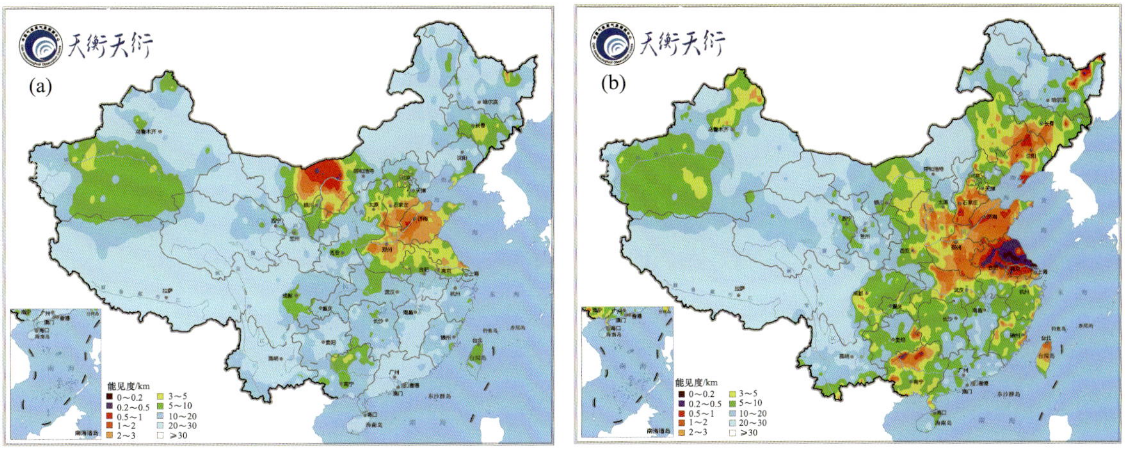

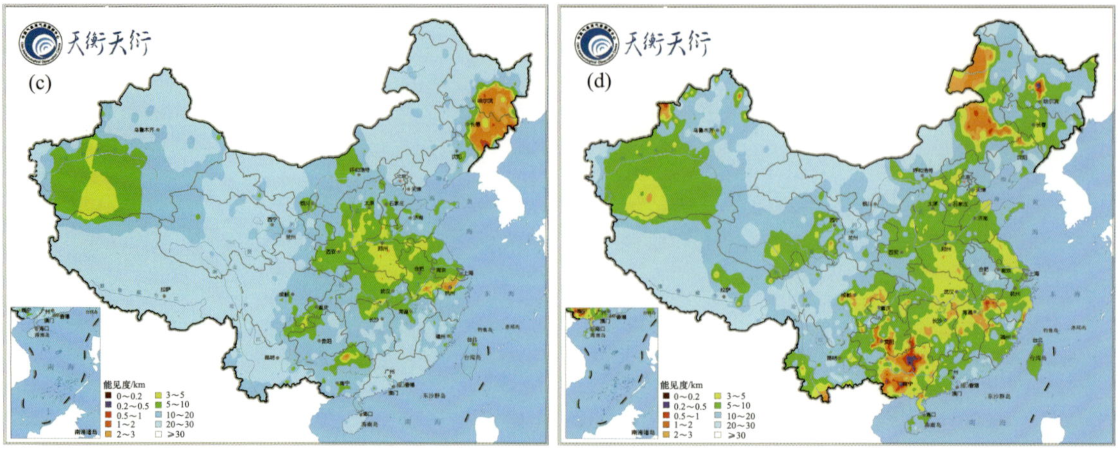

图 4-5　3 月 13 日 18 时(a)、3 月 14 日 06 时(b)、3 月 14 日 17 时(c)、
3 月 15 日 10 时(d)全国地面站 1 h 最低能见度

从北京南郊站激光雷达产品(图 4-6)来看，3 月 13 日 12 时低层消光系数增强，持续至 14 日 11 时，15 日开始低层消光系数再次加强，持续至 17 日 00 时。从退偏振比产品看到，此次过程的退偏振比较高(大于 0.45)，且退偏振比高值主要位于 2.0～4.5 km 高度，说明此次过程在北京主要以高空沙尘传输为主。

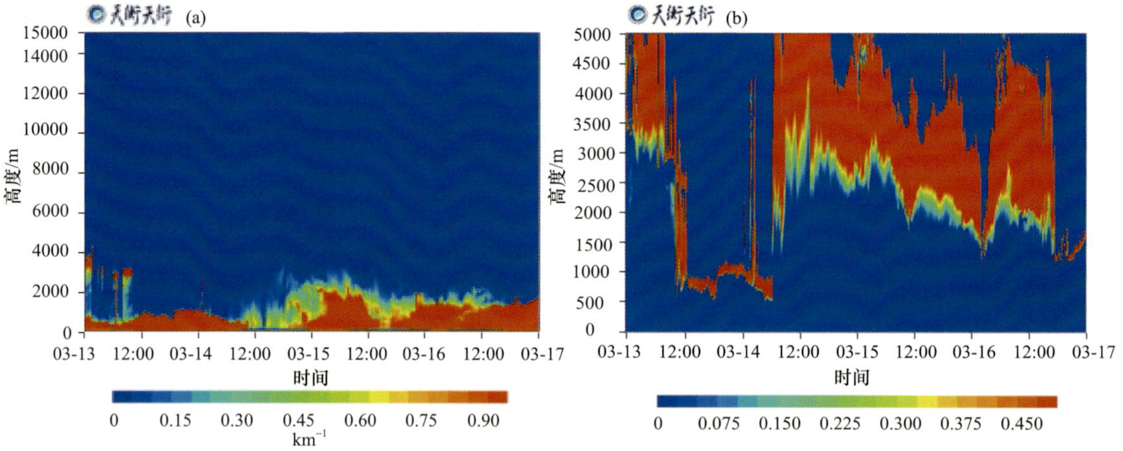

图 4-6　3 月 13 日 00 时—17 日 00 时北京南郊站激光雷达消光系数(a)和退偏振比(b)

4.2　10 月 12—15 日华北及周边地区雾/霾

4.2.1　过程特征描述

10 月 12—15 日，我国华北和黄淮地区出现一次雾/霾天气过程。这次过程中，北京主要为轻度或中度霾。综合气象观测产品系统(天衡天衍)全国地面雾/霾识别产品(图 4-7)显示，

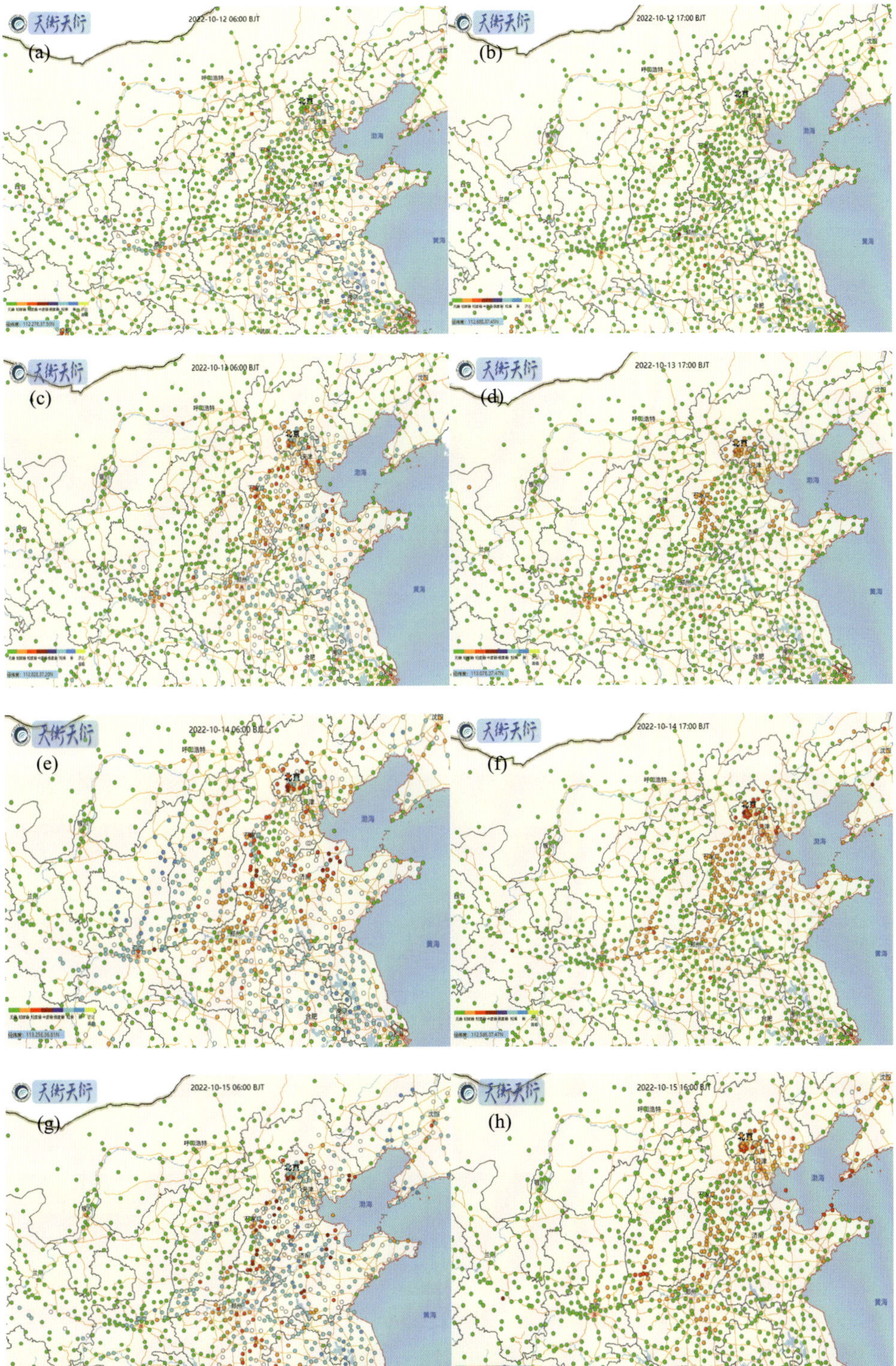

图 4-7 10 月 12—15 日京津冀及周边大范围雾/霾分布图

(a)12 日 06 时；(b)12 日 17 时；(c)13 日 06 时；(d)13 日 17 时；(e)14 日 06 时；(f)14 日 17 时；(g)15 日 06 时；(h)15 日 16 时

10 月 12 日，京津冀及周边大范围无霾或者轻微霾。13 日上午，京津冀及周边大范围演变成轻、中度霾；下午霾程度有所减弱，以轻微霾为主且区域缩小。14 日上午，京津冀及周边大范围演变为轻、中度霾，较前一日加重，且黄淮流域也出现雾区；下午，除北京仍为轻、中度霾外，其他地区减弱为轻微霾。15 日上午，京津冀及周边大范围以无霾、轻雾为主，部分站点判识为中度霾，整体来说霾天气较前一日减弱；下午京津冀地区主要以轻微霾为主，但区域有所增大。

京津冀及周边地区 9 km 分辨率三维气溶胶分析场产品(图 4-8)显示，10 月 12—15 日，北京周边地面风速逐渐下降，气溶胶质量浓度逐渐上升；以南郊观象台为中心的南北剖面图显示，燕山南部地区一直存在小的南风分量，在地形阻挡作用下，燕山南部地区的颗粒物浓度逐

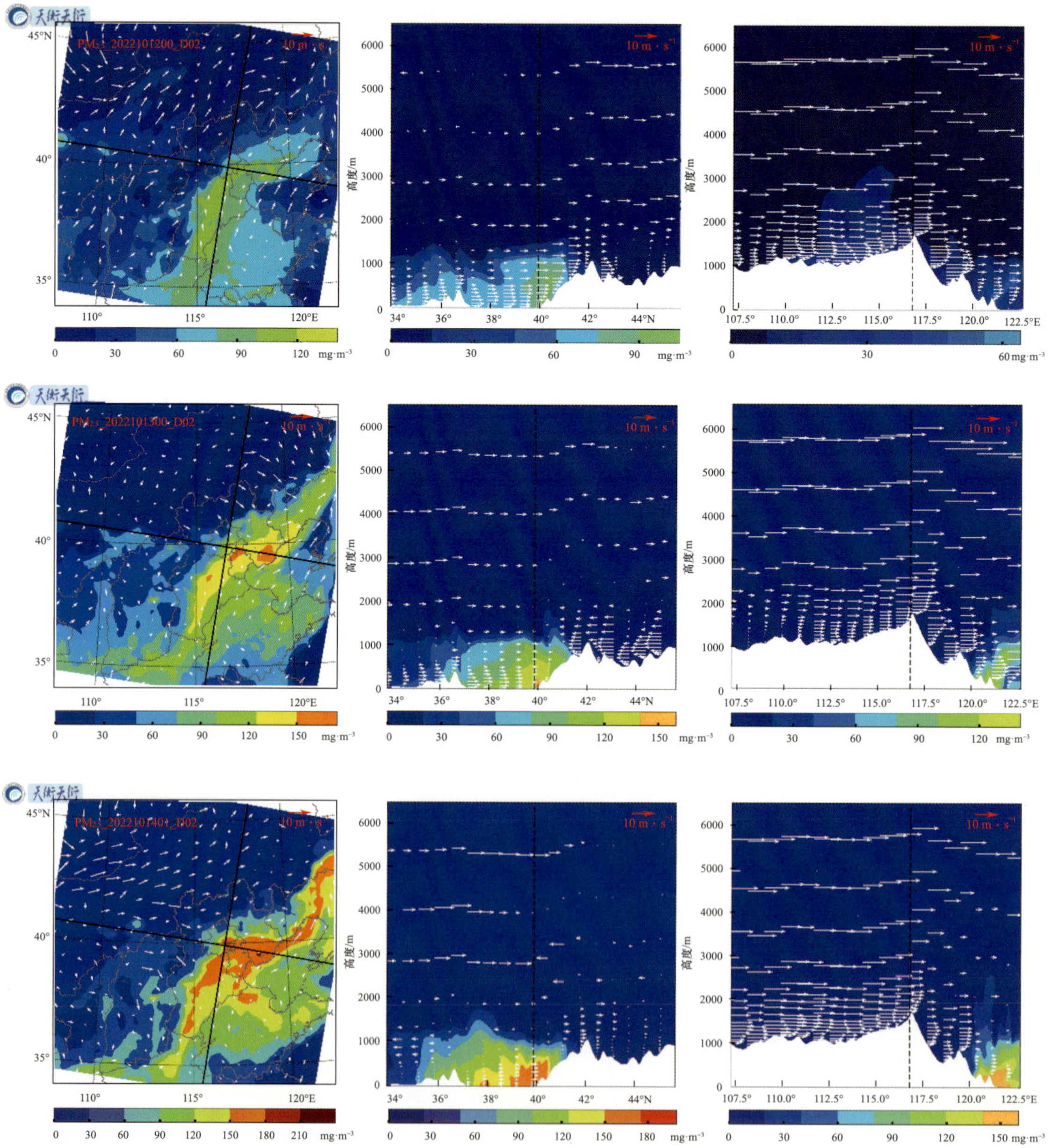

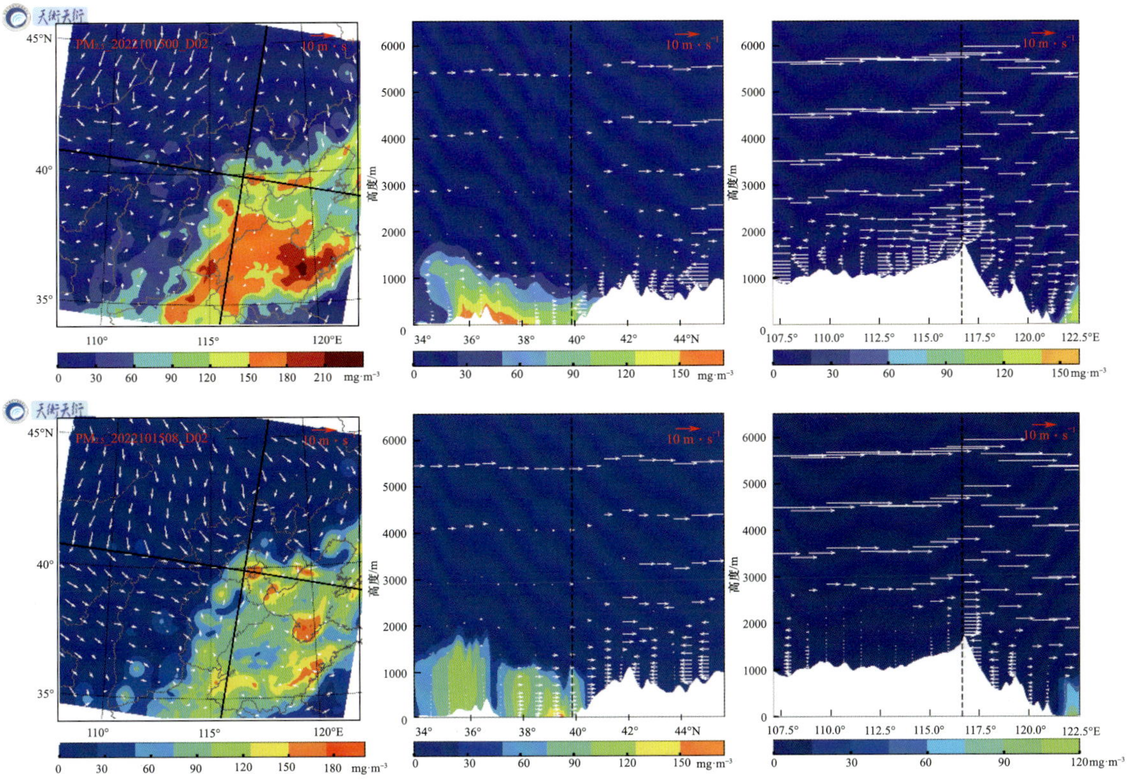

图 4-8 10 月 12—15 日 08 时前后及 15 日 16 时京津冀及周边 $PM_{2.5}$ 三维场结构

（左图：水平分布；中图：南北剖面；右图：东西剖面；剖面中心：北京南郊观象台）

渐上升；从南北剖面和东西剖面图可见，污染物大多集中在 1 km 以下。自 15 日 16 时起，整个京津冀及周边地区的风速明显增加，地面颗粒物浓度也出现下降。

4.2.2 天气背景

综合气象观测实时业务系统（天衡天衍）实况分析产品（图 4-9）显示，10 月 13 日 08 时，我国华北和黄淮地区受高空 500 hPa 槽前脊区控制，低层受高压后部偏南气流影响，地面温度持

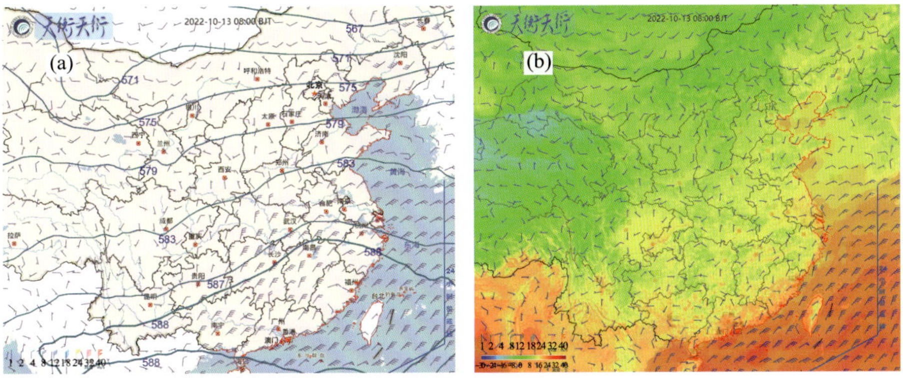

图 4-9 10 月 13 日 08 时 500 hPa 高空场叠加 925 hPa 风场(a)、地面温度叠加地面风场(b)

续偏低，低层和地面风速较小，华北中南部、黄淮北部等地的部分地区大气扩散条件较差，有利于雾/霾天气的发生发展。

4.2.3　多源观测特征

4.2.3.1　能见度监测

综合气象观测实时业务系统（天衡天衍）1 h 最低能见度产品（图 4-10）显示，10 月 12—15 日，华北及黄淮地区出现大范围低能见度区域，能见度呈逐日减小的趋势。12—15 日，北京南郊观象台地面气象观测时序图（图 4-11）也显示出地面风速偏低及能见度持续下降的趋势。

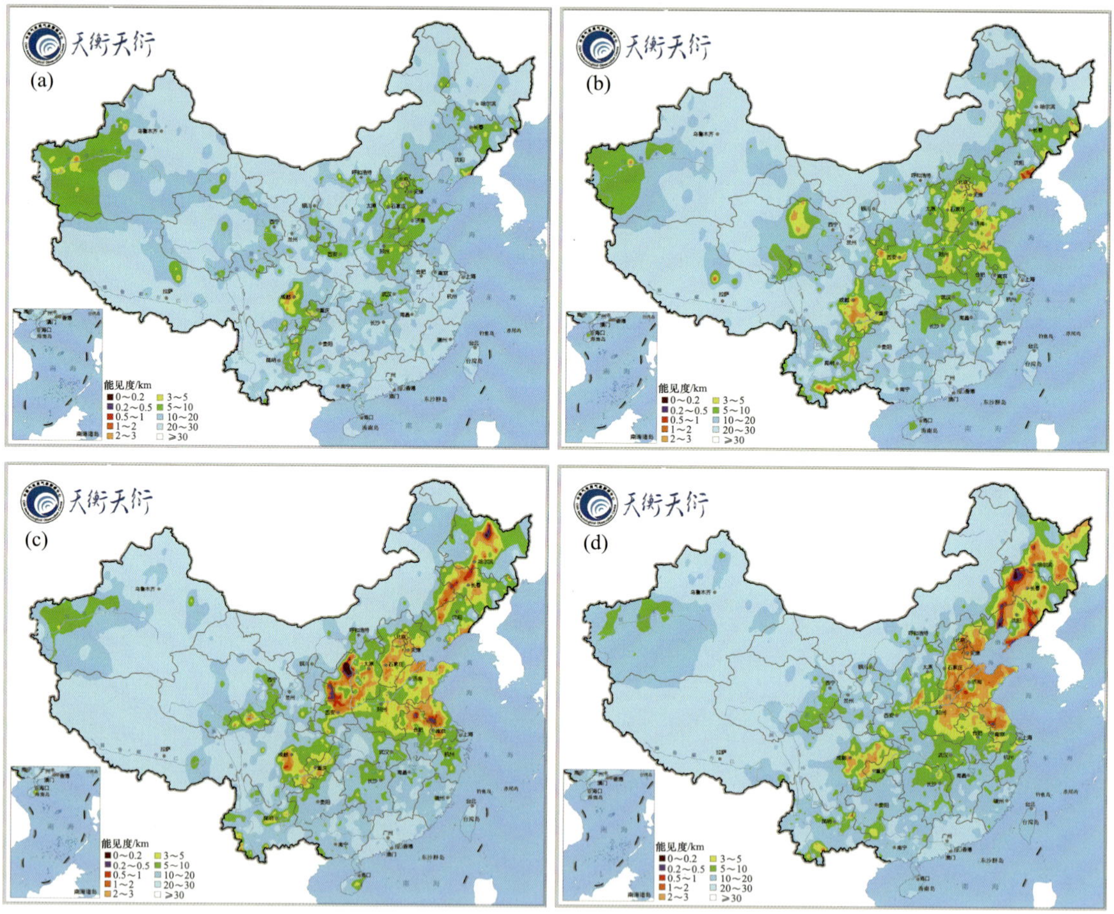

图 4-10　10 月 12—15 日全国地面站 1 h 最低能见度分布

(a)12 日 21 时；(b)13 日 08 时；(c)14 日 08 时；(d)15 日 08 时

4.2.3.2　激光雷达监测

10 月 12 日 06 时—15 日 14 时，北京平谷激光雷达气溶胶消光系数观测产品（图 4-12）显示，观测时间范围内边界层高度逐渐降低，从 1.5 km 逐渐下降至 1 km 以下，不利于气溶胶粒子在垂直方向的扩散，14 日 06 时—15 日 18 时，近地面气溶胶浓度逐渐增加，北京周边出现一

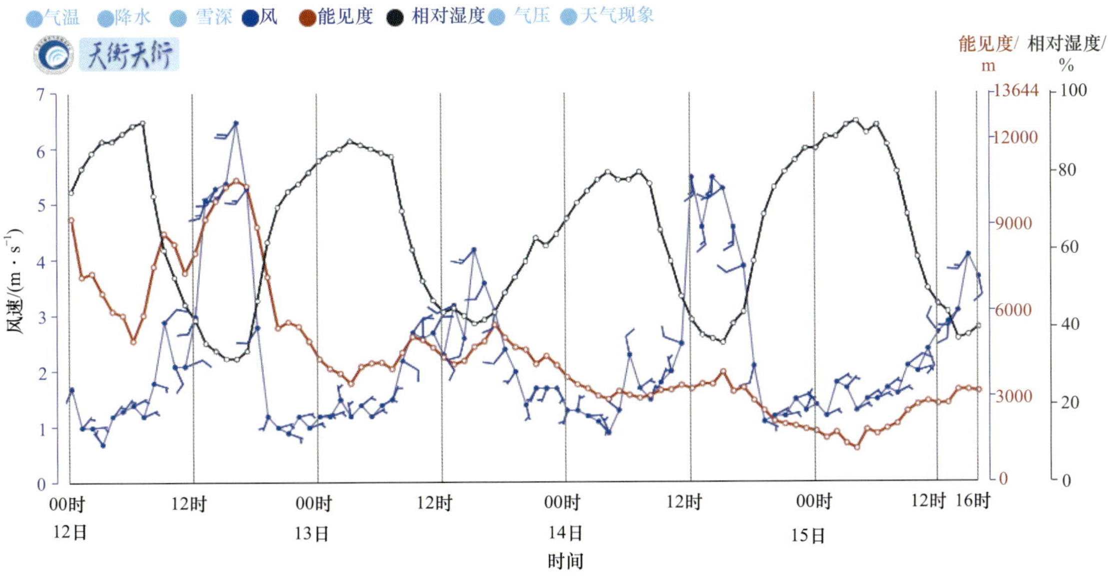

图 4-11　10 月 12 日 00 时—15 日 16 时北京南郊观象台能见度、风速和相对湿度时序图

次雾/霾过程，消光系数由 0.2 km^{-1} 增加至 0.9 km^{-1} 左右。

通过激光雷达气溶胶退偏比产品可以看出，此次雾/霾过程中，近地面 2 km 以下气溶胶退偏比较小，均在 0.1 以下，且退偏比随时间变化趋势不明显，垂直分布较为均匀，表明该污染过程以城市气溶胶污染为主。

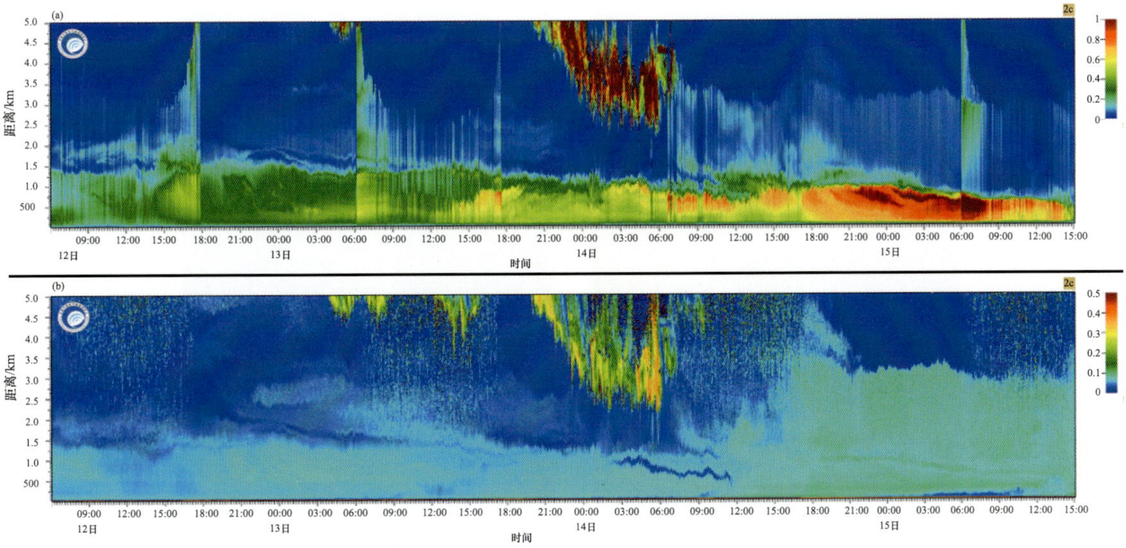

图 4-12　10 月 12 日 06 时—15 日 14 时北京平谷激光雷达消光系数(a)和退偏比(b)

4.2.3.3　散射系数监测

气溶胶散射系数反映其消光特性(数值越大、一般能见度越低)。10 月 12 日 00 时—15 日 17 时，北京地区 2 个站点(上甸子本底站、南郊观象台)气溶胶散射系数基本呈现由南到北先后升高，然后由北到南先后下降特征(图 4-13)，其中南部城区站点南郊观象台于 12 日 08 时

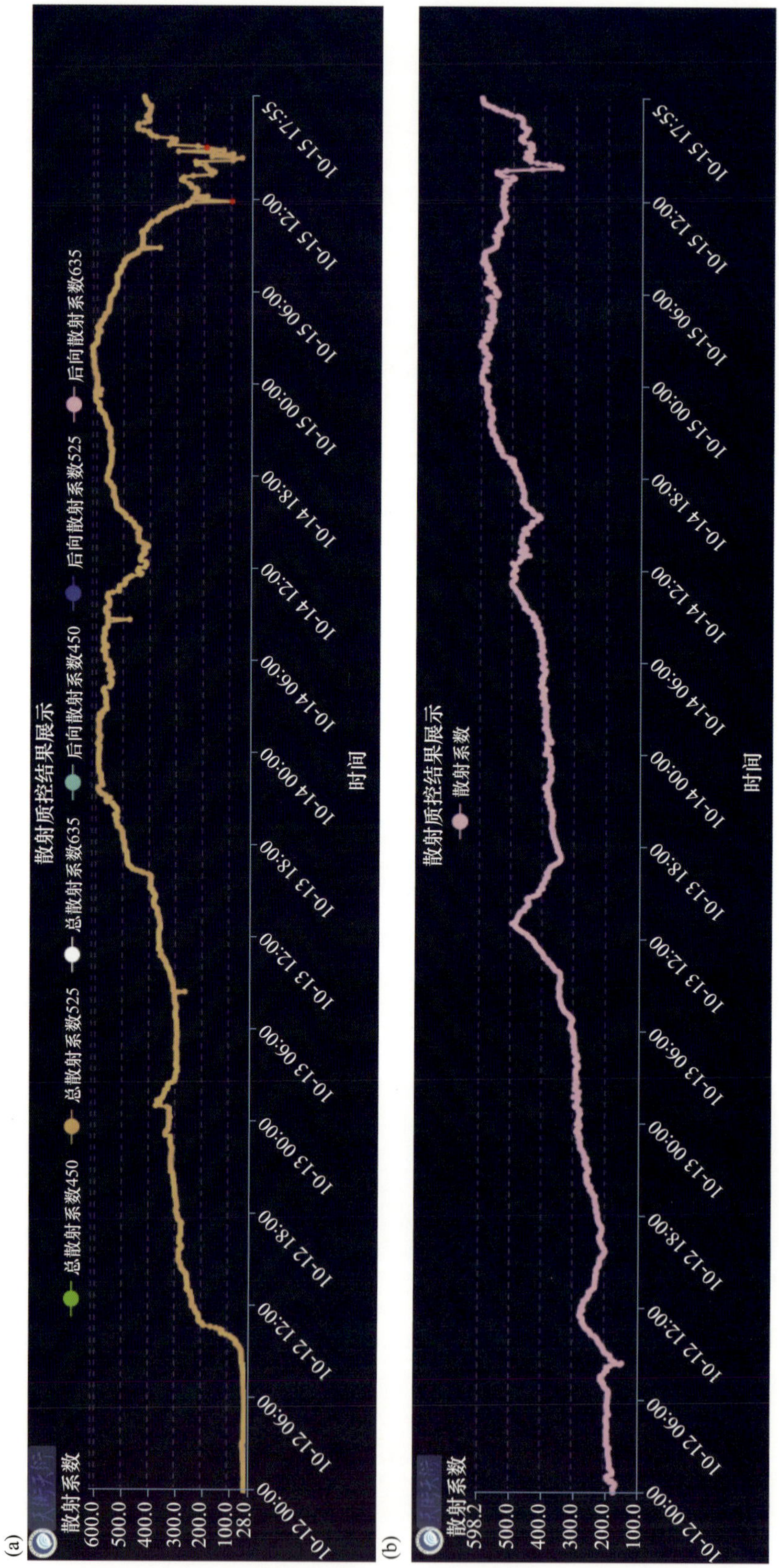

图 4-13　10 月 12 日 00 时—15 日 17 时北京地区上甸子本底站(a)和南郊观象台(b)气溶胶散射系数变化

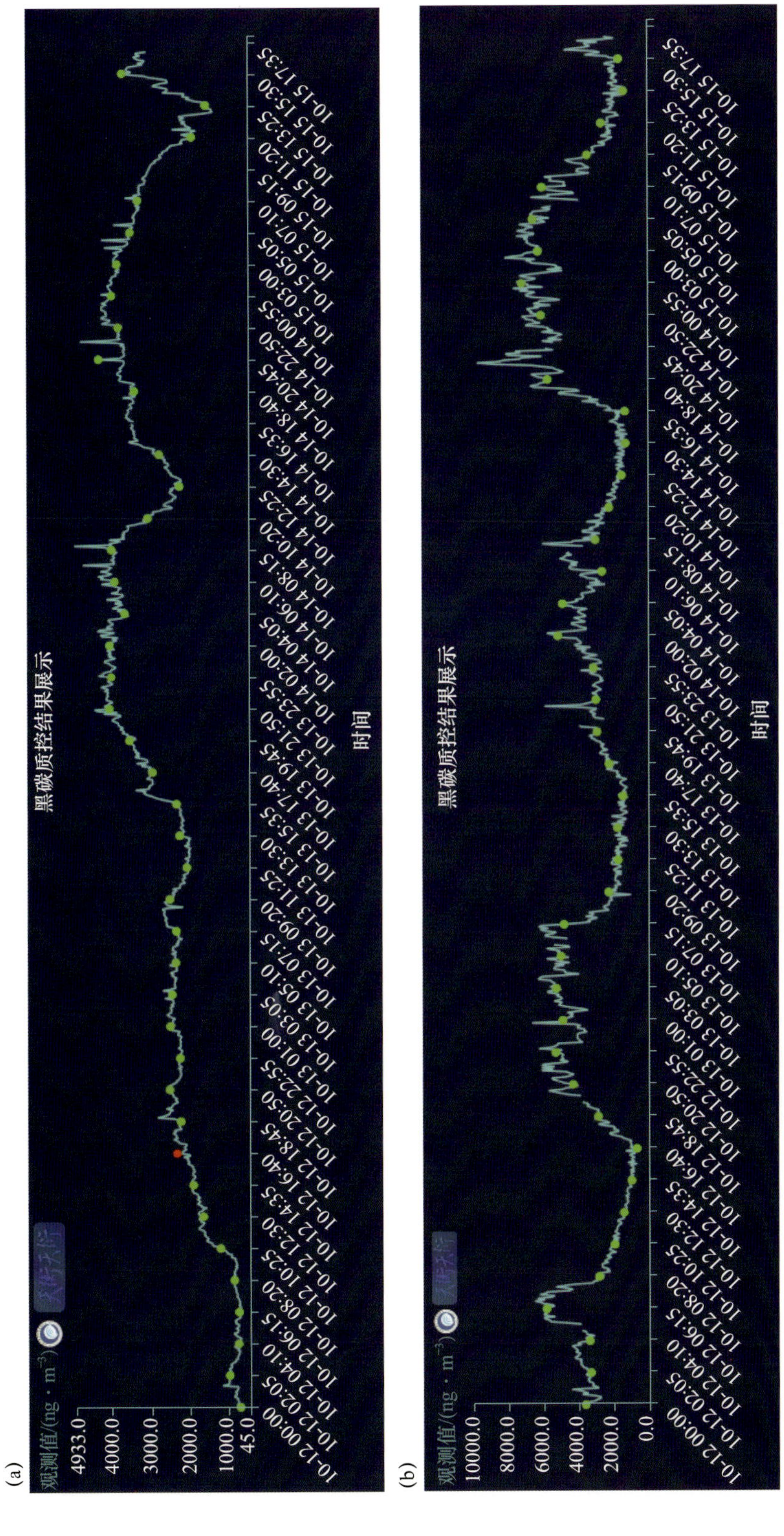

图 4-14　10 月 12 日 00 时—15 日 17 时北京地区上甸子本底站(a)、南郊观象台(b)黑碳质量浓度变化

左右显著上升，北部城郊站点上甸子本底站约 12 日 10 时显著上升。15 日 08 时开始上甸子本底站散射系数快速下降，南郊观象台直至 15 日 14 时才呈现出下降态势。

4.2.3.4　黑碳监测

气溶胶黑碳主要与生物质燃烧、机动车及工业废气等一次排放有关。北京地区 2 个站点气溶胶黑碳观测显示(图 4-14)，上甸子本底站黑碳浓度自 10 月 12 日 10 时—13 日 22 时明显上升，之后处于高位稳定状态，14 日 08 时之后开始下降，约 14 日 11 时降至最低(小时均值 2265 ng・m^{-3})，之后再次上升，最高浓度水平与 13 日夜间相当，15 日 08 时后黑碳浓度再次下降。总体来说，此次过程期间北京地区黑碳浓度较平常浓度有所升高，且北部偏远上甸子本底站观测到的黑碳浓度水平与北京南郊站 13 日夜间观测到的浓度水平相当，与日常上甸子本底站浓度低于北京南郊站的情况有所不同。

4.2.3.5　边界层垂直监测

北京南郊风廓线雷达站监测水平风场(图 4-15)显示，10 月 13—14 日，北京地区 500 hPa 高空持续受偏西气流控制；1 km 以下风场有明显日变化，午后，风向转为偏南风，有利于区域南部的污染物向北汇集，下午河北中南部能见度明显好转，北京和天津地区能见度持续较低；夜间北京地区风向转为东北风，辐合线向南移动。

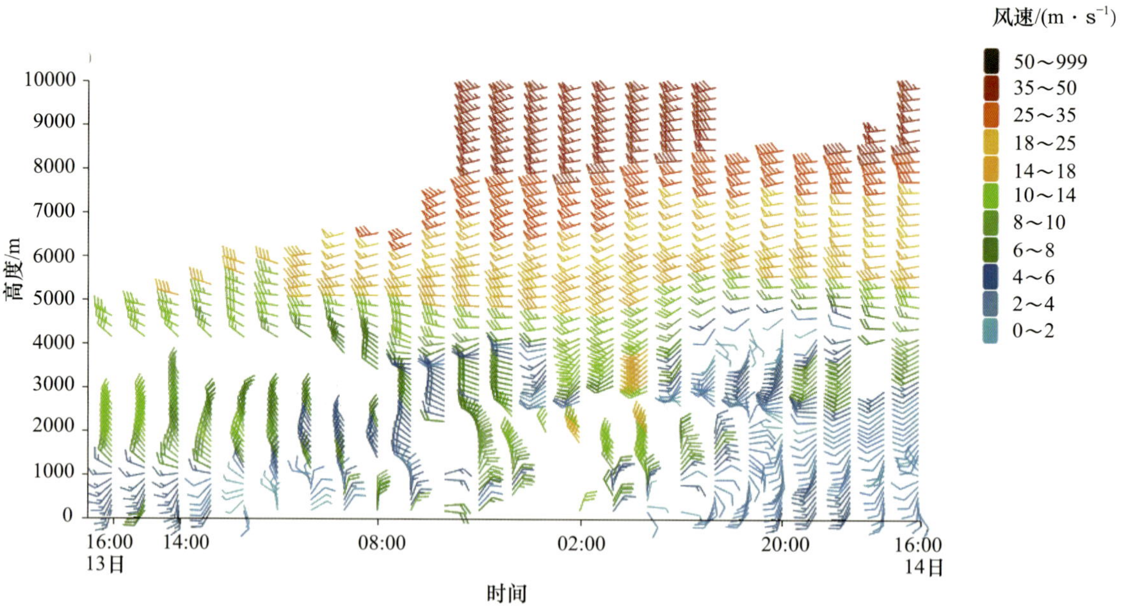

图 4-15　10 月 13 日 16 时—14 日 16 时北京南郊风廓线雷达监测水平风场

多要素组合垂直观测产品(图 4-16)显示，10 月 12 日午后至 14 日 09 时，北京海淀站近地面 1.5 km 以下水汽较为充足，其余时段整层相对湿度在 60%以下，整层湿度偏干，水汽不足。边界层高度呈白天升高、夜间降低的日变化趋势，白天边界层高度为 1 km 左右，最高抬升至 1.5 km，夜间边界层高度为不足 500 m，有利于夜间气溶胶在边界层以内累积。

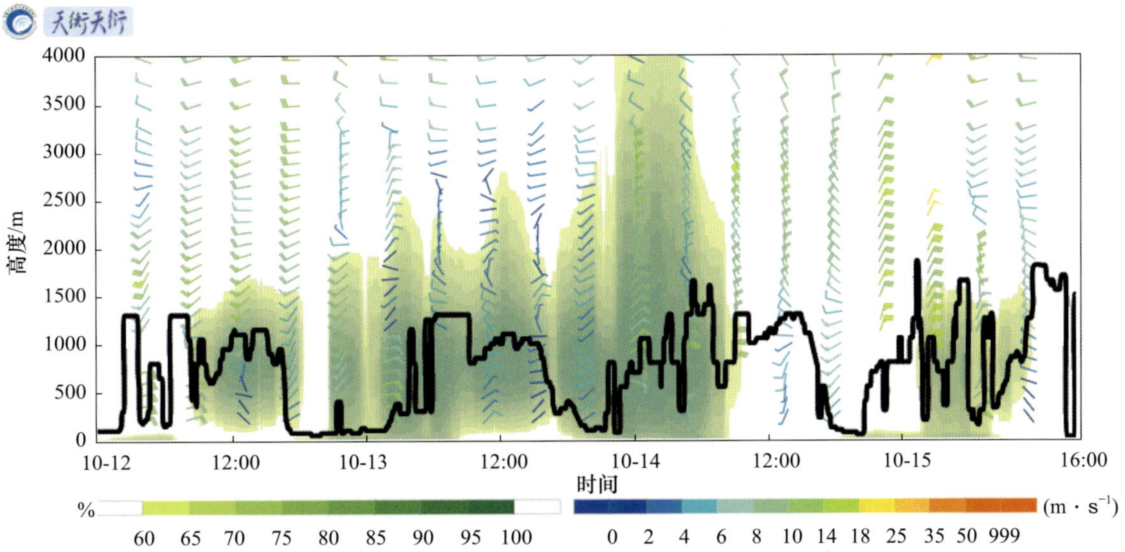

图 4-16 10 月 12 日 00 时—15 日 16 时海淀站湿度和水平风廓线叠加边界层高度产品

（黑色实线：边界层高度）

4.3 10 月 19—21 日北京及周边地区雾/霾

4.3.1 过程特征描述

10 月 19—21 日，北京及周边地区受高空 500 hPa 脊区和地面高压控制，低层和地面受偏南气流影响，大气扩散条件较差，有利于污染物的累积，出现霾天气。本次霾天气从 19 日 18 时开始，持续到 22 日凌晨。

综合气象观测产品系统（天衡天衍）全国地面雾/霾识别产品（图 4-17）显示，10 月 19 日 18 时，北京少数站点出现霾天气，20 日 08 时，霾主要集中在北京城区与河北石家庄，21 日 08 时，北京、河北、天津等地出现较大范围霾天气，到 22 日 08 时，北京霾天气基本结束，河北南部和山东霾天气持续。

天安门附近的天坛站 $PM_{2.5}$ 浓度监测（图 4-18）显示，天安门附近 10 月 21 日浓度较高，22 日 01 时最高达 116 $\mu g \cdot m^{-3}$，03 时开始快速下降，04 时已降至 30 $\mu g \cdot m^{-3}$ 以下。

京津冀及周边地区 9 km 分辨率三维气溶胶分析场的南北向和东西向剖面图（图 4-19）显示，10 月 19 日低层西南气流将污染物向东北方向输送，20 日在燕山山脉东南侧聚集，北京西北方向 2 km 高空有污染物从西向东输送，21 日南北气流在山前辐合，污染物不断聚集抬升，延伸高度 2～3 km，22 日北方冷空气南下，北风加强，南风减弱，污染物向东南消退。

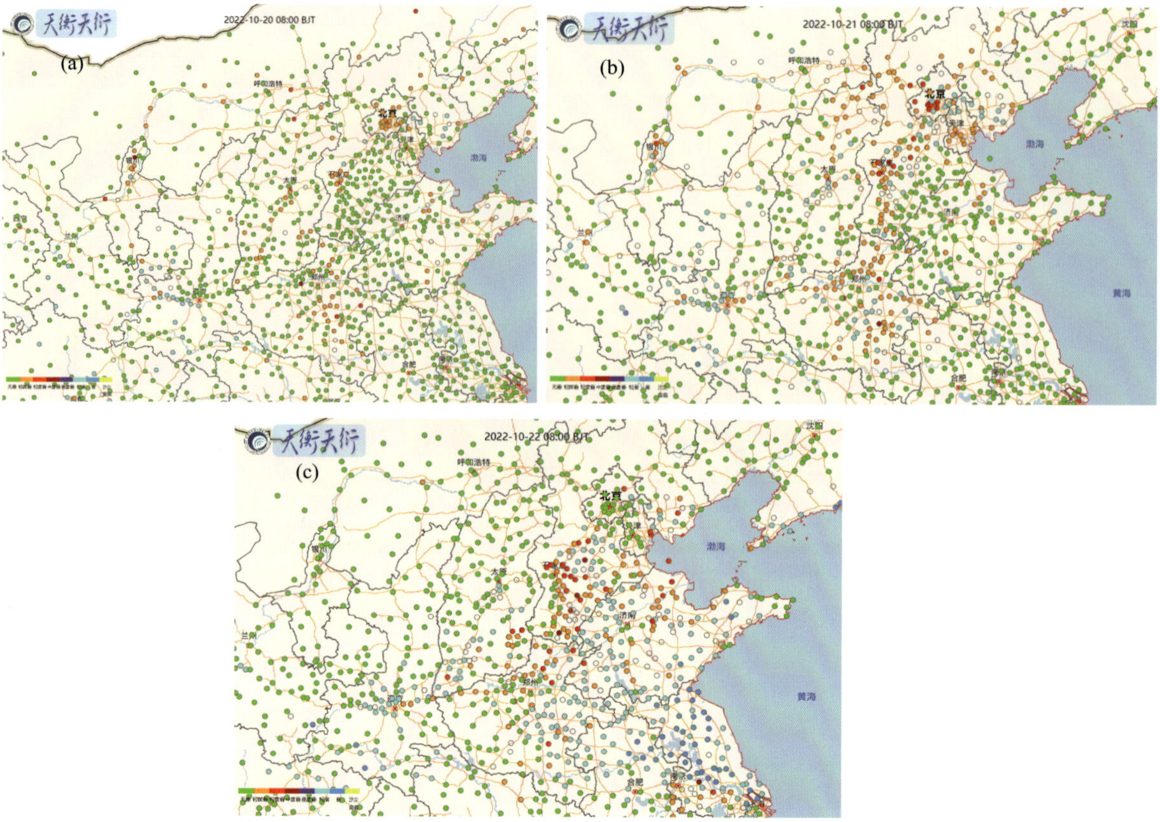

图 4-17　10 月 20 日(a)、21 日(b)、22 日(c)08 时京津冀及周边站点霾天气现象监测

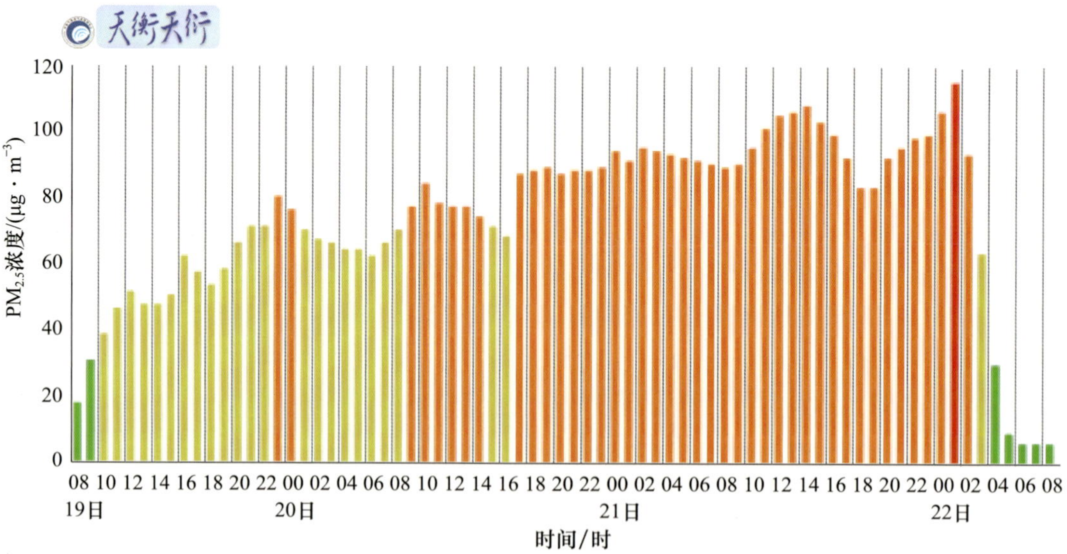

图 4-18　10 月 19 日 08 时—22 日 08 时天坛 $PM_{2.5}$ 浓度监测

4.3.2　天气背景

综合气象观测实时业务系统(天衡天衍)实况分析产品(图 4-20)和海淀微波辐射计观测产

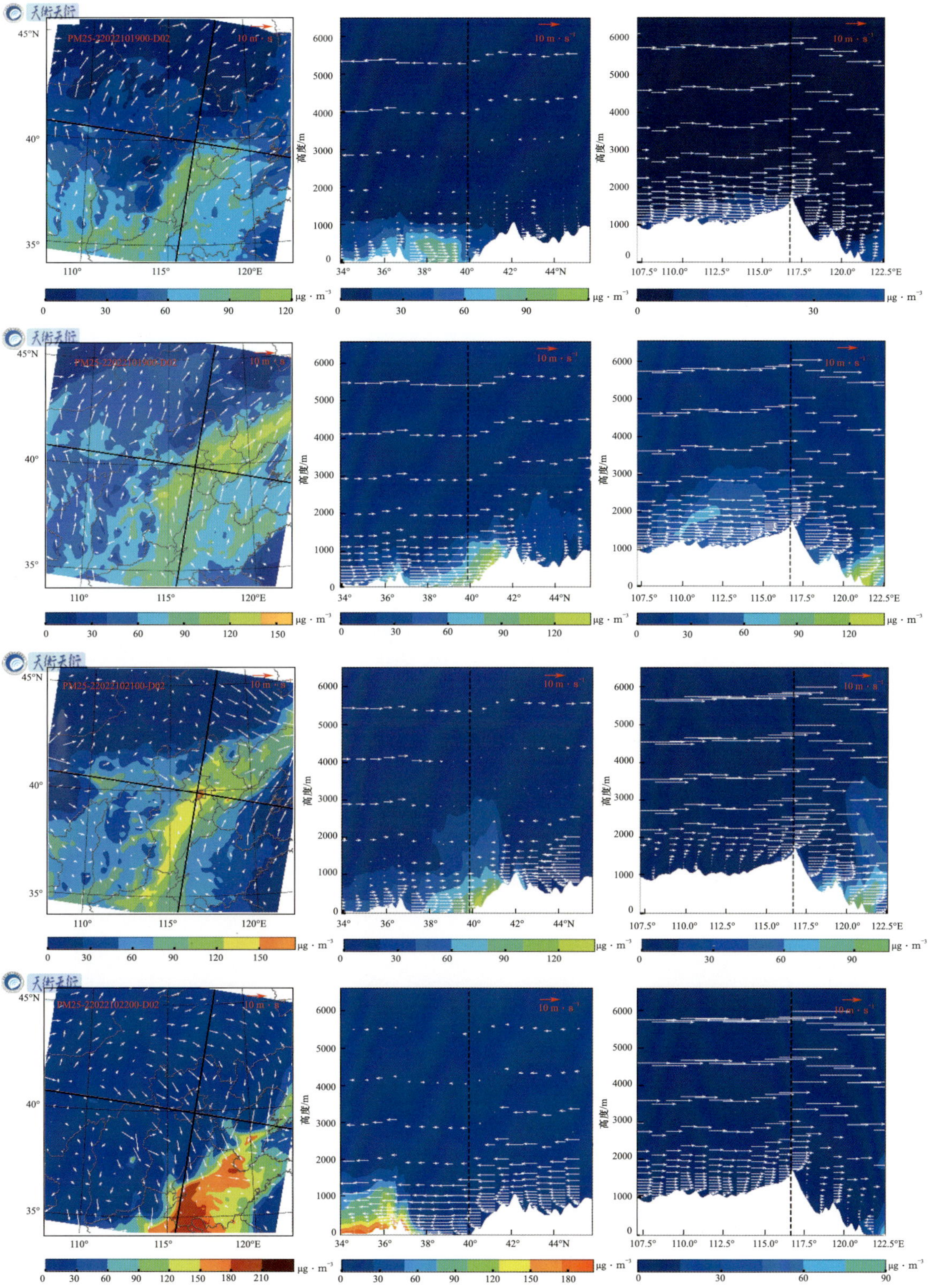

图 4-19　10 月 19—22 日 08 时京津冀及周边 $PM_{2.5}$ 三维场结构

（左图：水平分布；中图：南北剖面；右图：东西剖面；剖面中心：北京南郊观象台所在格点）

品(图 4-21)显示,10 月 19—21 日,我国华北中南部及周边地区受高空 500 hPa 脊区控制,低层和地面受偏南气流影响,有逆温现象,大气层结处于相对稳定状态,大气扩散条件较差,有利于污染物的堆积。同时由于北京的西部和北部毗邻太行山脉和燕山山脉,在地面高压后部东南气流影响下,容易造成污染物在山前聚集。

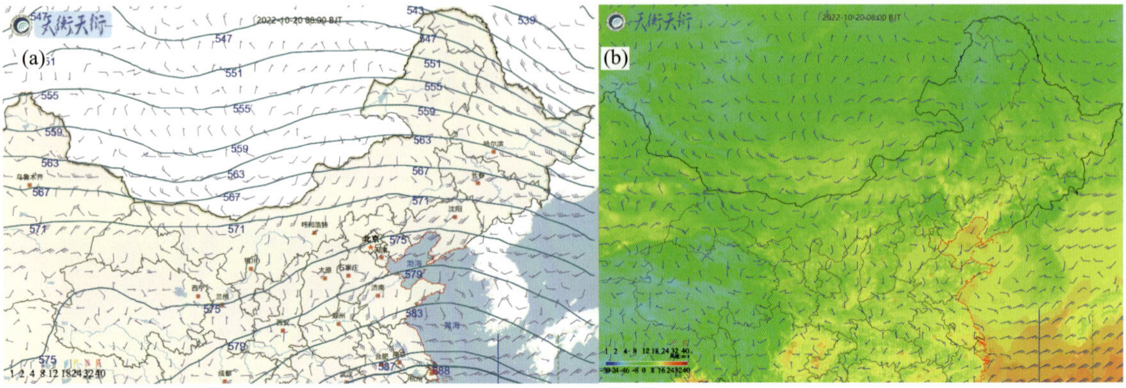

图 4-20　10 月 20 日 08 时 500 hPa 高空场叠加 925 hPa 风场(a)、地面温度叠加地面风场(b)

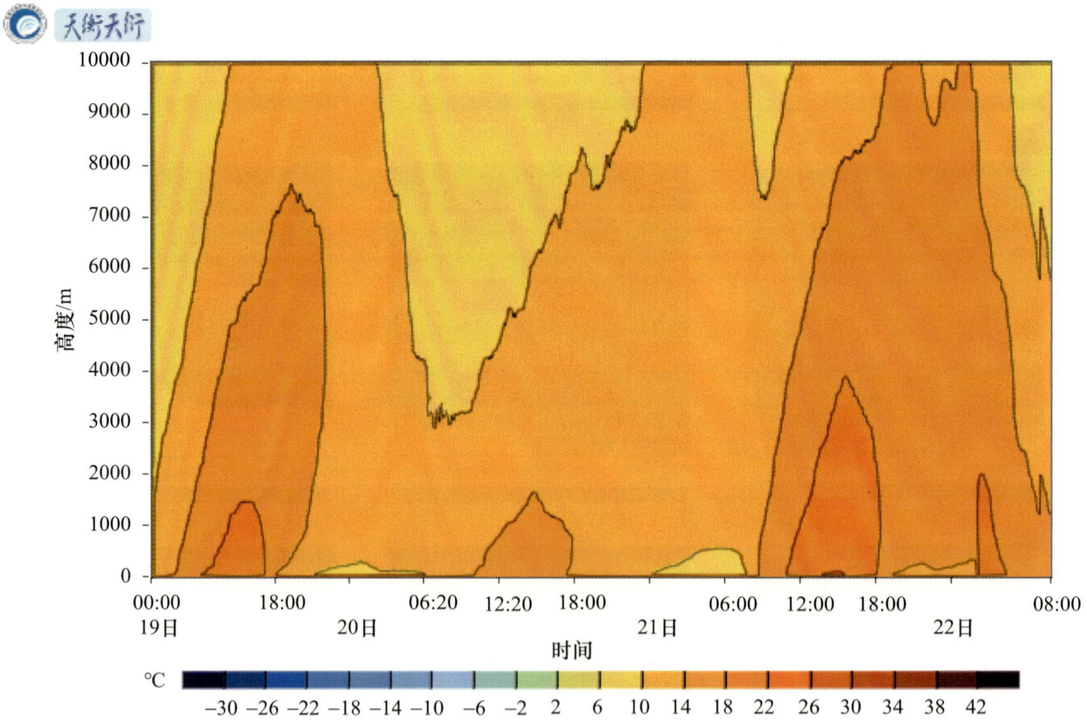

图 4-21　10 月 19 日 08 时—22 日 08 时海淀站低层温度廓线监测

4.3.3　多源观测特征

北京平谷激光雷达气溶胶消光系数观测产品(图 4-22)显示,10 月 19 日 08 时起,近地面气溶胶开始累积,气溶胶消光系数逐渐增大,由 0.1 km^{-1} 增大到 0.6 km^{-1} 左右,20 日气溶胶厚度维持在 1.5 km 以下，21 日凌晨气溶胶有所增强并向高处延伸至 3 km 左右。与前述三维融合场（图 4-19）分析一致。退偏比值较小并混合均匀，表示以城市气溶胶细粒子为主。

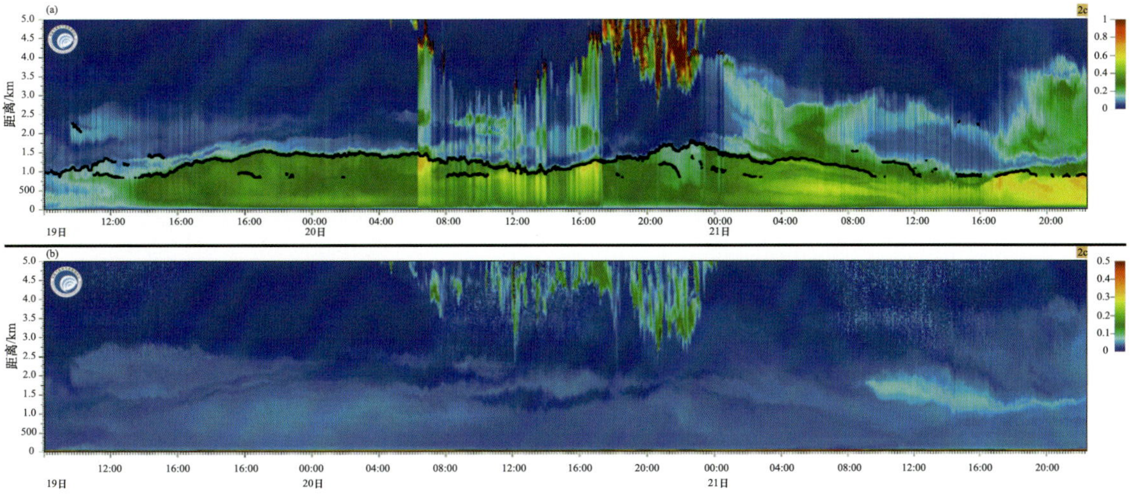

图 4-22　10 月 19 日 08 时—21 日 22 时平谷激光雷达消光系数(a)和退偏比(b)

从单站气溶胶颗粒物浓度 $PM_{2.5}$ 和 PM_{10} 的监测数据（图 4-23）来看，本次过程以细粒子污染物为主。北京上甸子本底站 $PM_{2.5}$ 和 PM_{10} 浓度相当，于 10 月 21 日 20 时同时达到最大值 99.2 $\mu g \cdot m^{-3}$ 和 102.9 $\mu g \cdot m^{-3}$，$PM_{2.5}/PM_{10}$ 比值超过 0.8（一般比值超过 0.5 认为细粒子浓度占比偏高）。南郊大气成分站污染物浓度均高于上甸子本底站，$PM_{2.5}$ 和 PM_{10} 峰值浓度分别达到 148.2 $\mu g \cdot m^{-3}$（22 日 01 时）和 264.5 $\mu g \cdot m^{-3}$（21 日 21 时），$PM_{2.5}/PM_{10}$ 比值缓慢升高，20 日超过 0.5，于 22 日凌晨迅速减小。反映出本次过程北部持续为细粒子污染物

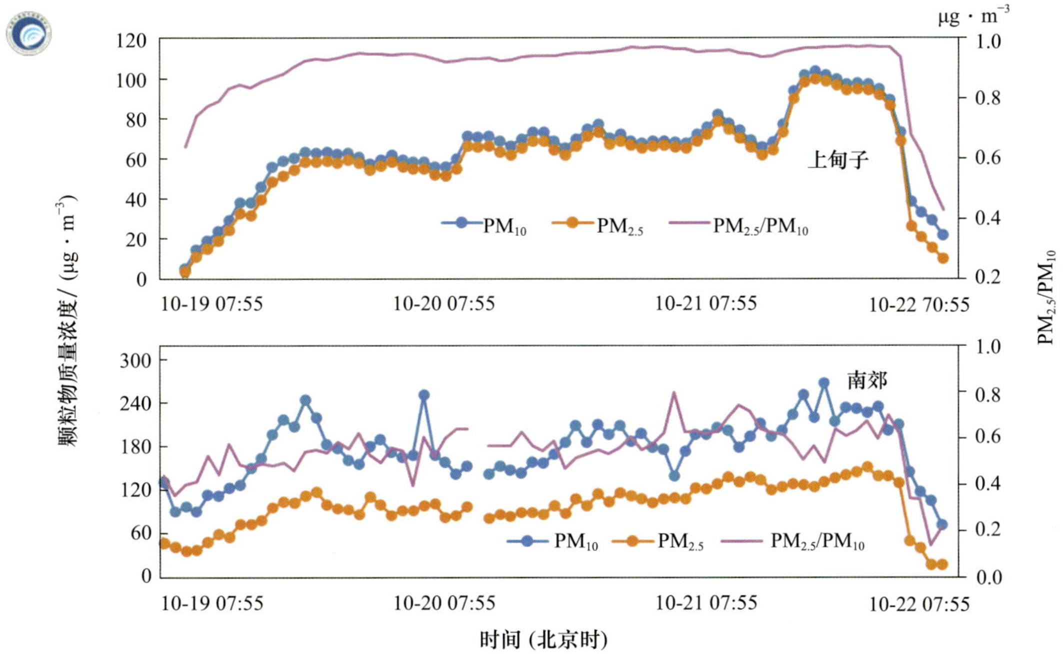

图 4-23　10 月 19—22 日北京上甸子本底站、南郊观象台 PM_{10}、$PM_{2.5}$ 质量浓度及 $PM_{2.5}/PM_{10}$ 变化

为主，南部逐步从粗粒子污染过程转变为细粒子污染为主的特征。

综合气象观测产品系统(天衡天衍)地面观测产品(图 4-24)显示，北部上甸子本底站和南郊观象台站监测到湿度上升和能见度同步下降现象，南郊观象台站 10 月 18 日 17 时能见度首先下降，上甸子本底站则从 19 日 12 时下降，体现气溶胶污染物从南向北扩展的过程。19—21 日，北部上甸子本底站和南郊观象台站相对湿度均明显增加，22 日减小。

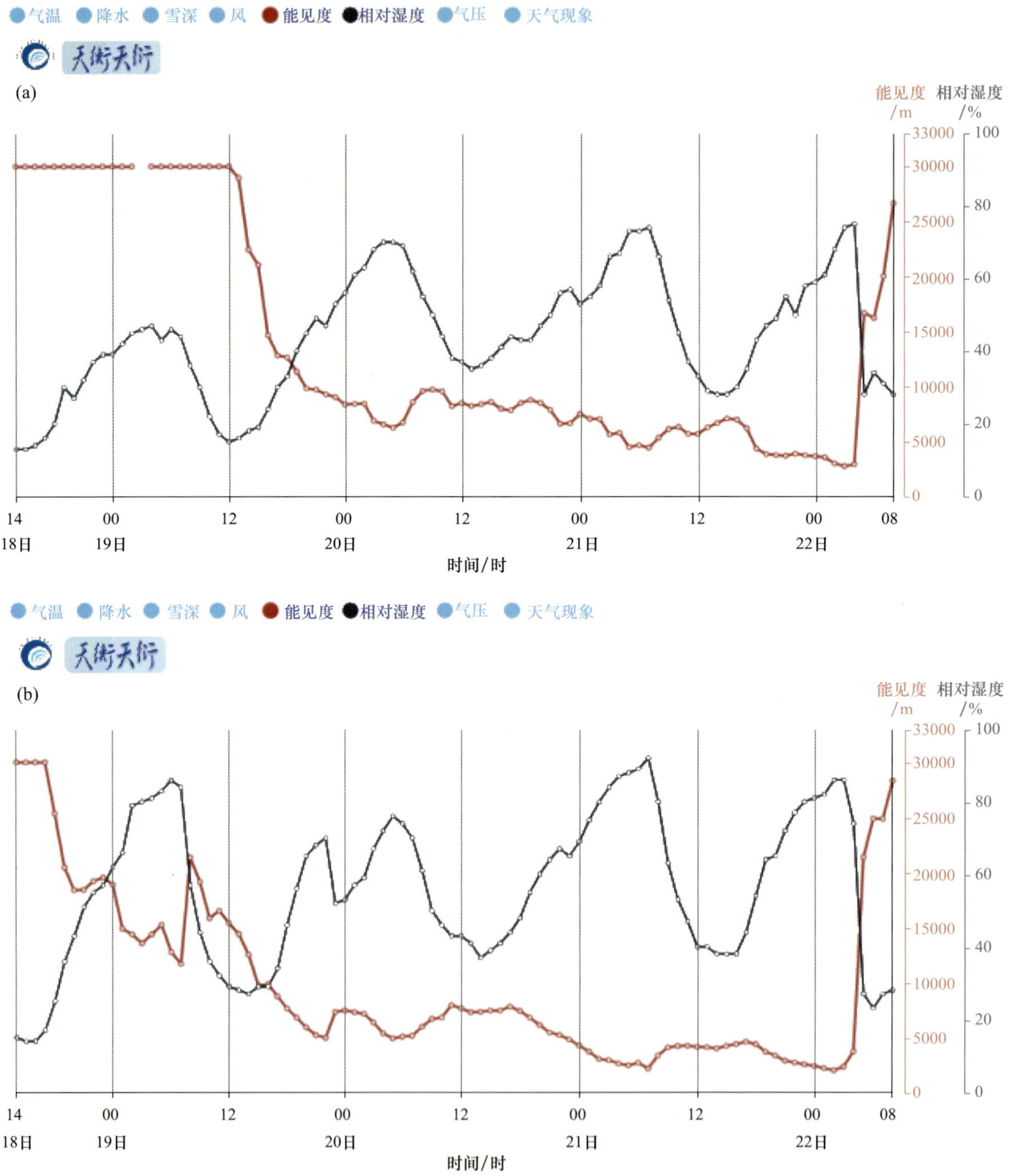

图 4-24　10 月 18 日 14 时—22 日 08 时北京上甸子本底站(a)、南郊观象台站(b)能见度、相对湿度时序图

从相对湿度与 $PM_{2.5}$ 浓度的水平分布看，相对湿度较大的地区 $PM_{2.5}$ 浓度也较高(以 10 月 20 日 14 时为例，图 4-25)，可能与高湿环境有利于气溶胶(液相)化学生成过程有关。

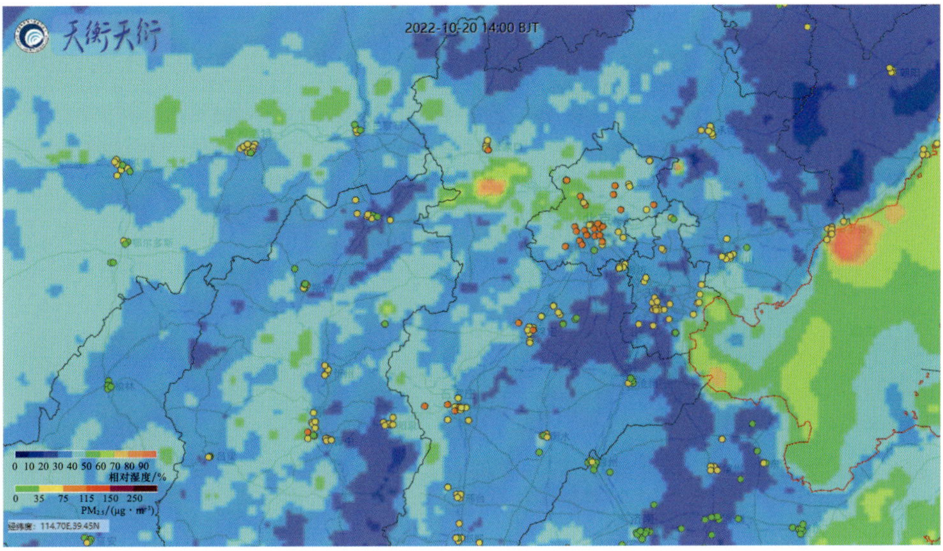

图 4-25 10 月 20 日 14 时北京周边地区相对湿度叠加 $PM_{2.5}$ 分布

4.4 小结

大气成分、激光雷达观测是目前较流行的视程障碍类天气强度监测手段。再结合能见度、地面站大风和视程障碍天气现象识别产品，可对雾、霾和沙尘的影响范围、强度、移动路径等有较为精确的分析。春季我国北方经常有沙尘天气出现，特别是在内蒙古及西北一带，但西北地区站点的稀疏导致后续的大气成分观测产品对沙尘天气的监测不够精细，不能提供精细化的沙尘强度分析和环境评估分析。从观测服务的角度出发，应对站网进行科学合理布设，研发精细化或格点化的沙尘服务产品，提供详细、客观的沙尘天气发生、发展过程产品。“十四五”期间，在“补短板”项目中，还将陆续在全国多个省(区、市)布设激光雷达，以更好地满足对沙尘天气的监测需求。

第五章　寒潮大风

5.1 3—4 月四川省大风

5.1.1 总体特征

2022 年 3—4 月，四川省多地出现大风天气，基于四川省 156 个国家级地面气象观测站近 3 年观测数据，开展了单站极大风速突破历史极值、极大风速超过 8 级的日数统计分析，并对典型站点极大风速基本特征进行了简要总结，结果表明：(1)2022 年 3 月和 4 月四川省极大风速突破历史极值站点数分别为 33 个和 52 个(表 5-1、表 5-2)，较 2021 年同期分别增加 3 倍和 4 倍；(2)与 2019—2021 年同期相比，2022 年 3—4 月四川东部极大风速超过 8 级的站点显著增多，新增 34 站(表 5-3)，达到 100 站；(3)强对流天气频发多发是四川东部安岳、资阳、内江等站极大风速出现极值的主要原因，地处四川北部山区的广元、巴中等站受“狭管效应”影响容易产生大风天气。

表 5-1　2022 年 3 月四川省极大风突破历史极值站点统计表

序号	站名	时间	风速/($m \cdot s^{-1}$)	历史极值风速/($m \cdot s^{-1}$)	历史极值时间
1	古蔺	2022-03-14 13:07	14.9	14.6	2008-03-29 08:00
2	美姑	2022-03-14 13:13	26.9	19.5	2006-03-17 08:00
3	芦山	2022-03-16 14:56	16.4	15.0	2017-03-20 08:00
4	新津	2022-03-16 19:41	13.7	11.8	2006-03-12 08:00
5	邛崃	2022-03-16 20:39	19.4	12.3	2012-03-30 08:00
6	蒲江	2022-03-16 21:14	20.7	11.8	2008-03-29 08:00
7	丹棱	2022-03-16 21:29	28.2	15.4	2020-03-27 08:00
8	峨眉	2022-03-16 21:44	22.5	17.9	2020-03-19 08:00
9	洪雅	2022-03-16 21:52	19.6	12.4	2020-03-19 08:00
10	乐山	2022-03-16 22:09	11.6	11.4	2010-03-22 08:00
11	眉山	2022-03-16 22:12	11.9	10.5	2005-03-11 08:00
12	青神	2022-03-16 22:26	18.0	12.4	2017-03-25 08:00
13	屏山	2022-03-16 22:34	19.9	18.6	2020-03-27 08:00
14	金阳	2022-03-17 18:02	17.4	16.7	2010-03-19 08:00
15	叙州	2022-03-17 23:09	22.1	21.8	2020-03-27 08:00
16	峨边	2022-03-17 23:26	17.0	13.7	2006-03-22 08:00

续表

序号	站名	时间	风速/(m·s^{-1})	历史极值风速/(m·s^{-1})	历史极值时间
17	高县	2022-03-17 23:45	25.5	20.3	2020-03-27 08:00
18	马边	2022-03-18 00:51	17.0	14.7	2010-03-22 08:00
19	资阳	2022-03-18 00:58	18.5	14.6	2010-03-23 08:00
20	安岳	2022-03-18 01:12	20.3	13.5	2020-03-27 08:00
21	珙县	2022-03-18 01:44	20.0	17.7	2020-03-27 08:00
22	隆昌	2022-03-18 02:46	15.7	14.2	2020-03-27 08:00
23	叙永	2022-03-18 02:49	16.2	13.9	2013-03-14 08:00
24	江安	2022-03-18 03:43	13.6	12.4	2020-03-27 08:00
25	渠县	2022-03-20 09:53	15.7	12.8	2020-03-27 08:00
26	高坪	2022-03-20 12:39	16.5	15.6	2020-03-27 08:00
27	温江	2022-03-20 12:39	24.8	13.5	2006-03-12 08:00
28	汉源	2022-03-20 16:24	20.4	18.0	2016-03-25 08:00
29	什邡	2022-03-21 05:42	14.0	12.9	2012-03-30 08:00
30	冕宁	2022-03-22 17:55	21.1	19.6	2009-03-08 08:00
31	会理	2022-03-25 18:49	21.0	17.3	2014-03-03 08:00
32	中江	2022-03-30 20:57	15.0	14.6	2020-03-09 08:00
33	新都	2022-03-30 21:06	12.0	11.0	2006-03-12 08:00

表 5-2　2022 年 4 月四川省极大风突破历史极值站点统计表

序号	站名	时间	风速/(m·s^{-1})	历史极值风速/(m·s^{-1})	历史极值时间
1	金堂	2022-04-01 06:30	16.1	14.6	2006-04-27 08:00
2	石棉	2022-04-09 18:19	18.7	15.5	2012-04-02 08:00
3	得荣	2022-04-11 17:58	18.8	16.3	2014-04-05 08:00
4	马边	2022-04-11 19:49	23.9	18.5	2012-04-02 08:00
5	青神	2022-04-11 20:20	16.2	16.0	2013-04-19 08:00
6	旺苍	2022-04-11 20:21	19.9	17.0	2006-04-12 08:00
7	乐至	2022-04-11 21:20	22.1	16.4	2013-04-05 08:00
8	盐亭	2022-04-11 21:53	27.0	24.1	2006-04-11 08:00
9	安岳	2022-04-11 21:57	37.4	17.4	2015-04-05 08:00
10	射洪	2022-04-11 22:01	24.9	16.4	2013-04-05 08:00
11	西充	2022-04-11 22:32	22.1	19.8	2013-04-05 08:00
12	峨眉山	2022-04-13 00:07	22.2	20.3	2004-04-07 08:00
13	蓬安	2022-04-13 00:24	23.1	14.1	2015-04-02 08:00
14	高坪	2022-04-13 00:28	16.8	16.3	2005-04-09 08:00
15	仪陇	2022-04-13 00:35	17.8	13.8	2010-04-06 08:00
16	雷波	2022-04-13 03:02	19.3	18.3	2006-04-09 08:00

续表

序号	站名	时间	风速/(m·s^{-1})	历史极值风速/(m·s^{-1})	历史极值时间
17	平昌	2022-04-13 03:02	24.3	16.1	2013-04-29 08:00
18	道孚	2022-04-15 13:12	28.7	25.0	2005-04-11 08:00
19	乡城	2022-04-19 16:35	22.7	19.8	2017-04-21 08:00
20	汶川	2022-04-19 17:26	19.5	18.9	2014-04-17 08:00
21	木里	2022-04-19 19:53	23.8	22.9	2010-04-07 08:00
22	会东	2022-04-22 22:18	20.6	18.6	2006-04-03 08:00
23	眉山	2022-04-23 22:09	13.7	11.1	2006-04-11 08:00
24	三台	2022-04-24 10:01	19.6	17.4	2005-04-09 08:00
25	仁寿	2022-04-24 12:29	16.9	14.7	2006-04-27 08:00
26	荥经	2022-04-24 17:23	17.6	14.6	2020-04-14 08:00
27	营山	2022-04-25 04:03	14.2	13.3	2015-04-02 08:00
28	德格	2022-04-27 16:29	22.1	20.0	2010-04-20 08:00
29	剑阁	2022-04-27 21:34	20.3	19.2	2013-04-05 08:00
30	中江	2022-04-29 00:23	20.9	19.1	2006-04-27 08:00
31	新都	2022-04-29 01:09	15.1	13.0	2020-04-18 08:00
32	龙泉驿	2022-04-29 01:16	18.4	13.0	2015-04-05 08:00
33	简阳	2022-04-29 01:33	21.3	20.1	2013-04-05 08:00
34	阆中	2022-04-29 01:34	18.8	18.3	2006-04-27 08:00
35	资阳	2022-04-29 02:02	32.4	19.7	2014-04-19 08:00
36	资中	2022-04-29 02:44	21.5	15.8	2006-04-27 08:00
37	东兴	2022-04-29 02:48	21.6	20.2	2004-04-06 08:00
38	威远	2022-04-29 02:59	20.1	17.8	2013-04-05 08:00
39	荣县	2022-04-29 03:03	22.5	16.5	2013-04-19 08:00
40	自贡	2022-04-29 03:10	18.9	16.2	2004-04-06 08:00
41	隆昌	2022-04-29 03:23	23.4	16.1	2004-04-07 08:00
42	富顺	2022-04-29 03:27	20.4	13.6	2006-04-11 08:00
43	泸县	2022-04-29 03:39	19.0	14.9	2005-04-09 08:00
44	南溪	2022-04-29 04:05	18.2	15.5	2013-04-19 08:00
45	江安	2022-04-29 04:16	19.1	14.1	2012-04-28 08:00
46	纳溪	2022-04-29 04:17	21.2	17.1	2013-04-19 08:00
47	长宁	2022-04-29 04:26	24.8	11.6	2013-04-19 08:00
48	珙县	2022-04-29 04:50	23.4	13.9	2014-04-19 08:00
49	高县	2022-04-29 04:58	21.1	13.4	2013-04-05 08:00
50	叙永	2022-04-29 05:27	20.7	19.3	2005-04-09 08:00
51	筠连	2022-04-29 05:30	19.2	17.9	2012-04-12 08:00
52	若尔盖	2022-04-29 15:34	26.2	25.6	2005-04-08 08:00

表 5-3　2022 年四川东部 3—4 月较 2019—2021 年同期极大风速超过 8 级的新增站统计表

市(州)	县(区)	站名
宜宾市	江安县	江安
内江市	隆昌市	隆昌
绵阳市	梓潼县	梓潼
南充市	西充县	西充
泸州市	纳溪区	纳溪
眉山市	青神县	青神
内江市	威远县	威远
自贡市	富顺县	富顺
遂宁市	船山区	遂宁
资阳市	雁江区	资阳
凉山彝族自治州	西昌市	西昌
南充市	蓬安县	蓬安
资阳市	乐至县	乐至
德阳市	中江县	中江
自贡市	自流井区	自贡
成都市	邛崃市	邛崃
阿坝藏族羌族自治州	九寨沟县	九寨沟
巴中市	平昌县	平昌
成都市	温江区	温江气候观象台
成都市	蒲江县	蒲江
遂宁市	射洪市	射洪
成都市	龙泉驿区	龙泉驿
内江市	资中县	资中
甘孜藏族自治州	得荣县	得荣
乐山市	马边彝族自治县	马边
宜宾市	南溪区	南溪
南充市	仪陇县	仪陇
内江市	东兴区	东兴区
眉山市	洪雅县	洪雅
自贡市	荣县	荣县
泸州市	泸县	泸县
资阳市	安岳县	安岳
泸州市	叙永县	叙永
遂宁市	大英县	大英

5.1.2 极值分析

5.1.2.1 1—5月极大风速突破历史极值分析

从2021年、2022年四川省极大风超过历史极值站数统计来看，2022年3月和4月极大风速突破历史极值站点数分别为33个和52个，较2021年同期分别增加3倍和4倍（图5-1），主要集中在3月16—18日、3月20日、4月11日、4月13日、4月24日和4月29日（图5-2），突破历史极值的站点主要分布在四川东部（图5-3）。

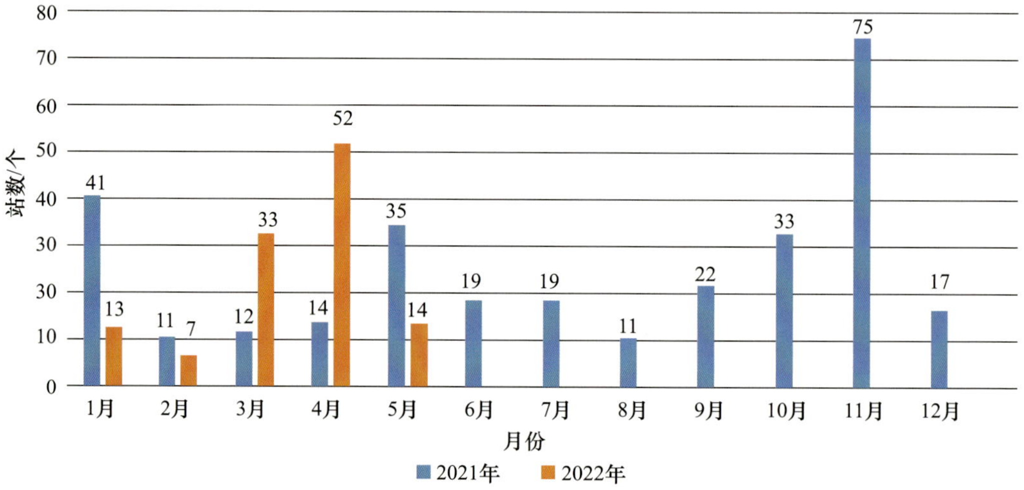

图5-1 2021年、2022年四川省极大风速超历史极值站数

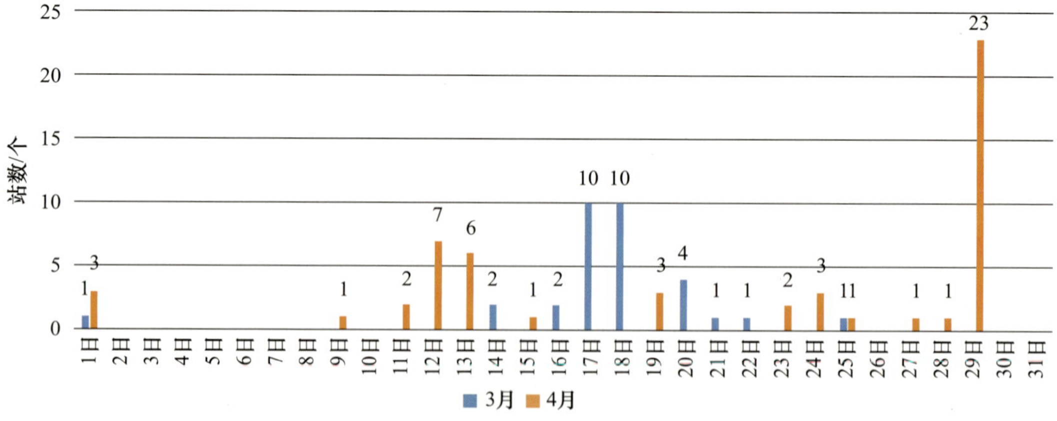

图5-2 2022年3—4月四川极大风速超历史极值站数日分布

5.1.2.2 3—4 月极大风速超过 8 级的日数分析

2022 年 3—4 月四川省共 100 站极大风速超过 8 级(图 5-4),相较于 2019—2021 年 3—4 月,四川东部站点显著增多,共增加 34 站。其中,资阳站、安岳站、内江东兴区站分别有 5 日、4 日、3 日极大风速超过 8 级(17.2 m·s^{-1})。

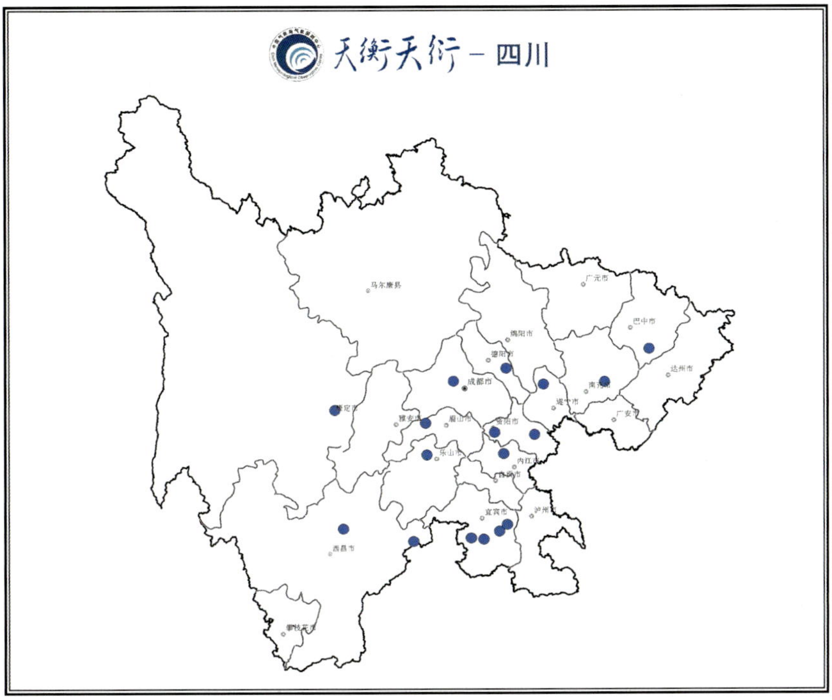

图 5-3 2022 年 1—5 月四川极大风速突破历史极值站点空间分布

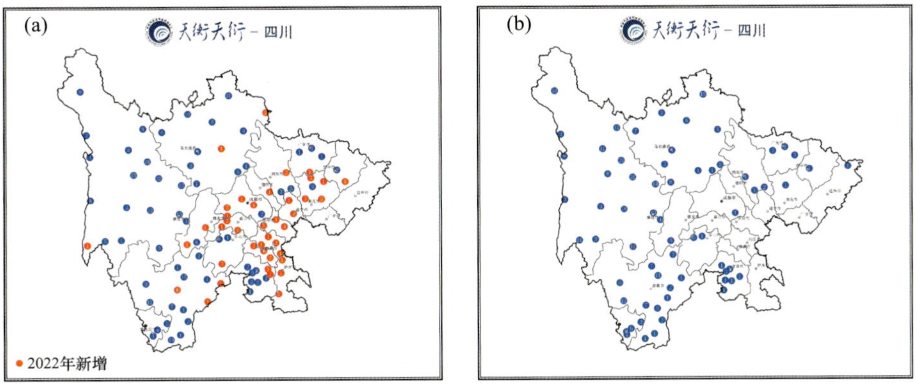

图 5-4 3—4 月日极大风速超过 8 级的站点分布及日数统计

(a)2022 年;(b)2019—2021 年平均

5.1.2.3 极大风速基本特征

受西南涡影响，2022 年 4 月 11 日、24 日和 28 日，四川安岳、资阳、东兴区等多地出现区域性雷暴大风并伴有局地短时强降水等强对流天气，其中 4 月 11 日资阳安岳站 21 时 57 分出现 37.4 $m \cdot s^{-1}$（13 级）极端大风，为安岳有气象监测以来的最大风速（图 5-5）。四川北部广元、巴中等站多次出现极大风速超过 17.2 $m \cdot s^{-1}$（图 5-6）。

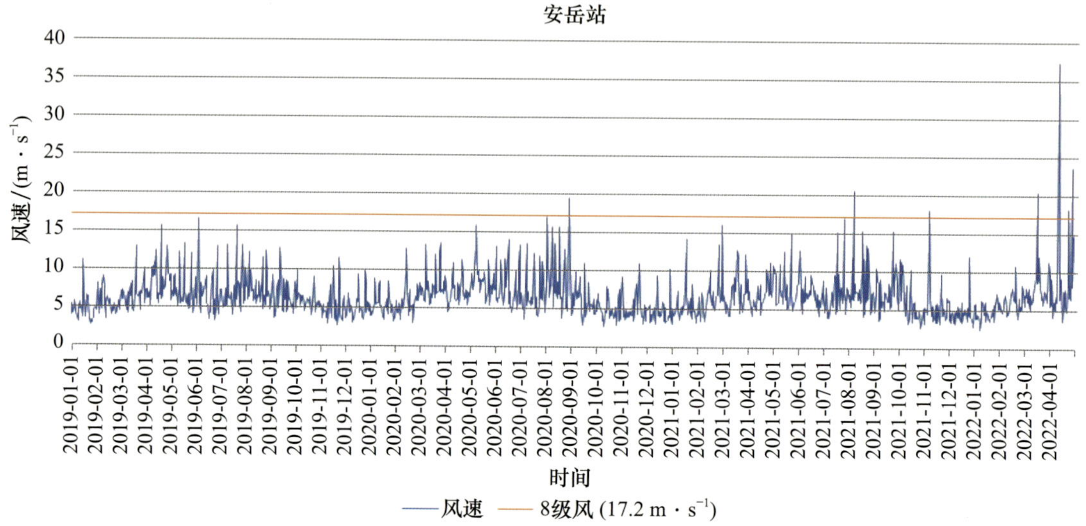

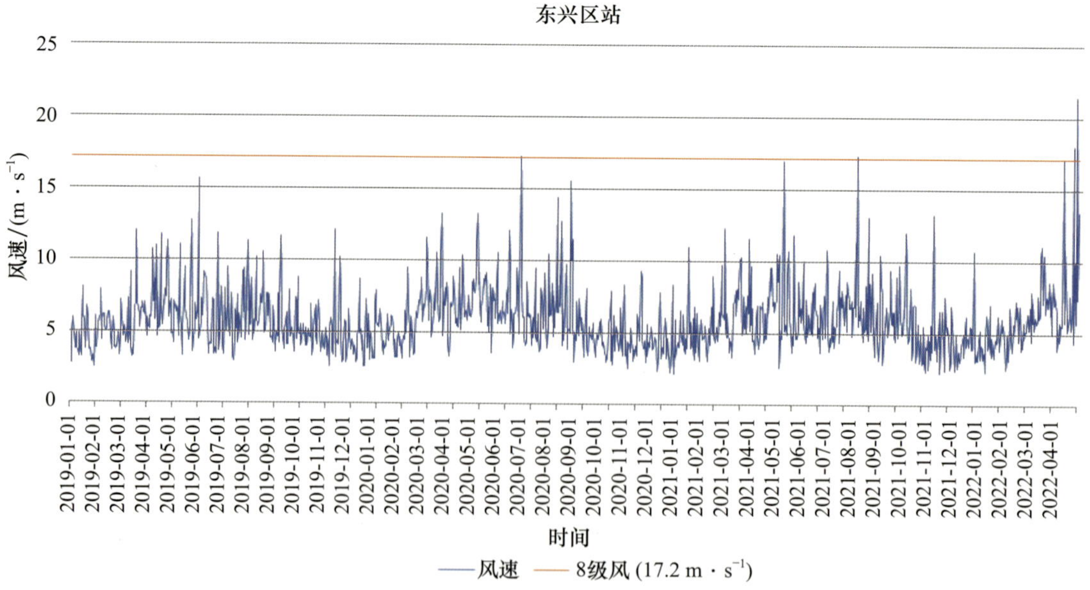

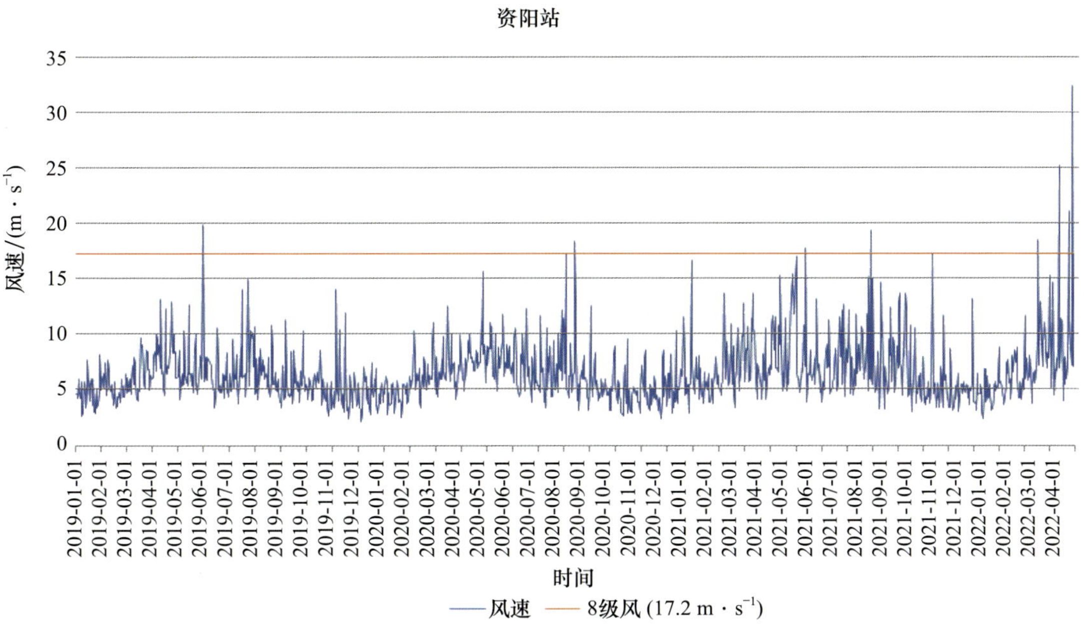

图 5-5　安岳站、东兴区站、资阳站单站日极大风速时序图

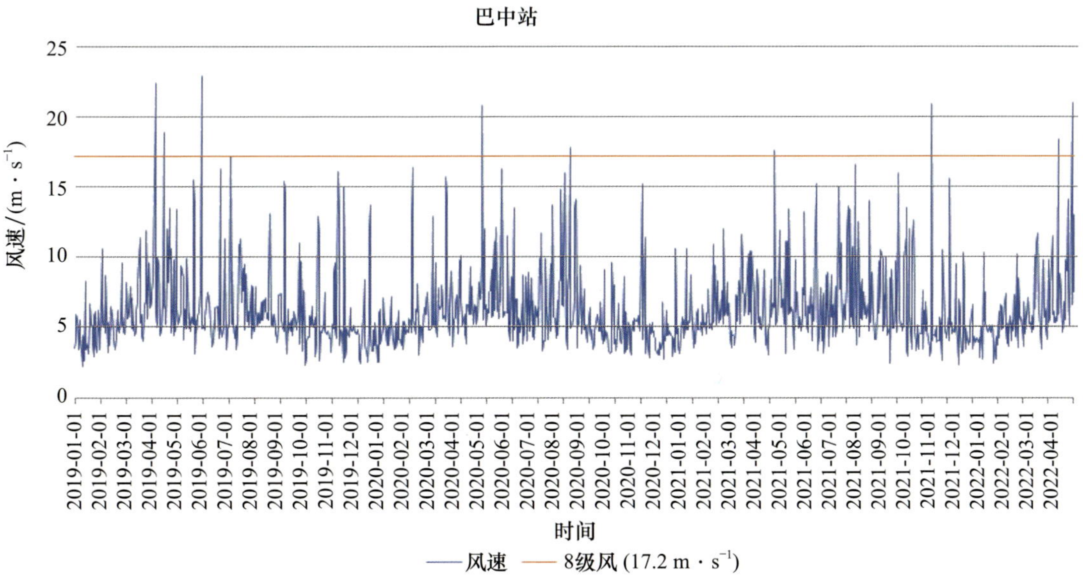

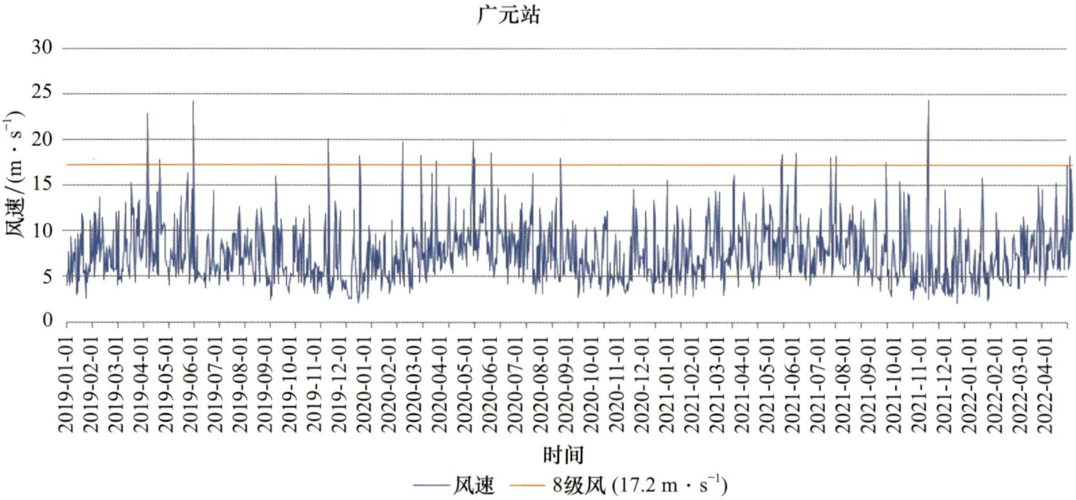

图 5-6 巴中站、广元站单站日极大风速时序图

5.2 11 月 27 日—12 月 2 日华北、华东、西南、西北等地寒潮

5.2.1 过程特征

2022 年 11 月 27 日—12 月 2 日，我国大部地区遭遇该年入冬以来最强寒潮天气，中央气象台于 11 月 26 日 08 时发布寒潮蓝色预警，11 月 27 日 09 时中国气象局启动重大气象灾害（寒潮）Ⅲ级应急响应。

此次过程主要表现为降温幅度大、影响范围广，气温 0 ℃线最南到达浙江北部、江西北部至湖南南部、贵州南部一带，东北、华北、西北大部最低气温低于－24 ℃，华南北部最低气温 4～12 ℃。全国大部地区最低气温最大降幅超过 8 ℃，江淮、江南、华南北部等地最低气温最大降幅超过 14 ℃，新疆、甘肃、内蒙古、黑龙江等地最低气温最大降幅达到 20～24 ℃。寒潮期间，中东部大部地区出现 6～7 级阵风，部分地区 8～9 级，新疆北部和东部风口地区、青海北部等局地风力超过 10 级。同时，西北地区和中东部地区出现较大范围雨雪，降雪强度总体不大，西南地区东部至长江中下游一带出现雨转雨夹雪或雪，贵州、湖南及湖北东南部、安徽南部、江西北部等局地出现冻雨，11 月 26 日 08 时—12 月 2 日 08 时，过程最大累计降水量 232.8 mm，发生在江西永丰藤田站；过程最大积雪深度 62 cm，出现在新疆青河站。

5.2.2 天气背景

此次过程环流形势呈典型寒潮天气形势，由乌拉尔山高压脊前冷涡西侧横槽转竖从而引导冷空气南下。对于北方地区，500 hPa 环流平直，水汽通道没有打通，以大风降温为主。南方地区受南支槽前以及副热带高压（简称副高）外围西南暖湿气流共同影响，冷暖空气交汇，降水明显，且局地伴有对流天气；27—29 日，随着冷空气持续南下，江南北部、湖南、贵州等地出现雪或雨夹雪，局地出现冻雨。

5.2.3　多源观测资料分析

5.2.3.1　降温特征分析

地面 24 h 最低气温监测显示（图 5-7），11 月 25—27 日，新疆北部、黑龙江、内蒙古东北部及青藏高原地区率先出现降温，新疆北部、黑龙江北部地区最低温度低于－20 ℃，最低气温 0 ℃线位于华北中部、西北地区东南部至西南地区北部。28 日，最低气温 0 ℃线略有南压，最低气温－8 ℃线到华北北部、西北地区东南部至西藏中部一带。29—30 日，冷空气影响范围迅速扩大，新疆北部、西北、内蒙古、华北北部、东北等地最低气温低于 24 ℃。至 30 日 08 时，最低气温 0 ℃线最南到达浙江北部、江西北部至湖南南部、贵州南部一带，最低气温－8 ℃线最南可至山东南部、河北南部至陕西南部、四川西北部一带。

整个寒潮过程，全国大部地区最低气温最大降幅超过 8 ℃，江苏、浙江、安徽、江西、湖南、湖北、贵州等地最低气温最大降幅超过 14 ℃，新疆、甘肃、内蒙古、黑龙江等地最低气温最大降幅达到 20～24 ℃（图 5-8）。

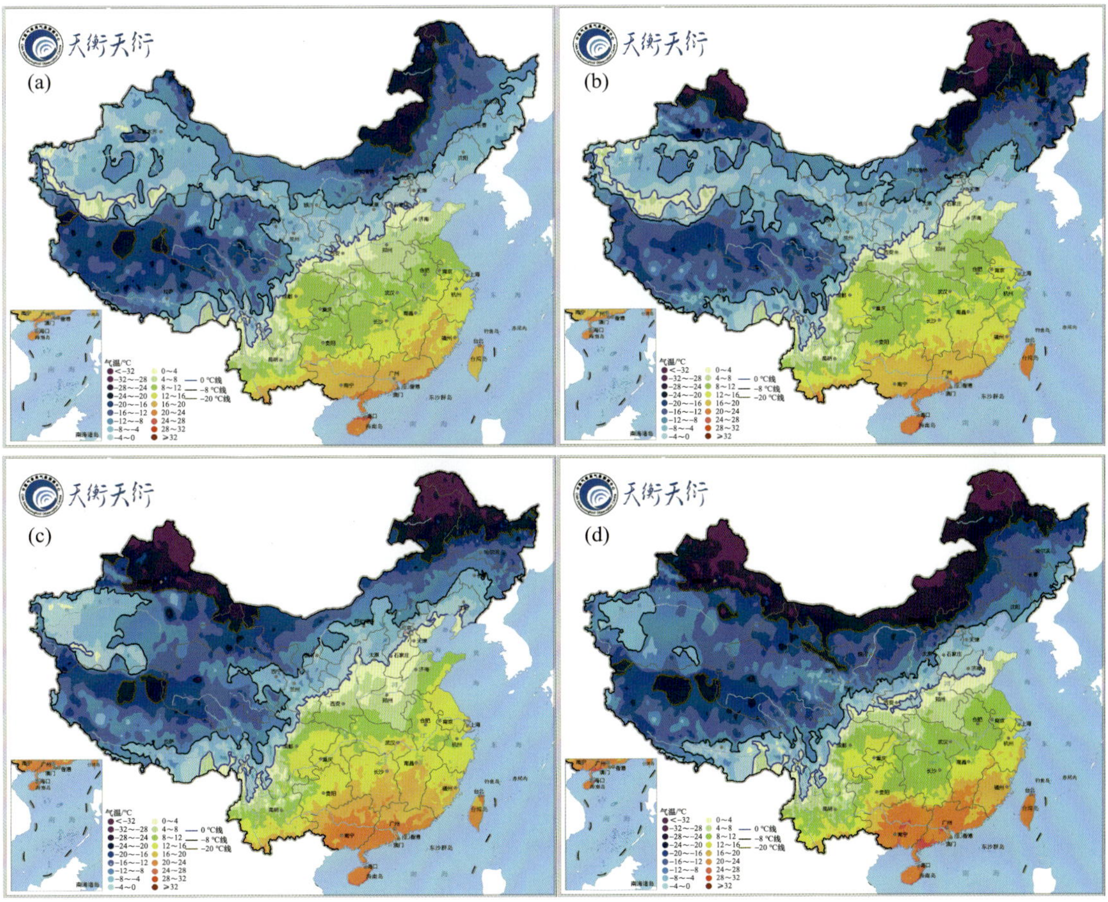

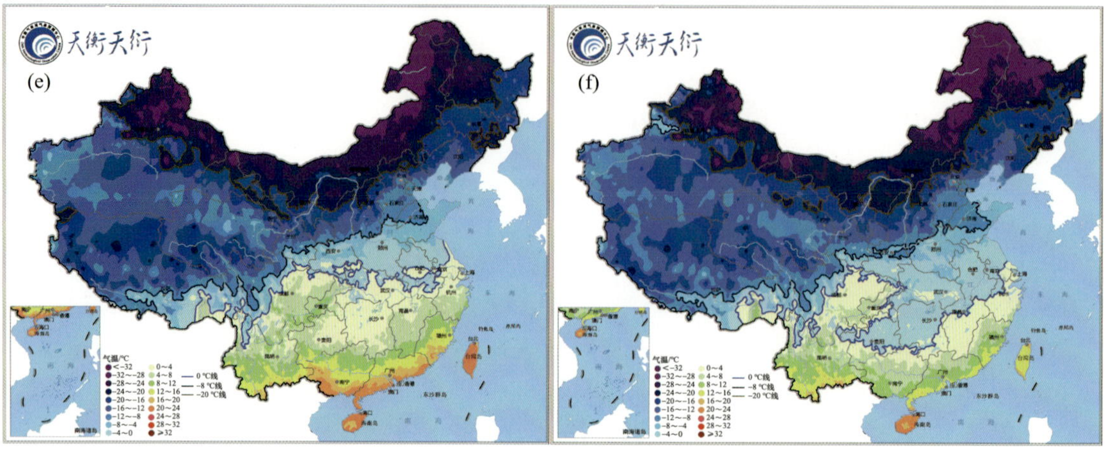

图 5-7　11 月 25 日—12 月 1 日 08 时全国地面站 24 h 最低气温

(a)11 月 25—26 日；(b)11 月 26—27 日；(c)11 月 27—28 日；(d)11 月 28—29 日；(e)11 月 29—30 日；(f)11 月 30 日—12 月 1 日

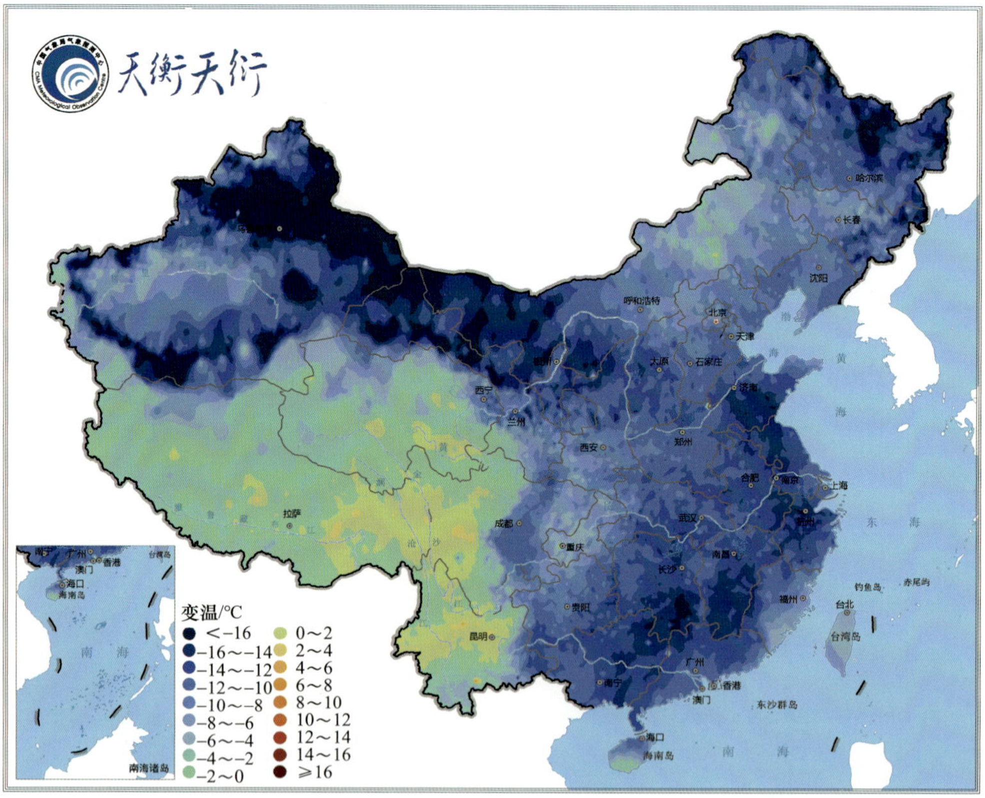

图 5-8　11 月 26 日—12 月 1 日 08 时全国地面站过程最低气温最大降幅

5.2.3.2　大风监测分析

寒潮期间，11 月 26—28 日，6 级以上大风天气主要集中在东北、华北、西北地区及新疆、西藏等地，新疆北部和东部风口地区、青海北部等局地风力超过 10 级。28—30 日，中东部大部地区出现 6～7 级极大风，部分地区可达 8～9 级（图 5-9）。

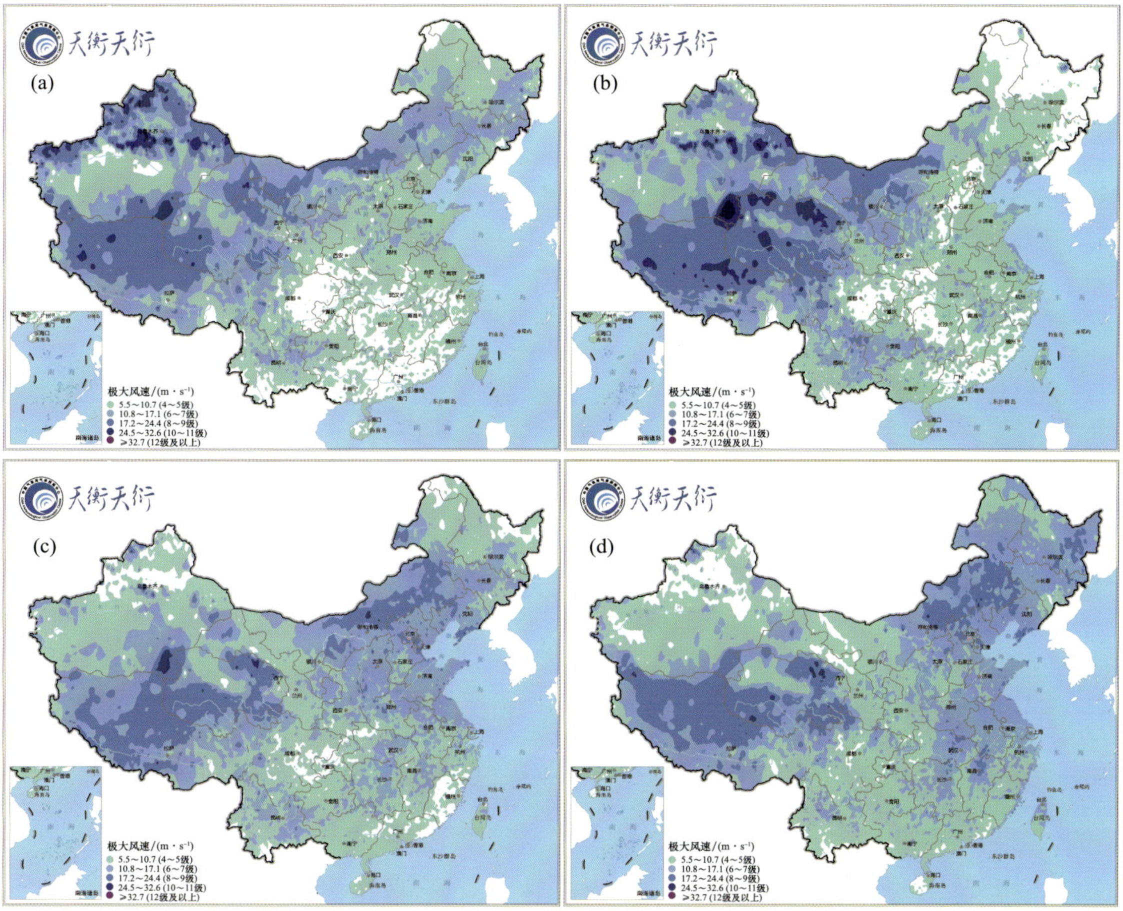

图 5-9　11 月 26—30 日 08 时全国地面站 24 h 极大风速

(a)26—27 日；(b)27—28 日；(c)28—29 日；(d)29—30 日

5.2.3.3　雨雪监测分析

整个过程，新疆、西北地区、内蒙古、东北地区出现降雪，江淮、江南、西南地区东部部分地区由雨转雨夹雪或雪。其中：11 月 26—27 日，新疆北部、内蒙古东部、黑龙江北部、吉林北部地区以降雪为主，黑龙江南部、吉林南部地区有雨夹雪天气出现，华南、江南等地主要为降雨。27—28 日，雨雪范围迅速扩大，甘肃、宁夏、陕西南部出现降雪天气，内蒙古、东北地区降雪范围明显向南扩大，华北、黄淮、江南等地以降雨为主，部分高海拔地区为雨夹雪和雪的天气，降雪台站明显增多，共 175 个。随着冷空气向南推进，29 日 08 时—30 日 08 时，甘肃、陕西南部持续降雪，河南北部、湖北北部、江苏北部出现雪或雨夹雪天气，江苏南部、安徽南部、湖北南部、江西北部以雨夹雪和雨天气为主，浙江、福建、广东局地出现较强降水。降雨台站共 589 个，最大 24 h 降水量发生在福建邵武站，为 24 h 降水 94.4 mm。雨夹雪台站共 155 个，降雪台站共 132 个。11 月 30 日 08 时—12 月 1 日 08 时，江南北部至贵州地区一带转为雪或雨夹雪天气，降雨台站共 493 个，最大 24 h 降水量发生在海南万宁站，为 24 h 降水 54.8 mm，雨夹雪台站 143 个，降雪台站 100 个（图 5-10、图 5-11）。

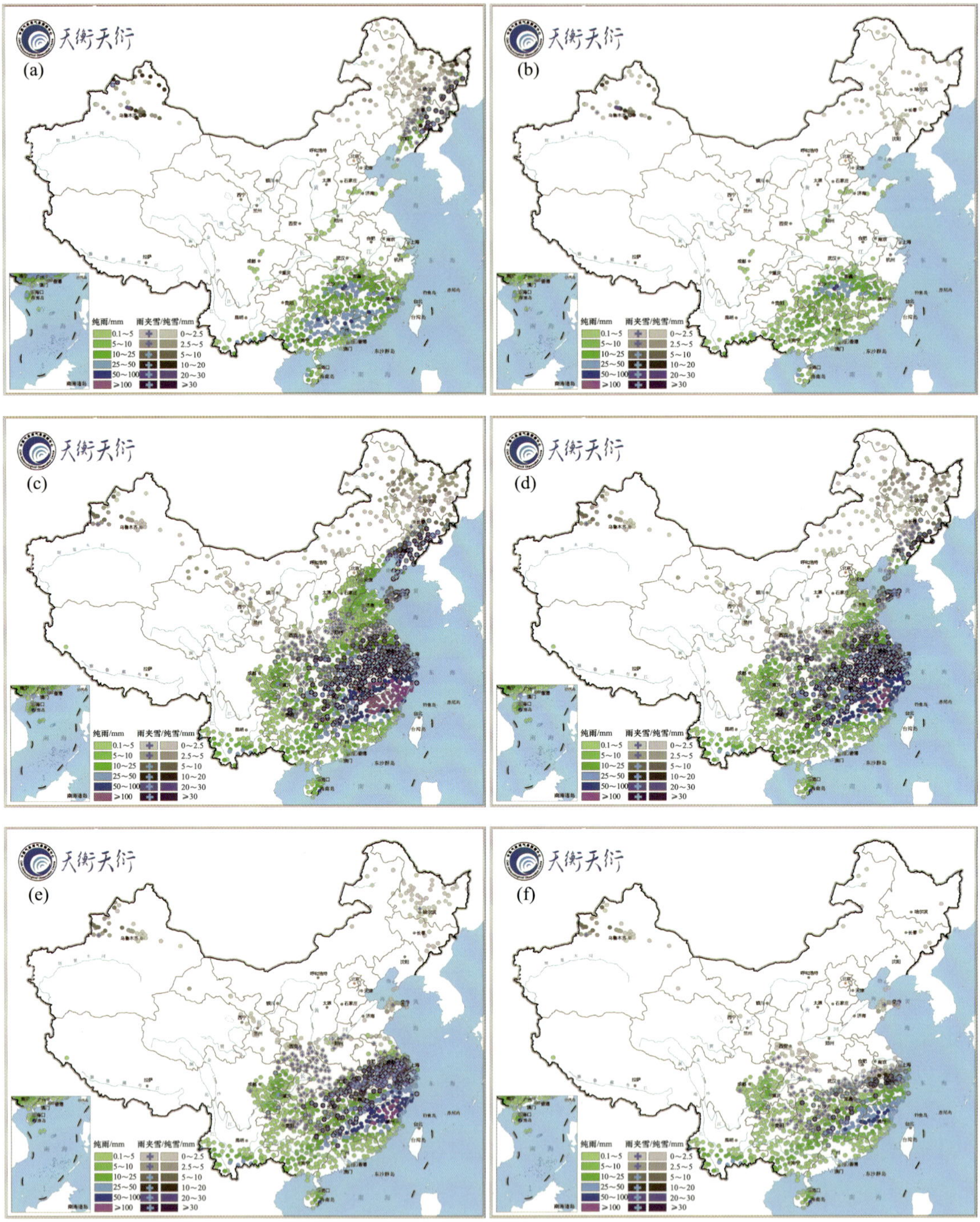

图 5-10　11 月 25 日—12 月 1 日 08 时全国国家地面自动站 24 h 雨雪相态分布

(a)11 月 25—26 日；(b)11 月 26—27 日；(c)11 月 27—28 日；

(d)11 月 28—29 日；(e)11 月 29—30 日；(f)11 月 30 日—12 月 1 日

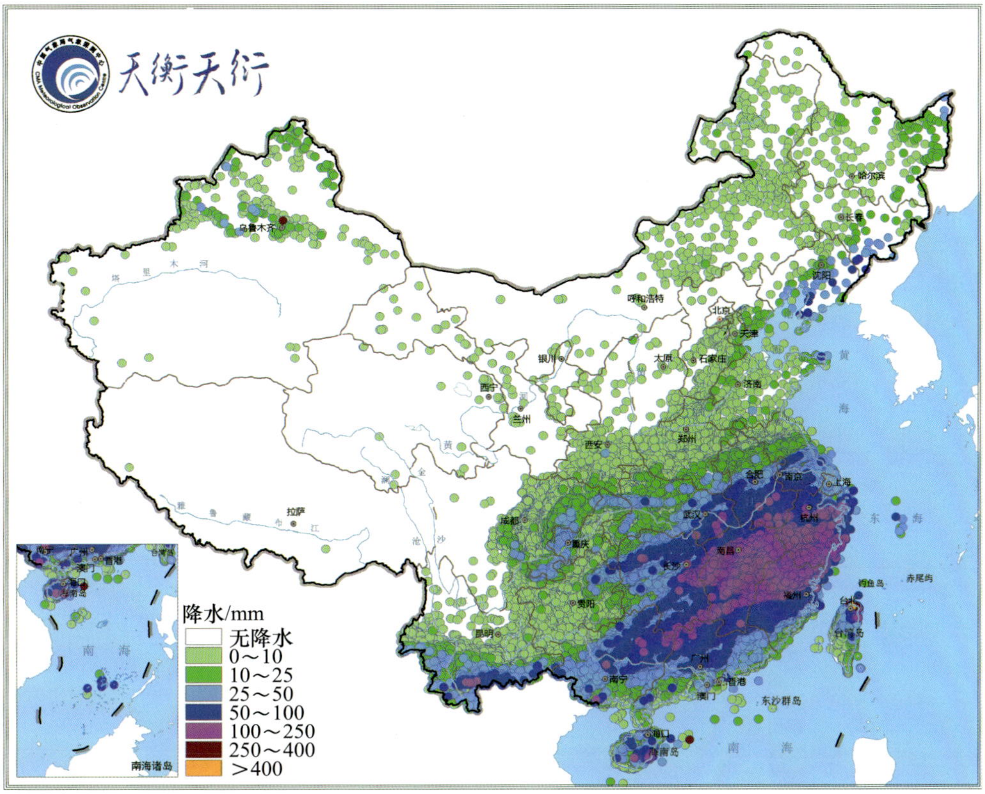

图 5-11　11 月 26 日 08 时—12 月 2 日 08 时全国累计降水分布图

11 月 26 日 08 时—12 月 2 日 08 时，过程降水大值区主要集中在江淮、江南及华南北部等地，过程最大降水量 232.8 mm，发生在江西永丰藤田站。国家地面自动站最大积雪深度超过 30 cm 有 9 个站，20～29 cm 有 18 个站，10～19 cm 有 54 个站，5～9 cm 有 95 个站，3～4 cm 有 55 个站。积雪深度超过 10 cm 的站点主要分布在新疆北部、内蒙古东北部、黑龙江、吉林以及山东东部。安徽、浙江、甘肃等地积雪深度在 5～9 cm。过程最大积雪深度 62 cm，出现在新疆青河站（图 5-12）。

5.2.3.4　云雷达监测

11 月 26 日 00 时 10 分前后，新疆克拉玛依站云雷达监测到回波开始接地（图 5-13），00 时 48 分—01 时 12 分回波增强，云顶高度在 6～7 km，产生降雪天气，01 时 30 分起回波减弱，云底抬升。

11 月 27 日 08 时—28 日 08 时，呼和浩特站上空有云系发展，云底高度为 2～4 km，但未出现雨雪过程；太原站上空 27 日 14 时后有云系发展，16—18 时回波接地，但整体强度不大，有小雨产生（图 5-14）。

11 月 29 日 20 时—12 月 1 日 06 时，贵阳站上空有云系发展，云顶高度为 2 km，回波接地，有降水天气产生。降水期间存在逆温现象，逆温层高度约 2 km，地面温度达到零下，有利于冻雨的形成（图 5-15）。

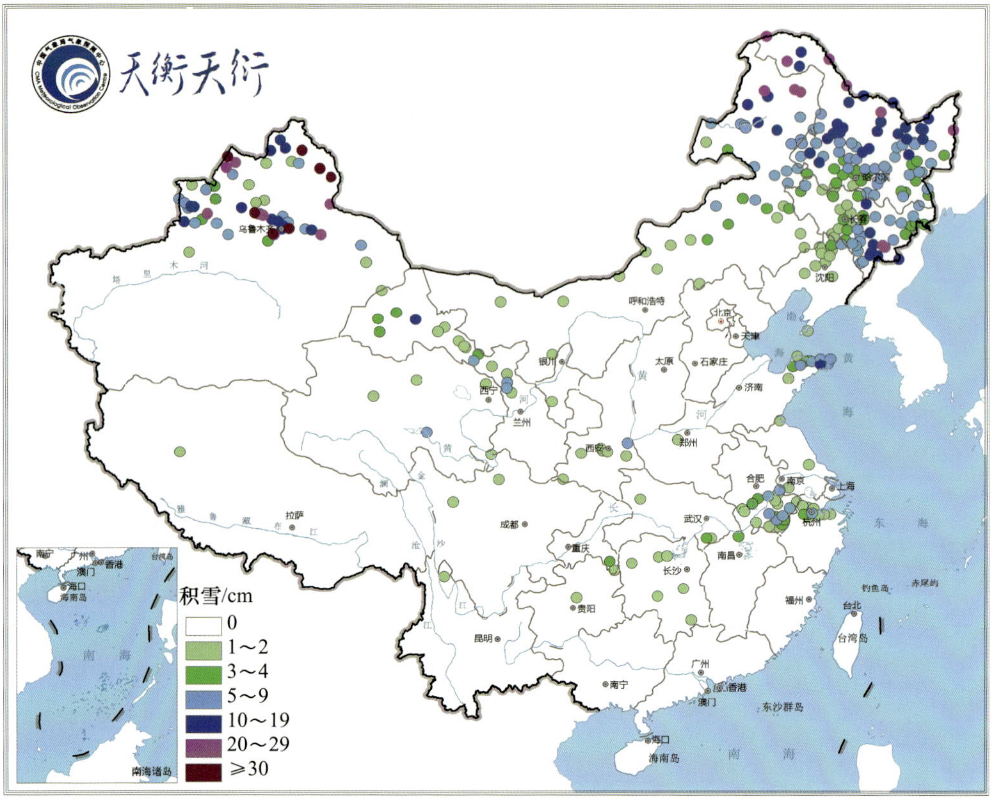

图 5-12　11 月 26 日 08 时—12 月 2 日 08 时全国最大积雪深度分布图

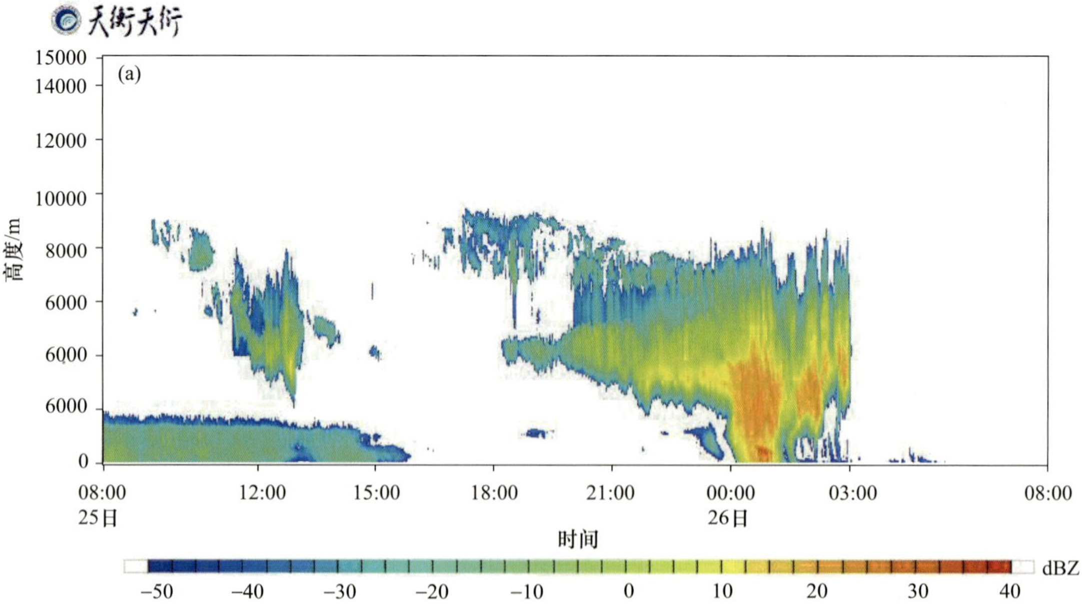

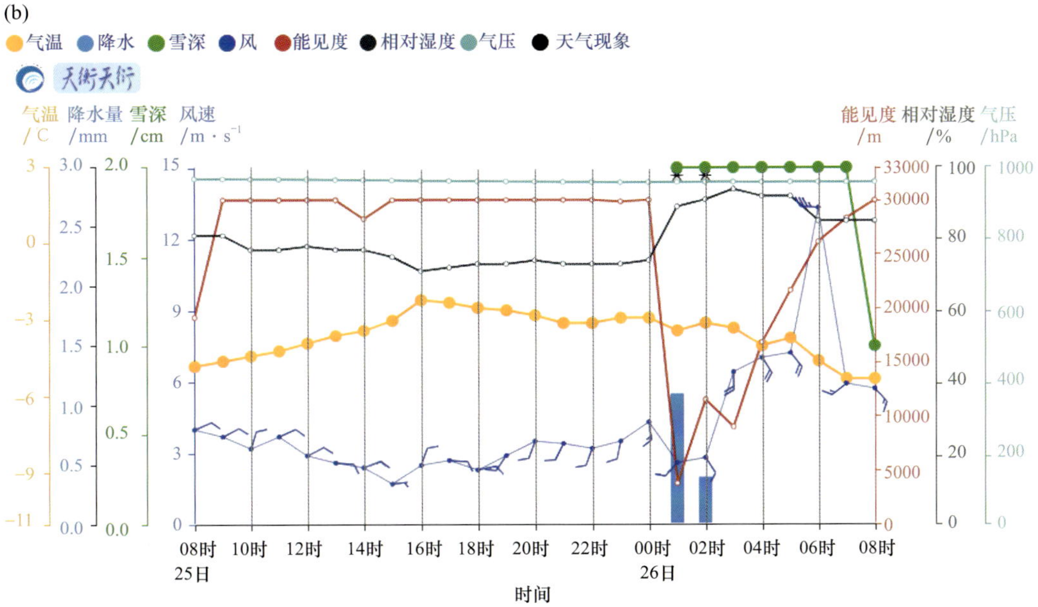

图 5-13 11 月 25 日 08 时—26 日 08 时新疆克拉玛依云雷达反射率因子(a)与地面要素时序图(b)

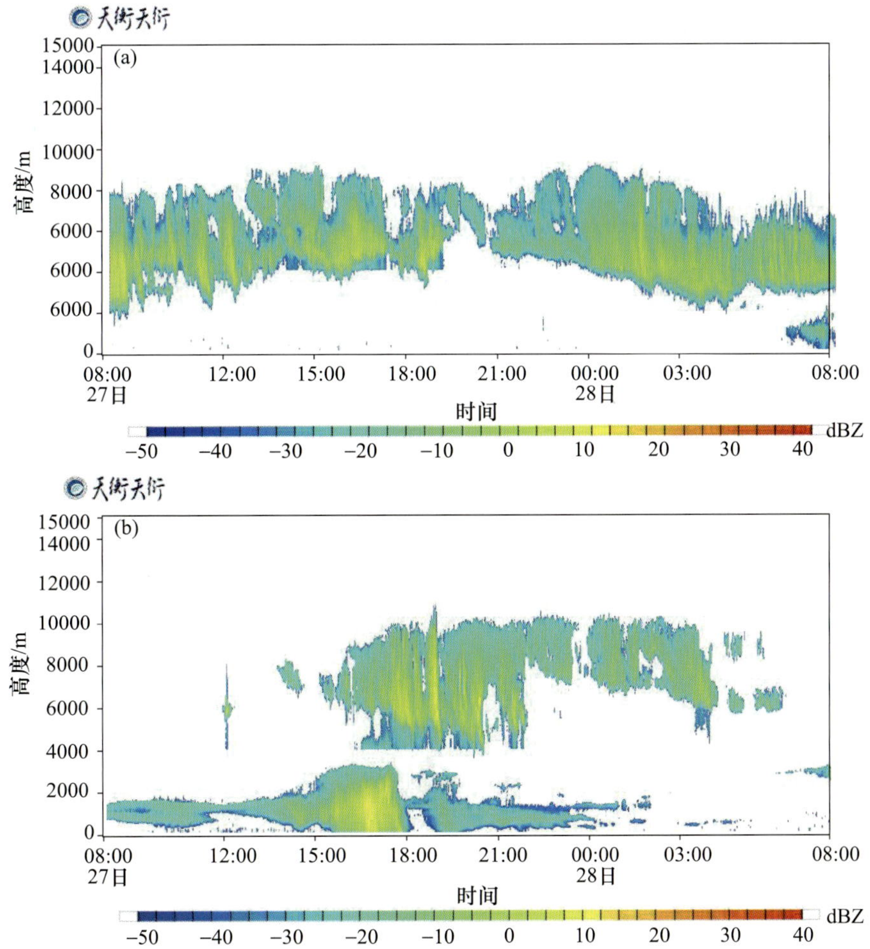

图 5-14 11 月 27 日 08 时—28 日 08 时内蒙古呼和浩特云雷达(a)、山西太原云雷达(b)反射率因子产品

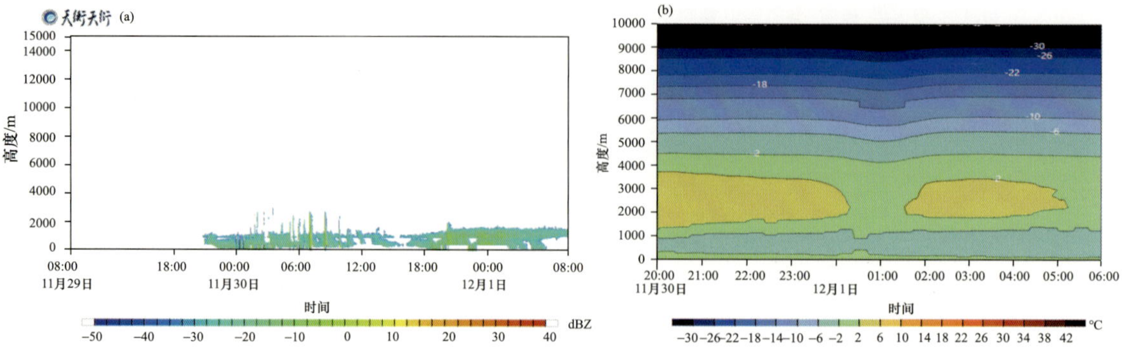

图 5-15　11 月 29 日 08 时—12 月 1 日 08 时贵州贵阳站云雷达(a)
和 11 月 30 日—12 月 1 日贵州贵阳站微波辐射计(b)监测产品

5.3 小结

天衡天衍系统雨雪相态识别产品、积雪深度产品、最低气温及 0 ℃线产品、变温产品、大风产品等能够很好地展现出寒潮过程的范围、强度及其演变，提供雨、雪、雨夹雪等相态分布。云雷达、微波辐射计垂直监测产品可以为垂直温湿、雨雪相态转化进行精细的监测。针对寒潮大风天气，应提升寒潮天气带来冰冻灾害的监测能力，加快诊断分析产品的研发，跟踪影响寒潮天气的天气系统，同时加强雷达、地基垂直观测等非常规观测对局地大风的监测预警。

第六章　高温干旱

根据我国气象行业标准，高温是指日最高气温达到 35 ℃以上的天气。我国气象部门规定，持续 3 d 以上的高温天气过程就称之为高温热浪(也称为高温酷暑)。干旱是指长期无雨或少雨，使土壤水分不足、作物水分平衡遭到破坏而减产的农业气象灾害。

高温天气会给人体健康、交通、用水、用电等方面带来严重影响。因此高温的监测和预报预警，对做好高温预防应对措施非常重要。本章主要利用综合气象观测产品系统(天衡天衍)对 2022 年高温干旱天气过程进行监测分析应用。

6.1 2022 年夏季高温干旱概况

2022 年夏季发生在我国南方的极端高温事件，其主要由 7—8 月的两次高温天气过程引起，即 7 月 5—17 日和 7 月 21 日—8 月 30 日。西北太平洋副热带高压和南亚高压的强度偏强及稳定维持是导致高温发生和维持的主要因素，同时非对称模态哈得来环流在其中也起到了重要作用。

6.1.1　高温监测

7 月 15 日—8 月 31 日，地面气象站日最高温度距平数据表明(图 6-1)，全国 2438 个地面气象站中偏高 1～3 ℃的站点有 878 个，偏高 3.0～5.5 ℃的站点有 438 个。高温偏高的区域主要分布在我国南方大部地区，特别是长江中下游和西南地区，我国北方地区除个别站温度偏低外基本与历史持平。

6.1.2　降水和土壤体积含水量

图 6-2 为 7 月 15 日—9 月 20 日地面气象站降水距平和土壤体积含水量距平(观测深度 10～30 cm)。由图 6-2(a)和表 6-1 可见，降水与 1991—2020 年历史同期相比，176 个站点偏湿(>100 mm)，1313 站点持平(−100～100 mm)，偏干Ⅰ(−300～−100 mm)的站点有 864 个，偏干Ⅱ(<−300 mm)的站点有 62 个，偏干的区域主要位于南方地区，尤其是长江流域降水较少，降水偏多站点主要出现在华北和东北地区。土壤体积含水量距平数据显示(表 6-2)，1305 个站点(>60%)与 2011—2020 年历史同期持平，349 个站点较旱(−0.10～−0.05 $cm^3 \cdot cm^{-3}$)，281 个站点干旱较为严重(<−0.1 $cm^3 \cdot cm^{-3}$)。干旱主要发生在我国南方地区，特别是安徽、江西、湖南、重庆、贵州和四川东部较严重。230 个站点偏湿(>0.05 $cm^3 \cdot cm^{-3}$)，主要位于北方区域。

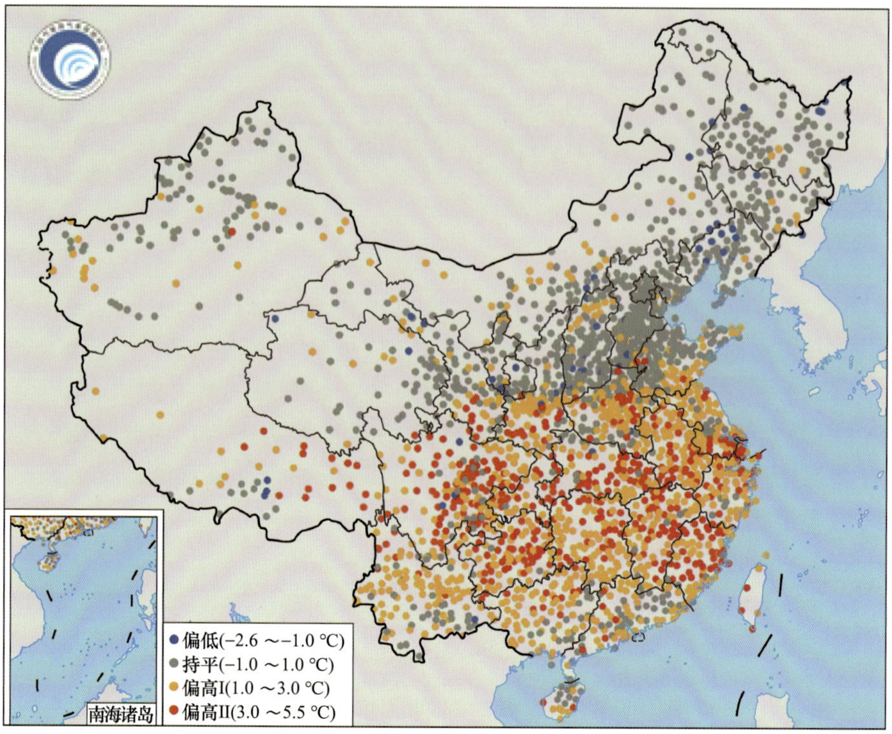

图 6-1 7 月 15 日—8 月 31 日全国日最高温度距平

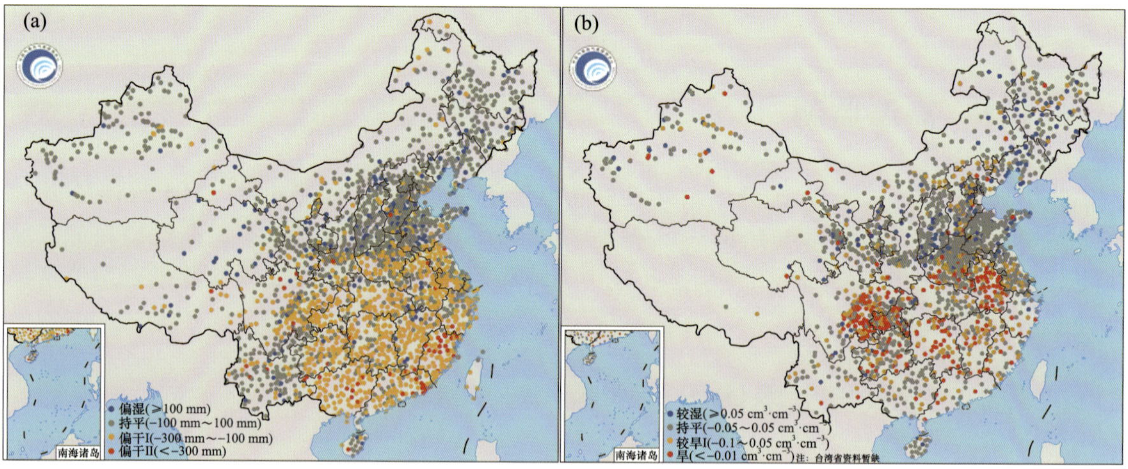

图 6-2 7 月 15 日—9 月 20 日降水距平(a)和土壤体积含水量距平(b)

表 6-1 2438 个地面气象站降水距平站点数据

分类	降水量/mm	站点数/个
偏湿	≥100	176
持平	−100～100	1313
偏干 I	−300～−100	864
偏干 II	<−300	62

表 6-2　2165 个土壤水分站土壤体积含水量距平站点数据(深度 10～30 cm)

分类	土壤体积含水量/($cm^3 \cdot cm^{-3}$)	站点数/个
偏湿	≥0.05	230
持平	−0.05～0.05	1305
偏旱	−0.10～−0.05	349
旱	<−0.10	281

6.1.3　干旱指数

利用全国 2165 个自动土壤水分站 10～30 cm 深度的土壤水分相对湿度(R,%)数据制作了 7 月 15 日—9 月 20 日的干旱等级分布产品(图 6-3)。其中,1442 个站点无旱情、300 个站点轻度干旱、220 个站点中度干旱、121 个站点重度干旱、82 个站点特别重度干旱。干旱区域集中于长江中下游和西南各省(区、市),如四川东南部、重庆、贵州和安徽等。

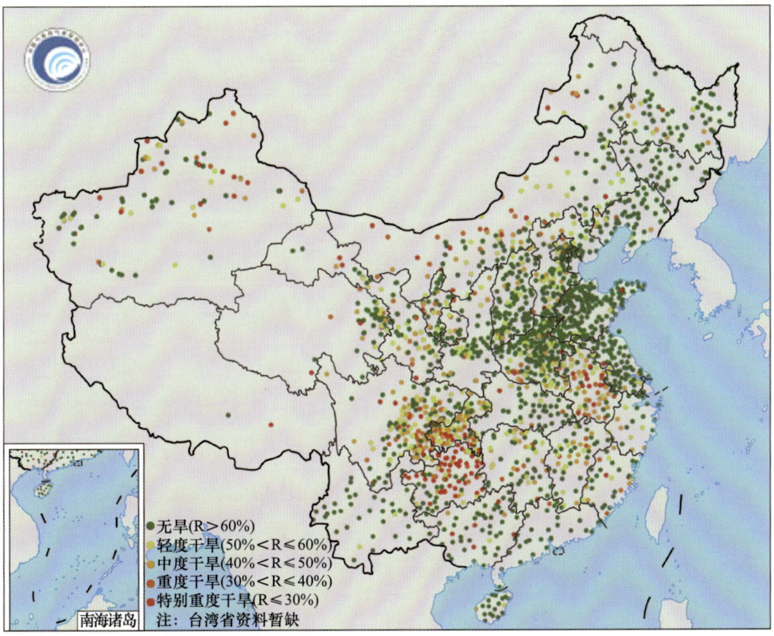

图 6-3　7 月 15 日—9 月 20 日全国土壤相对湿度干旱等级分布图

6.2　6 月 18—26 日华北、黄淮等地高温Ⅳ级应急响应期间高温干旱监测

6.2.1　高温监测

6 月 18—26 日,华北、黄淮等地出现持续高温天气过程,其中最高气温 46.8 ℃,出现在 6 月 24 日山东汶上南站,6 月 25 日全国有 1846 个站最高气温超过 40 ℃。

6 月 18 日 15 时，综合气象观测产品系统（天衡天衍）全国地面站 1 h 最高气温产品显示（图 6-4），内蒙古西部、华北、黄淮、江淮地区以及西北地区东部、海南岛北部等地最高气温超过 35 ℃，其中，陕西东北部、山西南部、河北南部、河南中北部、山东西部、安徽北部、江苏北部等地局地可达 40 ℃。最高气温超过 40 ℃有 446 个站、38～40 ℃有 1659 个站、35～38 ℃有 3615 个站，最高气温达 44.9 ℃，发生在山东金乡肖云站。

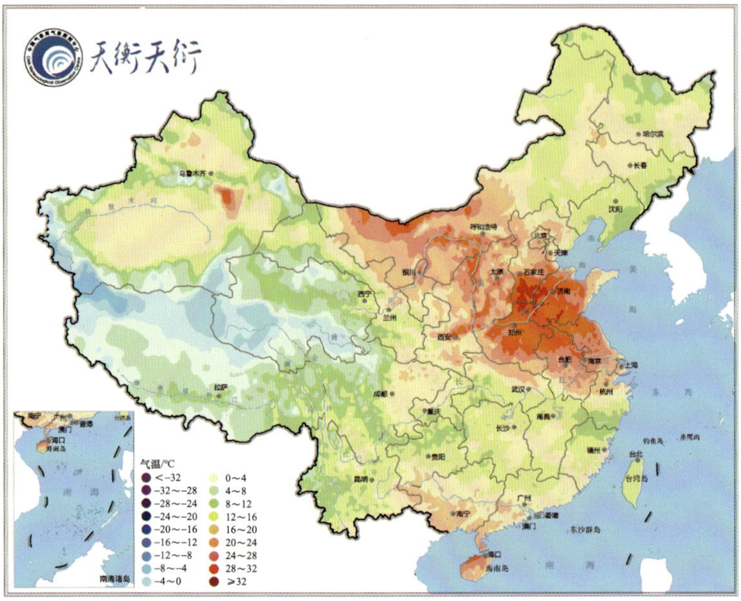

图 6-4　6 月 18 日 15 时全国地面站 1 h 最高气温

6 月 19 日 17 时—20 日 17 时，综合气象观测产品系统（天衡天衍）全国地面站 24 h 最高气温产品显示（图 6-5），全国高温区域主要集中在华南南部、江南、黄淮、华北等地。其中，最高气温 35～38 ℃有 3503 个站，38～40 ℃有 2076 个站，超过 40 ℃有 710 个站。

6 月 21 日 11—17 时，综合气象观测产品系统（天衡天衍）全国地面站 6 h 最高气温产品显示（图 6-6），全国高温区域主要集中在新疆东部、陕西、山西、河北、山东、河南、安徽、江苏等地。其中，最高气温超过 40 ℃有 419 个站，38～40 ℃有 2042 个站，35～38 ℃有 4140 个站，最高气温 42.8 ℃，发生在山东金乡肖云站，发生时间 2022-06-21 15:27:00。22 日 11—17 时，全国高温区域主要集中在新疆东部、河北南部、山东西部、河南等地。其中，最高气温超过 40 ℃有 298 个站，38～40 ℃有 1896 个站，35～38 ℃有 4327 个站。23 日 11—17 时，全国高温区域主要集中在新疆、内蒙古西部、陕西南部、河南南部、河北西部、浙江东部等地。其中，最高气温 35～38 ℃有 6930 个站，38～40 ℃有 1070 个站，超过 40 ℃有 220 个站。与 22 日相比，华北、黄淮高温天气有所缓解，西北、江南、华南地区高温范围扩大。

6 月 24 日 10—16 时，综合气象观测产品系统（天衡天衍）全国地面站 6 h 最高气温产品显示（图 6-7），全国高温区域主要集中在新疆、内蒙古西部、陕西南部、河南、河北、山东东部等地。其中，最高气温 35～38 ℃有 6636 个站，38～40 ℃有 2116 个站，超过 40 ℃有 1477 个站，最高气温是 46.8 ℃，发生在山东汶上南站，发生时间 2022-06-24 12:35:00。与 23 日相比，华北、黄淮高温天气有所加强。

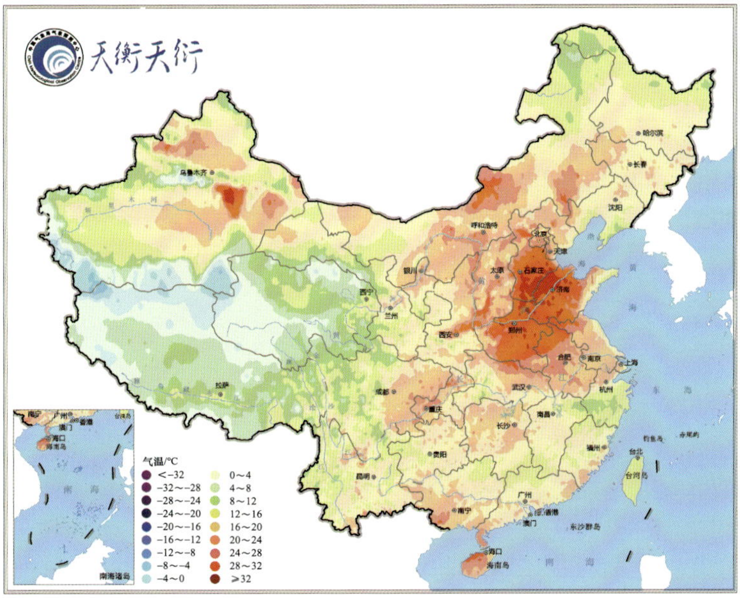

图 6-5　6 月 19 日 17 时—20 日 17 时全国地面站 24 h 最高气温

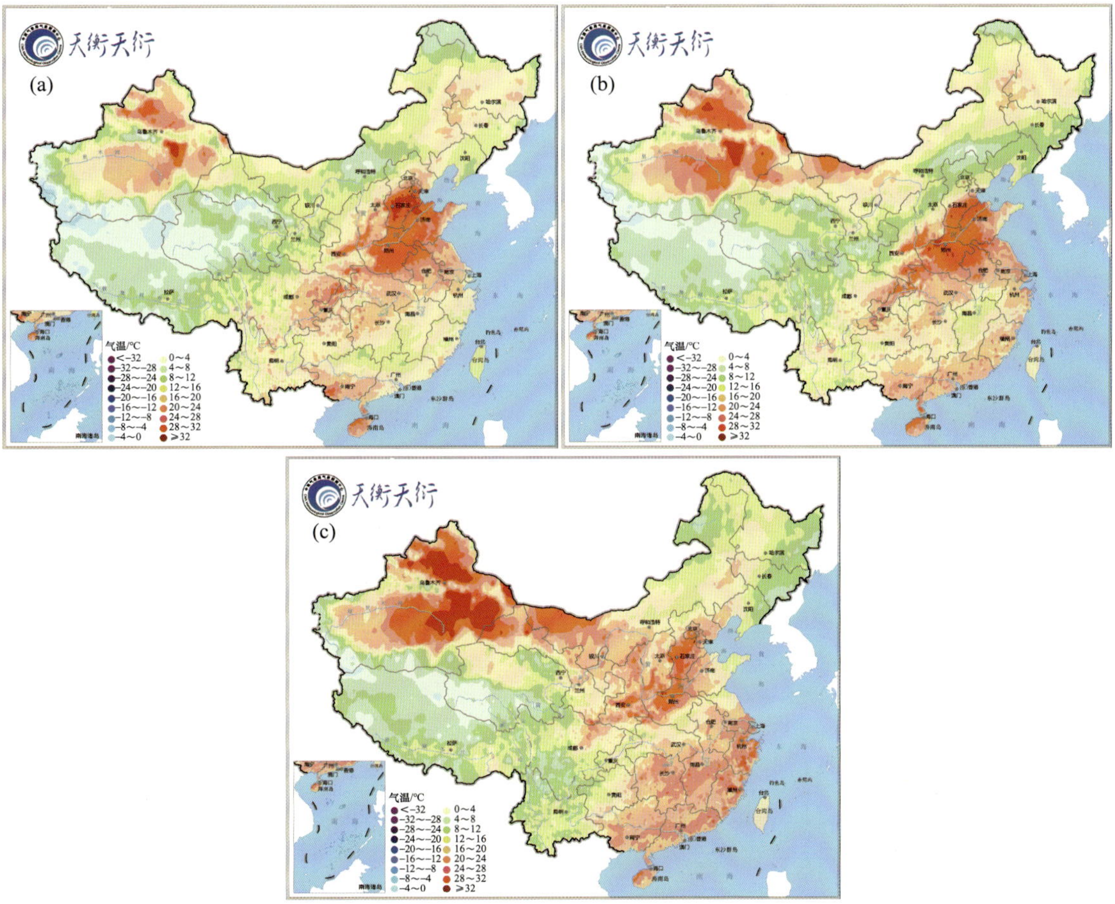

图 6-6　6 月 21 日 11—17 时(a)、22 日 11—17 时(b)、23 日 11—17 时(c)全国地面站 6 h 最高气温

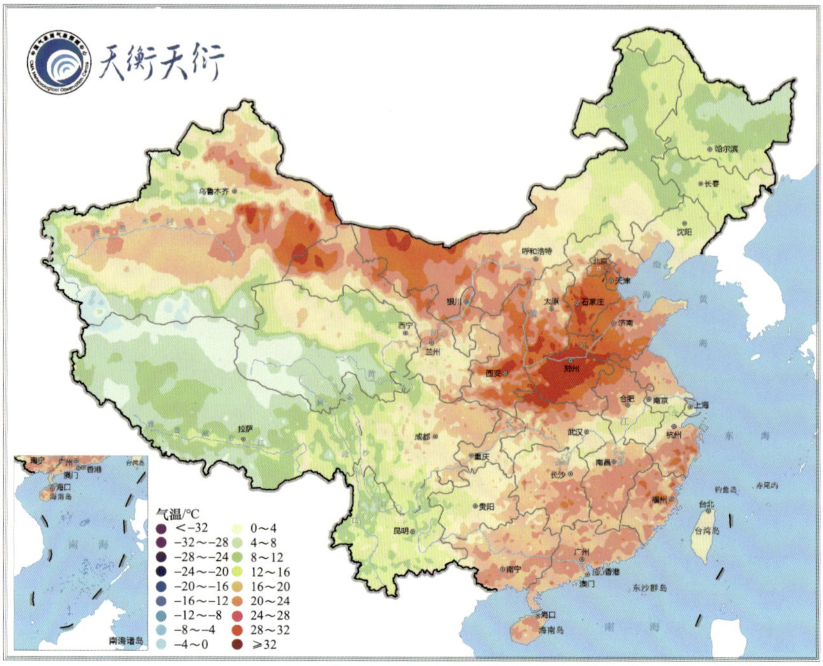

图 6-7　6 月 24 日 10—16 时全国地面站 6 h 最高气温

6 月 25 日 12—18 时，综合气象观测产品系统（天衡天衍）全国地面站 6 h 最高气温产品显示（图 6-8），全国高温区域主要集中在华北、黄淮、江淮、华南、内蒙古西部、新疆等地。最高气温 35～38 ℃有 8494 个站，38～40 ℃有 2368 个站，超过 40 ℃有 1846 个站，其中最高气温为 46.7 ℃，发生在河北平山上峪站，发生时间 2022-06-25 15:20:00（图 6-9）。

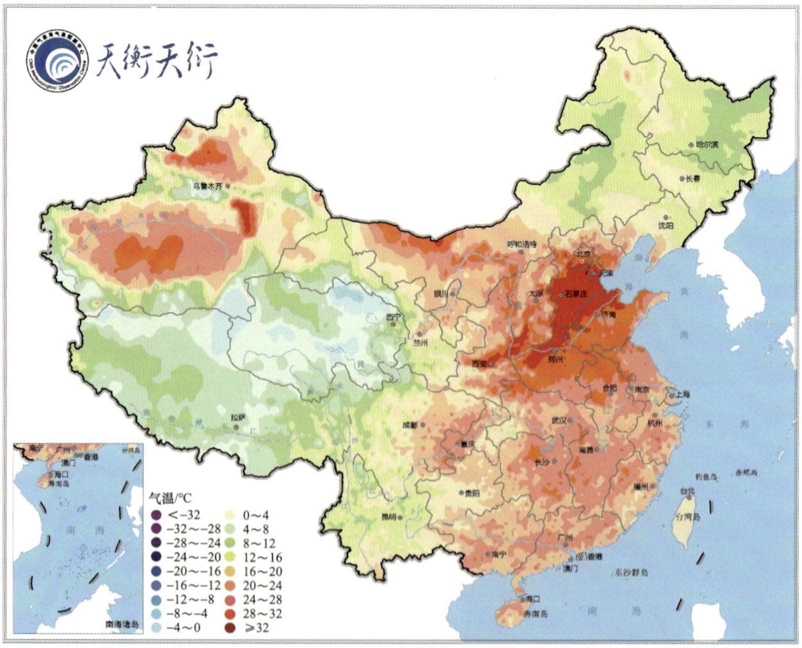

图 6-8　6 月 25 日 12—18 时全国地面站 6 h 最高气温

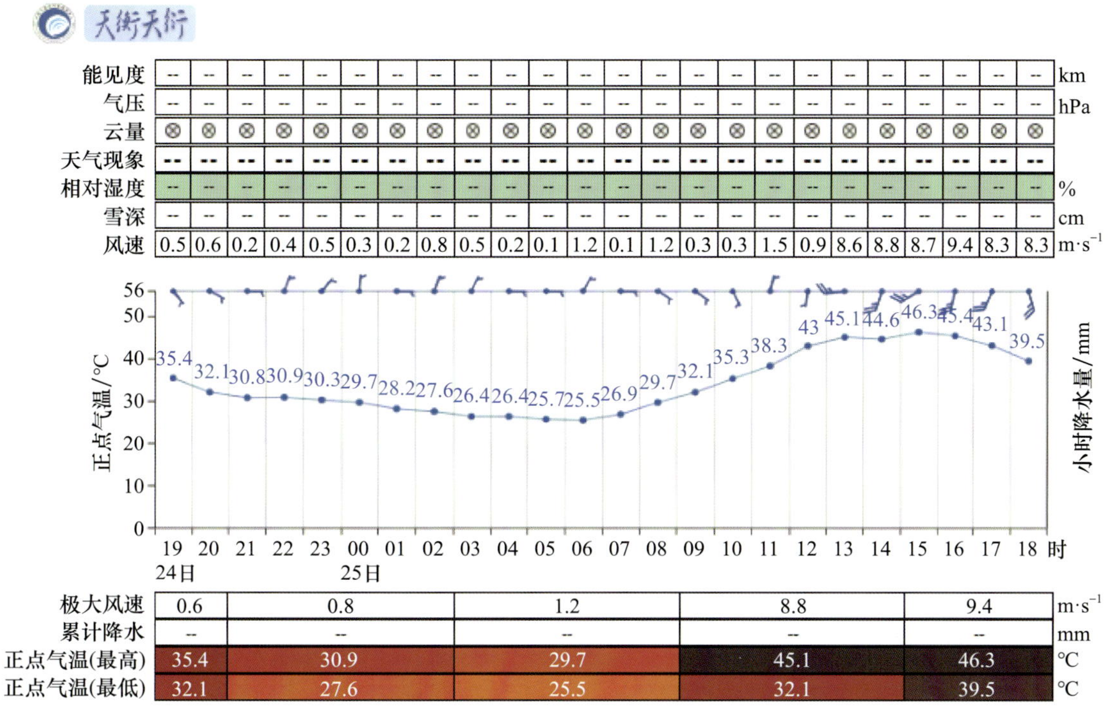

图 6-9　6 月 24 日 18 时—25 日 18 时平山上峪站 24 h 天气实况序列图

从过程来看(图 6-10),6 月 25 日 14 时,华北和黄淮地区最高气温超过 40 ℃的有 1294 个站,最高气温为 45.6 ℃,发生在河北平山上峪站。与 14 时相比,16 时 35 ℃以上高温区域范围变化不大,37～40 ℃高温区域有所扩大,河北 40 ℃以上高温区域有所扩大。超过 40 ℃有 1576 个站,最高气温为 46.7 ℃,发生在河北平山上峪站。18 时,华北、黄淮高温区域范围缩小,最高气温超过 40 ℃有 647 个站,分布在河北(351 个站)、天津(66 个站)、陕西(65 个站)、河南(59 个站)、山东(52 个站)、山西(38 个站)等地,最高气温为 45.2 ℃,发生在河北易县北胡解站。

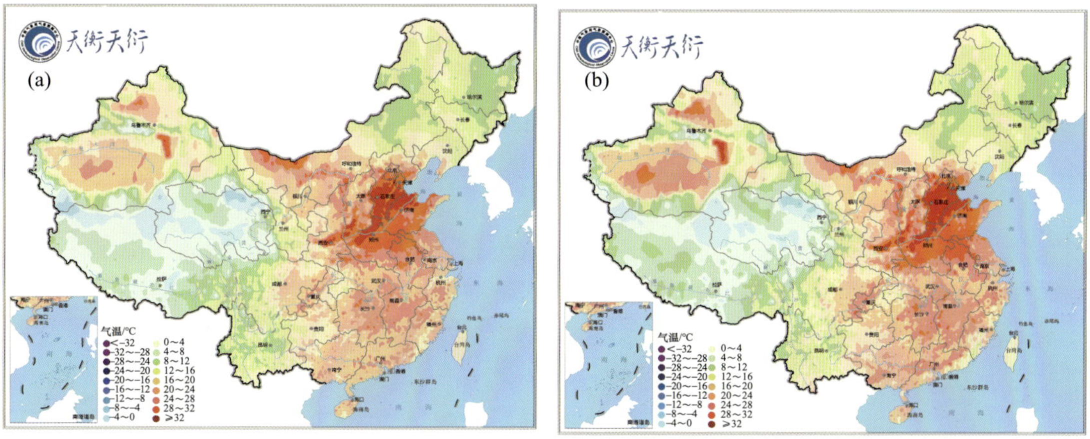

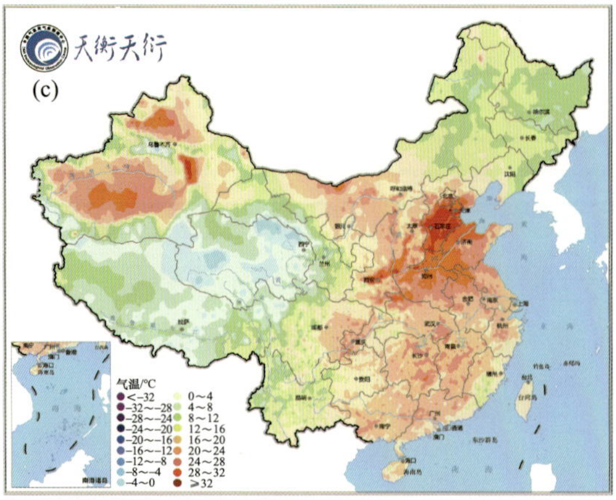

图 6-10　6 月 25 日 14 时(a)、16 时(b)、18 时(c)全国地面站 1 h 最高气温

6.2.2　土壤相对湿度监测

综合气象观测产品系统(天衡天衍)全国 24 h 10 cm 土壤相对湿度产品显示(图 6-11)，6 月 26 日 16 时，全国土壤相对湿度较低的区域主要集中在内蒙古中西部、河南、陕西、山西、新疆北部等地。其中，0～40%有 451 个站，40%～50%有 241 个站，50%～60%有 243 个站，60%～90%有 919 个站，超过 90%有 519 个站。

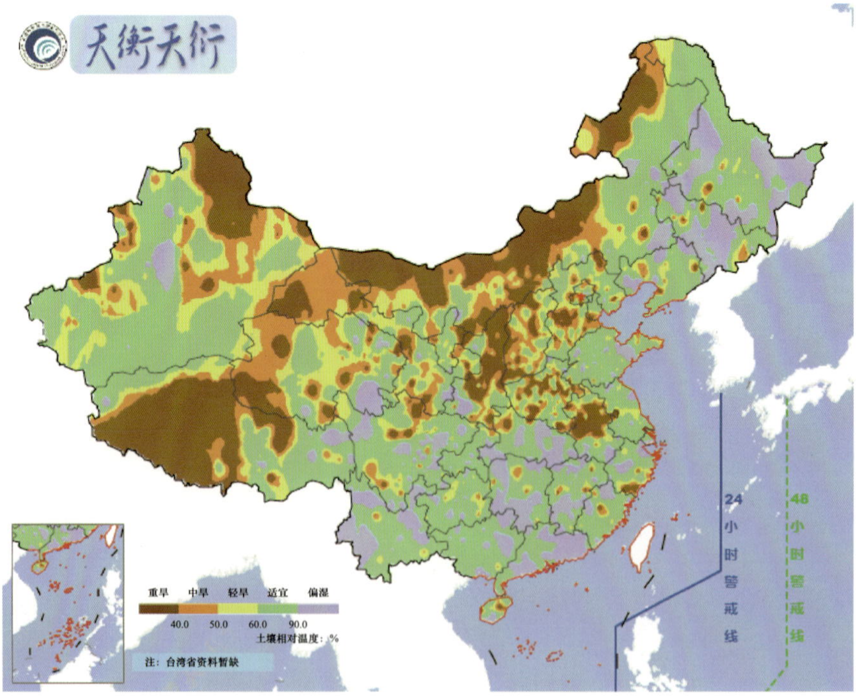

图 6-11　6 月 26 日 16 时全国 24 h 10 cm 土壤相对湿度产品

6.3 7月8—18日重庆、四川、陕西高温Ⅲ级应急响应期间高温干旱监测

6.3.1 高温监测

7月8—18日，重庆、四川、陕西发生持续高温天气过程，全国日最高气温极值主要集中在重庆地区，其中全国最高气温为46.5 ℃，发生在7月13日、14日的重庆渝北龙兴站。

7月8日10—16时，综合气象观测产品系统(天衡天衍)全国地面站6 h最高气温产品显示(图6-12)，全国高温区域主要集中在新疆、陕西中南部、山西中南部、河北南部、山东西北部、河南西部和北部、湖北西北部、浙江中北部、四川盆地、重庆北部和西部。最高气温35～38 ℃有9106个站，38～40 ℃有3210个站，超过40 ℃有923个站，其中最高气温为46 ℃，发生在重庆荣昌峰高阳岩村站，发生时间2022-07-08 15:14:00(图6-13)。

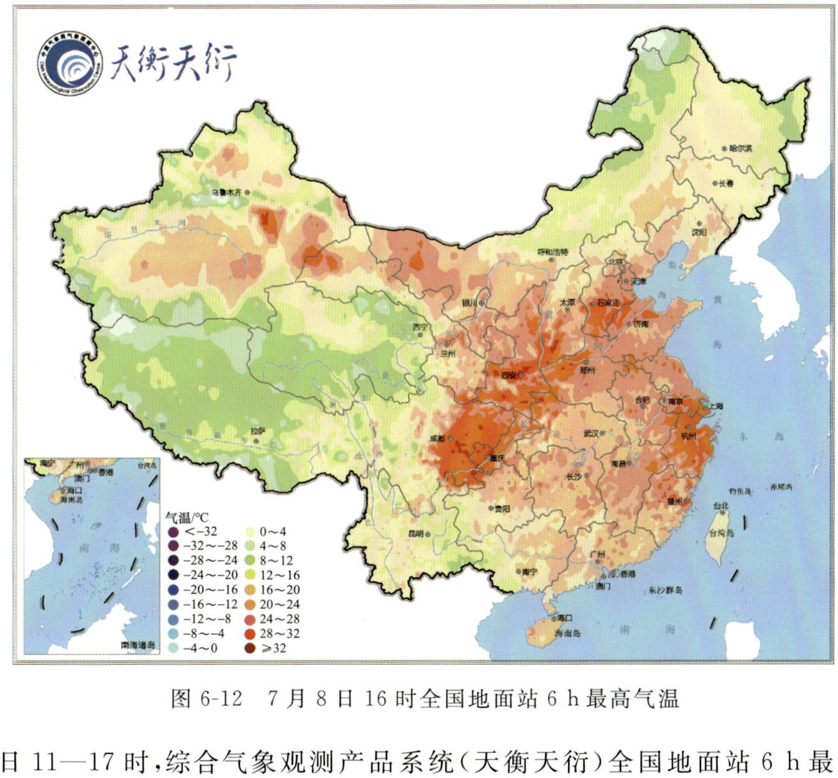

图6-12　7月8日16时全国地面站6 h最高气温

7月9日11—17时，综合气象观测产品系统(天衡天衍)全国地面站6 h最高气温产品显示(图6-14)，全国高温区域主要集中在新疆中部至东部、内蒙古西部、西北、华北、黄淮、江淮、江南、西南地区东部等地。最高气温35～38 ℃有10012个站，38～40 ℃有3613个站，超过40 ℃有1248个站，最高气温为45.3 ℃，发生在四川南部盘龙站，发生时间2022-07-09 16:08:00(图6-15)。

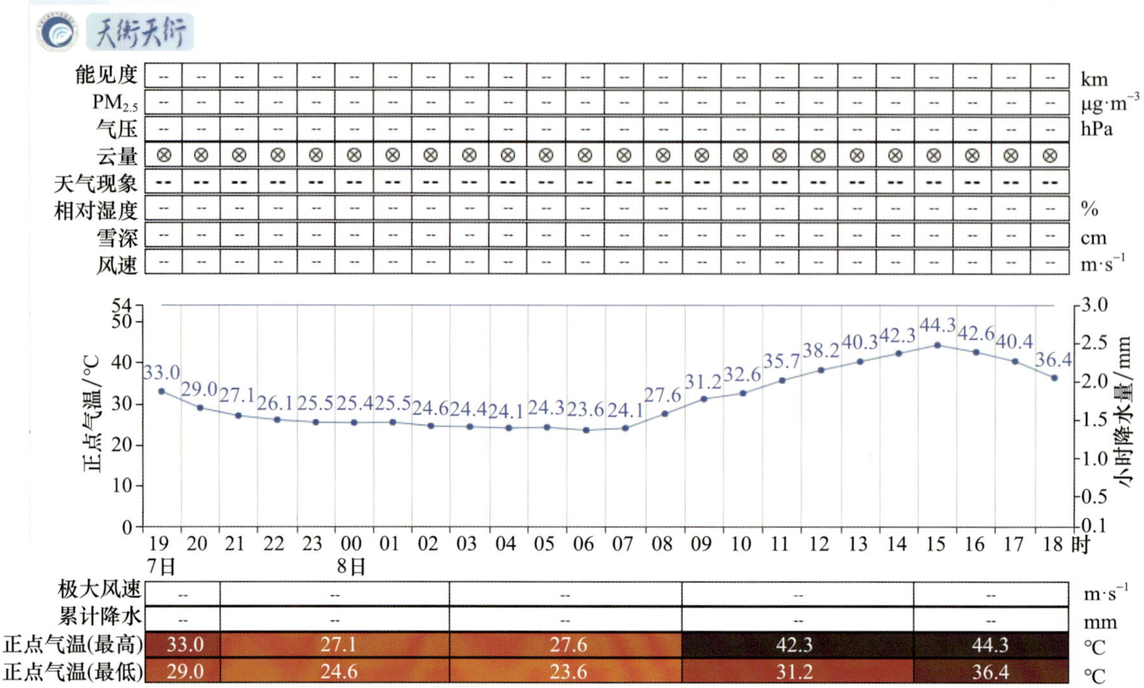

图 6-13　7 月 7 日 19 时—7 月 8 日 18 时重庆荣昌峰高阳岩村站天气实况序列图

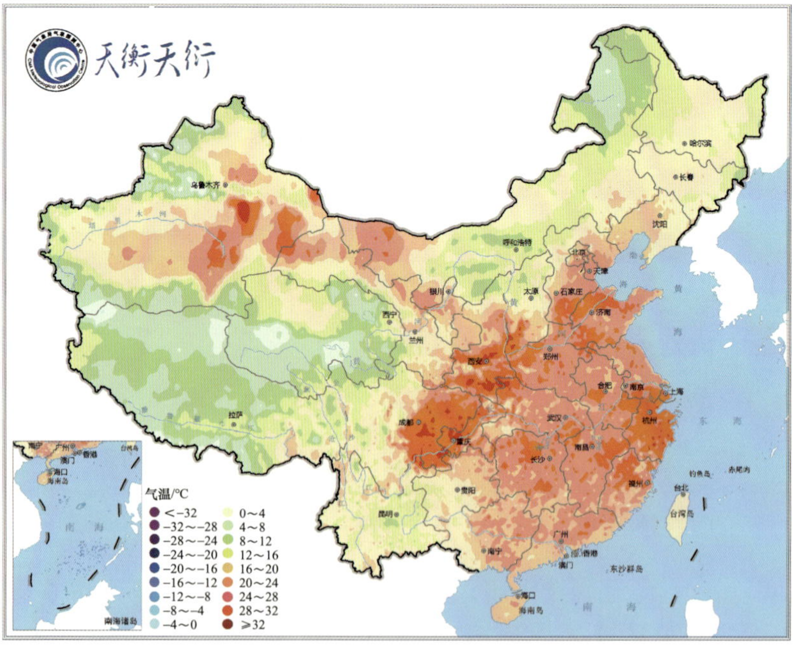

图 6-14　7 月 9 日 11—17 时全国地面站 6 h 最高气温

7 月 10 日 16 时，综合气象观测产品系统（天衡天衍）全国地面站 3 h 最高气温产品显示（图 6-16），全国高温区域主要集中在新疆、陕西南部、西南地区东部、华南、华东等地。最高气温 35～38 ℃有 6474 个站，38～40 ℃有 3965 个站，超过 40 ℃有 1615 个站，全国最高气温为

47.6 ℃，发生在四川筠连巡司共和站，发生时间 2022-07-10 15:06:00(图 6-17)。

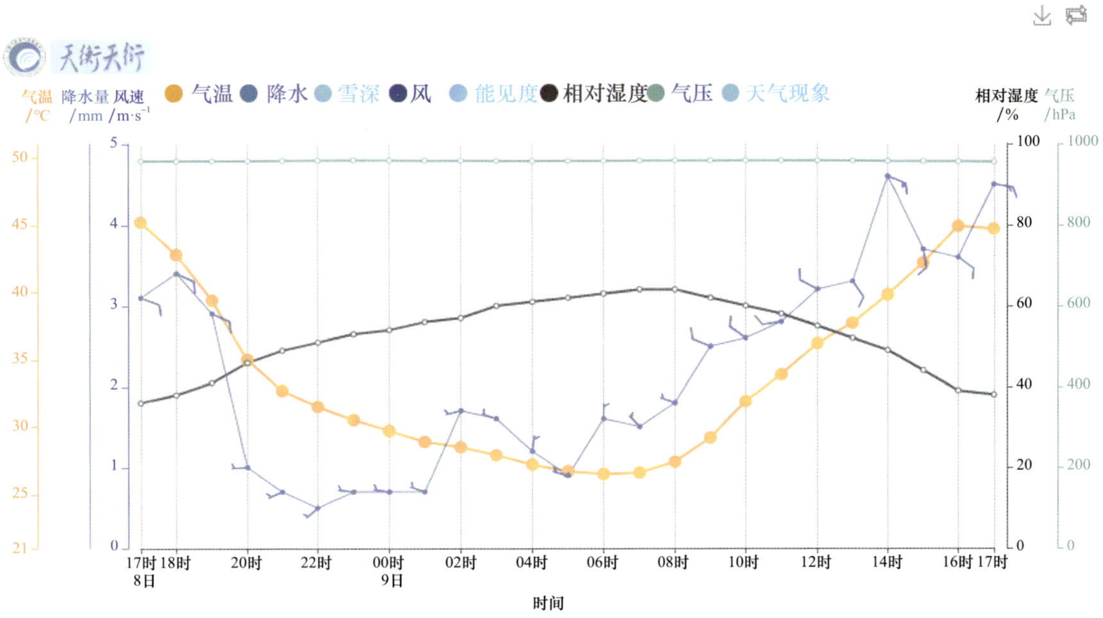

图 6-15 7 月 8 日 17 时—9 日 17 时四川南部盘龙站天气实况序列图

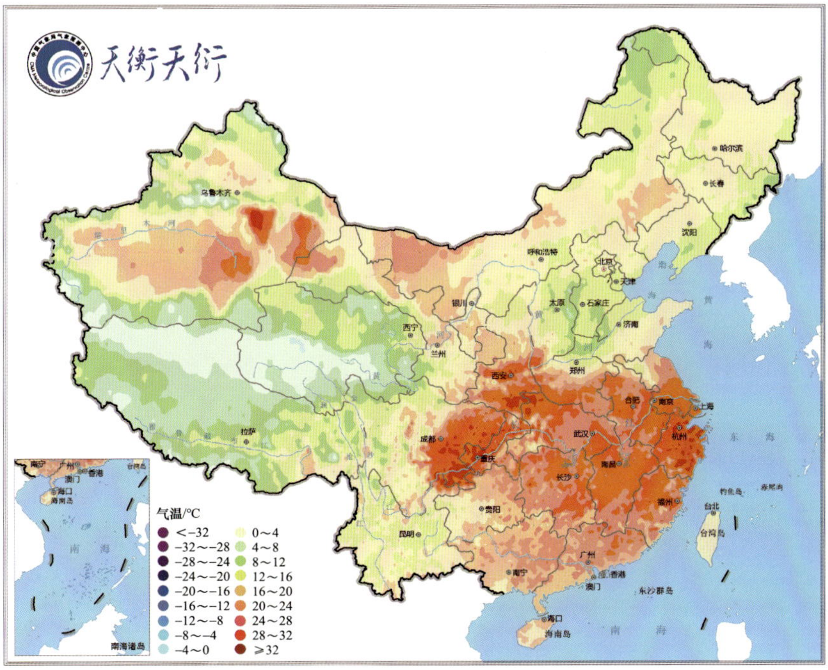

图 6-16 7 月 10 日 16 时全国地面站 3 h 最高气温

7 月 11—12 日，高温影响有所减弱，其中 11 日 14—17 时，综合气象观测产品系统(天衡天衍)全国地面站 3 h 最高气温产品显示(图 6-18)，全国高温区域主要集中在江南、江淮地区以及重庆、四川东部、云南东北部、陕西南部、新疆等地，其中四川东部、陕西南部、重庆、江苏南部、浙江、江西东部等地气温超过 37 ℃，最高气温为 44 ℃，发生在云南盐津站，发生时间 11 日 15:02:00(图 6-19)。

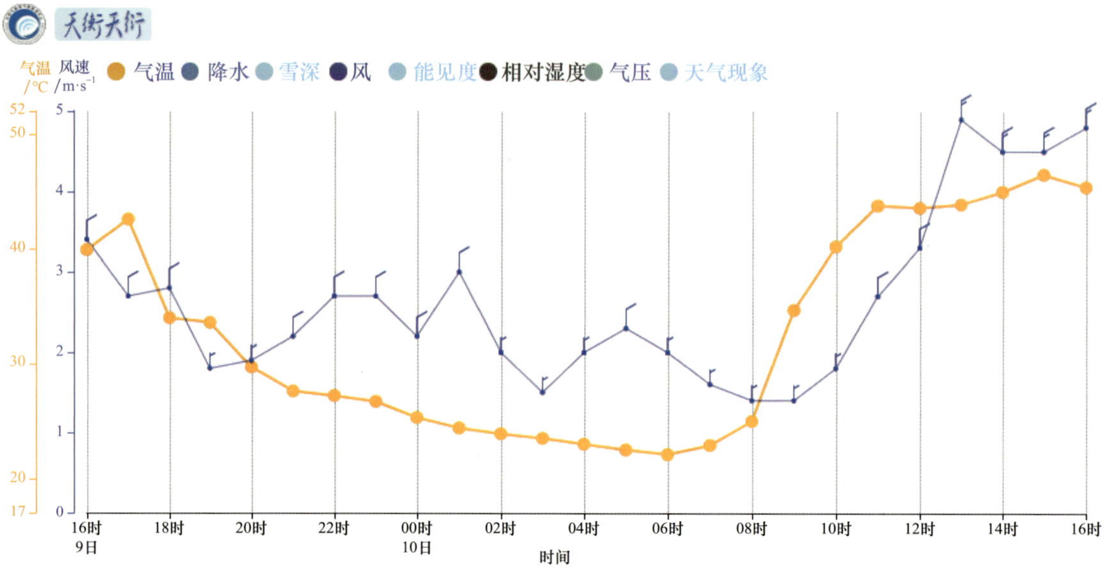

图 6-17　7 月 9 日 16 时—10 日 16 时四川筠连巡司共和站实况序列图

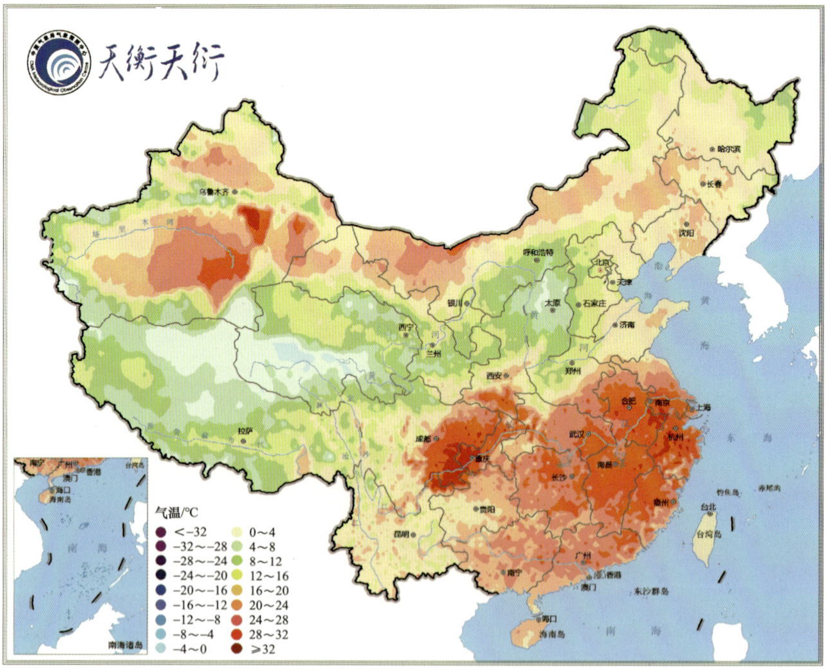

图 6-18　7 月 11 日 14—17 时全国地面站 3 h 最高气温

7 月 12 日 10—16 时，综合气象观测产品系统(天衡天衍)全国地面站 6 h 最高气温产品显示(图 6-20)，全国高温区域主要集中在江南、江淮地区以及重庆、四川东部、新疆等地，其中四川东部、重庆、江苏南部、浙江、江西东部等地气温超过 37 ℃，最高气温为 42.5 ℃，发生在四川古蔺站，发生时间 12 日 15:20:00(图 6-21)。

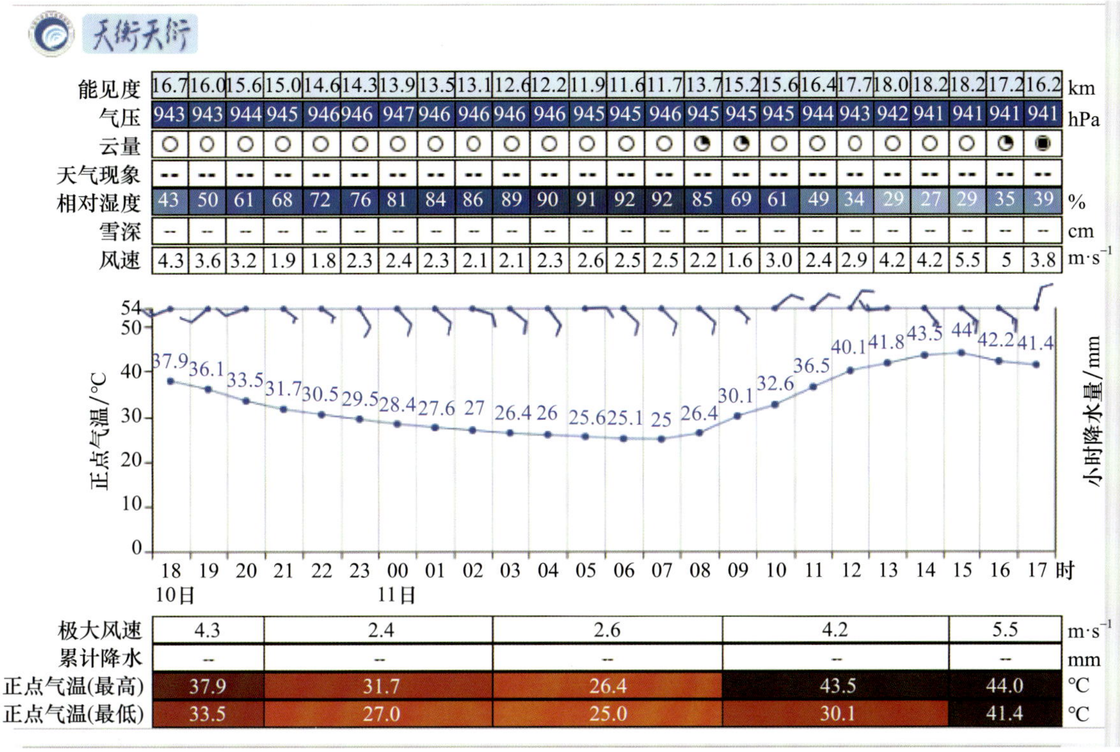

图 6-19　7 月 10 日 17 时—11 日 17 时云南盐津站天气实况序列图

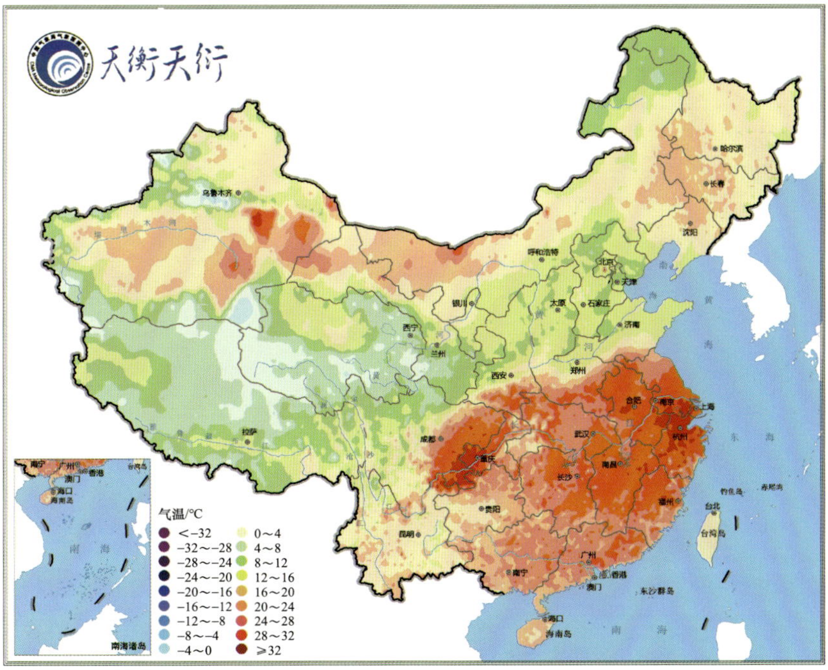

图 6-20　7 月 12 日 10—16 时全国地面站 6 h 最高气温

7 月 13 日 10—16 时，综合气象观测产品系统（天衡天衍）全国地面站 6 h 最高气温产品显示（图 6-22），全国高温主要出现在新疆东部、江淮、江汉、江南、华南东部和四川盆地地区。最高气温超过 40 ℃有 1879 个站，38～40 ℃有 3784 个站，35～38 ℃有 6426 个站，全国最高气温为 46.5 ℃，发生在重庆渝北龙兴站，发生时间 2022-07-13 15:45:00。

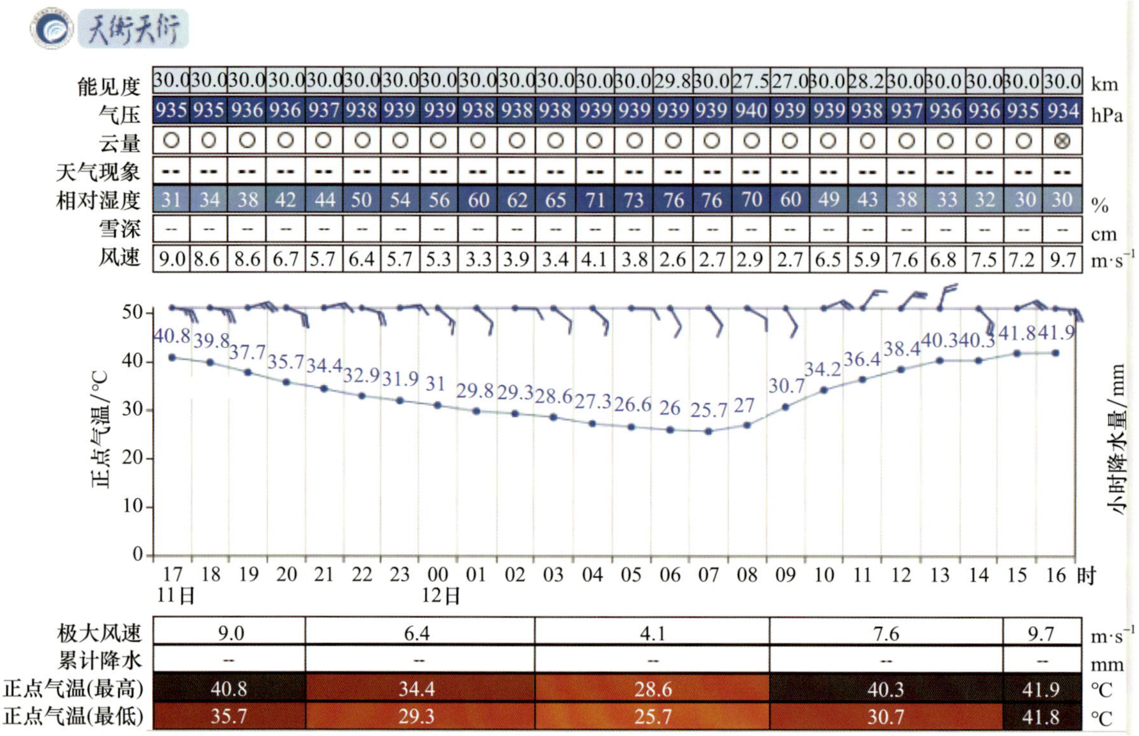

图 6-21　7 月 11 日 16 时—12 日 16 时四川古蔺站天气实况序列图

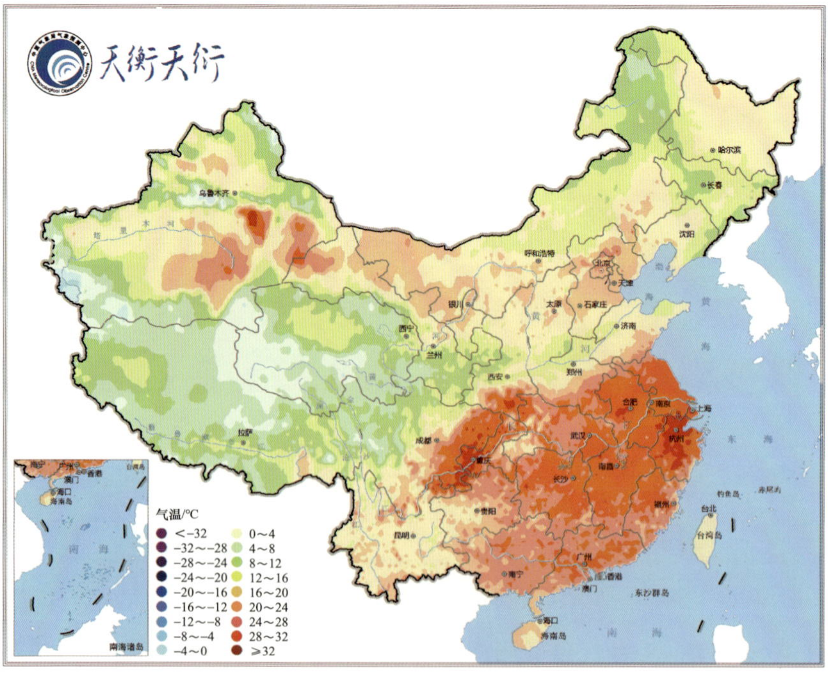

图 6-22　7 月 13 日 10—16 时全国地面站 6 h 最高气温

7 月 14 日 14—17 时，综合气象观测产品系统（天衡天衍）全国地面站 3 h 最高气温产品显示（图 6-23），全国高温区域主要出现在四川东部、重庆、陕西南部、湖北东部、安徽南部、江苏南部、上海、浙江、江西、湖南北部、福建等地。最高气温超过 40 ℃有 2386 个站，38～40 ℃有 3996 个站，35～38 ℃有 7035 个站，全国最高气温为 46.5 ℃，发生在重庆渝北统景站，发生时间 2022-07-14 16:29:00（图 6-24）。

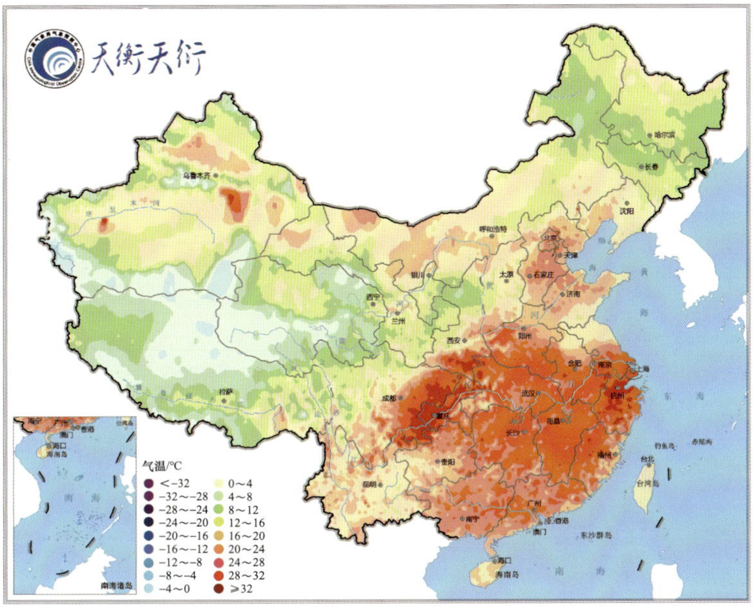

图 6-23 7 月 14 日 14—17 时全国地面站 3 h 最高气温

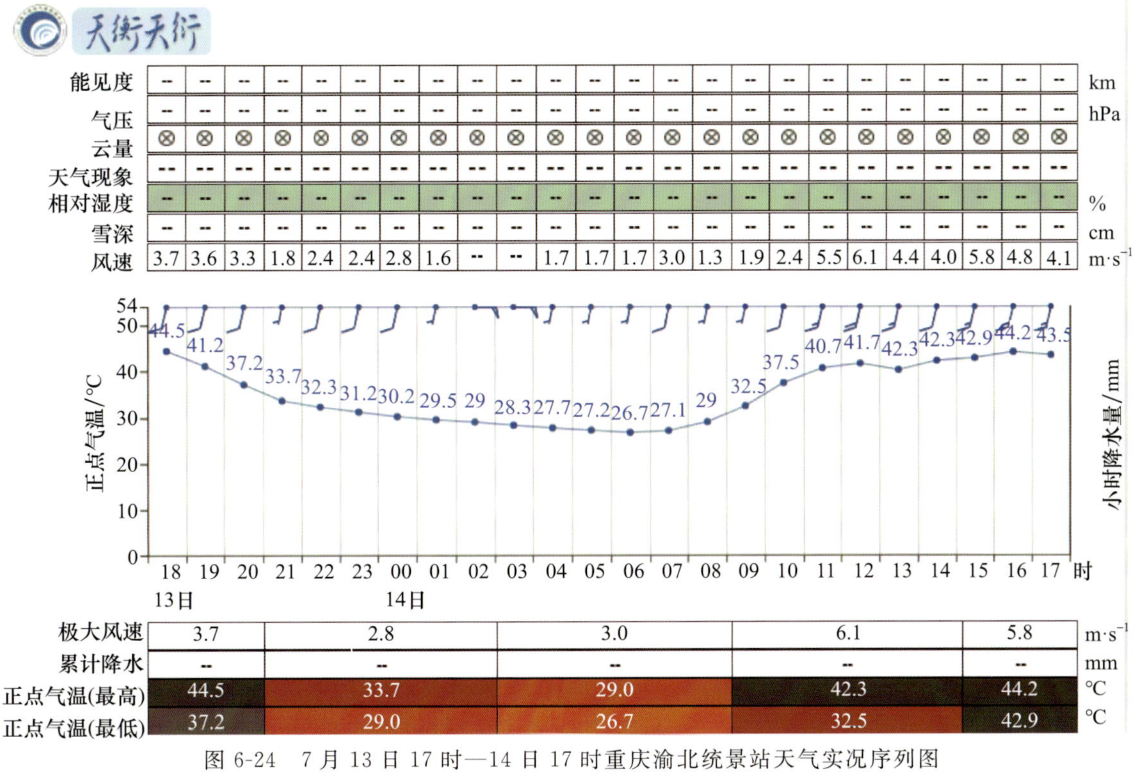

图 6-24 7 月 13 日 17 时—14 日 17 时重庆渝北统景站天气实况序列图

7 月 15 日 11—17 时，综合气象观测产品系统（天衡天衍）全国地面站 6 h 最高气温产品显示（图 6-25），全国高温区域主要出现在新疆东部、北京、河北、河南南部、陕西南部、四川中部至东部、重庆、湖北、湖南、安徽、浙江、江西等地。最高气温 35～38 ℃有 713 个站，38～40 ℃有 246 个站，超过 40 ℃有 53 个站，最高气温为 43.5 ℃，发生在云南盐津站，发生时间 2022-07-15 15:22:00（图 6-26）。

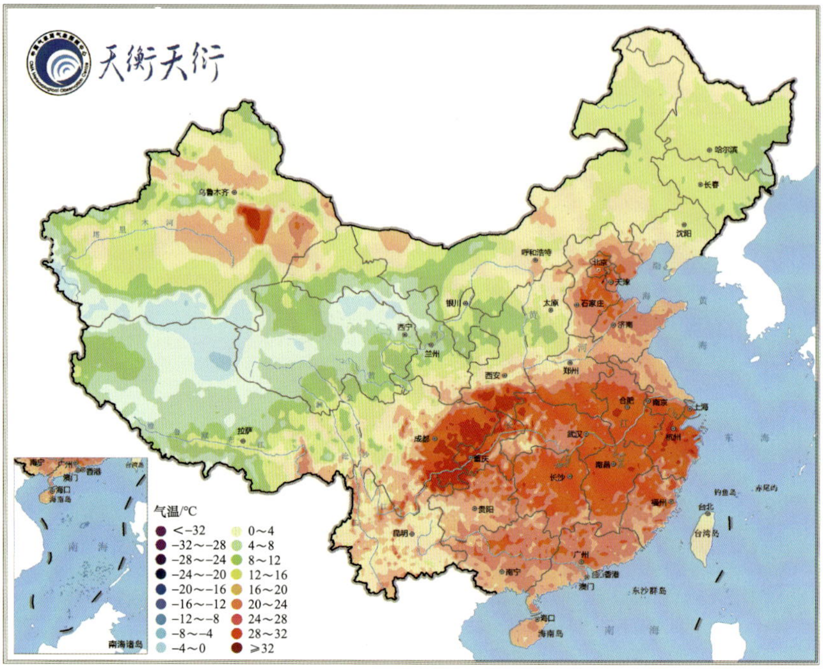

图 6-25　7 月 15 日 11—17 时全国地面站 6 h 最高气温

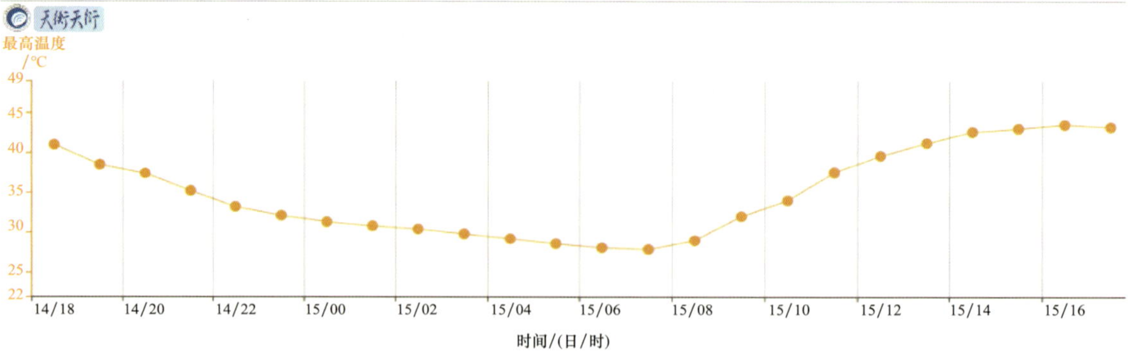

图 6-26　7 月 14 日 17 时—15 日 17 时云南盐津站天气实况序列图

7 月 16—18 日，全国高温有所减弱，其中 16 日、17 日、18 日 12—18 时，综合气象观测产品系统（天衡天衍）全国地面站 6 h 气温产品显示（图 6-27），全国高温区域（35 ℃以上）主要出现在新疆北部和东部、华北东北部、西南地区东部、江南、江汉、江淮、华南等地，其中新疆东部、四川东部和南部、重庆、贵州北部、湖南、湖北东部、安徽南部、江西、浙江、福建等地最高气温超过 37 ℃，其中 16 日最高气温为 42.7 ℃，发生在重庆垫江沙坪站，17 日高温影响范围减小，最高气温为 40.7 ℃，发生在贵州沿河站，18 日高温影响范围进一步减小，40 ℃以上天气主要集中在新疆北部，最高气温为 44.5 ℃，发生在新疆托克逊站。

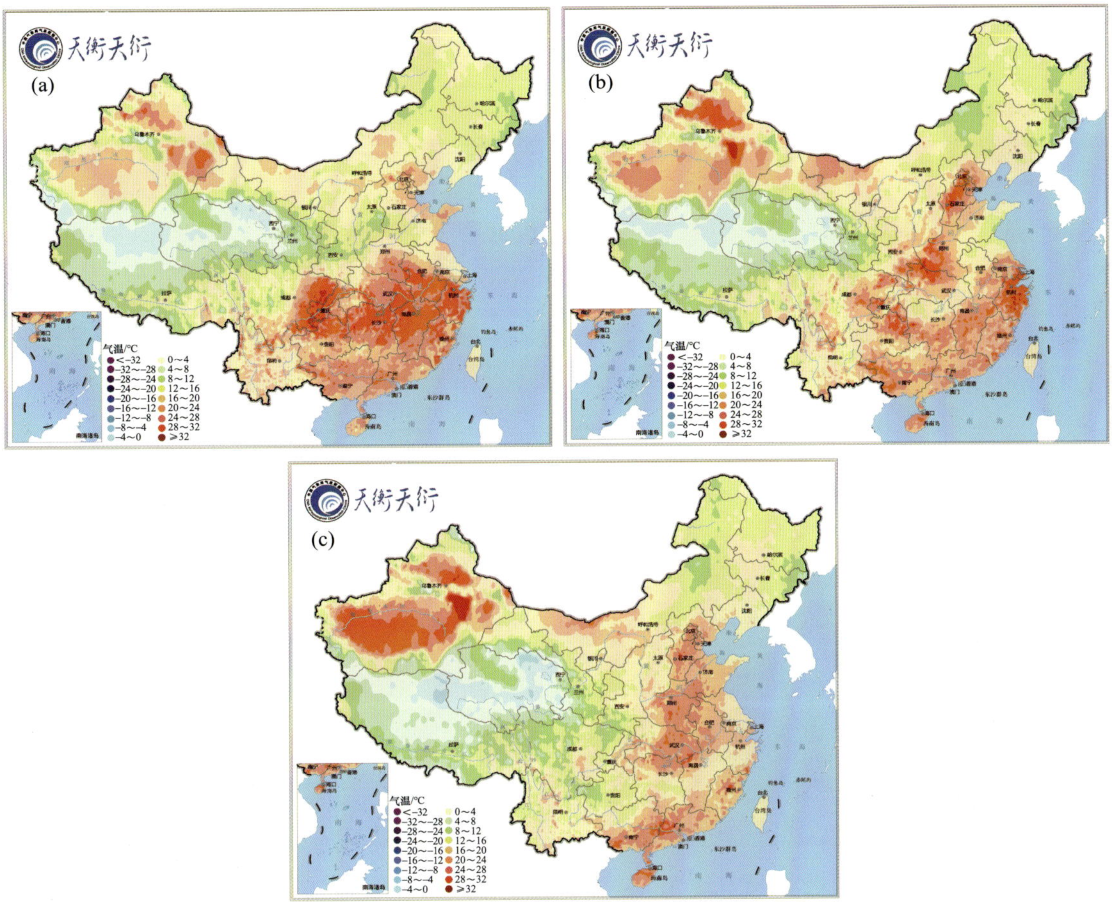

图 6-27　7 月 16 日(a)、17 日(b)、18 日(c)12—18 时全国地面站 6 h 最高气温

6.3.2　土壤水分监测

全国土壤水分融合产品显示(图 6-28)，受降水影响，7 月 8 日 15 时，黑龙江、辽宁大部和内蒙古东部等地 10 cm 土壤体积含水量较 7 日 15 时明显上升。西藏东部、云南西部、广东、广西大部、江西北部、湖南大部和江苏北部等地受降水影响，土壤体积含水量持续超过 40%，建议加强城市内涝与农作物涝渍害等灾害监测与防范。内蒙古东部部分地区受降水影响，土壤体积含水量增加，旱情得到有效缓解；内蒙古中西地区降水较少，土壤体积含水量较低，干旱形势持续发展。

7 月 9 日全国土壤水分融合产品显示(图 6-29)，受近 24 h 降水影响，黑龙江大部、内蒙古东北部土壤含水量上升明显；受全国高温天气影响，四川大部和华南地区土壤水分含量逐步下降。西藏东部、云南西部、广西东部、广东大部、江西北部、湖南南部受降水影响，土壤水分体积含量持续超过 40%，建议加强城市内涝与农作物涝渍害等灾害监测与防范。

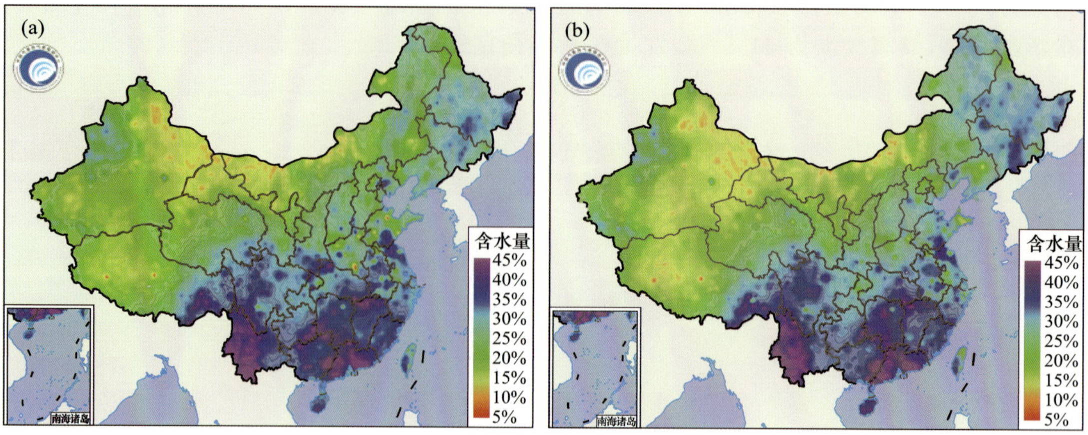

图 6-28　7 月 7 日(a)、8 日(b)15 时全国土壤水分(体积含水量)10 cm 深度融合产品

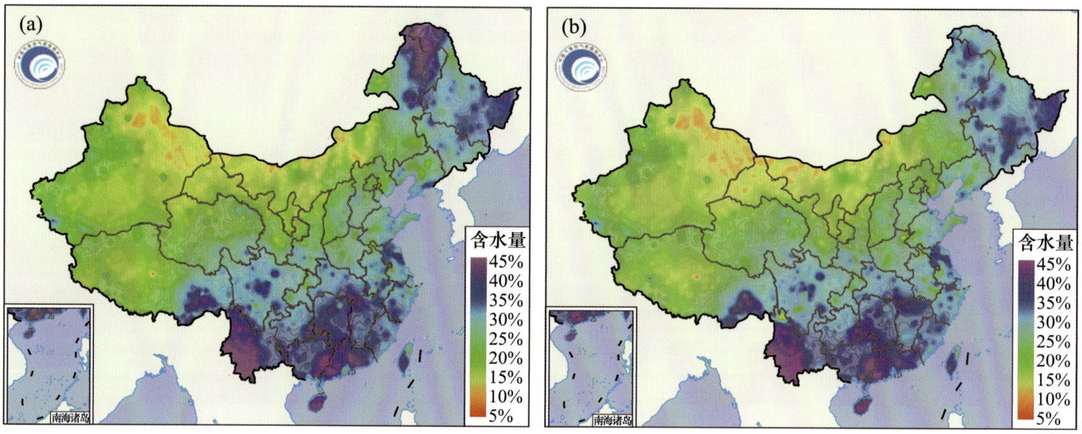

图 6-29　7 月 9 日(a)、10 日(b)15 时全国土壤水分(体积含水量)10 cm 深度融合产品

7 月 11 日、12 日全国土壤水分融合产品显示(图 6-30)，受近 24 h 降水影响，陕西、山西、辽宁和江苏部分地区土壤含水量历史同期上升明显。我国南方土壤水分含量受持续高温少雨

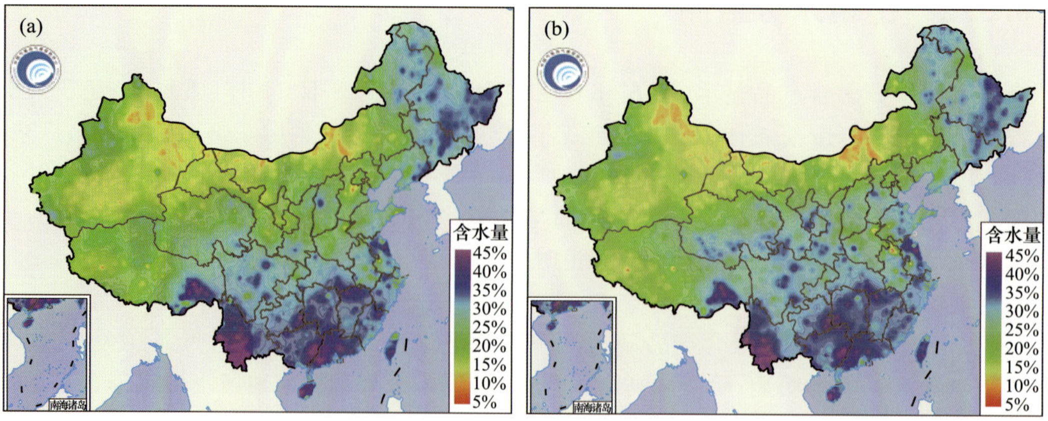

图 6-30　7 月 11 日(a)、12 日(b)15 时全国土壤水分(体积含水量)10 cm 深度融合产品

天气影响持续下降。西藏东南部、云南西部、广西东部、广东大部、江西北部、湖南西南部受前期降水影响，土壤水分体积含量持续超过 40%，建议加强城市内涝与农作物涝渍害等灾害监测与防范。内蒙古中部与西部部分地区干旱形势持续发展。

7 月 13 日全国土壤水分融合产品显示(图 6-31)，陕西中部土壤水分受近 24 h 降水影响上升明显，新疆东部、青海西部土壤水分含量持续下降，其余省份较 12 日 15 时变化不大；受持续高温少雨天气影响，我国南方土壤水分含量延续下降趋势，西藏、云南、广西、广东、江西和湖南土壤水分含量持续超 40%区域范围进一步缩小。

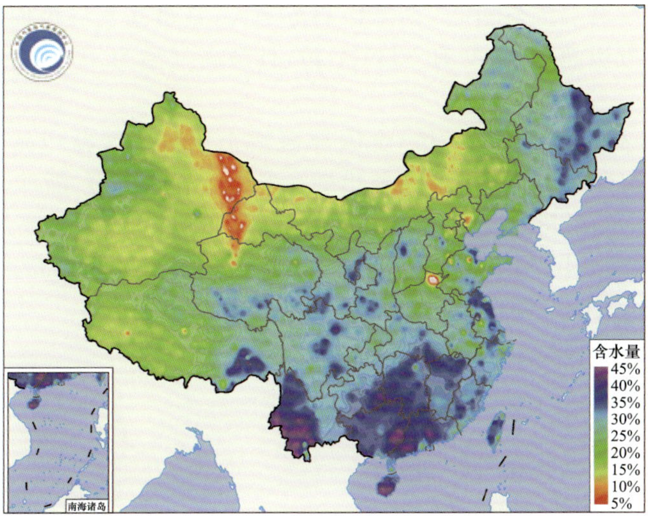

图 6-31 7 月 13 日 15 时全国土壤水分(体积含水量)10 cm 深度融合产品

7 月 14 日、15 日全国土壤水分融合产品显示(图 6-32)，新疆西部、西藏东部、内蒙古东部、青海、四川、甘肃、陕西、河北、山东和吉林部分地区土壤水分受近 24 h 降水影响上升明显；华南地区受持续高温少雨天气影响土壤水分含量延续下降趋势，西藏、云南、广西、广东、江西和湖南部分地区土壤水分含量持续超 40%，建议加强农业渍涝害监测与预防。

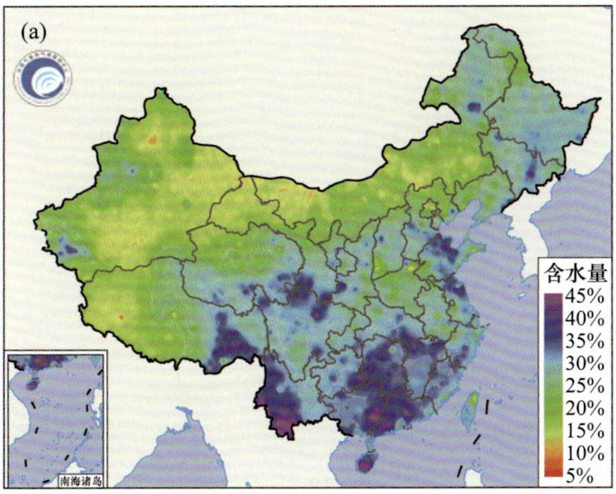

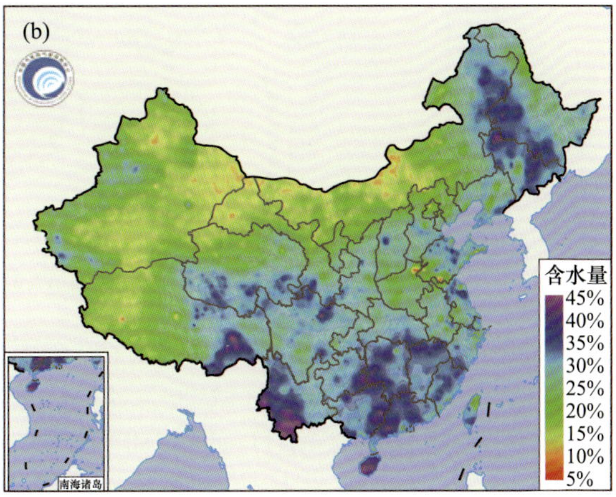

图 6-32 7 月 14 日(a)、15 日(b)15 时全国土壤水分(体积含水量)10 cm 深度融合产品

6.4 7月22日—8月13日江苏、上海、浙江、福建、江西、安徽、河南、新疆高温Ⅲ级应急响应期间高温干旱监测

6.4.1 高温监测

7月22日—8月13日正值汛期的“七下八上”阶段，江苏、上海、浙江、福建、江西、安徽、河南、新疆等地出现持续高温天气过程，高温影响范围大，日最高气温极值出现地区分散，其中8月9日全国日最高气温超过40 ℃有3339个站，日最高气温为47.8 ℃，发生在重庆渝北沙湾站。

综合气象观测产品系统（天衡天衍）全国地面站1 h最高气温产品显示（图6-33），7月22日15时，全国高温区域（35 ℃以上）主要出现在安徽、江苏、上海、浙江、福建、江西、湖北、湖南、广西、广东和新疆等地，其中浙江、福建、江西和新疆出现40 ℃以上高温天气。最高气温超过40 ℃有466个站，38～40 ℃有2169个站，35～38 ℃有6234个站，最高气温为44.3 ℃，发生在浙江仙居过朗站，发生时间2022-07-22 14:50:00。

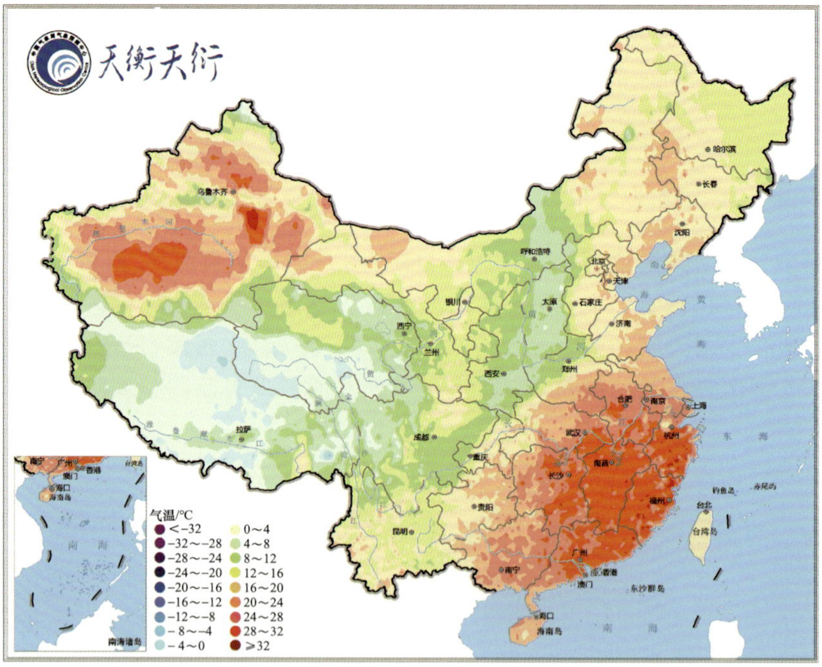

图6-33　7月22日15时全国地面站1 h最高气温

综合气象观测产品系统（天衡天衍）全国地面站6 h最高气温产品显示（图6-34），7月23日11—17时，全国高温区域（35 ℃以上）主要出现在新疆、内蒙古西部、江苏南部、上海、浙江、江西、福建、湖南、广东、广西、贵州等地，6 h内最高气温超过40 ℃有1632个站，38～40 ℃有3195个站，35～38 ℃有5150个站，最高气温为46.2 ℃，发生在新疆托克逊站。24日11—17时38 ℃以上高温区域增大，最高气温为47.7 ℃，发生在新疆高昌区艾丁湖景区站。

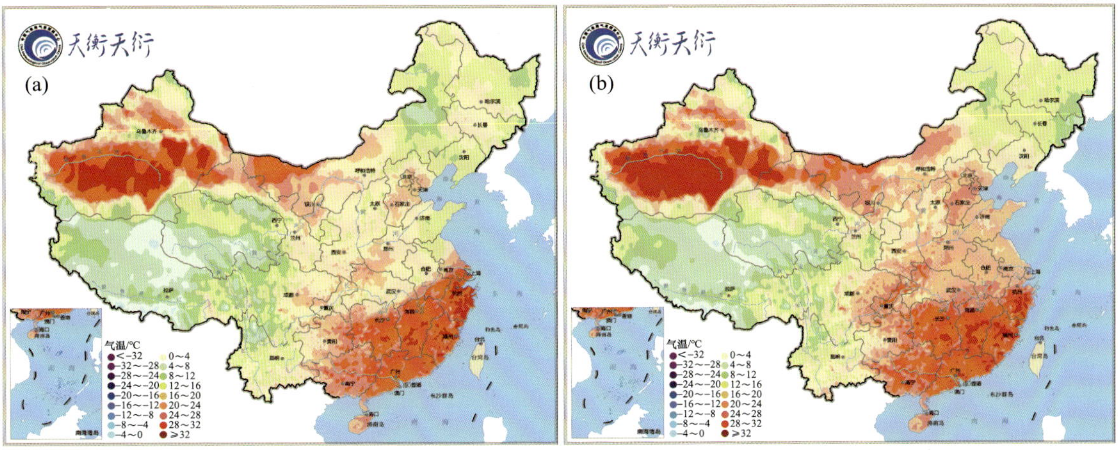

图 6-34　7 月 23 日(a)、24 日(b)11—17 时全国地面站 6 h 最高气温

综合气象观测产品系统(天衡天衍)全国地面站 6 h 最高气温产品显示(图 6-35),7 月 25 日 10—16 时,全国高温区域(35 ℃以上)主要出现在新疆、内蒙古、甘肃、宁夏、四川、重庆、江苏、安徽、浙江、福建、广东、广西、贵州、江西、湖南、湖北等地,6 h 内最高气温 35～38 ℃有 9178 个站,38～40 ℃有 5075 个站,超过 40 ℃有 1903 个站,最高气温为 47.2 ℃,发生在浙江余姚剑江站。26 日 11—17 时,全国高温区域(37 ℃以上)主要出现在新疆、内蒙古西北部、四川盆地、重庆、陕西南部、江苏南部、上海、浙江、江西、湖南、福建、贵州、广东、广西和海南等地,其中,重庆、贵州、浙江、新疆、广东、四川等地局地出现 45 ℃以上高温,最高气温为 46.5 ℃,发生在重庆渝北龙兴站,发生时间 2022-07-26 15:15:00。

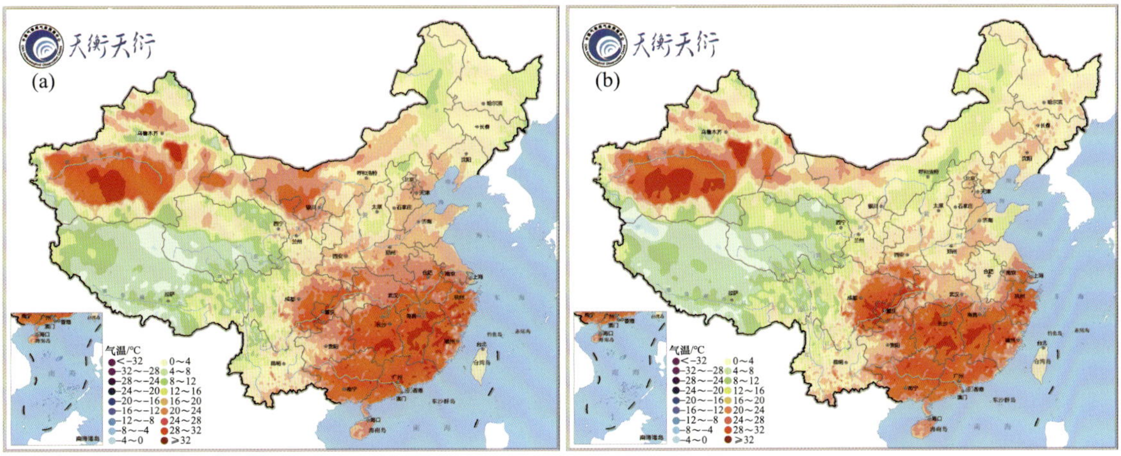

图 6-35　7 月 25 日 10—16 时(a)、26 日 11—17 时(b)全国地面站 6 h 最高气温

综合气象观测产品系统(天衡天衍)全国地面站 3 h 最高气温产品显示(图 6-36),7 月 27 日 14—17 时,全国高温区域(37 ℃以上)主要出现在新疆南部、浙江、湖北南部、江西、湖南、福建、广东等地,超过 40 ℃有 33 个站,38～40 ℃有 190 个站,35～38 ℃有 422 个站,最高气温为 43.9 ℃,发生在新疆托克逊站。28 日 14—17 时,全国高温强度持续增加,超过 40 ℃有 35 个站,38～40 ℃有 189 个站,35～38 ℃有 451 个站,最高气温为 46.2 ℃,发生在新疆托克逊站。

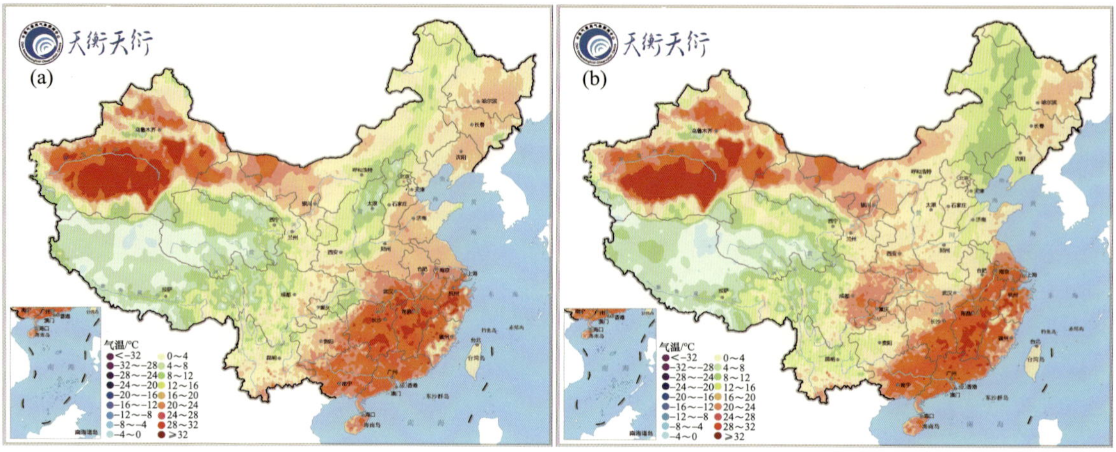

图 6-36　7 月 27 日 14—17 时(a)、28 日 14—17 时(b)全国地面站 3 h 最高气温

综合气象观测产品系统(天衡天衍)全国地面站 24 h 最高气温产品显示(图 6-37),7 月 28 日 16 时—29 日 16 时,全国高温区域(35 ℃以上)主要出现在新疆、内蒙古、四川、广西、广东、湖南、江西、福建、浙江、江苏、上海等地,超过 40 ℃有 631 个站,38～40 ℃有 2588 个站,35～38 ℃有 6936 个站,最高气温为 45.2 ℃,发生在浙江建德珏塘村站。

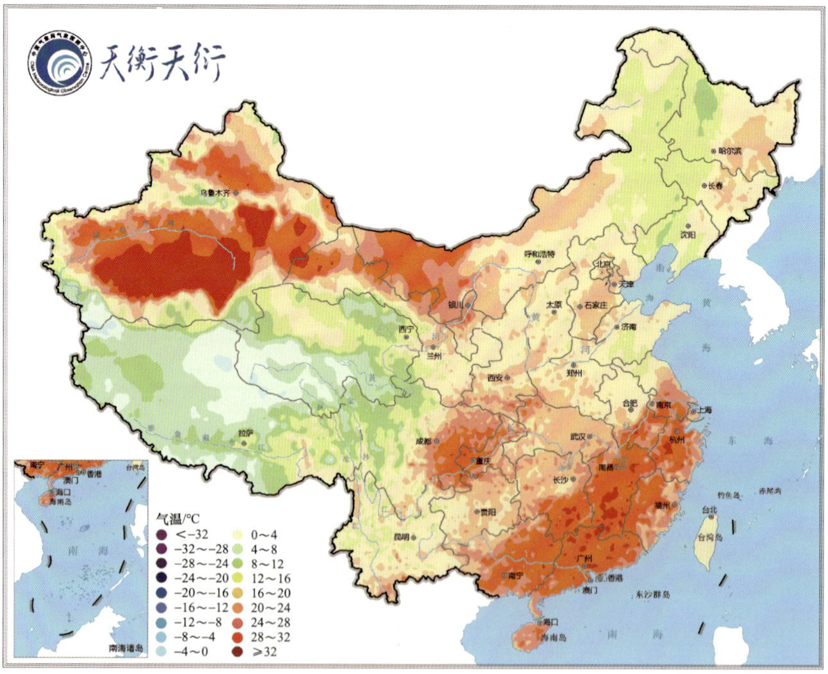

图 6-37　7 月 28 日 16 时—29 日 16 时全国地面站 24 h 最高气温

综合气象观测产品系统(天衡天衍)全国地面站 3 h 最高气温产品显示(图 6-38),7 月 31 日 13—16 时,全国高温有所减弱,高温区域(35 ℃以上)主要出现在新疆、内蒙古西部、四川东部、重庆、湖北、湖南、广西、广东、海南、福建、江西、浙江、上海和江苏等地,其中新疆、重庆和四川等地出现 40 ℃以上高温天气。最高气温超过 40 ℃有 5 个站,38～40 ℃有 71 个站,35～

38 ℃有 514 个站，最高气温为 40.5 ℃，发生在重庆北碚站。8 月 1 日 14—17 时高温持续增强，超过 40 ℃有 5 个站，38～40 ℃有 92 个站，35～38 ℃有 573 个站，最高气温为 42.4 ℃，发生在重庆北碚站。

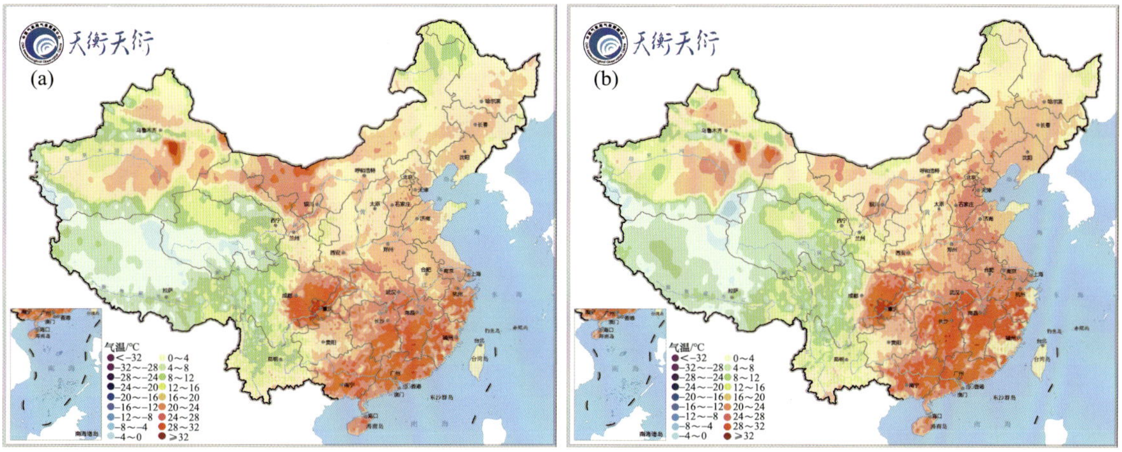

图 6-38　7 月 31 日 13—16 时(a)、8 月 1 日 14—17 时(b)全国地面站 3 h 最高气温

综合气象观测产品系统（天衡天衍）全国地面站 6 h 最高气温产品显示（图 6-39），8 月 2 日 11—17 时，全国高温区域（37 ℃以上）主要出现在陕西、四川、重庆、湖北、湖南、江西、福建、江苏、浙江、安徽、广东、广西等地，最高气温超过 40 ℃有 2 个站，38～40 ℃有 134 个站，35～38 ℃有 750 个站，最高气温为 40.7 ℃，发生在湖南祁阳站，发生时间 2022-08-02 16:14:00。

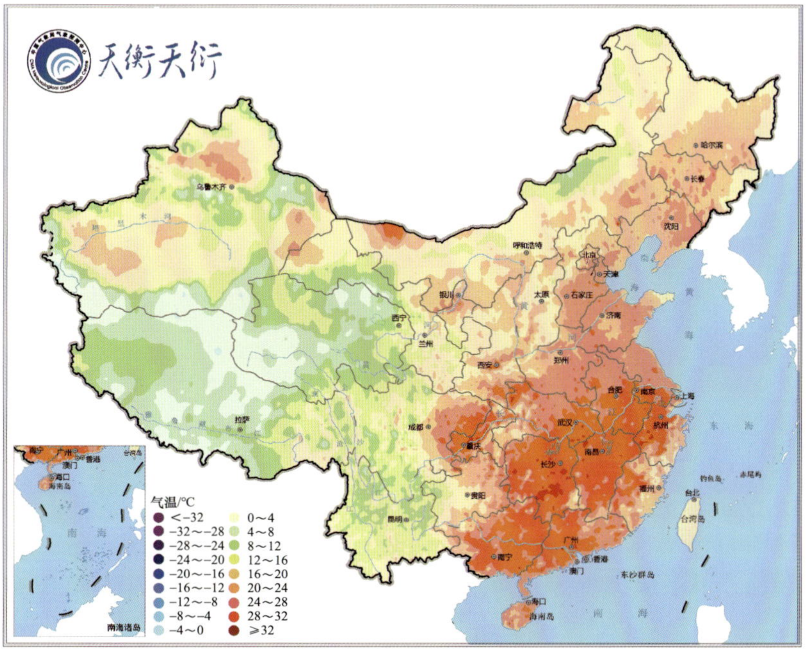

图 6-39　8 月 2 日 11—17 时全国地面站 6 h 最高气温

综合气象观测产品系统(天衡天衍)全国地面站 24 h 最高气温产品显示(图 6-40),8 月 2 日 17 时—3 日 17 时,全国高温有所增强,高温区域(37 ℃以上)主要出现在四川、广西、广东、湖南、湖北、江西、浙江、江苏、安徽、河南、河北、天津等地,其中,气温超过 40 ℃有 1321 个站,38～40 ℃有 4381 个站,35～38 ℃有 12188 个站,最高气温为 46.8 ℃,发生在重庆渝北龙兴站。3 日 17 时—4 日 17 时,全国高温有所减弱,高温区域(37 ℃以上)主要出现在江南、江淮、西南地区东部、新疆、内蒙古西部等地,其中,超过 40 ℃有 20 个站,38～40 ℃有 141 个站,35～38 ℃有 942 个站,最高气温为 42.3 ℃,发生在新疆托克逊站。4 日 16 时—5 日 16 时,全国高温区域(37 ℃以上)主要出现在新疆、内蒙古西部、北京、河北、江淮、江南、江汉和四川盆地等地,其中,超过 40 ℃有 35 个站,38～40 ℃有 196 个站,35～38 ℃有 866 个站,最高气温为 43.7 ℃,发生在新疆托克逊站。

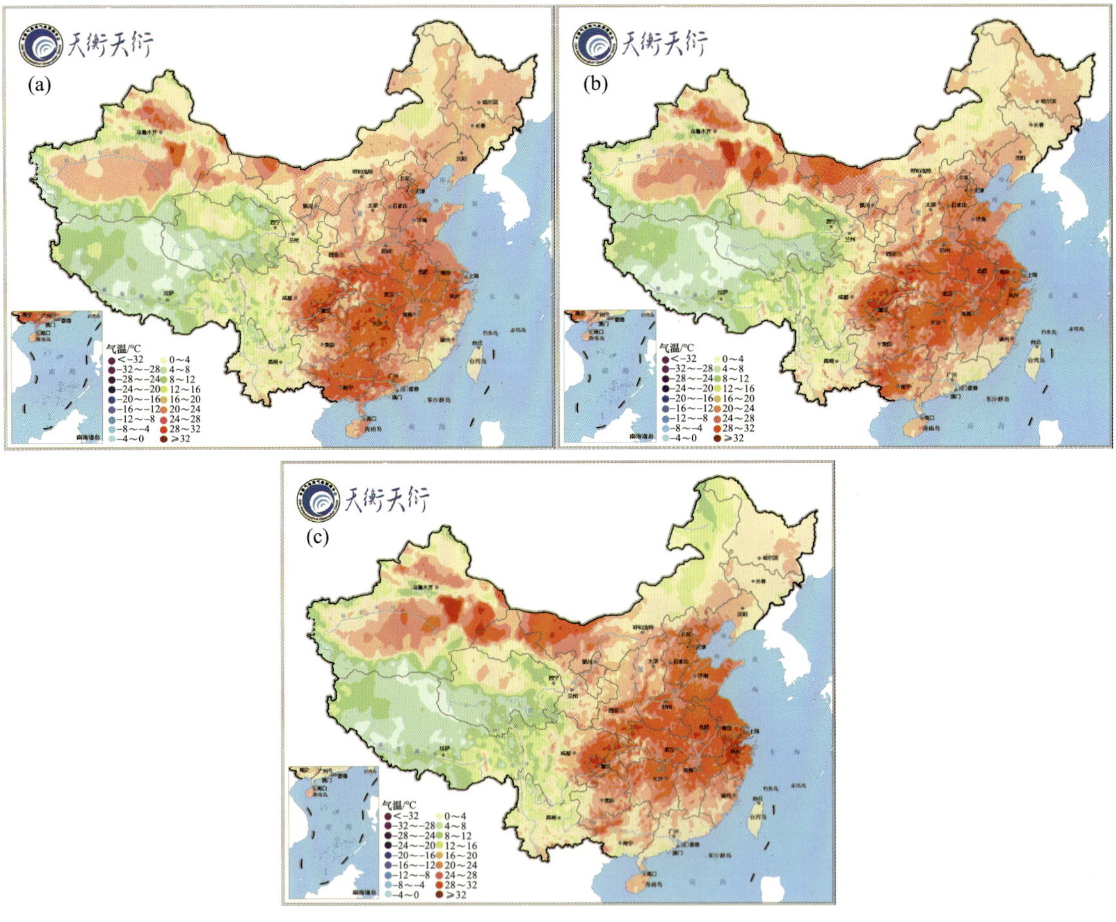

图 6-40　8 月 3 日 17 时(a)、4 日 17 时(b)、5 日 16 时(c)全国地面站 24 h 最高气温

综合气象观测产品系统(天衡天衍)全国地面站 1 h 最高气温产品显示(图 6-41),8 月 6 日 18 时,全国高温区域(35 ℃以上)主要出现新疆东部、宁夏、陕西南部、四川东部、重庆、湖北北部、湖南东部、江西北部及江苏东南部等地,其中,新疆东部、陕西南部、江苏东南部等地气温超过 37 ℃。

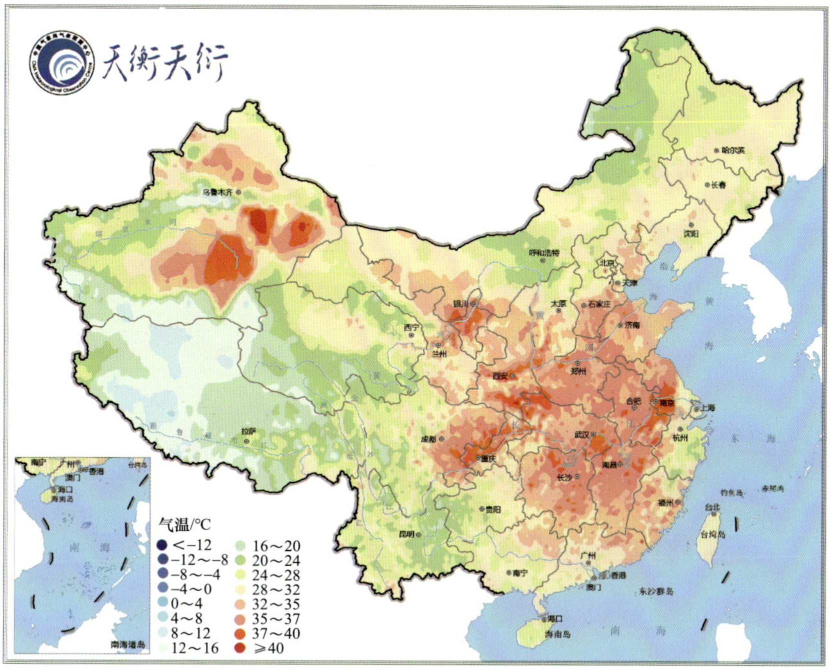

图 6-41　8 月 6 日 18 时全国地面站 1 h 最高气温

综合气象观测产品系统(天衡天衍)全国地面站 6 h 最高气温产品显示(图 6-42),8 月 7 日 11—17 时,全国高温区域(35 ℃以上)主要出现新疆、重庆、湖北、江西、浙江、四川、陕西、江苏、安徽、河南及山西等地,最高气温为 42.7 ℃,发生在湖北郧阳站。

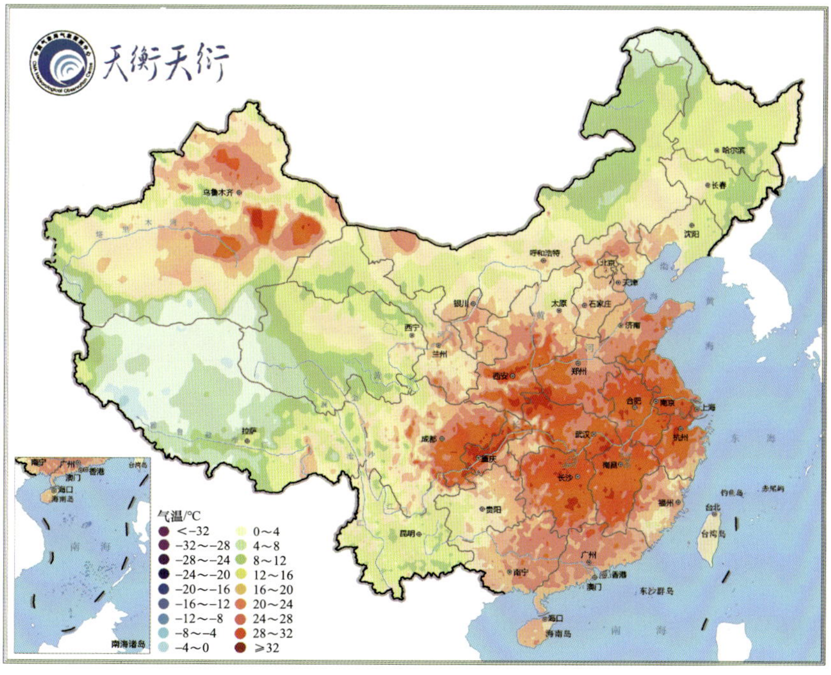

图 6-42　8 月 7 日 11—17 时全国地面站 6 h 最高气温

综合气象观测产品系统（天衡天衍）全国地面站 3 h 最高气温产品显示（图 6-43），8 月 9 日 13—16 时，全国高温区域（35 ℃以上）主要出现在江南中北部、四川盆地、江汉、江淮、陕西南部、河南南部和新疆等地，其中重庆、四川、陕西、湖南、湖北、安徽、浙江、江苏、福建、新疆等地局地出现 40 ℃以上高温天气，超过 40 ℃有 3339 个站，38～40 ℃有 4978 个站，35～38 ℃有 5973 个站，最高气温为 47.8 ℃，发生在重庆渝北沙湾站。

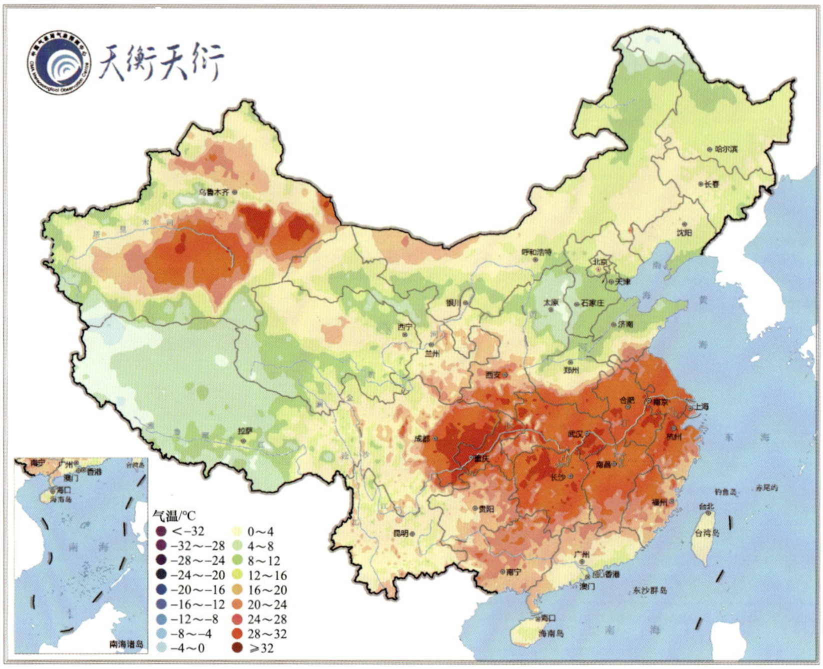

图 6-43　8 月 9 日 13—16 时全国地面站 3 h 最高气温

综合气象观测产品系统（天衡天衍）全国地面站 6 h 最高气温产品显示（图 6-44），8 月 10 日 11—17 时，全国高温区域（35 ℃以上）主要出现在新疆、内蒙古西部、四川盆地、重庆、湖

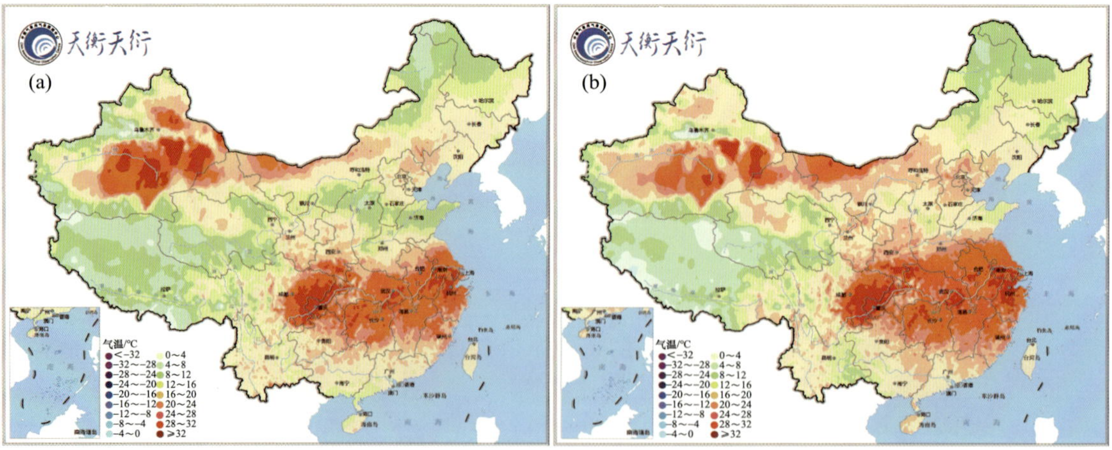

图 6-44　8 月 10 日 11—17 时(a)、11 日 10—16 时(b)全国地面站 6 h 最高气温

南、湖北、安徽、江苏、浙江、福建等地，超过 40 ℃有 70 个站，38～40 ℃有 244 个站，35～38 ℃有 357 个站，最高气温为 44.5 ℃，发生在新疆吐鲁番站。11 日 10—16 时，全国高温区域增加，35 ℃以上主要出现在新疆、湖南、湖北、四川盆地、重庆、安徽、江苏、浙江等地，超过 40 ℃有 100 个站，38～40 ℃有 281 个站，35～38 ℃有 432 个站，最高气温为 42.6 ℃，发生在重庆潼南站。

综合气象观测产品系统（天衡天衍）全国地面站 1 h 最高气温产品显示（图 6-45），8 月 12 日 17 时，全国高温区域（35 ℃以上）主要出现在新疆东部、内蒙古西部、陕西、四川盆地、重庆以及黄淮、江汉、江淮、江南等地，其中，四川东南部、重庆、湖北北部、江苏南部、浙江等地气温超过 40 ℃，最高气温为 43.7 ℃，发生在湖北竹山站。

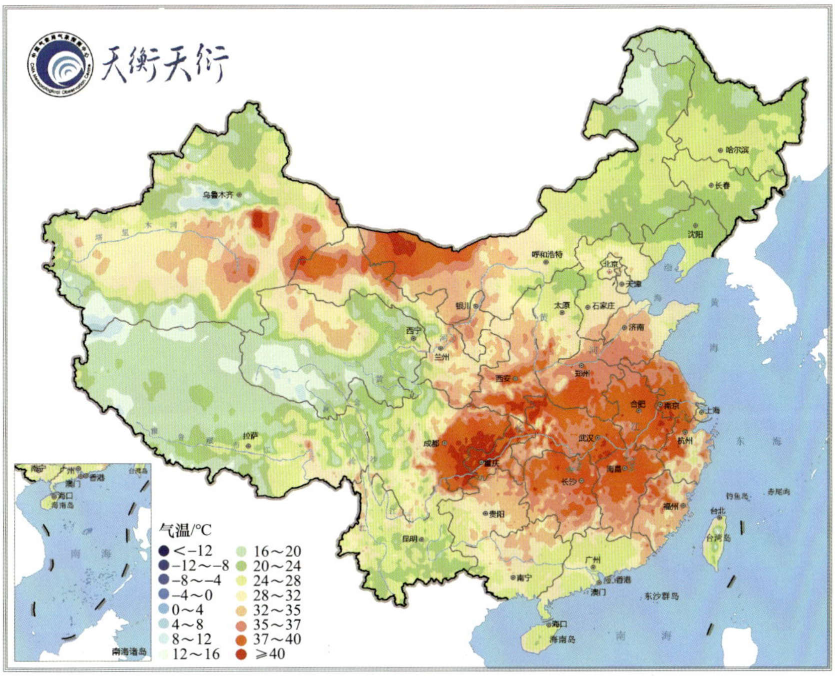

图 6-45　8 月 12 日 17 时全国地面站 1 h 最高气温

综合气象观测产品系统（天衡天衍）全国地面站 3 h 最高气温产品显示（图 6-46），8 月 13 日 15—18 时，全国高温区域（37 ℃以上）主要出现在四川盆地、陕西南部、河南、安徽、江苏、湖北、江西北部、浙江、湖南南部、福建北部、湖南北部等地，其中，重庆、湖北西部、安徽南部、江苏南部、浙江等地气温超过 40 ℃，超过 40 ℃有 178 个站，38～40 ℃有 310 个站，35～38 ℃有 444 个站，最高气温为 44.6 ℃，发生在湖北竹山站，发生时间 2022-08-13 16:37:00。

6.4.2　土壤水分监测

全国土壤水分融合产品显示（图 6-47），较 7 月 21 日 15 时，22 日 15 时西藏南部、云南西部、四川东北部、陕西南部、河南北部、甘肃中部、内蒙古西部和东北部、辽宁中部等地受最近

24 h 降水影响，土壤水分高值区域面积增加，其中，云南西部、江苏北部、陕西南部土壤水分含量持续超 40%，建议加强城市内涝和农业灾害监测与预防。内蒙古西部旱情稍有缓解，中部干旱形势持续发展。

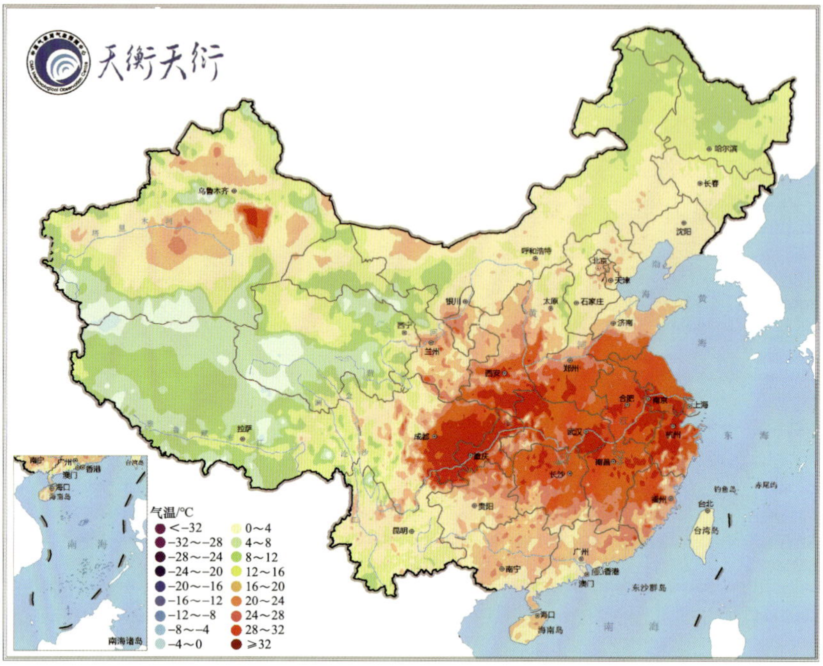

图 6-46　8 月 13 日 15—18 时全国地面站 3 h 最高气温

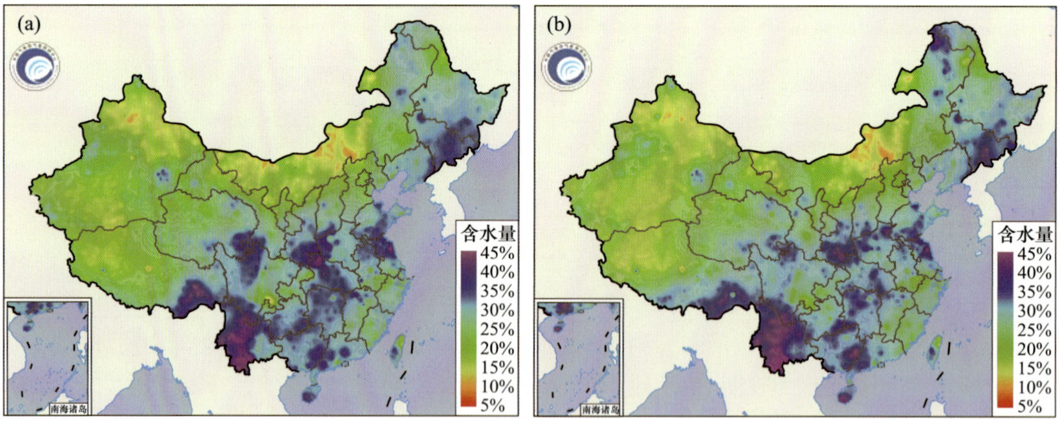

图 6-47　7 月 21 日 15 时(a)、22 日 15 时(b)全国土壤水分(体积含水量)10 cm 深度融合产品

7 月 24 日 15 时全国土壤水分融合产品显示(图 6-48)，较 23 日，内蒙古、江苏、安徽、江西部分地区受降水影响土壤水分上升明显，西藏东南部、云南西部、江苏北部、陕西南部土壤水分含量持续超 40%，建议加强城市内涝和农业灾害监测与预防。内蒙古中部部分地区干旱形势稍有缓解。

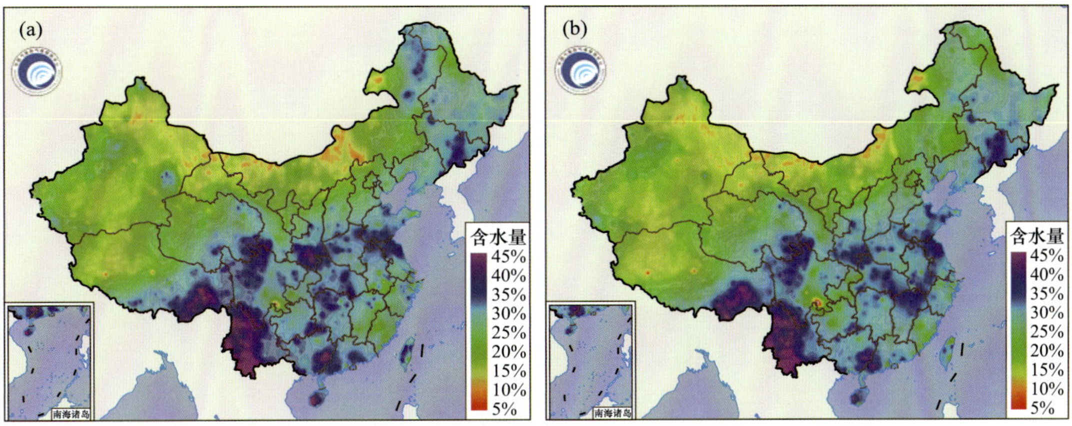

图 6-48 7 月 23 日 15 时(a)、24 日 15 时(b)全国土壤水分(体积含水量)10 cm 深度融合产品

6.5 小结

2022 年夏季,我国经历了有观测记录以来最强极端高温天气,全国 2435 个国家级自动站中有 399 个站的日最高气温超过或追平历史极值,并且呈现自北向南推进特征,6 月出现在华北、黄淮地区,7—8 月出现在西南、长江流域,年内高温过程呈现出现时间早、极端性强、持续时间长的特征。极端的高温天气,伴随着干旱,使得我国长江流域地区的农作物生长受到影响。

综合气象观测产品系统中,高温产品数据主要来源是全国地面自动站质控后的观测数据。生成的产品有站点温度产品和插值后的温度产品。温度产品有最高气温产品、最低气温产品、最高温度变温产品、最低气温变温产品以及 24 h 变温产品。由于我国地形多样复杂、地面观测站点分布不均匀,同低温寒潮产品一样,为了做好更新精细化的服务,需要发展高精度的多元融合高温实况分析产品,以应对高温天气的监测服务。高温有时还伴随着高湿,因此,发展高温高湿产品也迫在眉睫。干旱产品的数据来源主要是全国土壤水分(体积含水量)10 cm 深度融合产品,土壤水分相对湿度产品对全国的旱情监测起到了一定的指导意义。

第七章　暴雪

7.1　1 月 22—29 日西北、华北等地暴雪

7.1.1　过程特征

7.1.1.1　总体特征

2022 年 1 月 22—29 日，我国西北、华北、华中等地出现降雪或雨夹雪天气，中国气象局启动重大气象灾害（暴雪）Ⅳ级应急响应，27 日提升至Ⅲ级，应急区域为甘肃、宁夏、陕西、山西、河北、天津、河南、山东、湖北、西藏等省（区、市）。过程呈现覆盖范围广、持续时间长、累计降雪量大、积雪深度厚、雨雪相态转换复杂等特点。

1 月 22—29 日，192 h 雨雪相态分布（图 7-1a）显示，强降雪主要分布在华北、西北东南部、东北等地，大部地区过程降雪量为 10～25 mm；江南、江淮、黄淮等地出现雪或雨夹雪天气。最大过程降水量为 39.1 mm，出现在浙江德清站。192 h 新增积雪深度（图 7-1b）显示，新增积雪深度较大区域为华北南部、西北东部、河南、湖北、湖南、安徽南部、浙江北部等地，大部地区过程新增积雪深度 5～15 cm；最大过程新增积雪深度为 17 cm，出现在安徽九华山站。

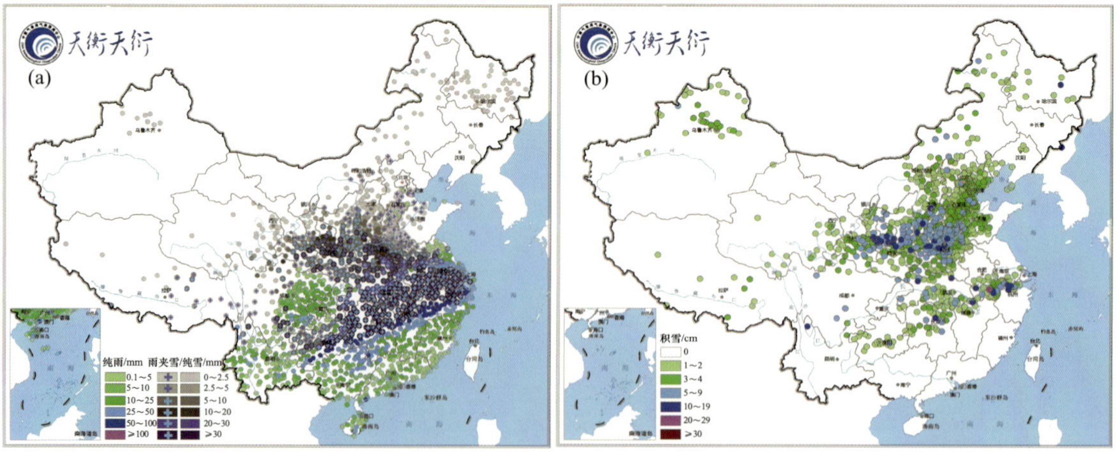

图 7-1　1 月 21 日 20 时—29 日 20 时雨雪相态分布(a)及新增积雪深度分布(b)

7.1.1.2　降水天气现象逐日演变特征

此次过程两个明显降雪时段分为 1 月 22—24 日、26—29 日，其中 28—29 日范围广、强度强，湖南、安徽、浙江、四川等地出现暴雪到大暴雪。

1 月 22—29 日的逐日全国 24 h 降水天气现象(图 7-2)显示，22—24 日，降雪主要出现在内蒙古、新疆北部、西藏北部、青海南部、甘肃南部、宁夏、陕西、华北、辽宁、河南等地。25 日，降雪区域较小，主要出现在黑龙江西部、内蒙古、新疆北部、西藏东部、四川北部、青海南部、甘肃南部、宁夏、陕西西部、山西北部、河北北部、山东北部等地。26 日起，降雪地区扩到黑龙江全省，并从河套地区向南推到西北地区中东部、四川北部、江汉等地。29 日，大范围降雪过程趋于结束，只有黑龙江、新疆北部、四川、甘肃南部、宁夏南部、河南、长江流域等地有降雪天气。

在此期间，1 月 22—27 日浙江、广东等地主要以降雨天气为主、22—23 日湖北、陕西等地主要以降雪天气为主，后面从 24 日 11 时起，雨雪相态发生多次转换(图 7-3)。

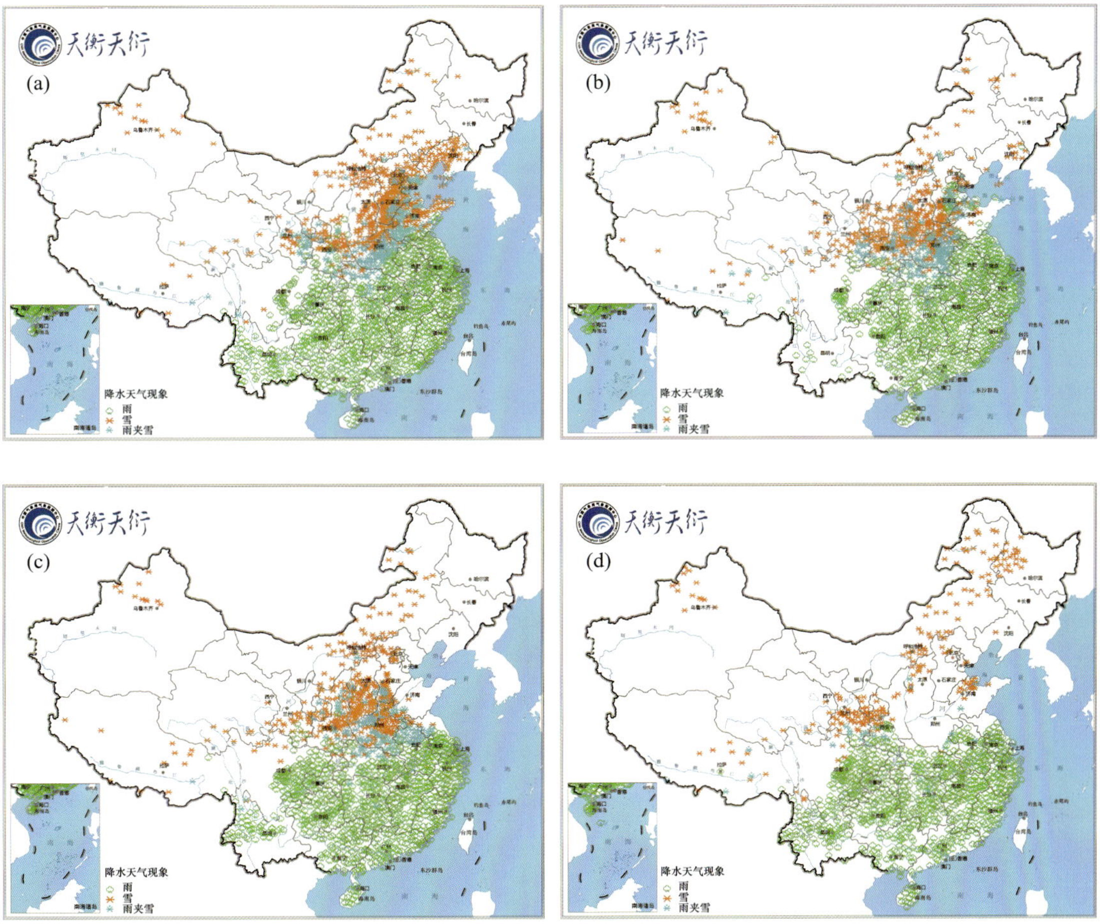

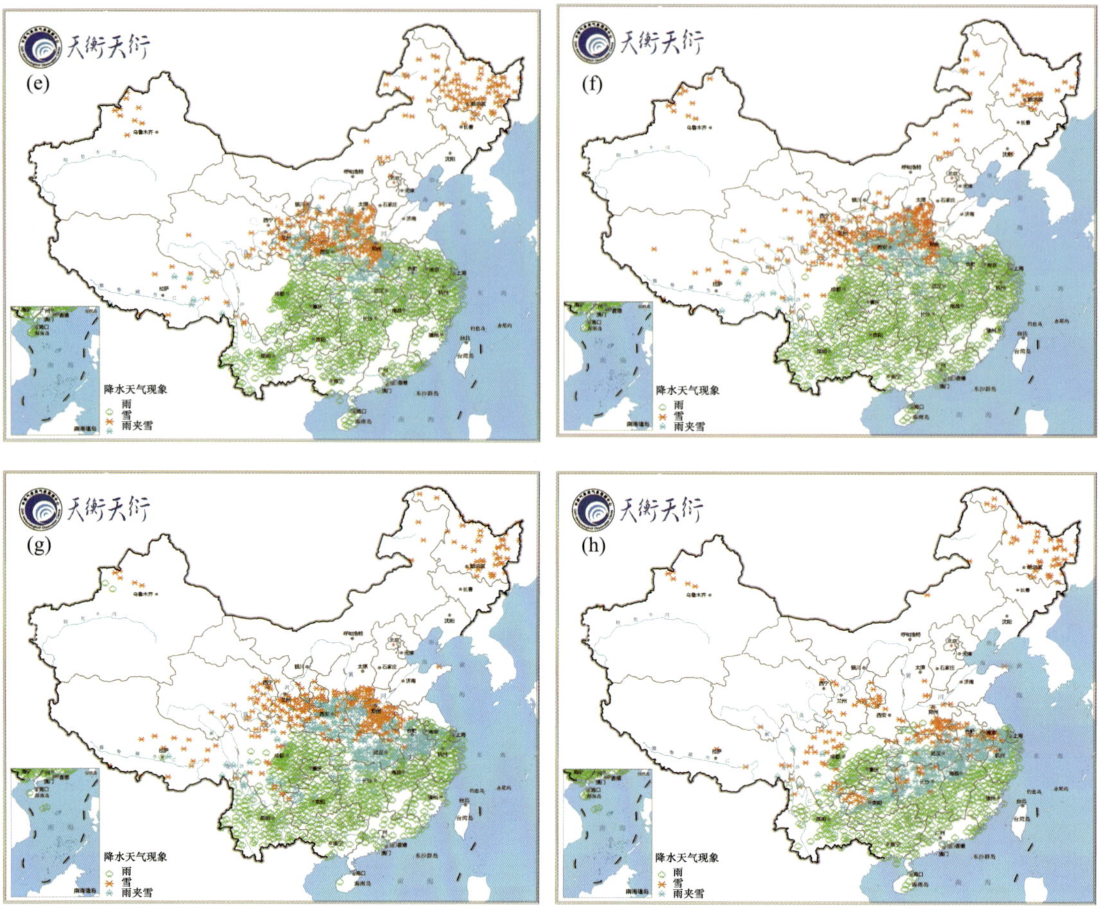

图 7-2　1 月 21—29 日 20 时全国 24 h 降水天气现象分布

(a)21—22 日；(b)22—23 日；(c)23—24 日；(d)24—25 日；(e)25—26 日；(f)26—27 日；(g)27—28 日；(h)28—29 日

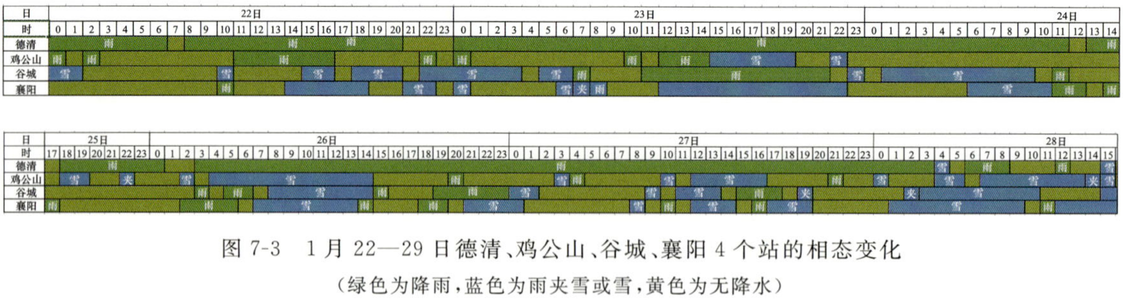

图 7-3　1 月 22—29 日德清、鸡公山、谷城、襄阳 4 个站的相态变化

（绿色为降雨，蓝色为雨夹雪或雪，黄色为无降水）

7.1.2　天气背景

从 1 月 21—28 日 20 时逐日天气形势综合图(图 7-4)可见：本次降水过程主要影响系统为 500 hPa 高度上的高空槽，与低层切变共同影响，随着高空槽的东移，降雪区域也逐渐向东移动。

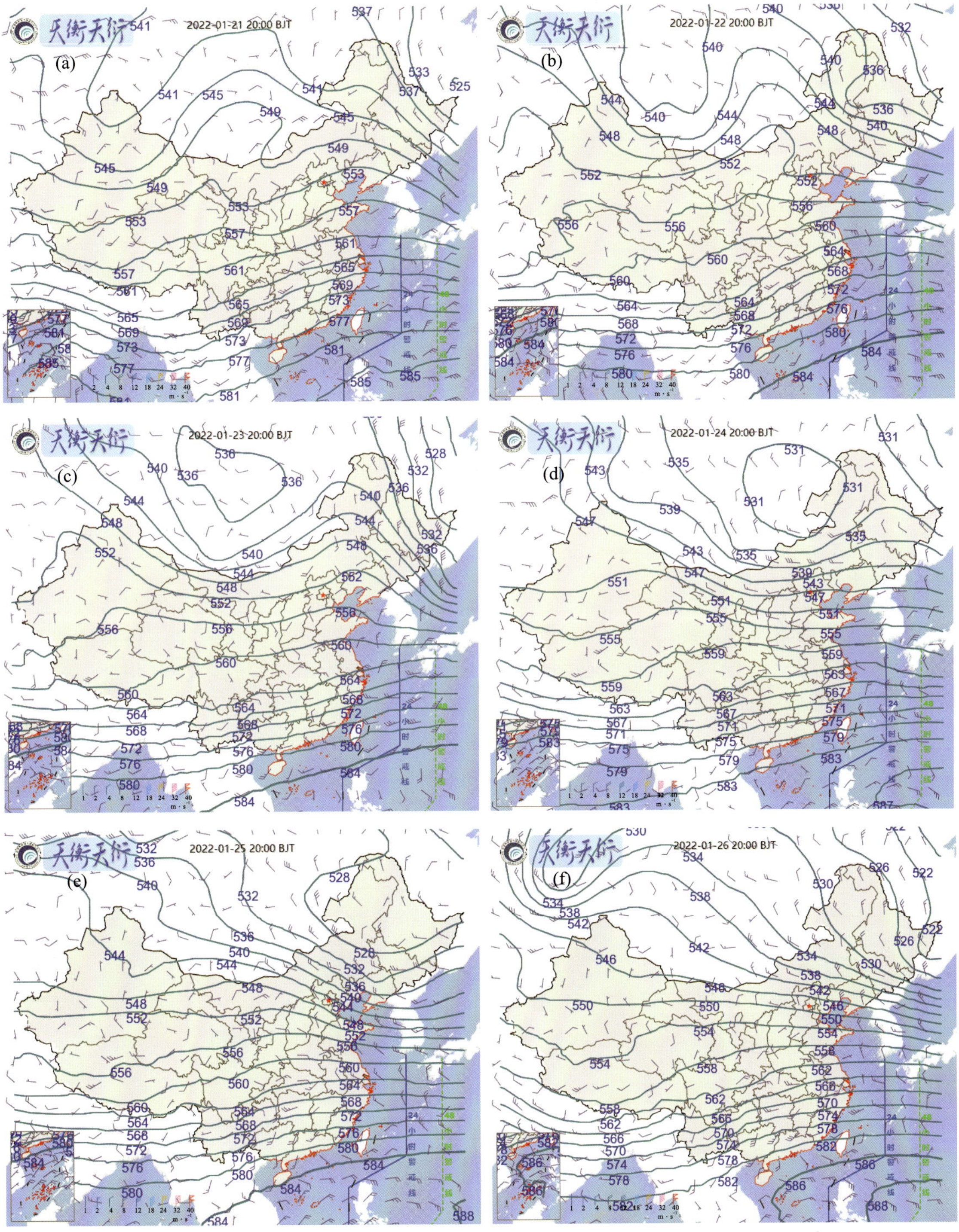
2022-01-21 20:00 BJT
(a)
2022-01-22 20:00 BJT
(b)
2022-01-23 20:00 BJT
(c)
2022-01-24 20:00 BJT
(d)
2022-01-25 20:00 BJT
(e)
2022-01-26 20:00 BJT
(f)

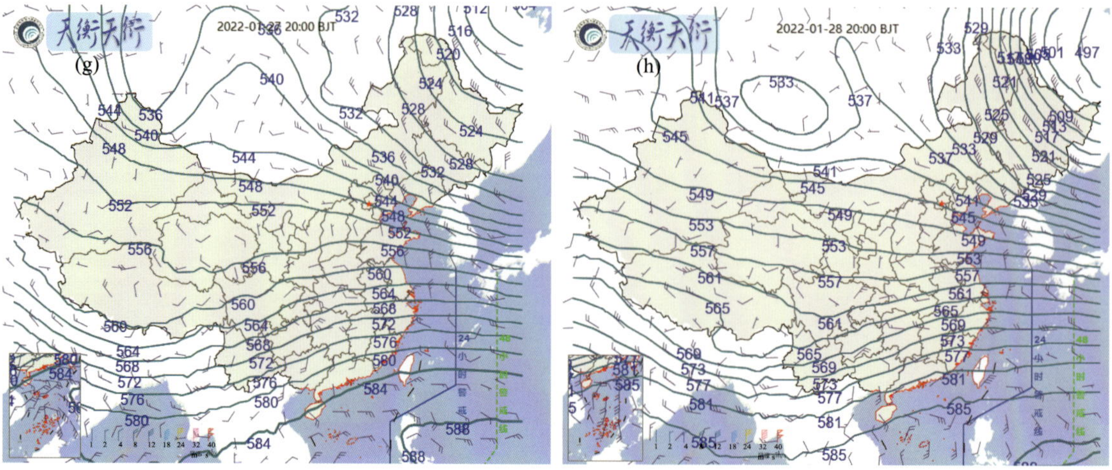

图 7-4 1 月 21—28 日 20 时全国 500 hPa 高度场叠加 850 hPa 风场图(单位:m・s^{-1})

(a)21 日;(b)22 日;(c)23 日;(d)24 日;(e)25 日;(f)26 日;(g)27 日;(h)28 日

7.1.3 多源观测资料分析

7.1.3.1 能见度监测

综合气象观测产品系统(天衡天衍)能见度产品显示(图 7-5),1 月 22—23 日,低能见度区域范围广、强度大。22 日,低能见度分布在东北中西部、内蒙古中部、新疆北部、华北、华中、华东、广西中部等地,23 日,范围明显缩小,分布于黑龙江中西部、吉林、华北、西北东部、华中北部等地,个别站点能见度不足 500 m。24 日,能见度略好,25 日,低能见度区域东移,黑龙江、吉林的范围增大,强度增强,华东、华中等地范围缩小,贵州最低能见度不足 500 m。27—28 日,能见度略好转,仅在华中、江西北部等地出现低能见度天气,29 日趋于结束,仅在长江中下游区域出现低能见度天气。

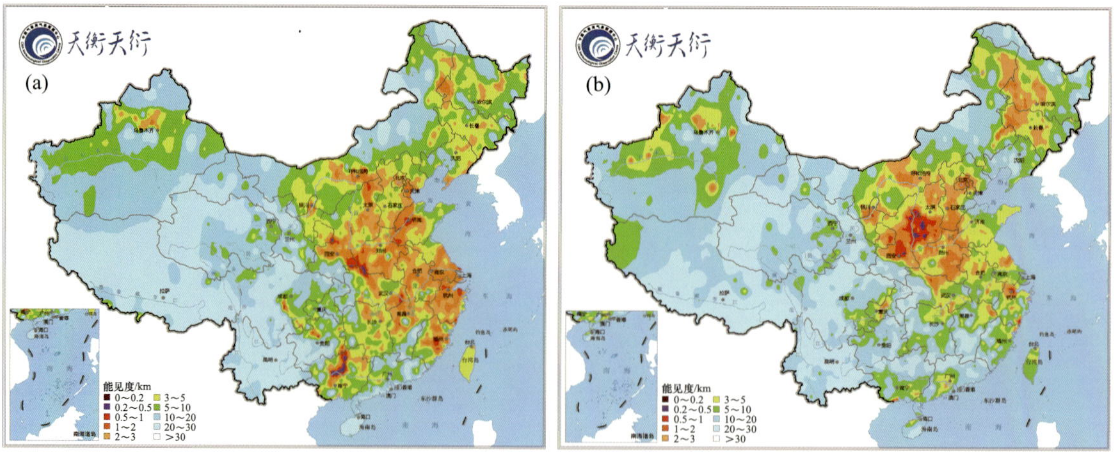

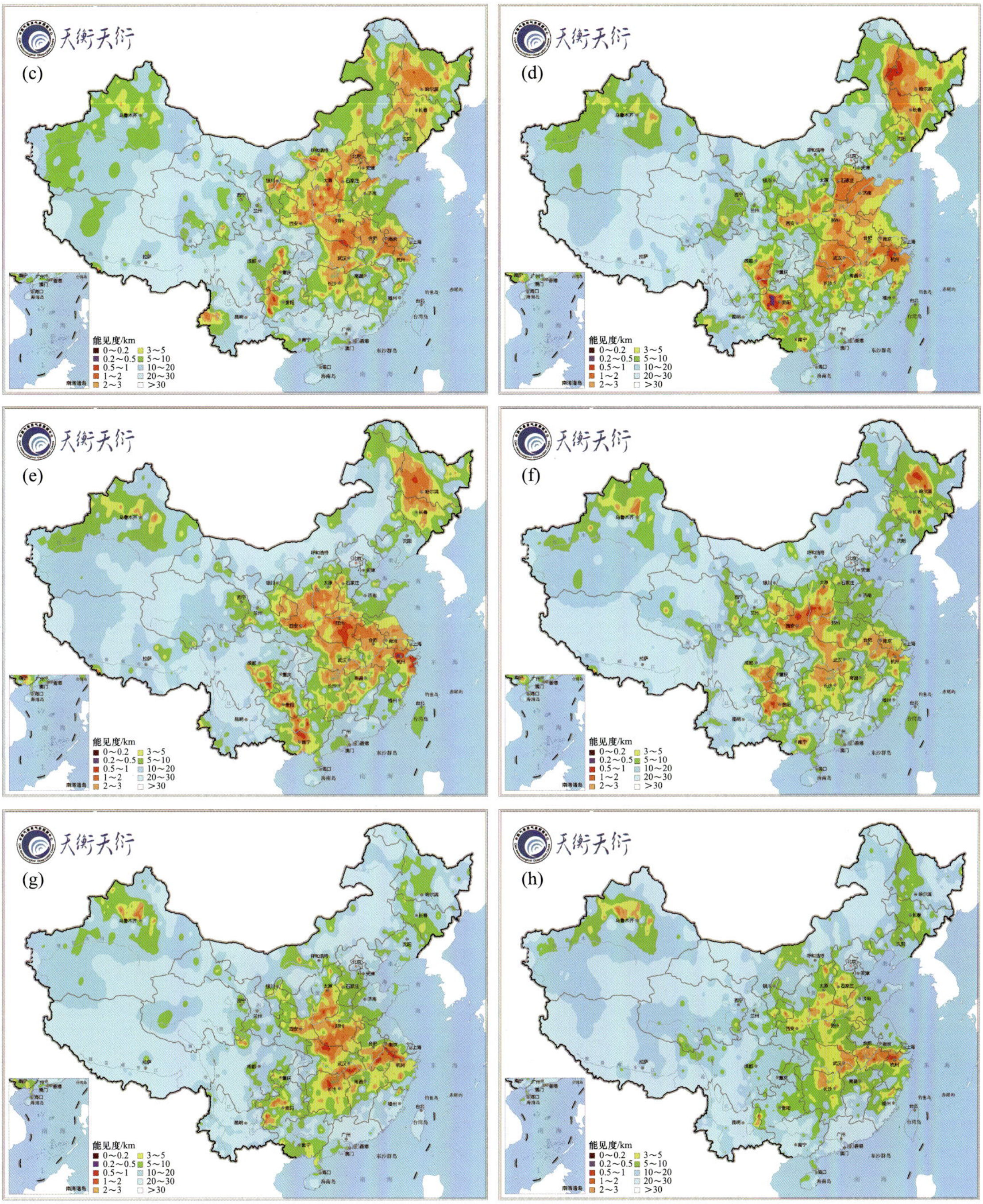

图 7-5 1 月 22—29 日 20 时全国地面站 1 h 最低能见度

(a)22 日;(b)23 日;(c)24 日;(d)25 日;(e)26 日;(f)27 日;(g)28 日;(h)29 日

7.1.3.2 雾/霾监测

由于风小和降雪带来的高湿环境及颗粒物累积,引起大范围区域性的中重雾/霾等低能见度天气，天津、河北等地能见度不足 5 km 持续时间在 48 h 以上。

综合气象观测产品系统（天衡天衍）全国地面站 1 h 视程障碍产品显示（图 7-6），1 月 22 日 20 时—23 日 20 时，东北、内蒙古中东部、新疆、华北、西北东部、山东、河南等地区出现霾和轻雾天气；24 日，霾和轻雾范围南扩华中、江南北部、西南东部等地；25—28 日，华北大部、江南北部和东北地区视程障碍现象消散。29 日，吉林、湖南、贵州等部分地区仍以霾和轻雾天气为主。

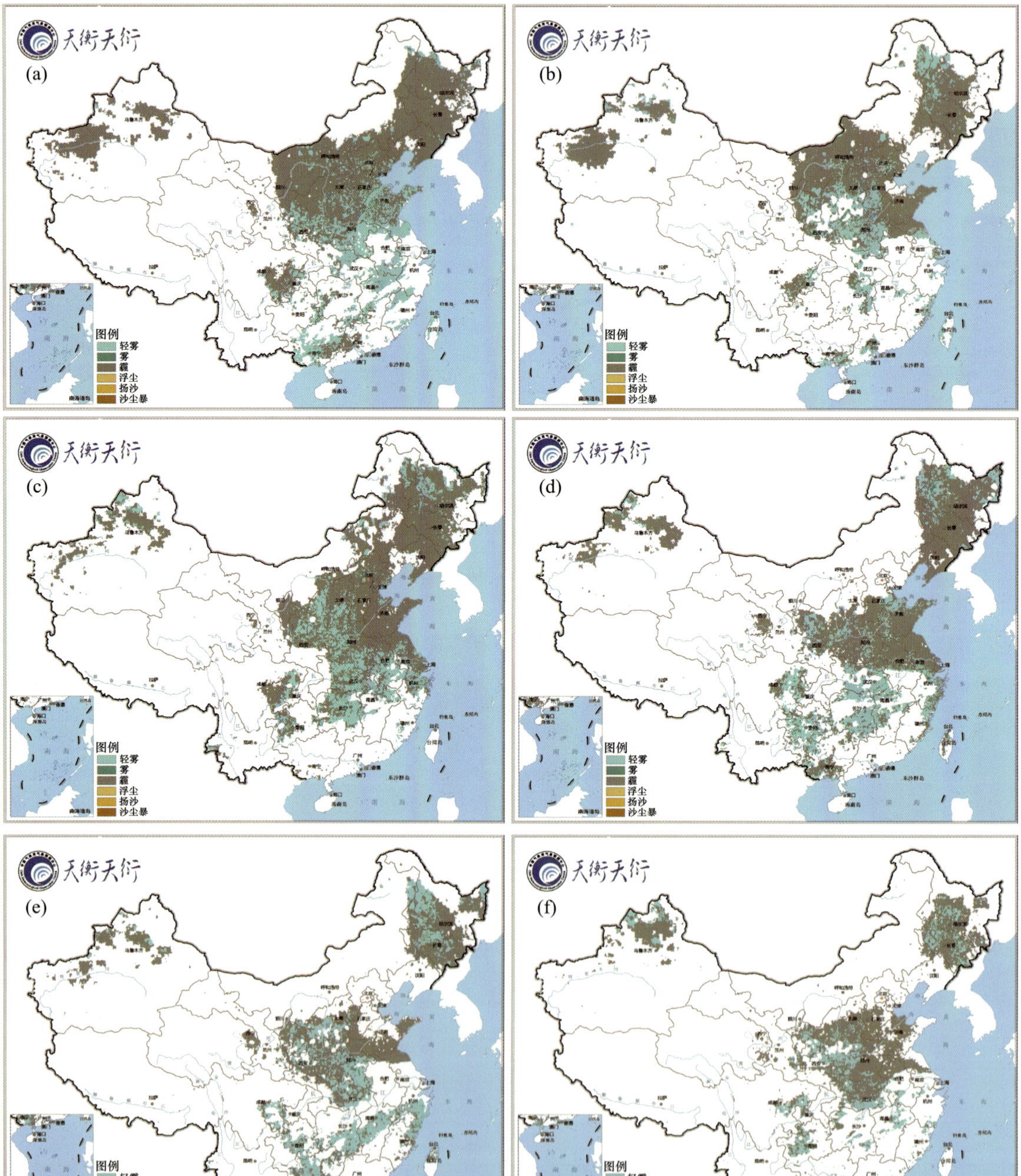

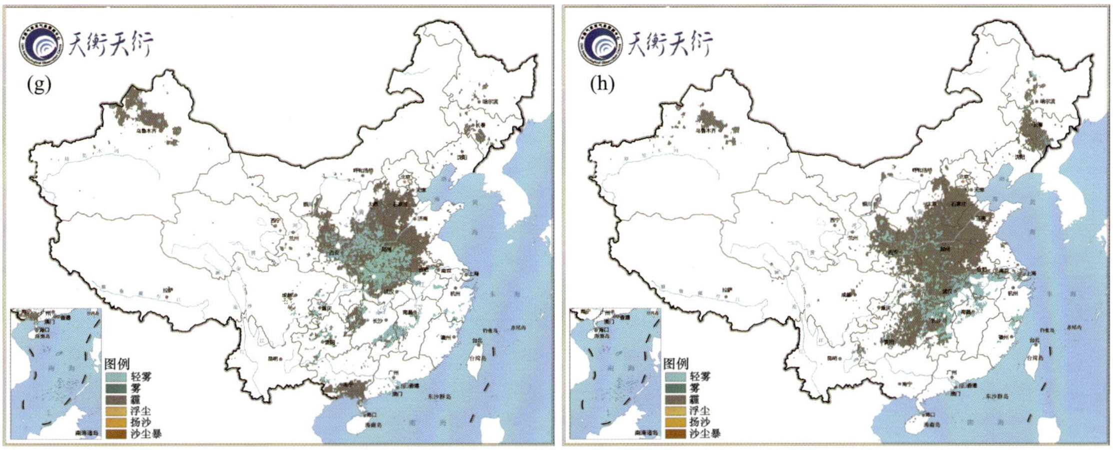

图 7-6 1 月 22—29 日 20 时全国地面站 1 h 视程障碍现象产品

(a)22 日;(b)23 日;(c)24 日;(d)25 日;(e)26 日;(f)27 日;(g)28 日;(h)29 日

7.2 2 月 5—8 日湖北、湖南、安徽、浙江、宁夏、甘肃、陕西暴雪

7.2.1 过程特征描述

2 月 5—8 日,我国华东中部、华中南部、西北东部等地出现大到暴雪天气,2 月 5 日 18 时中国气象局启动了Ⅳ级应急响应,应急区域为湖北、湖南、安徽、浙江、宁夏、甘肃、陕西等地。湖南、湖北、安徽大部地区过程降水量为 10～25 mm,最大出现在湖北武穴站,为 30.3 mm。湖北、安徽大部地区新增积雪深度为 10～30 cm,最大积雪深度超过 10 cm 的台站见表 7-1。

表 7-1 2 月 5 日 08 时—8 日 08 时应急区域最大积雪深度超过 10 cm 的台站

省(区、市)	站名	最大积雪深度/cm
浙江	德清	11
安徽	黄山	28
湖北	金沙	20
湖南	桃江	15
陕西	华山	15
甘肃	华亭	21
宁夏	泾源	25

7.2.1.1　逐日雨雪相态分布

综合气象观测产品系统(天衡天衍)全国地面站 24 h 雨雪相态分布显示(图 7-7),2 月 4 日 08 时—5 日 08 时,降雪和雨夹雪天气主要集中在西藏南部、青海北部、甘肃南部等地,累计降水量在 2.5 mm 以内。2 月 5 日 08 时—6 日 08 时,降雪和雨夹雪的区域扩大到西藏东部、青海、甘肃中部和南部、宁夏、陕西西南部、湖北东北部等地,站点增多、强度有所加强,青海东北部、甘肃、宁夏达到 10～20 mm。2 月 6 日 08 时—7 日 08 时,降雪和雨夹雪区域继续向东南部推进,其中甘肃、宁夏、陕西、河南、安徽、江苏以降雪为主,累计降水量基本在 10 mm 以内,湖北、湖南、江西北部等地多为雨夹雪,累计降水量在 20 mm 以内,个别站点达 20～30 mm。2 月 7 日 08 时—8 日 08 时,在甘肃、宁夏、陕西、湖北、湖南、安徽、江西降雪或雨夹雪强度明显减弱,累计降水量在 10 mm 以内;浙江、江苏明显加强,累计降水量达到 10～30 mm。

各省过程降雪量达到 5 mm 以上的排名(前 20)见表 7-2 至表 7-8。

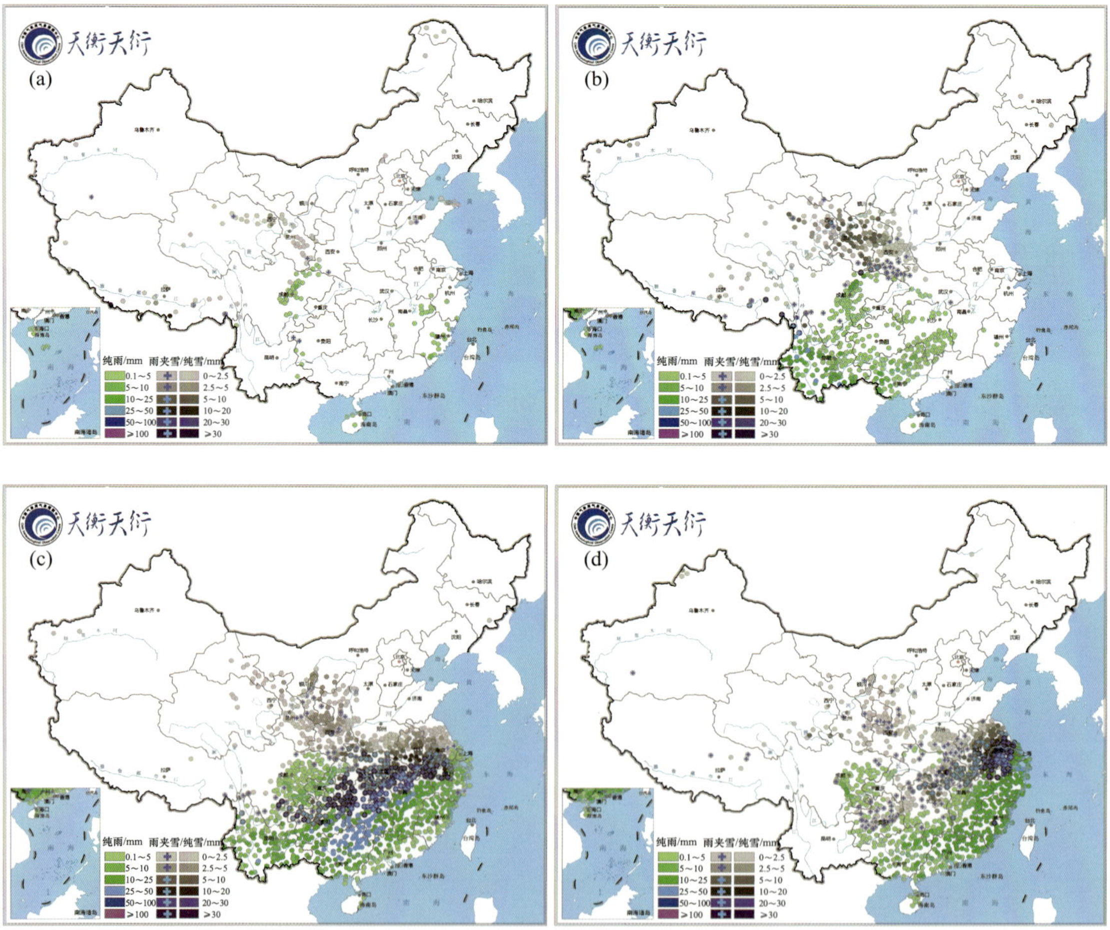

图 7-7　2 月 4 日 08 时—8 日 08 时全国地面站 24 h 雨雪相态分布

(a)4—5 日;(b)5—6 日;(c)6—7 日;(d)7—8 日

表 7-2　安徽降雪量排名统计
(2 月 5 日 08 时—8 日 08 时)

区域	站名	累计降雪量/mm
芜湖市	无为	28.5
宣城市	宣城	27.5
芜湖市	芜湖	27.5
马鞍山市	马鞍山	27.3
安庆市	天柱山	25.9
宣城市	广德	25.7
芜湖市	南陵	25.4
宣城市	郎溪	24.7
马鞍山市	当涂	24.1
池州市	青阳	23.3
安庆市	安庆	22.7
池州市	石台	22.5
池州市	池州	22.5
池州市	九华山	22.4
合肥市	庐江	22.1
安庆市	宿松	22.1
马鞍山市	含山	21.6
宣城市	泾县	21.3
六安市	金寨	21.3
铜陵市	铜陵	21.2

表 7-3　浙江降雪量排名统计
(2 月 5 日 08 时—8 日 08 时)

区域	站名	累计降雪量/mm
湖州市	湖州国家基本气象站	25.4
湖州市	德清	24.1
湖州市	长兴	22.1
杭州市	临安	20.6
湖州市	安吉	20.3
杭州市	临平	13.0
杭州市	杭州空间站	11.5
杭州市	富阳	10.8
杭州市	桐庐	10.7
杭州市	淳安	5.7

表 7-4　湖北累计降水排名统计
（2 月 5 日 08 时—8 日 08 时）

区域	站名	累计降水量/mm
黄冈市	武穴	30.3
黄石市	阳新	29.0
咸宁市	金沙	28.3
黄冈市	蕲春	27.9
咸宁市	崇阳	27.2
咸宁市	通城	26.7
黄石市	大冶	26.4
孝感市	汉川	23.4
咸宁市	咸宁	23.0
荆州市	荆州	22.6
武汉市	武汉	22.6
黄冈市	英山	21.9
黄石市	黄石	21.7
咸宁市	通山	21.4
武汉市	蔡甸	21.4
宜昌市	宜都	21.3
咸宁市	嘉鱼	21.1
咸宁市	赤壁	20.9
黄冈市	浠水	20.4
黄冈市	黄冈	20.2

表 7-5　湖南降雪量排名统计
（2 月 5 日 08 时—8 日 08 时）

区域	站名	累计降雪量/mm
岳阳市	临湘	22.0
岳阳市	岳阳	20.7
益阳市	桃江	20.1
岳阳市	湘阴	18.7
益阳市	阮江	17.8
益阳市	赫山	17.8
岳阳市	汨罗	17.2
常德市	汉寿	16.8
衡阳市	南岳	16.7
常德市	临澧	15.4

续表

区域	站名	累计降雪量/mm
岳阳市	华容	14.9
常德市	安乡	13.7
常德市	石门	12.6
常德市	桃源	11.8
湘西土家族苗族自治州	花垣	11.4
张家界市	桑植	10.7
岳阳市	平江	10.3
常德市	常德	10.0
益阳市	安化	10.0
湘西土家族苗族自治州	永顺	9.8

表 7-6　甘肃降雪量排名统计
(2 月 5 日 08 时—8 日 08 时)

区域	站名	累计降雪量/mm
平凉市	崆峒	11.4
定西市	通渭	11.2
庆阳市	镇原	10.7
陇南市	康县	10.0
平凉市	静宁	9.9
定西市	华家岭	8.9
平凉市	华亭	8.5
白银市	会宁	8.5
甘南藏族自治州	玛曲	8.2
庆阳市	西峰	8.2
定西市	安定	7.9
陇南市	成县	7.8
兰州市	榆中	7.6
临夏回族自治州	东乡	7.5
甘南藏族自治州	迭部	7.4
临夏回族自治州	和政	7.2
临夏回族自治州	康乐	7.2
白银市	靖远	7.0
陇南市	西和	7.0
兰州市	永登	7.0

表 7-7 宁夏降雪量排名统计

(2 月 5 日 08 时—8 日 08 时)

区域	站名	累计降雪量/mm
固原市	泾源	13.9
固原市	固原国家基准气候站	9.5
吴忠市	麻黄山	8.6
固原市	彭阳	8.2
中卫市	海原国家站	7.2
吴忠市	同心	6.1
中卫市	兴仁	5.2
银川市	永宁	5.1
固原市	六盘山	5.0

表 7-8 陕西降雪量排名统计

(2 月 5 日 08 时—8 日 08 时)

区域	站名	累计降雪量/mm
西安市	周至	11.3
安康市	平利	8.0
汉中市	留坝	6.8
汉中市	宁强	6.7
安康市	白河	6.0
咸阳市	长武	5.8
汉中市	南郑	5.6
铜川市	宜君	5.5
咸阳市	淳化	5.5
安康市	岚皋	5.4
商洛市	商南	5.3
安康市	镇坪	5.3
铜川市	耀州	5.3
宝鸡市	陇县	5.3
汉中市	镇巴	5.2
咸阳市	彬州	5.0
安康市	汉阴	5.0
商洛市	洛南	5.0

7.2.1.2 逐日 6 h 新增积雪

综合气象观测产品系统(天衡天衍)全国地面站 6 h 新增积雪深度显示(图 7-8),2 月 5 日 08—14 时,新疆北部、青海东北部和甘肃中南部有 1～2 cm 的新增积雪,个别站点达 5 cm。6 日 08—14 时,新增积雪深度值和区域与前一日基本一致,最大新增积雪深度出现在甘肃华

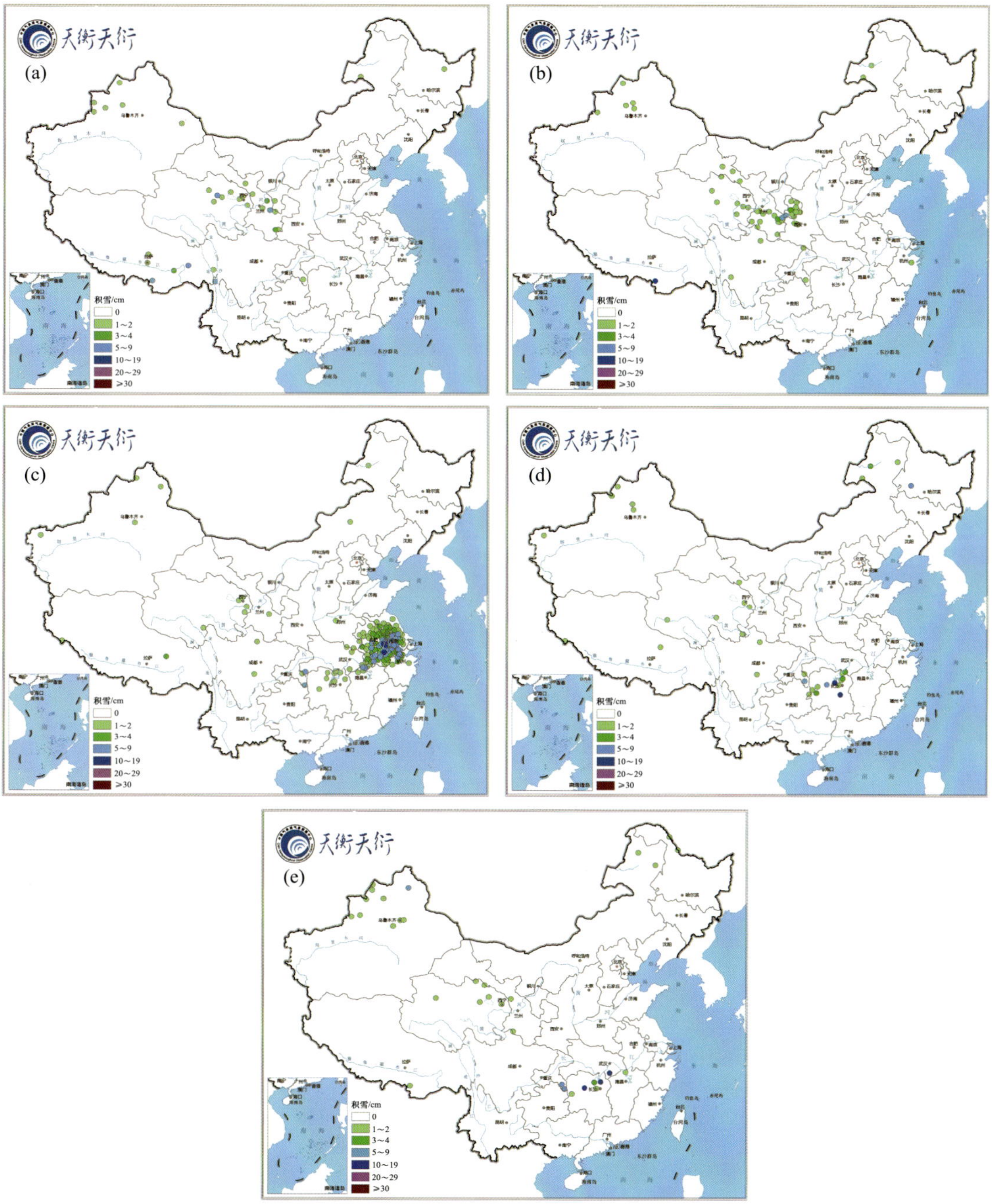

图 7-8 2 月 5—9 日 08—14 时全国 6 h 新增积雪深度

(a)5 日;(b)6 日;(c)7 日;(d)8 日;(e)9 日

亭站，达 6.0 cm。7 日 08—14 时，青海和甘肃仅有个别站出现 1 cm 的新增积雪，安徽、浙江北部、江苏、湖南北部等地降水明显加强，有 10 cm 以内的新增积雪，最大新增积雪深度出现在安徽南陵站，达 16.0 cm。8 日 08—14 时，全国没有明显的新增积雪。9 日 08—14 时，全国只有个别省份零星出现 1～2 cm 的新增积雪，最大新增积雪深度出现在湖南赫山站和汨罗站，达 6.0 cm。

7.2.2 天气背景

从 2022 年 2 月 4 日 08 时综合图（图 7-9）可见：500 hPa 上有深厚高原槽，700 hPa 上有暖切变，高原槽前的西南气流，700 hPa 偏南风，两者共同影响形成自西向东的强降雪。

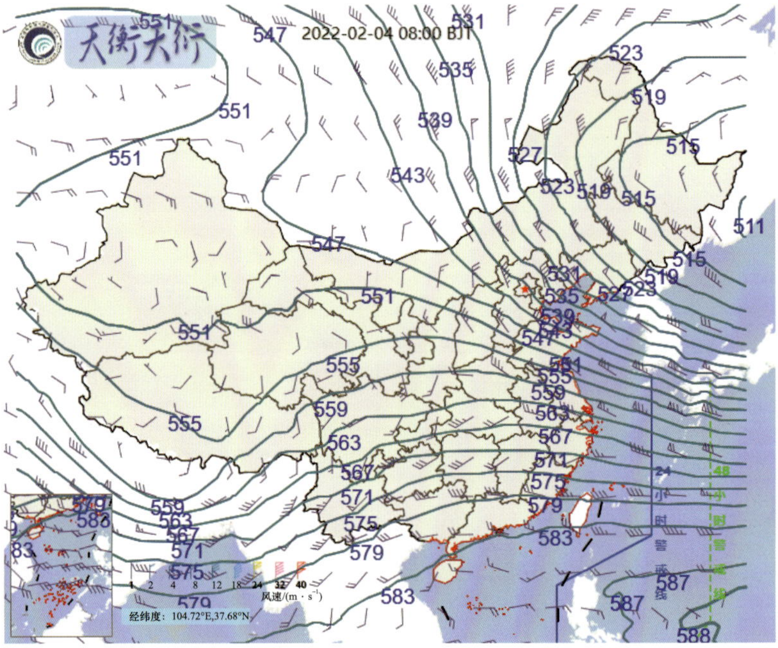

图 7-9　2022 年 2 月 4 日 08 时全国 500 hPa 高度场叠加 700 hPa 风场图

7.2.3 多源观测特征分析

全国地面站 72 h 变温监测产品显示（图 7-10），2 月 8 日 08 时，72 h 降温 8 ℃线在东北、北京北部、天津北部、山西、陕西西北、甘肃、四川西北、西藏东部一带；8 ℃线以北为强降温区域，以南为弱降温甚至升温区域。最强降温出现在黑龙江省新林碧洲站，降温 35.6 ℃。

全国地面站 72 h 最低气温监测产品（图 7-11）显示，2 月 9 日 16 时，0 ℃线位于江苏南部、安徽中部、湖北南部、湖南西北、贵州南部、云南北部一带。

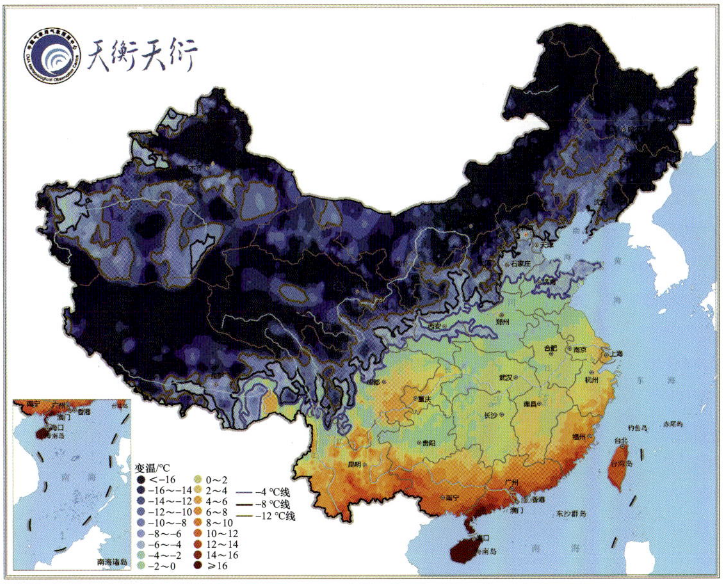

图 7-10　2022 年 2 月 5 日 08 时—8 日 08 时全国地面站 72 h 变温

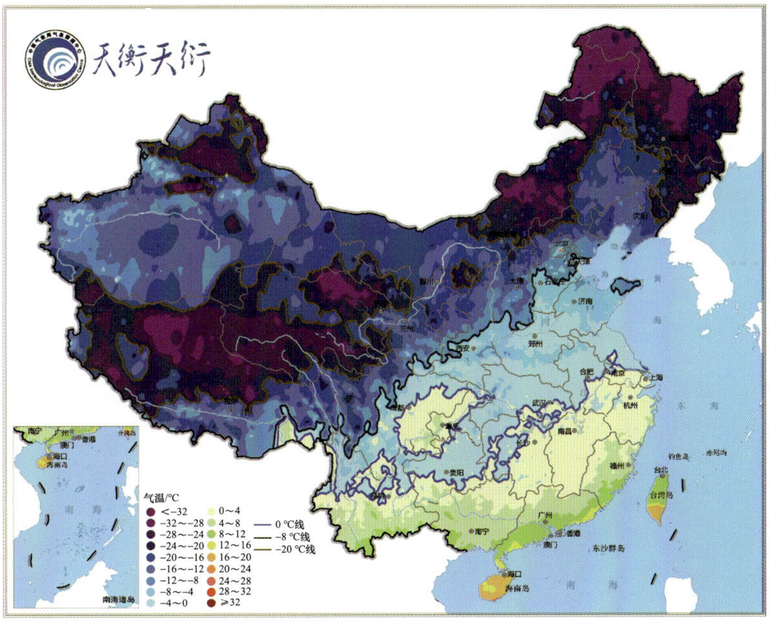

图 7-11　2022 年 2 月 6 日 16 时—9 日 16 时全国地面站 72 h 最低气温

7.3 小结

本章利用天衡天衍系统雨雪相态分布、天气现象、积雪深度、变温等产品，对 2022 年 1—2 月份出现在我国的大范围暴雪天气过程进行分析。雨雪相态分布、天气现象相关产品能够较好地区分降雪和降雨天气，能够快速监测并统计出降雪和降雨的站点，并能够监测到降雪区域的时空演变。积雪深度监测相关产品能够灵活对相应区域内积雪情况进行监测，可以快速分析得到降雪较密集的区域。变温及最低气温监测相关产品能够反应降雪前后的气温变化，了解降温区域及强度，为暴雪衍生灾害研究提供强有力的数据支撑。后面将进一步加强新型观测设备(如天气现象视频智能识别观测仪等)的数据分析，持续优化积雪深度变化产品的开发和应用，加强积雪深度数据的质量控制，点面结合，助力农业生产、服务民生。

第八章 重大活动保障

8.1 冬奥会和冬残奥会气象观测服务保障

针对北京冬奥会和冬残奥会气象保障服务，研发《冬奥/冬残奥气象观测服务快报》《冬奥/冬残奥气象观测服务日报》自动模板功能。并根据实际情况及时调整模板内容格式，支撑了特别工作状态期间高强度决策服务材料的制作，有效保障了冬奥气象保障服务的圆满完成，为赛事的成功举办贡献了不可或缺的气象力量。

冬奥会气象服务保障特别工作状态期间制作 8 类材料共 169 份，冬残奥会气象服务保障特别工作状态期间制作 6 类材料共 96 份，包括冬(残)奥气象观测服务日报、冬(残)奥气象观测服务快报、冬(残)奥气象监测专题报告、冬(残)奥气象观测数据质量日报、气象探测中心冬(残)奥气象保障服务工作情况报告、综合气象观测日报、观测会商材料，还通过融媒体发布观测实况材料。

为了应对冬奥会和冬残奥会的独特需求和特点，特别研发了新产品、新系统，形成一些气象保障服务成果，全力保障和提升冬奥期间的观测服务，确保赛事的顺利进行。

8.1.1 全方位冬奥综合观测系统

冬奥综合观测系统充分结合冬奥会和冬残奥会比赛场馆信息和观测站点，主要从重点要素、地基垂直观测和三维实况及巡游 3 个方面展现赛事期间的天气实况。冬奥综合观测系统结合冬(残)奥会赛事特点研制了风、气温、视程障碍、雨雪分布等专项要素产品。其中，既有站点单站观测实况、观测组网信息，也有融合格点分布。例如，针对风要素有地面站点观测风、组合风场、天气雷达反演风场、500 m 分辨率融合格点风场以及地面风流场；针对温度要素有地面观测站 24 h 最低气温、变温、最低(高)气温变温、融合格点地面气温、体感温度等，达到由点及面、重点突出的融合观测效果。系统同时集成了微波辐射计、云雷达、水汽、风线雷达、激光雷达 5 种地基垂直观测，显示站点垂直风温湿时序图，提供垂直线连续监测产品。指挥系统还可以链接装备运行一张表、数据质量一张表和观测数据一张表，将装备、质量、数据实时联动(图 8-1)。

(1)针对冬(残)奥会需求，开发冬(残)奥会业务大屏展示系统，实时展示冬(残)奥会地面观测实况、地基遥感观测实况、实况巡游、今日赛事、场馆实况和预报信息、场馆要素时序图及天气告警等。

(2)天衡天衍 App 新增冬(残)奥会专项板块，集成 53 个气象观测数据，增加站点时序图及阈值提示功能，实时显示气象站点观测数据；冬残奥期间集成增加 PM_{10}、天气现象产品，增加垂直观测（水汽站、云雷达、激光雷达、微波辐射计、融合风场）产品展示，全力为冬奥、冬残奥会各项活动的开展保障护航（图 8-2）。

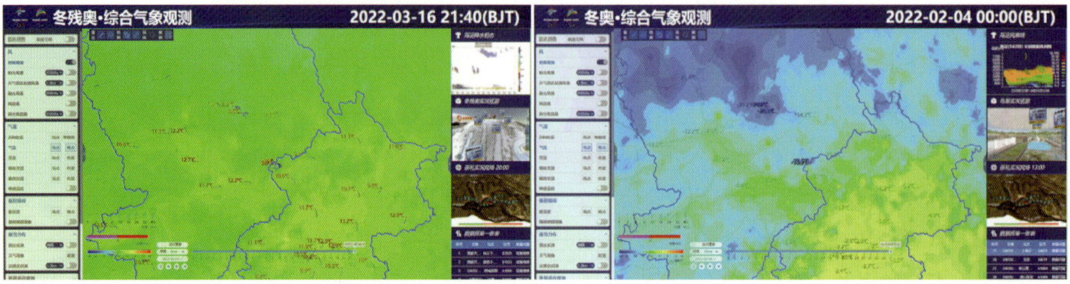

图 8-1　全方位冬奥综合观测系统

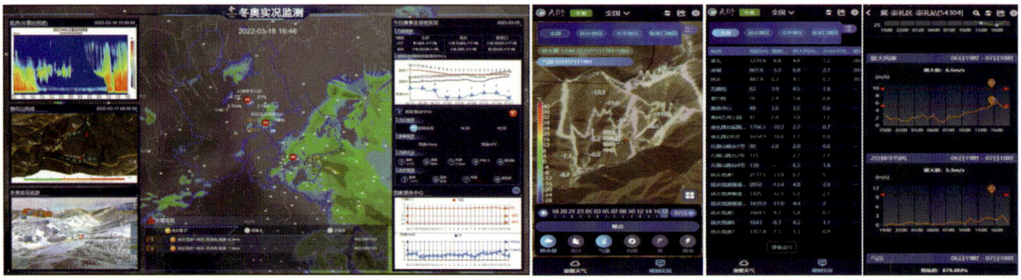

(a)　(b)　(c)　(d)

图 8-2　冬（残）奥业务大屏展示系统（a）和天衡天衍 App 冬（残）奥专项板块（b、c、d）

8.1.2　FDP 次千米级和次百米级精细化实况分析

根据中国气象局智慧冬奥 2022 天气预报示范计划（FDP）工作要求，依托中国气象局气象探测中心实时观测分析系统（RTOAS），针对保障区域及周边开展了次千米级（500 m）和次百米级（50 m）精细化气象实况分析数据服务，实时生成三维实况分析场，垂直方向一共 23 层（图 8-3）。系统生成产品要素 29 种，FDP 计划数据推送 9 种，地面分析时间次为 15 min，三维分析为 1 h。每日稳定推送数据 1512 个，数据量为 14 G。系统所应用的变分极小化加多重网格技术的数据融合方法可以最大程度地使分析结果逼近观测数据，提高融合格点场的真实性。此外，技术系统采用主流任务调度器进行任务工作流的调度监控和补算，并设计了针对赛事的异常情况处理策略和应急办法。

8.1.3　冬奥会三维实况天气沙盘

根据中国气象局智慧冬奥 2022 天气预报示范计划（FDP）工作要求，构建了冬奥会相关城市、赛区、赛场赛道实景、19 个场馆、50 多个站点的三维场景、气象实况及赛场巡游的冬奥三维实况天气沙盘系统。

(a)　(b)

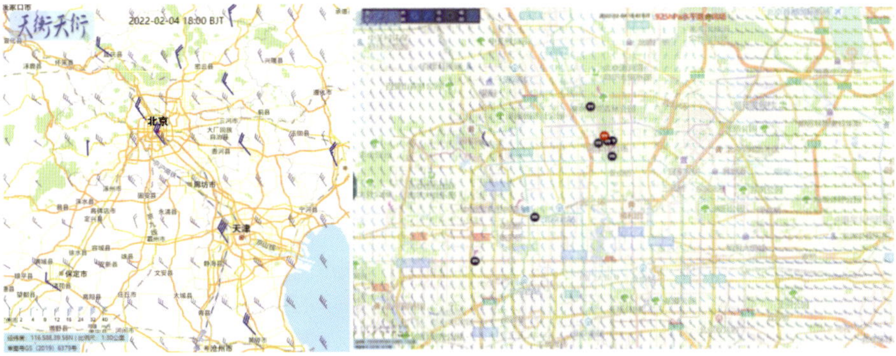

图 8-3　冬奥开幕式实况分析场(a)和三维风场叠加雷达反演三维风场(b)

基于冬奥会自动气象站观测数据，以及三维实况分析场数据，实现实时更新冬奥会自动气象站观测数据，标注自动气象站基础信息，区分警戒值。自动气象站设备观测要素包括温度、湿度、风速、风向，更新频次为 10 min。依托中国气象局气象探测中心实时观测分析系统(RTOAS)，针对保障区域及周边开展的次千米级(500 m)精细化实况分析数据服务，实时生成三维实况分析场，实时仿真渲染地面风场、三维云以及降雪的天气现象(图 8-4)。三维实况地面风场以及三维云的渲染更新频次为 10 min，降雪显示的更新频次为 1 h。

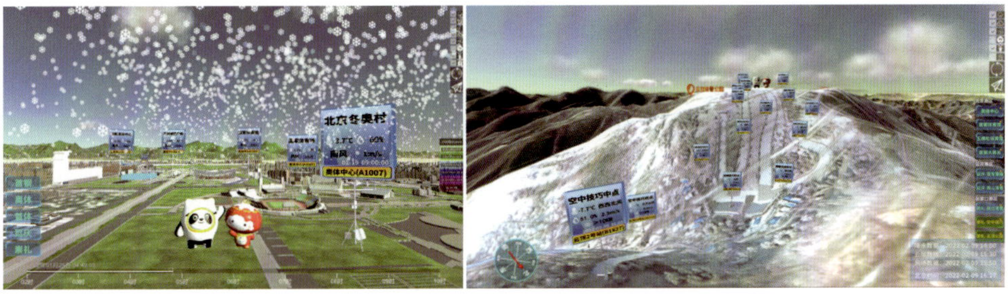

(a)　(b)

图 8-4　成果产品图-奥体中心(a)、崇礼-云顶公园(b)

本章主要利用天衡天衍系统对 2022 年全国两会和冬残奥期间的北方沙尘过程和雷电降水过程进行实况监测应用分析，总结重大活动气象保障服务经验。

8.2　全国两会和冬残奥会气象监测 3 月 3—4 日北方沙尘过程

2022 年 3 月 3—4 日，北方地区发生沙尘天气，主要为受蒙古气旋后部冷空气大风的影响，在内蒙古及西北地区东部、华北、黄淮等地出现扬沙过程。综合气象观测实时业务系统(天衡天衍)实况分析产品显示(图 8-5)，3 日 08 时，蒙古气旋后部的冷空气主要影响至蒙古国和内蒙古西部地区，至 4 日 08 时，蒙古气旋后部的冷空气明显加强并向南推进至山西、河北、黄淮地区。沙尘天气对北京、天津的局部地区产生了短时影响。

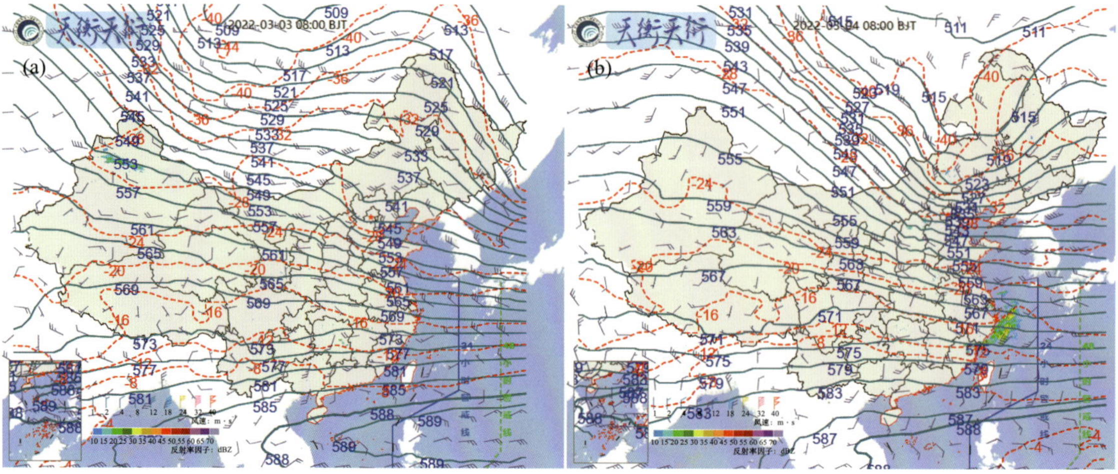

图 8-5　3 月 3 日 08 时(a)、4 日 08 时(b)500 hPa 等高线(蓝色,单位:hPa)、等温线(红色,单位:℃)和 850 hPa 风场图(单位:m・s^{-1})

乌拉特中旗站地面实况序列监测(图 8-6a)显示,3 月 3 日 14 时,乌拉特中旗出现较强的偏西风,能见度下降明显,从 12 时的 11.0 km 下降到 2.3 km,随后保持较低能见度水平,23 时起能见度逐渐趋于好转。北京南郊观象台站地面实况序列监测(图 8-6b)显示,本站风力持续偏弱,3 日 23 时起能见度由好转差,最低出现在 4 日 06 时,仅为 3.6 km。

乌拉特中旗站 PM_{10} 时间序列监测(图 8-7a)显示,3 月 3 日 14 时,乌拉特中旗小时平均 PM_{10} 质量浓度超过 400 μg・m^{-3},17 时达到 1000 μg・m^{-3},随后开始下降,4 日 05 时起,开始低于 200 μg・m^{-3},并逐渐下降。北京南郊观象台站 PM_{10} 时间序列监测(图 8-7b)显示,3 日夜间 PM_{10} 呈逐渐上升趋势,至 4 日 07 时,接近 150 μg・m^{-3}。

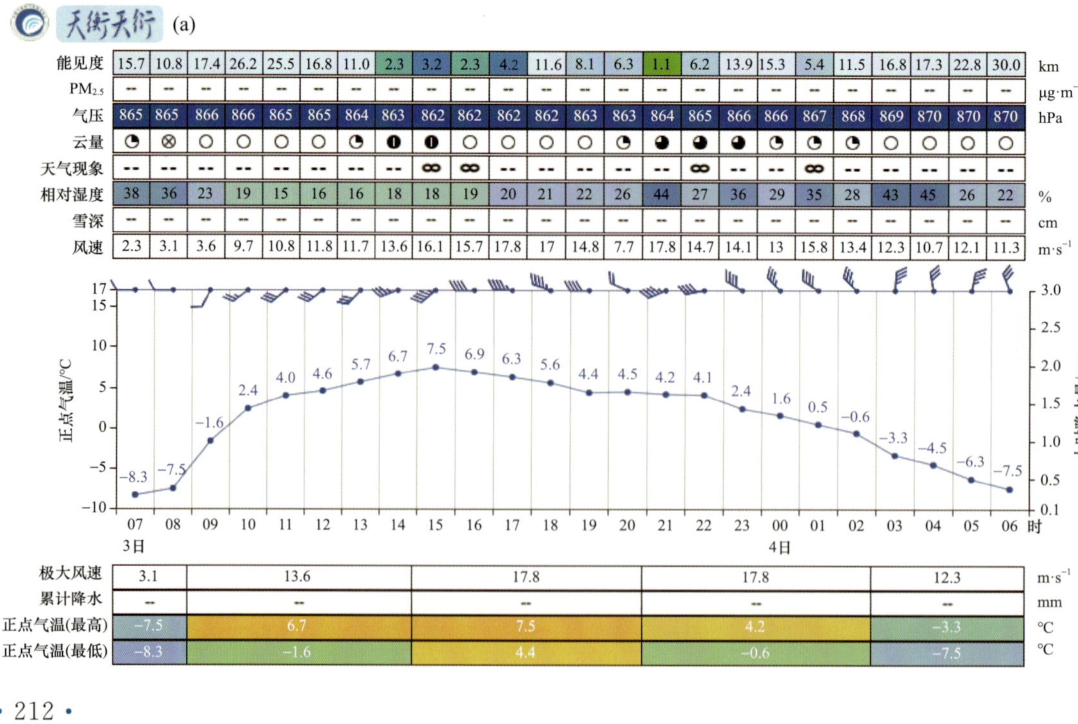

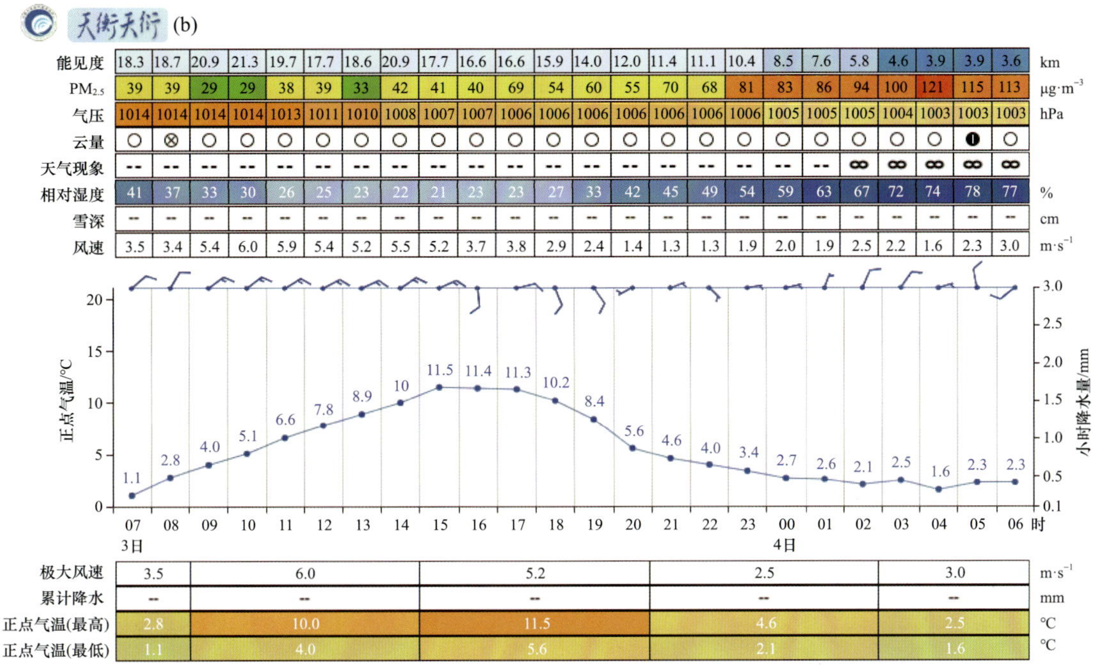

图 8-6　乌拉特中旗站(a)、北京南郊观象台站(b)3 月 3 日 06 时—4 日 06 时地面能见度、相对湿度与风时间序列图

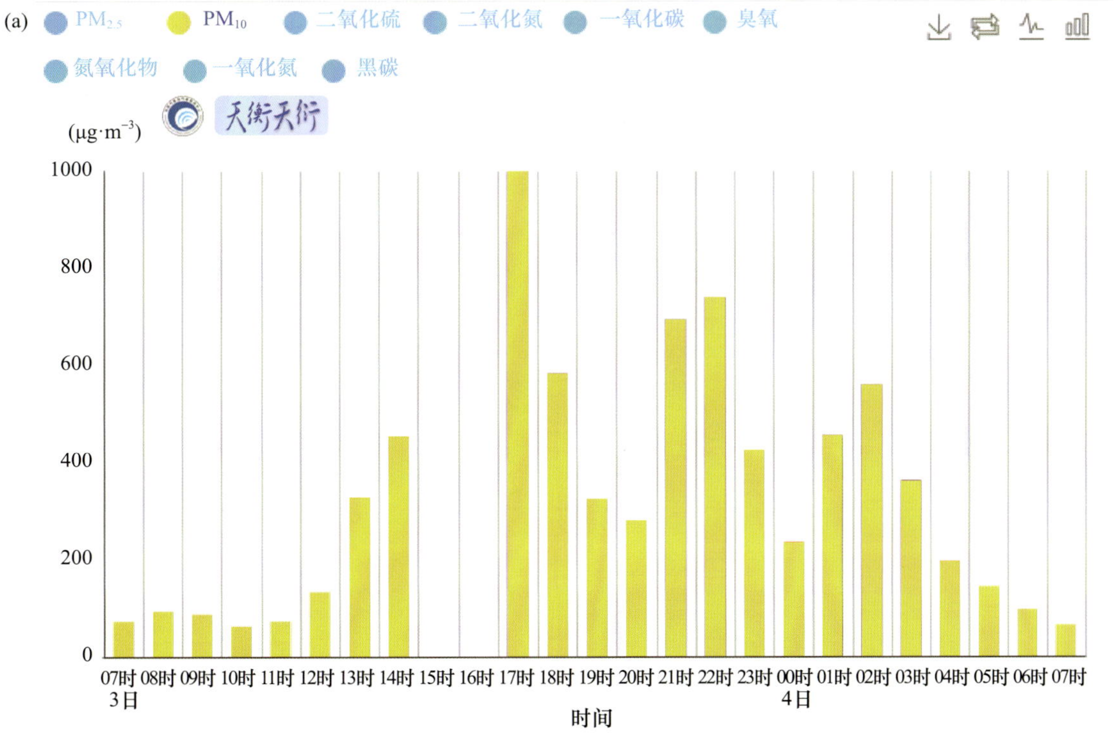

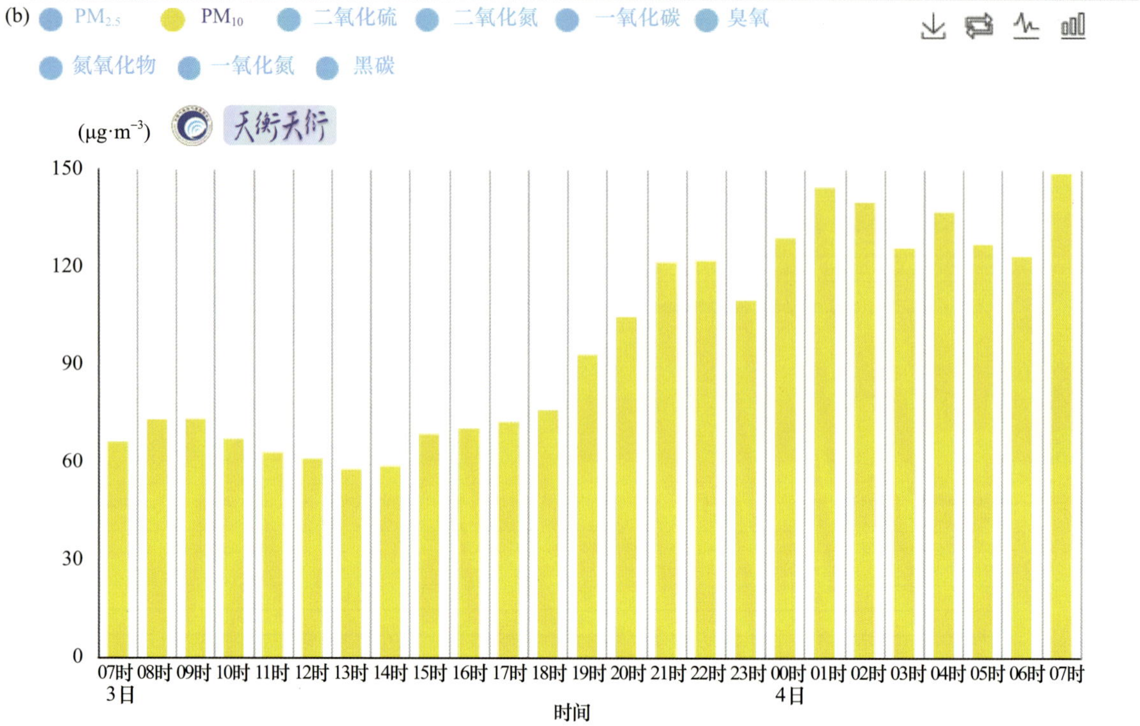

图 8-7　3 月 3 日 07 时—4 日 07 时乌拉特中旗站(a)、北京南郊观象台站(b)PM_{10} 时间序列图

8.2.1　能见度监测

综合气象观测产品系统(天衡天衍)全国 1 h 最低能见度产品(图 8-8)显示,3 月 3 日下午至 4 日凌晨,受沙尘过程影响,北方地区出现沙尘过程。3 日 14 时,内蒙古中部偏西地区出现大范围低能见度区域,17 时,低能见度区域向东有所扩大,随后该区域不断向东偏南方向移动,影响山西北部、河北西部、北京南部和天津南部。移动过程中,低能见度区域有所减小,能见度状况有所好转,截至 4 日 05 时,低能见度区域主要位于山西北部、北京东南部和天津地区。

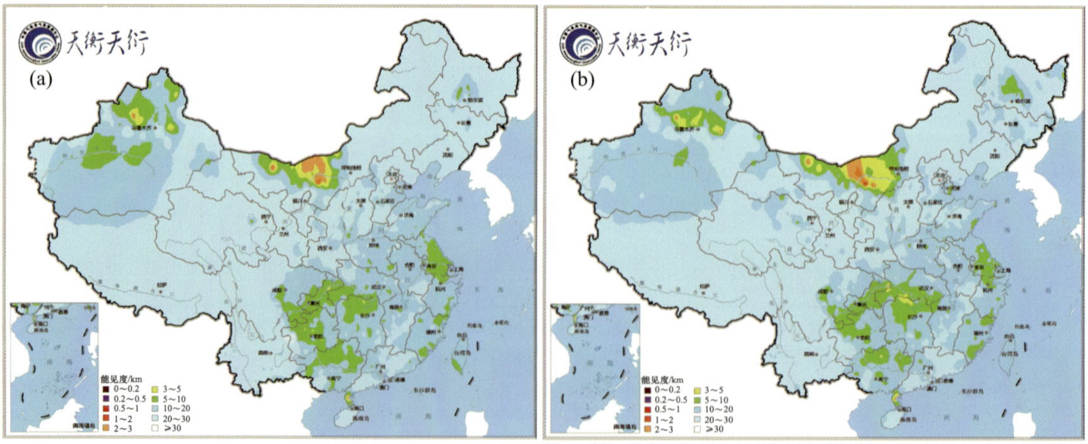

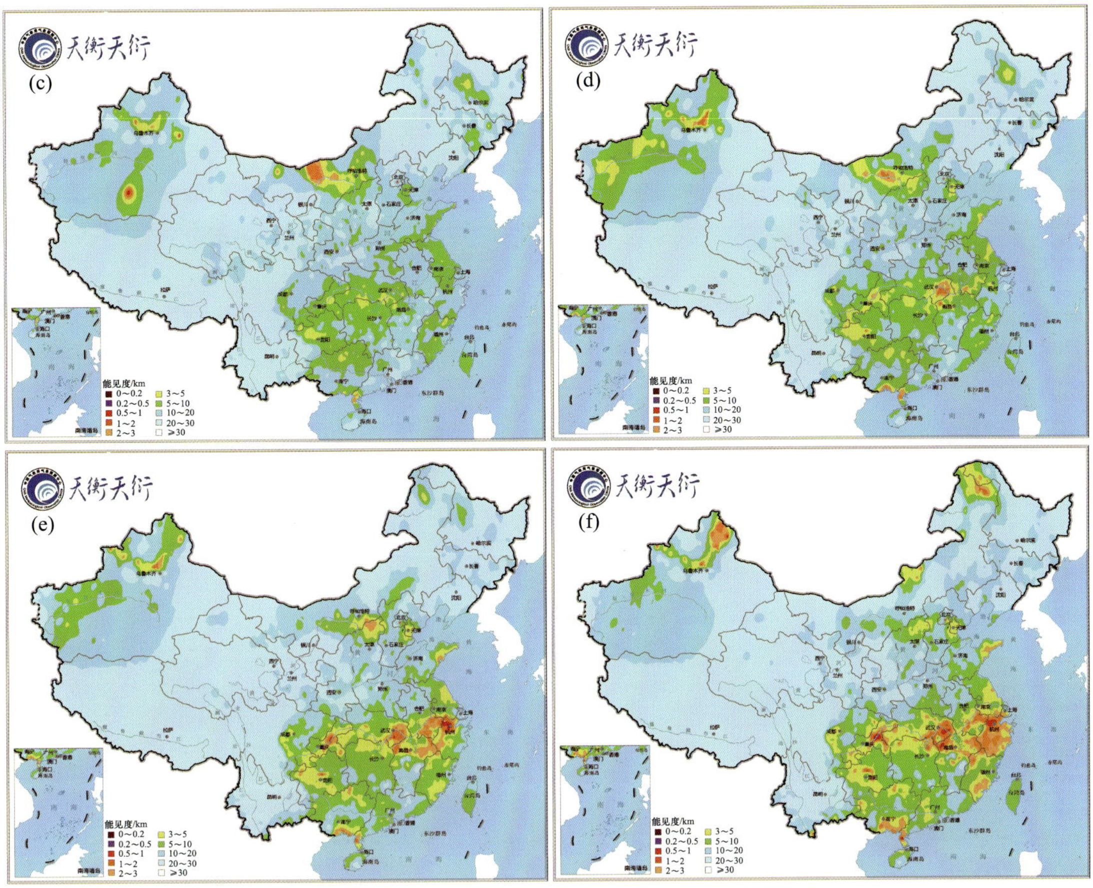

图 8-8　3 月 3—4 日全国地面站 1 h 最低能见度分布图

(a)3 日 14 时;(b)3 日 17 时;(c)3 日 20 时;(d)3 日 23 时;(e)4 日 02 时;(f)4 日 05 时

8.2.2　气溶胶颗粒物监测

综合气象观测产品系统(天衡天衍)全国地面 PM_{10} 产品(图 8-9)显示,PM_{10} 变化趋势与能见度较为一致,3 日 14 时,内蒙古中西部地区出现 PM_{10} 小时均值大于 420 $\mu g \cdot m^{-3}$ 的区域,随后该区域不断东移,截至 4 日 04 时,PM_{10} 高值区域主要位于内蒙古中西部、山西北部和北京东南部、天津南部。

8.2.3　激光雷达监测

从北京南郊观象台站激光雷达产品(图 8-10)来看,3 月 3 日 12 时,低层消光系数开始增强,持续至 3 月 4 日 12 时消光系数减小,对应该时段北京低层气溶胶浓度较大。从退偏振比产品看到,此次过程的退偏振比较高(>0.45),且退偏振比高值主要在 2.5 km 高度以上,说明此次过程在北京主要以高空沙尘传输为主。

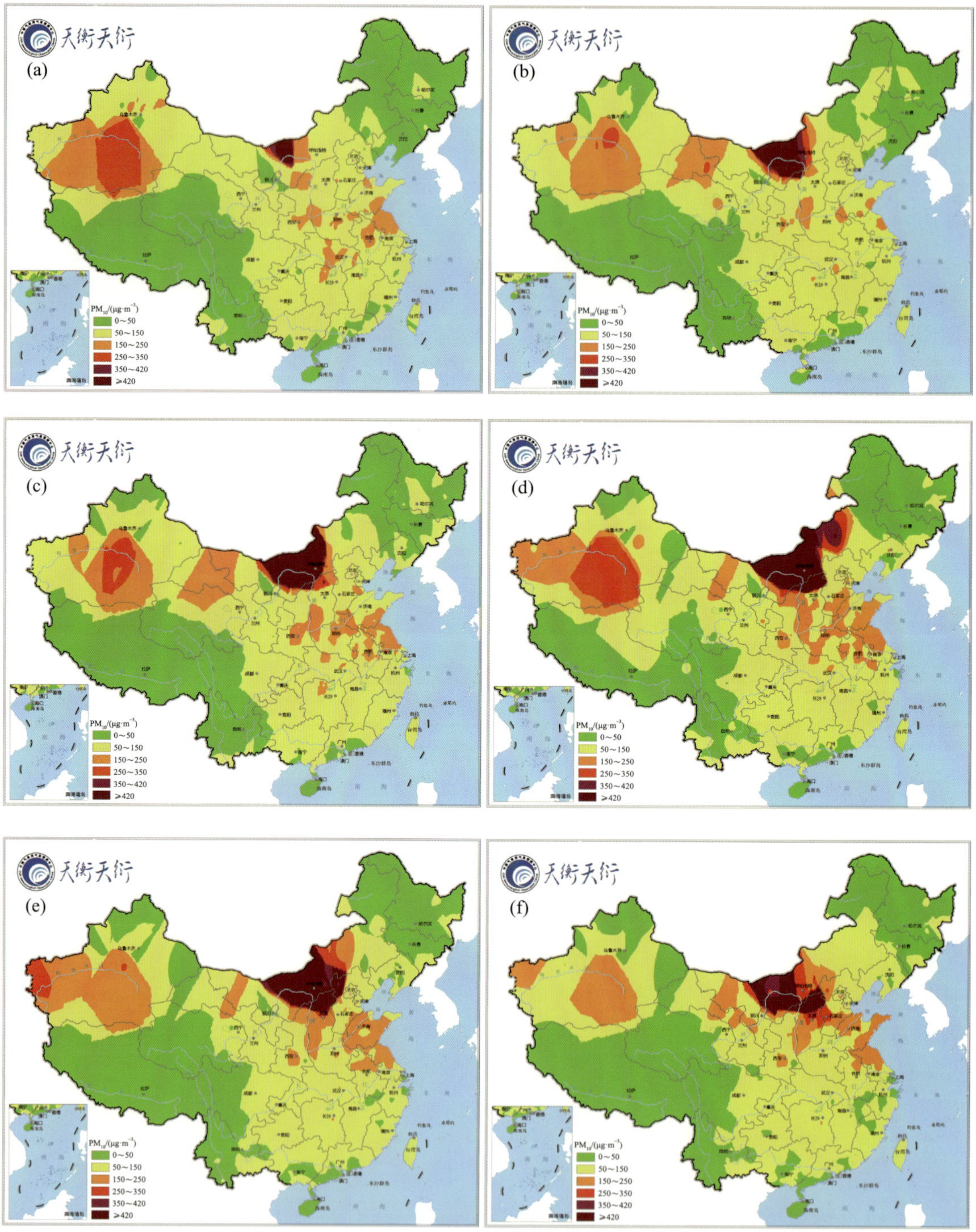

图 8-9　3 月 3—4 日全国地面 PM_{10} 插值场分布图

(a)3 日 14 时;(b)3 日 17 时;(c)3 日 20 时;(d)3 日 23 时;(e)4 日 02 时;(f)4 日 04 时

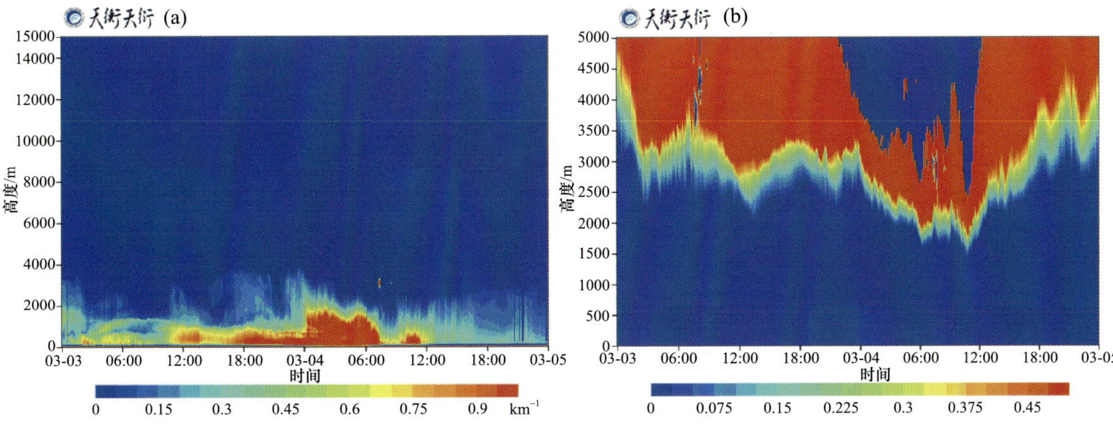

图 8-10 3 月 3 日 00 时—5 日 00 时北京南郊观象台站激光雷达消光系数(a)和退偏振比(b)

8.3 全国两会和冬残奥会气象监测 3 月 11—12 日雷电和降水过程

3 月 11—12 日,我国北方地区出现一次较大范围降水过程,并伴有雷电天气现象发生。此次过程主要影响内蒙古、陕西、甘肃、山西、河北、北京、天津等地,雷电集中发生时段为 12 日 00—06 时,过程闪电活动达 2040 余次。11 日 09 时—12 日 09 时,河北 24 h 最大累计降水量 15 mm,发生在沽源九连城站,北京 24 h 最大累计降水量 5 mm,发生在房山蒲洼站。

8.3.1 雷电监测

综合气象观测产品系统(天衡天衍)全国 1 h 天气雷达基本反射率叠加闪电分布产品(图 8-11)显示,3 月 11 日 19 时,在内蒙古南部监测到闪电发生。21 时,在内蒙古南部、甘肃南部等地监测到雷达回波和闪电。12 日 00 时,雷达回波和雷电发生范围扩大,河北中部、山西北部、陕西北部等地出现闪电活动共 252 次,其中正闪 128 次,负闪 124 次,最大正闪强度 149.7 kA,发生在山西,发生时间 2022-03-11 23:00:29。03 时,雨带和闪电分布区域逐渐南移,陕西和山西两地闪电发生 370 次。09 时,闪电过程基本结束,雷达回波继续向东南方向移动。

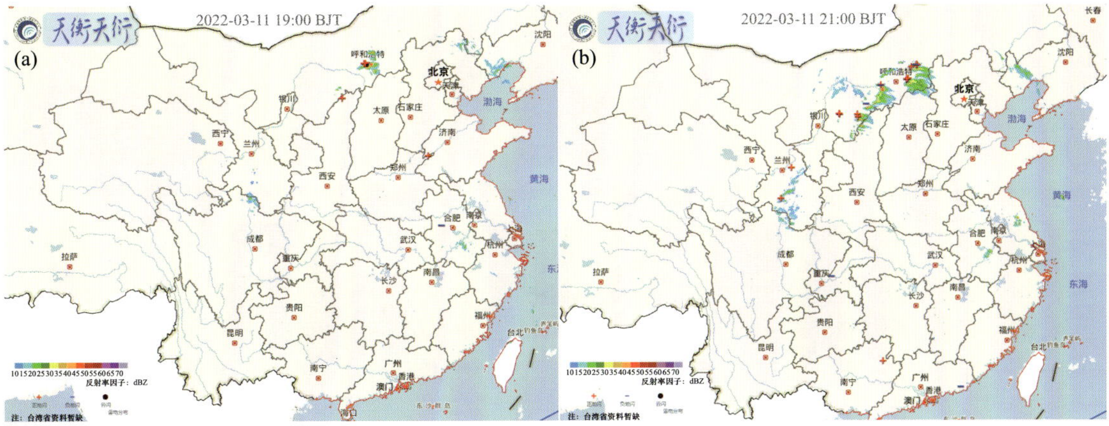

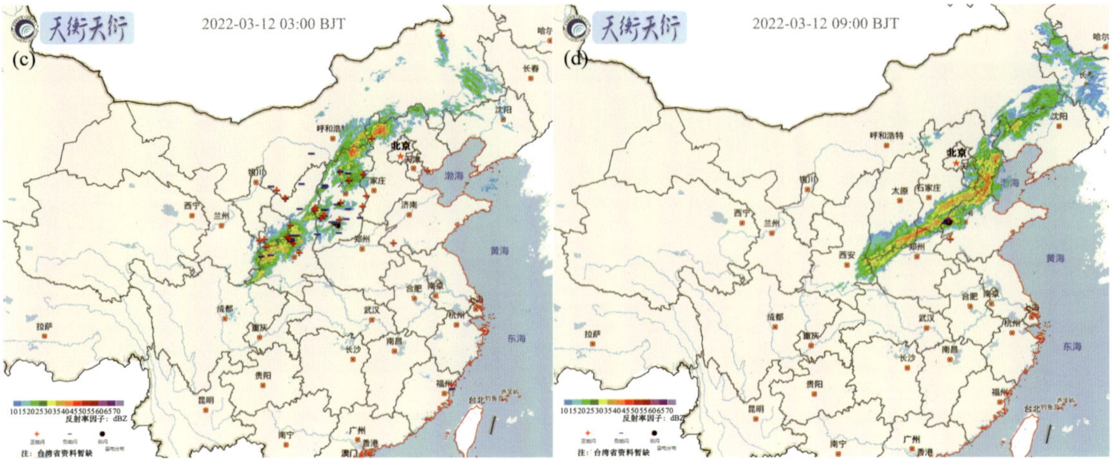

图 8-11　3 月 11—12 日 1 h 天气雷达基本反射率叠加闪电分布图

(a)11 日 19 时；(b)11 日 21 时；(c)12 日 03 时；(d)12 日 09 时

8.3.2　降水监测

全国地面站 24 h 累计降水(图 8-12)显示，3 月 11 日 09 时—12 日 09 时，全国降水主要集中在内蒙古东部、北京、天津、河北、山西、陕西、贵州南部等地。24 h 累计降水 5～10 mm 有 197 个站，10～25 mm 有 103 个站，25～50 mm 有 4 个站，50～100 mm 有 1 个站，其中北京地区小于 20 mm 有 42 个站，河北有 146 个站。24 h 最大累计降水量 64.6 mm，发生在山西吉县站，河北 24 h 最大累计降水量 15 mm，发生在沽源九连城站，北京 24 h 最大累计降水量 5 mm，发生在房山蒲洼站。

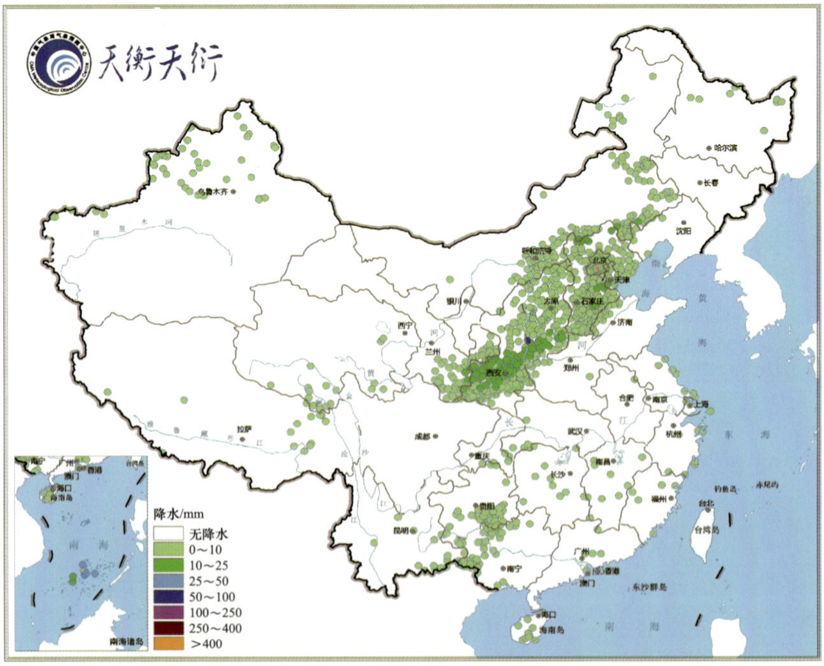

图 8-12　3 月 11 日 09 时—12 日 09 时全国地面站 24 h 累计降水量

8.3.3　云雷达监测

北京地区7个站云雷达反射率因子图(图8-13、图8-14)显示,自3月11日23时开始,北京地区云系有所发展,平均云顶高在8～9 km,平均云底高在6 km左右;12日05时起,云底降低至1～3 km,05时之后,7个站云雷达反射率因子接地,毫米波云雷达监测到降水现象。云系自西北向东南逐渐发生发展,各站均发生了降水,平均云顶高在8～9 km,云层厚度厚、回波强度较强,最大高度达10 km左右。07时,监测到延庆云雷达上空云系逐渐减弱消退,低层回波开始脱离地面并逐渐抬升,降水结束。

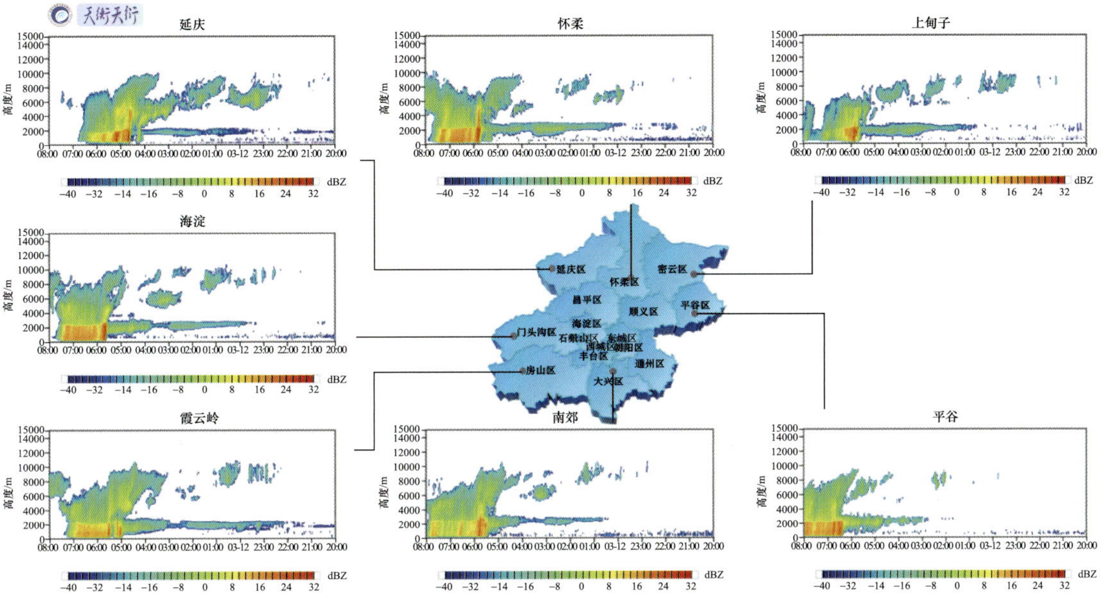

图8-13　3月11日20时—12日08时北京7个站云雷达反射率因子时序图

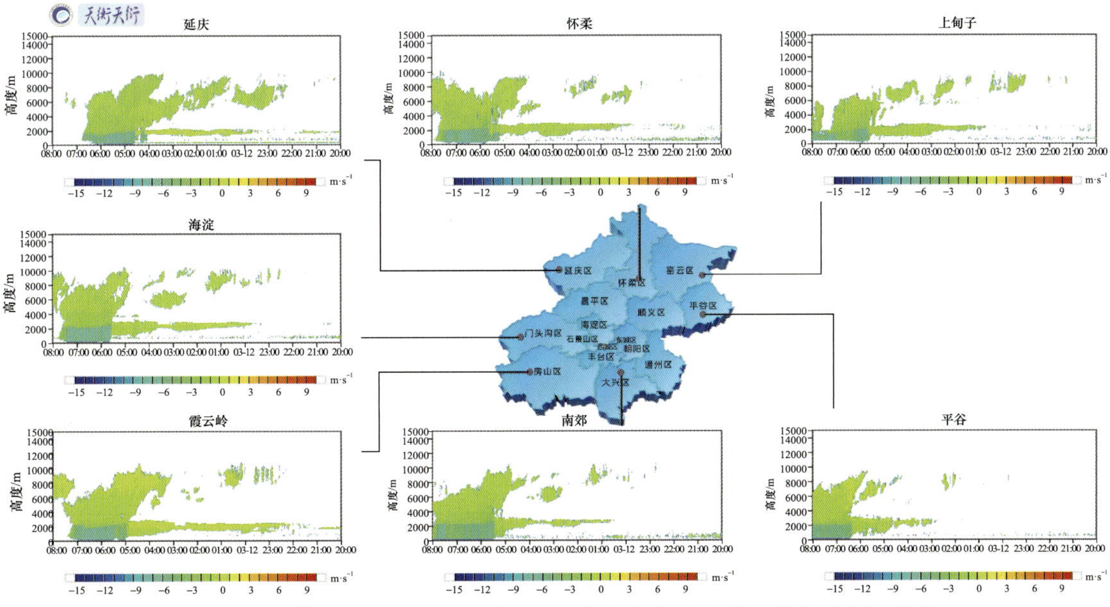

图8-14　3月11日20时—12日08时北京7个站云雷达径向速度时序图

8.4 小结

针对此次冬奥、冬残奥及两会气象保障，探测中心研发了“冬奥·综合气象观测”监测指挥系统，集成包括新研的云雷达降水相态产品、天气雷达降水相态产品、天气雷达弱回波拼图、体感温度等25种观测产品。参与冬奥FDP计划，研制500 m和50 m分辨率的冬奥赛区实况分析产品，为智慧冬奥2022天气预报示范计划工作组实时提供数据，以高时空分辨率三维格点化形式从风、温、湿等多方面为冬奥气象监测服务提供保障。同时开发了冬奥三维实况天气沙盘巡游产品，构建仿真地形和典型场馆三维模型，基于冬奥实况分析数据渲染云、雨、雪、风等气象实况环境，为冬奥开幕式和赛事活动提供精细化、可视化实况产品。针对冬奥需求，开发冬奥业务大屏展示系统，实时展示冬奥地面观测实况、地基遥感观测实况、冬奥实况巡游、场馆要素时序图、今日赛事及场馆实况和预报信息等。天衡天衍App新增冬奥专项产品，集成53个冬奥气象观测数据，增加冬奥站点时序图及阈值提示功能，实时显示冬奥气象站点观测数据。全力为冬奥会各项活动的开展保驾护航。通过冬奥、冬残奥加强了重大活动保障的联动互动能力，为以后的气象保障活动提供有效经验。

第九章　突发事件保障

9.1 8 月 13 日四川省成都市彭州市龙漕沟突发山洪灾害实况监测

9.1.1　过程特征

2022 年 8 月 13 日 15 时 30 分，四川省成都市彭州市小鱼洞社区龙漕沟突发山洪。据应急管理部门通报：截至 14 日 17 时，此次灾害已造成 7 人死亡，8 人轻伤。本节利用天气雷达、地面气象观测站等观测资料对此次过程进行实况监测复盘分析，结果表明，事发时间彭州市地面观测站未监测到明显降水，龙漕沟西侧上游区域存在局地对流回波，雷达定量估测降水产品表明，该区域 14—16 时均出现超过 20 $mm \cdot h^{-1}$ 的短时强降水。事发地其西侧上游区域出现的短时强降水可能是导致 15 时 30 分龙漕沟突发山洪灾害的主要原因。

9.1.2　多源观测特征

9.1.2.1　地面站点分布

综合气象观测产品系统（天衡天衍）中，彭州市共有地面自动观测站 41 个，其中国家气象观测站 3 个，站点分布如图 9-1。距离龙漕沟最近的观测站点为其东北方向的龙门山国坪站，距离约 650 m；西南方向最近的观测站点为龙门山太子站，距离 1.3 km；其西北方向为山区，未布设地面观测站点。

9.1.2.2　天气雷达和降水监测

综合气象观测产品系统（天衡天衍）全国天气雷达组网拼图叠加 1 h 地面观测降水量产品（图 9-2）显示，8 月 13 日 13 时前后，成都彭州市龙漕沟西侧和东北方向监测到降水回波发生发展。经研判，其东北方向降水回波对龙槽沟山洪暴发影响甚微。14 时 30 分，西侧对流发展最为旺盛，雷达回波强度最大达到 45 dBZ，其后雷达回波有所减弱。

综合气象观测产品系统（天衡天衍）显示，龙漕沟附近地面观测站主要分布在其南侧，事发前均未监测到明显降水。从雷达估测降水量产品（图 9-3）看，8 月 13 日 15 时和 16 时龙漕沟西侧回波 1 h 估测降水量均超 20 mm。从 ROSE 2.0 业务软件双偏振雷达定量降水估测算法反演降水产品（图 9-4）看，龙漕沟西侧 15 时最大 1 h 降水量为 20.7 mm，16 时最大 1 h 降水量为 16.9 mm。

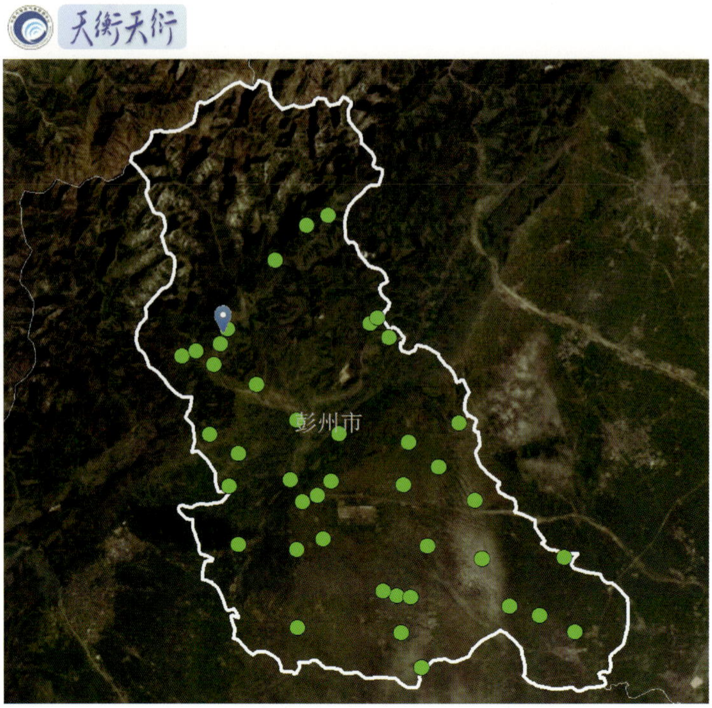

图 9-1　成都彭州市地面观测站点分布图

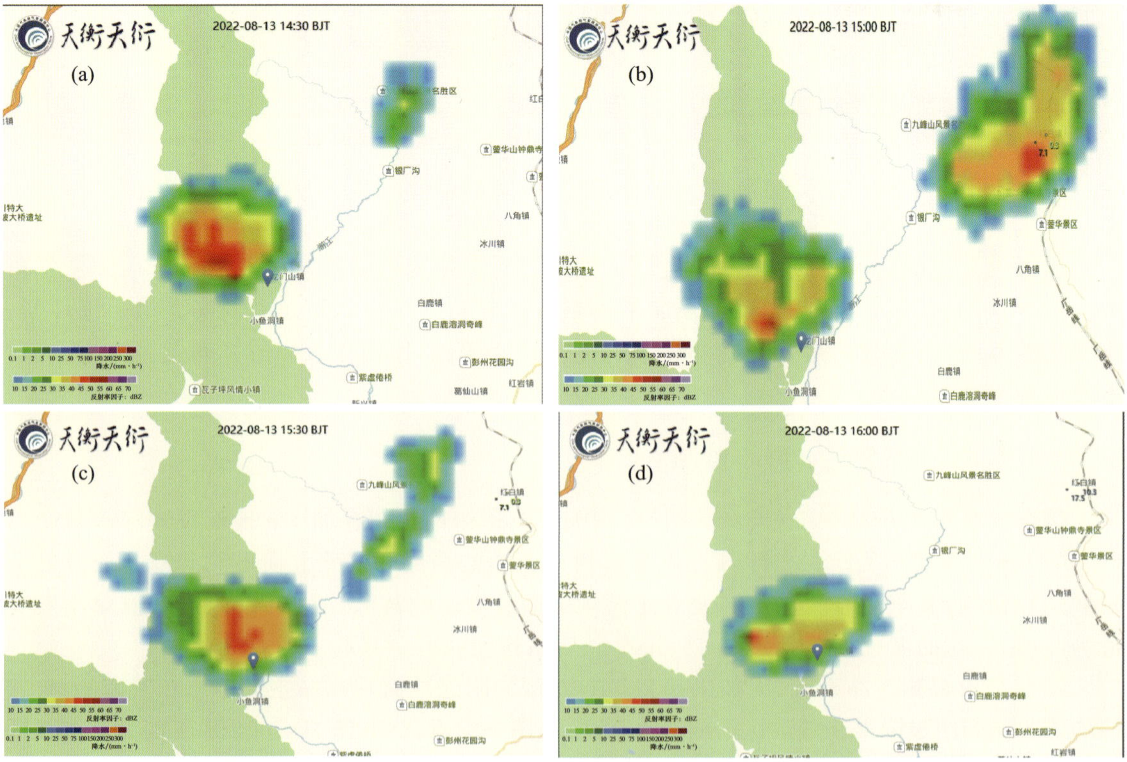

图 9-2　8 月 13 日 14 时 30 分(a)、15 时(b)、15 时 30 分(c)和 16 时(d)彭州市龙漕沟周边天气雷达组合反射率叠加地面站 1 h 降水量图

（龙漕沟为图中标识点）

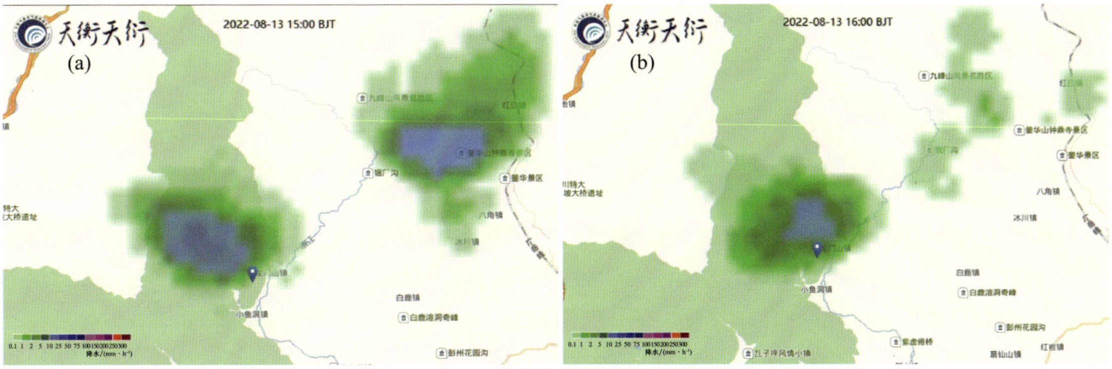

图 9-3　8 月 13 日 15 时(a)、16 时(b)彭州市龙漕沟周围 1 h 雷达估测降水量图

(龙漕沟为图中标识点)

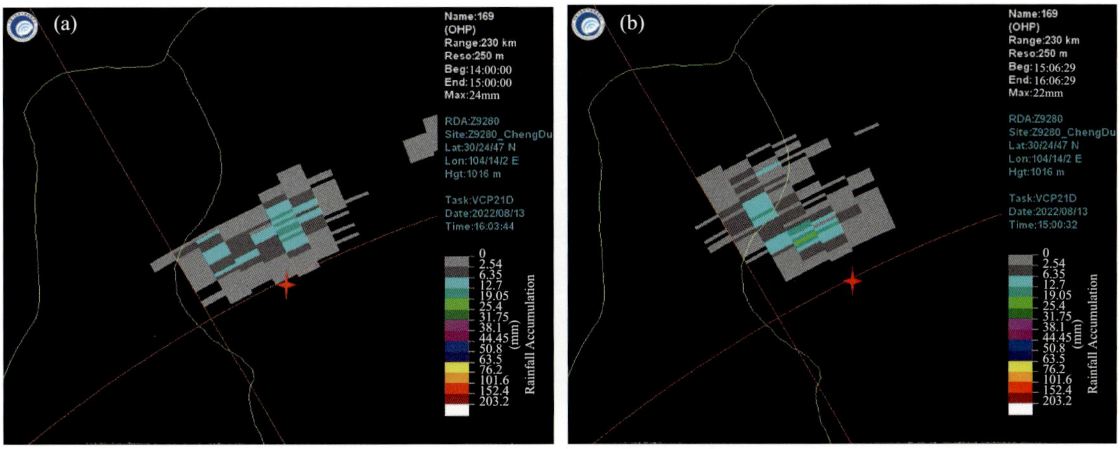

图 9-4　8 月 13 日 15 时(a)、16 时 06 分(b)ROSE 2.0 业务软件双偏振雷达定量降水估测算法反演降水产品

(龙漕沟为图中标识点)

百度地图(图 9-5)显示，事发地龙槽沟河流为东西走向，西侧为河流的上游区域，事发前上游区域出现的短时强降水经过汇流，增大了龙漕沟河流的流量，是导致 15 时 30 分龙漕沟突发山洪灾害的主要原因。

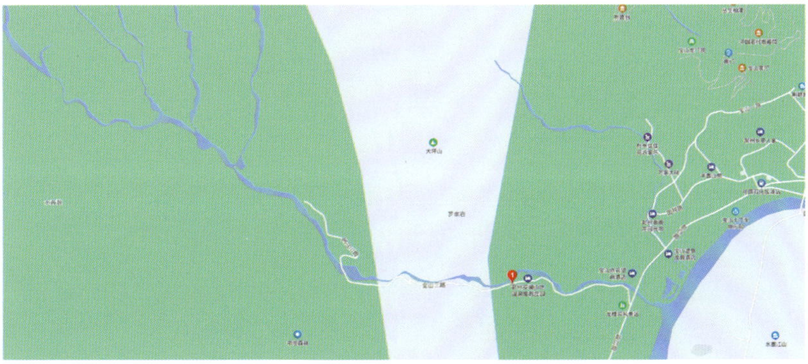

图 9-5　百度地图龙槽沟周围水系分布图

9.2 8月18日青海省西宁市大通县山洪灾害实况监测

9.2.1 过程特征

8月17日22时25分，青海省西宁市大通县瞬间强降水，引发山洪，造成泥石流，致使河流改道，2个乡镇6个村1517户6245人受灾。据应急管理部门通报：截至18日12时，此次灾害已造成16人死亡，36人失联。本节利用天气雷达、地面气象观测站等观测资料对此次过程进行实况监测分析，结果表明，22时前后出现明显的对流回波合并增强，随后开始影响大通县区域。23时前后，雷达径向速度图监测到中层径向辐合和高层辐散特征，有利于强降水的维持发展。强降水系统质心较低，空间尺度小，降水效率较高，局地性特征明显。事发时大通县普遍发生中到大雨，24 h最大降水量43.6 mm，17日22—24时，大通县出现短时强降水，1 h最大累计降水量达40.6 mm。

9.2.2 多源观测特征

9.2.2.1 观测站点分布

综合气象观测产品系统（天衡天衍）中，西宁市共有新一代天气雷达站1个，高空气象观测站1个，地面自动观测站93个，GNSS/MET观测站4个，土壤水分观测站9个，以及雷达观测站1个，站点分布如图9-6。事故发生地区青林乡和青山乡相距4.4 km，分别距离国家级地面气象观测站大通站27.4 km和23.8 km（图9-7）。

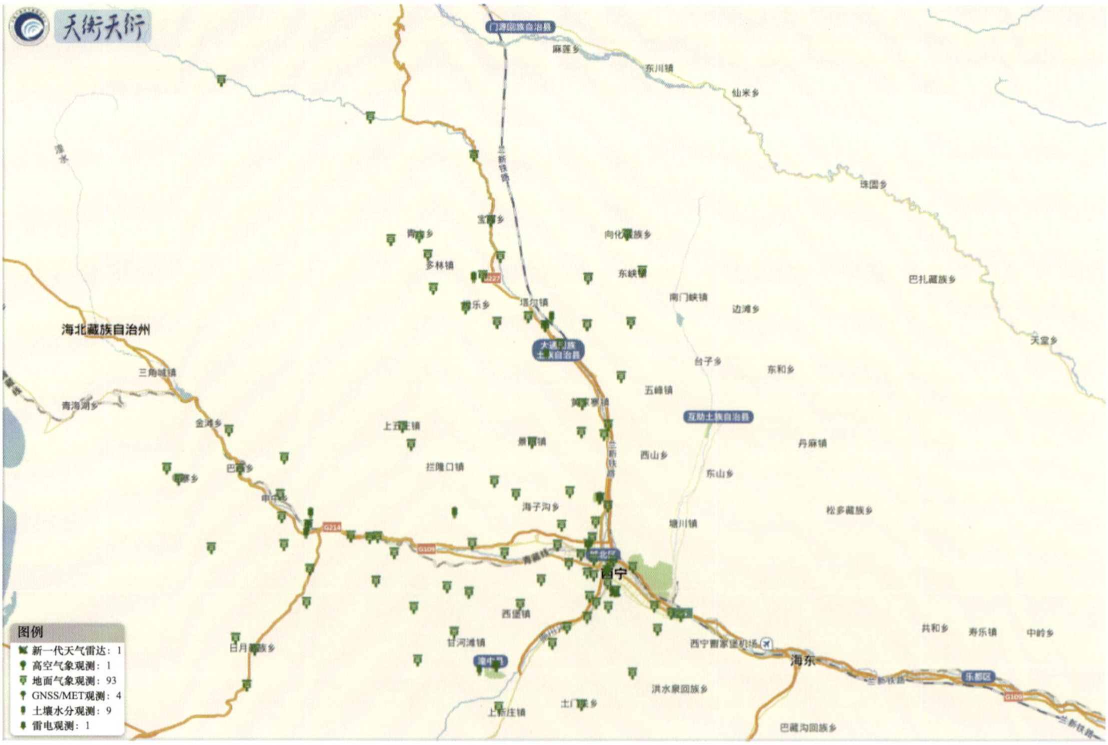

图9-6 西宁观测站点分布图

图 9-7　大通县青山乡政府站、青林乡政府站和大通站点距离

9.2.2.2　装备运行和数据质量

综合气象观测业务运行信息化平台(天元)显示，截至 8 月 18 日 14 时，青海西宁天气雷达、探空系统、国家级自动站、雷电监测设备、自动土壤水分观测站全部运行正常(表 9-1)。

综合气象观测数据质量控制系统(天衡天衍)显示，截至 8 月 18 日 14 时，青海省西宁市天气雷达、雷电监测设备、国家级自动站、自动土壤水分观测站、探空系统观测数据 24 h 正确率均达标，数据质量控制基本正常(表 9-2)。

表 9-1　青海西宁气象探测设备运行情况

设备名称	业务运行数量	运行情况	备注
新一代天气雷达	1	全部正常运行	—
风廓线雷达	0	—	—
探空系统	1	全部正常运行	—
国家级自动站	11	全部正常运行	—
雷电监测设备	1	全部正常运行	—
自动土壤水分观测站	9	全部正常运行	—

表 9-2　青海西宁气象探测设备数据质量情况

设备名称	正确率	是否达标
天气雷达	99.84%	是
雷电监测设备	99.60%	是
国家级自动站	100%	是
自动土壤水分观测站	99.73%	是
探空系统	100%	是

9.2.2.3 天气雷达监测

综合气象观测产品系统(天衡天衍)全国天气雷达组网拼图(图 9-8)显示,8 月 17 日 19 时 40 分,强对流系统出现在大通县所在大通河西北方向上游地区。自 17 日 21 时起,回波带内伴随有小尺度强对流系统,最大回波强度约 50 dBZ,回波快速向东南移动并不断增强。22 时到达大通县,原本分散的多个回波中心出现合并,降水系统组织性更强,强度迅速增加至 67 dBZ。22 时 30 分—23 时 30 分,最强回波中心已影响山洪事发区域。至 18 日 01 时,系统逐渐移出大通县并呈减弱趋势,但在大通县西北方向上游区域仍存在分散性弱降水系统。18 日 06—07 时(图 9-9),大通县出现降水回波,自西北向东南方向移动,回波强度约为 25 dBZ。

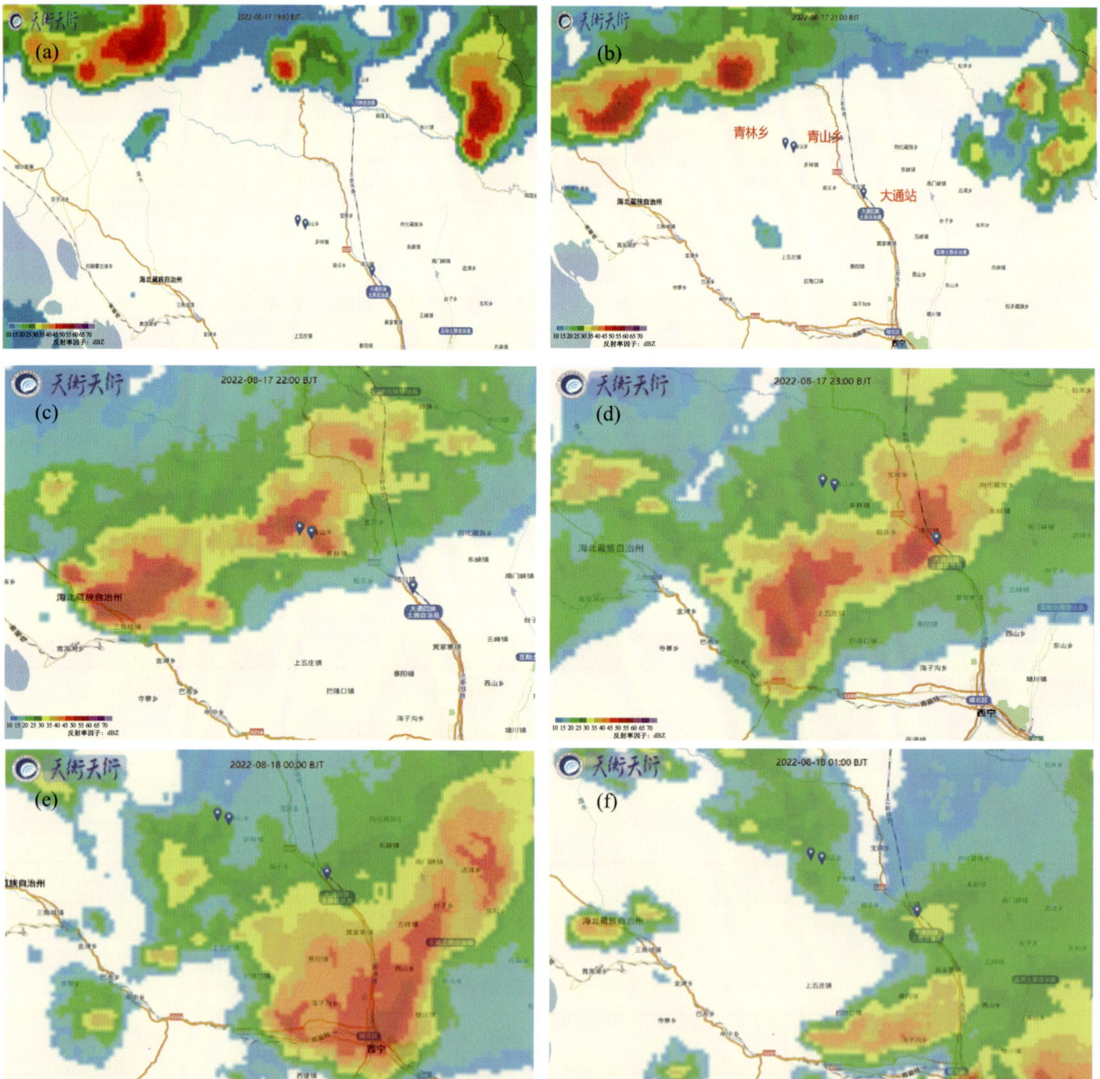

图 9-8 8 月 17 日 19 时 40 分(a)、21 时(b)、22 时(c)、23 时(c)、18 日 00 时(e)、18 日 01 时(f)西宁市大通县周边天气雷达组合反射率分布图

(图中标识点为青山乡政府站、青林乡政府站和大通站)

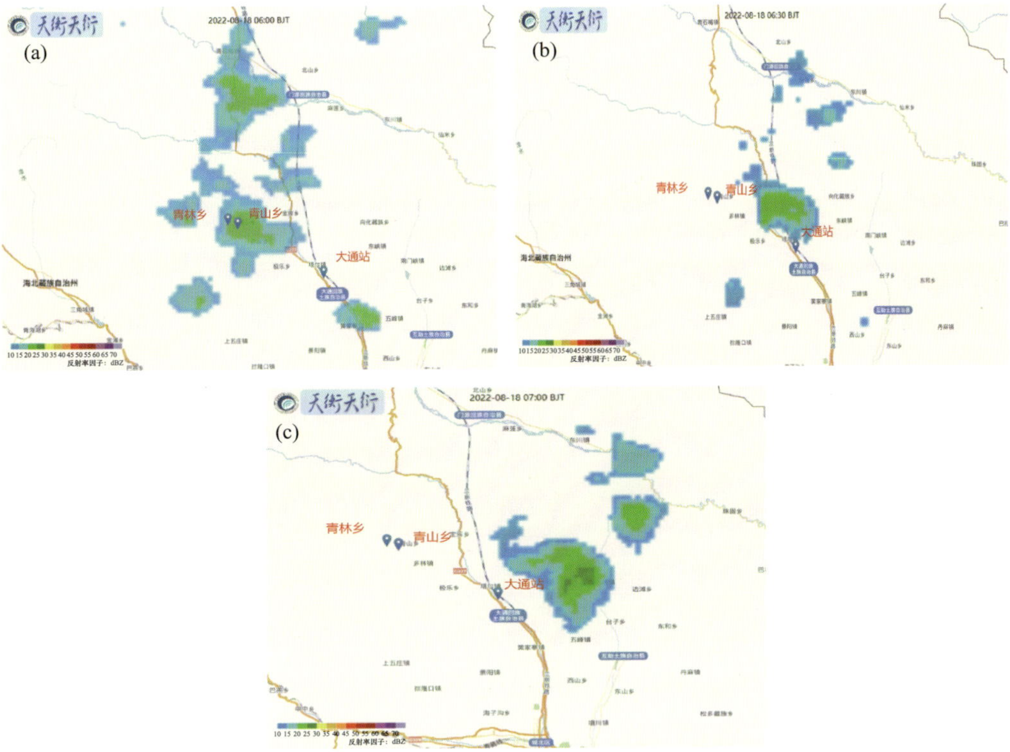

图 9-9　8 月 18 日 06 时(a)、06 时 30 分(b)、07 时(c)西宁市大通县周边天气雷达组合反射率分布图
（图中标识点为青山乡政府站、青林乡政府站和大通站）

西宁雷达为 C 波段单偏振雷达，大通县位于雷达西北侧，距离约 50 km。西宁雷达单站回波顶高产品显示(图 9-10)，雷达回波出现合并后(22 时前后)，回波顶高出现了明显的增加，由 13 km 增加至 17 km 以上，也预示强对流系统正在增强发展。

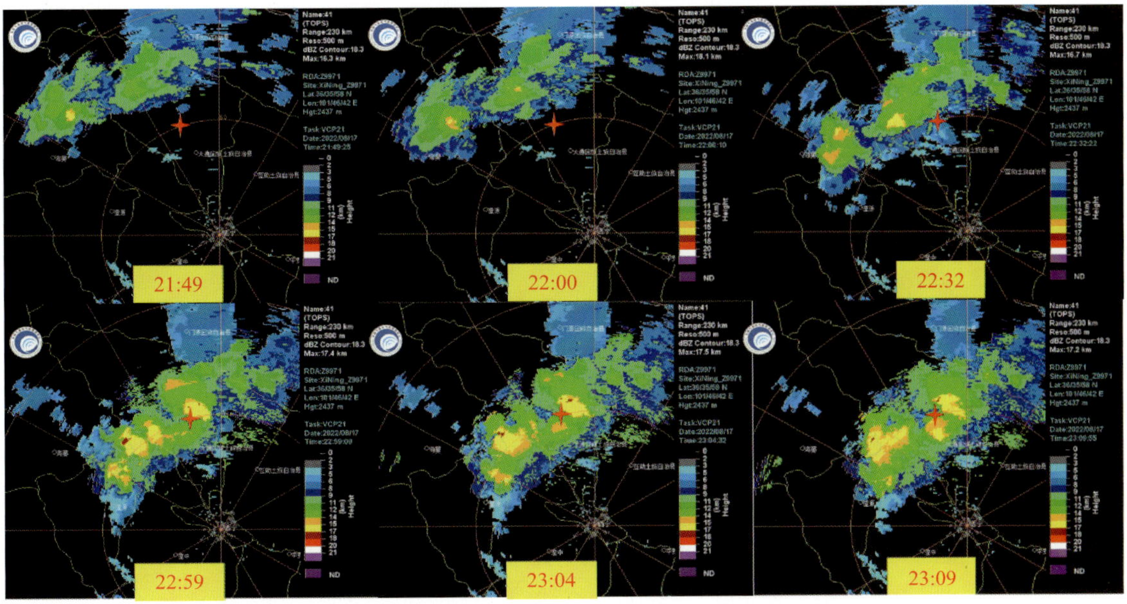

图 9-10　8 月 18 日 21 时 49 分—23 时 09 分雷达回波顶高演变图

从8月18日22时29分最强降水中心的雷达剖面图看(图9-11),强降水中心的空间尺度很小,大于50 dBZ的回波区域小于5 km。降水系统的回波质心较低(低于5 km),降水效率很高。从径向剖面图上可以看出明显的中层径向辐合和高层辐散特征,有利于对流系统的维持和发展,造成在短时间内形成很强的地面降水。

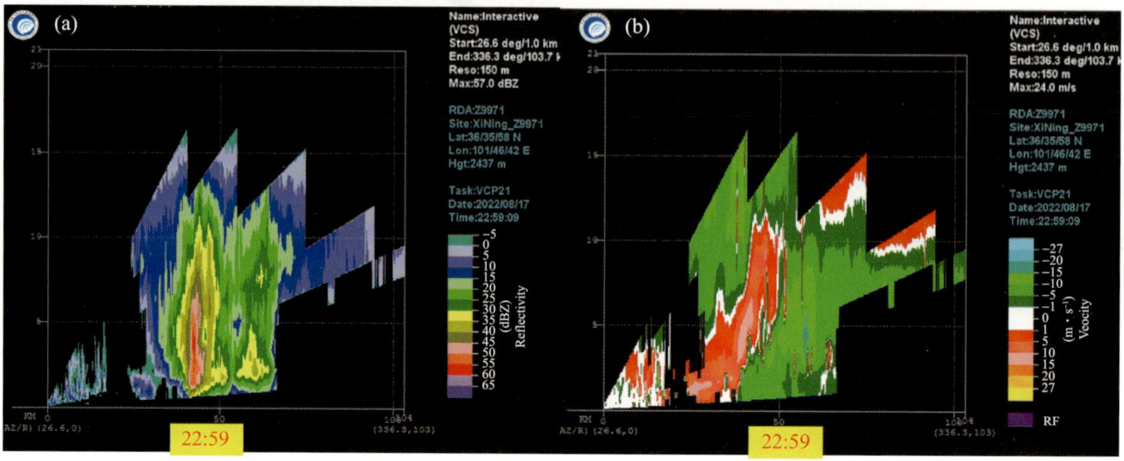

图9-11 8月18日22时59分雷达反射率(a)和径向速度(b)剖面图

从ROSE 2.0强降水预警识别产品(图9-12)看,本次过程大通县附近的西宁雷达和海北雷达都未触发强降水预警。分析发现西宁雷达和海北雷达都为C波段单偏振雷达,强降水时会受到衰减影响,造成对降水强度的低估。另外,此次过程的强降水区域空间尺度小,不足15 km^2,而ROSE系统的强降水监测预警产品默认阈值为1 h估测降水量需要达到20 mm,且强降水面积不低于30 km^2。

对强降水预警产品阈值进行调整后(1 h估测雨量调整为10 mm,面积调整为10 km^2),在8月18日23时31分后,开始连续发出强降水预警提醒,预警区域正好位于大通县境内(图9-13)。因此ROSE 2.0系统默认预警参数值可能存在过高的问题,需要各地进行本地化优化。另外,局地性强降水往往面积很小,面积阈值也应适当调整。

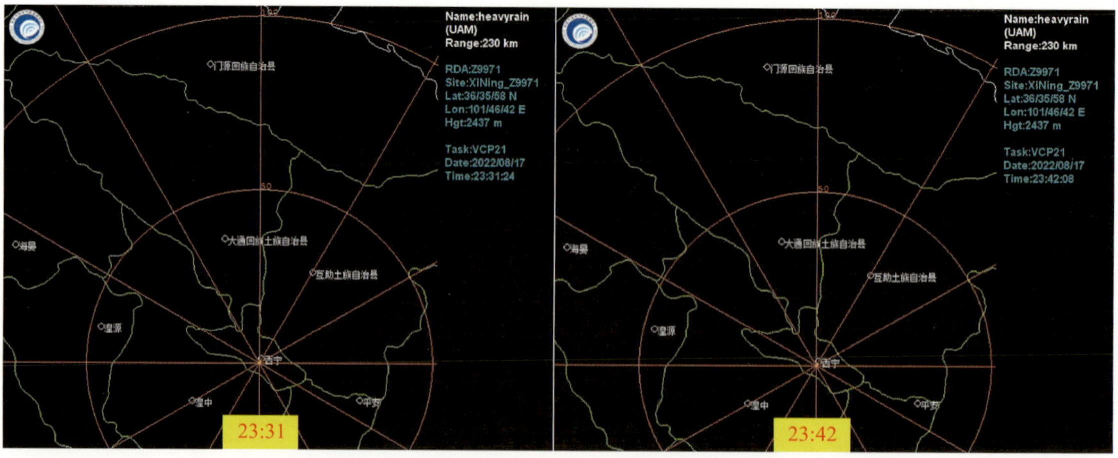

图9-12 ROSE 2.0默认参数强降水预警提醒产品(未预警)

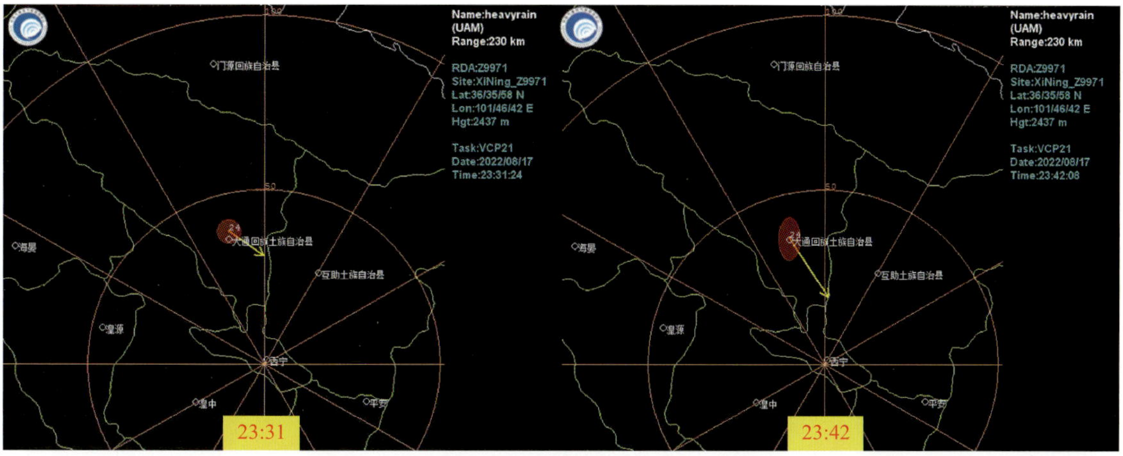

图 9-13 ROSE 2.0 参数调整(降低)后强降水预警产品(发出预警)

9.2.2.4 降水监测

综合气象观测产品系统(天衡天衍)24 h 累计降水产品(图 9-14)显示,事发地西宁大通县普遍出现中到大雨,截至 8 月 18 日 07 时,24 h 最大累计降水量 43.6 mm,出现在大通站(图 9-16)。

8 月 17 日 23 时—18 日 00 时,大通县出现短时强降水(图 9-15),最大小时降水量达 20.0～40.6 mm。17 日 23 时,1 h 最大累计降水量 39.3 mm,发生在大通县青林乡政府站;18 日 00 时,1 h 最大累计降水量 40.6 mm,发生在大通站(图 9-16)。

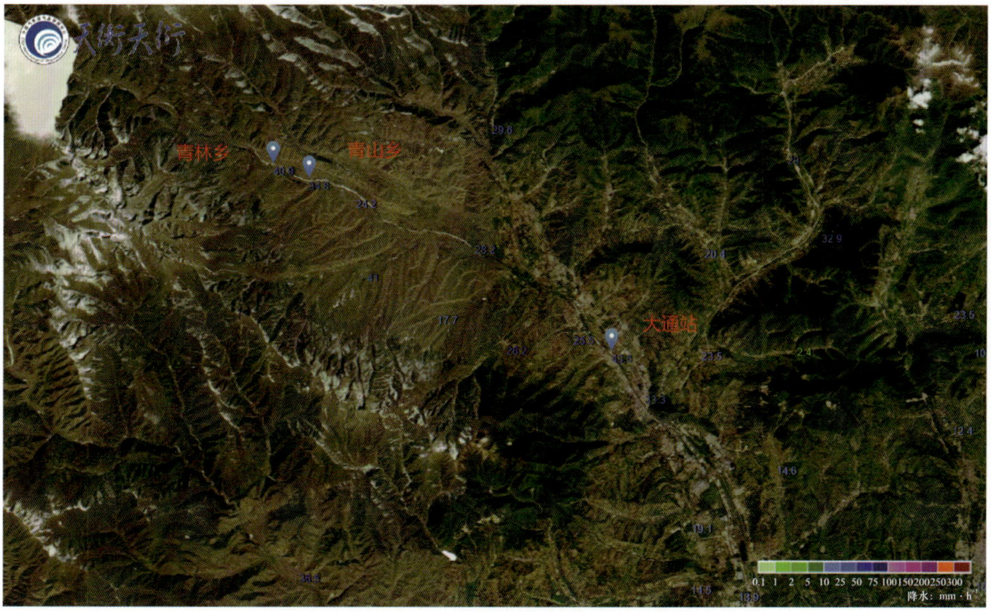

图 9-14 8 月 18 日 07 时西宁大通县周边地形图叠加 24 h 累计降水产品

(图中标识点为青山乡政府站、青林乡政府站和大通站)

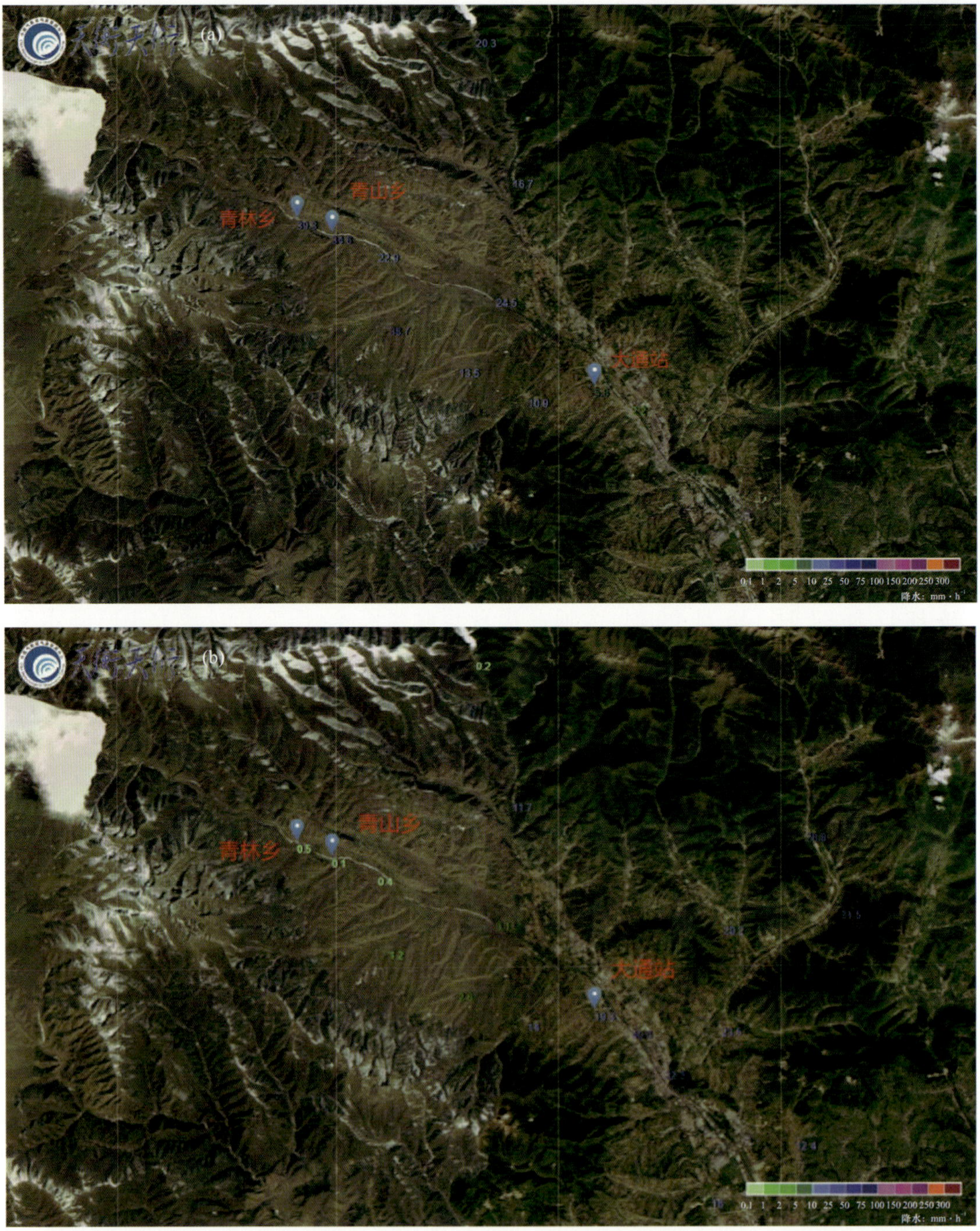

图 9-15　8 月 17 日 23 时(a)、18 日 00 时(b)西宁大通县周边地形图叠加 1 h 累计降水产品

（图中标识点为青山乡政府站、青林乡政府站和大通站）

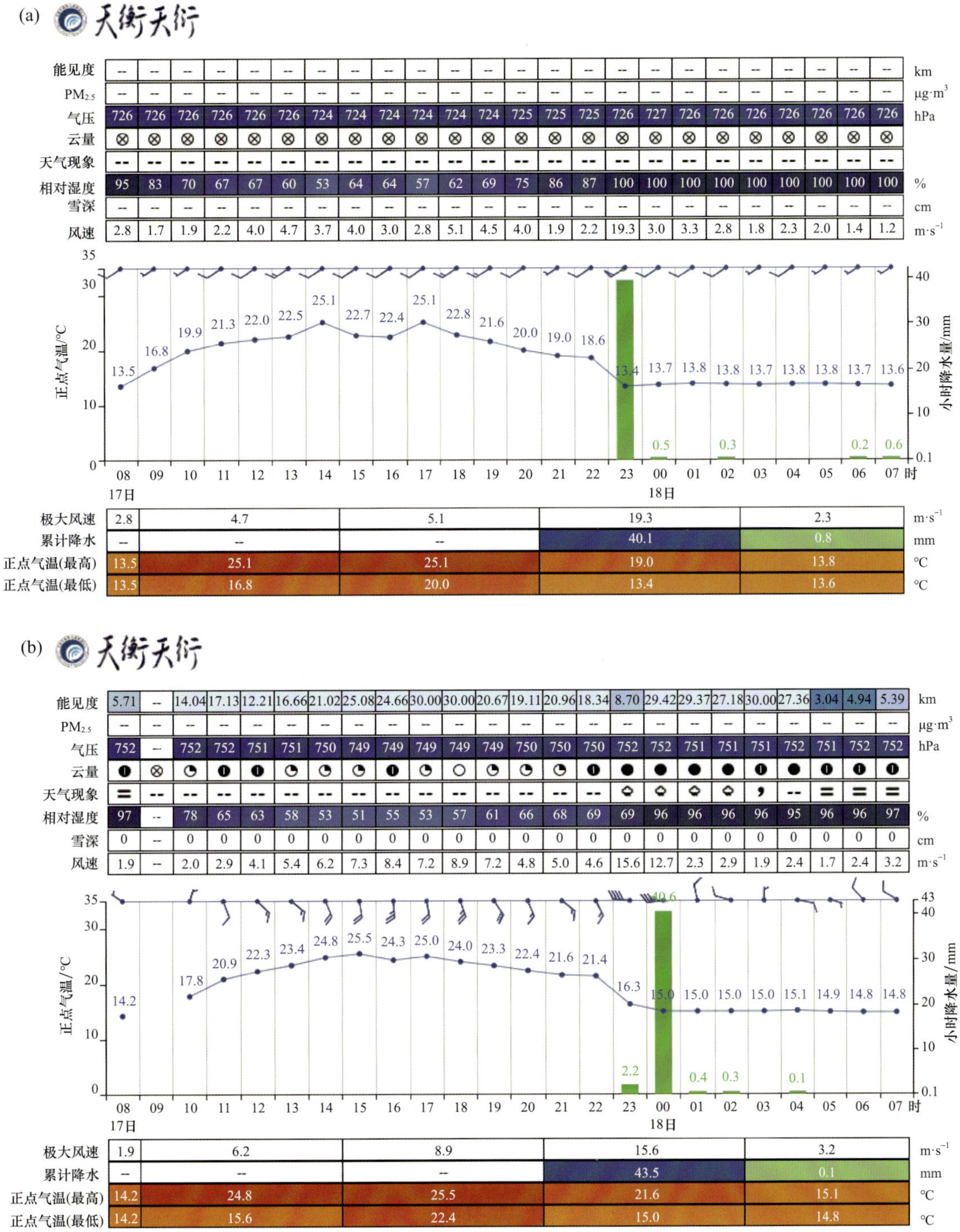

图 9-16 8 月 17—18 日大通县青林乡政府站(a)和大通站(b)实况序列图

9.2.2.5 土壤水分监测

综合气象观测产品系统(天衡天衍)土壤水分观测产品(图 9-17)表明,该地区前期土壤含水量较高,超 38%;且受本次降水影响,大通观测站 20 cm 土壤水分含量上升明显(图 9-18),

最高值出现在 8 月 18 日 04 时，体积含水量超 40%。

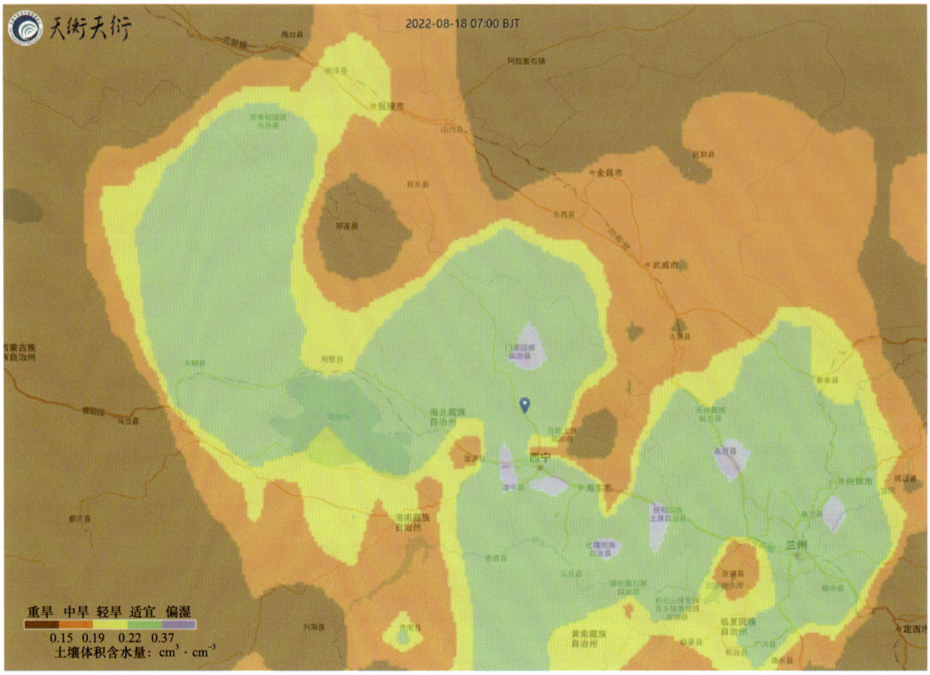

图 9-17　8 月 18 日 07 时大通县周边区域土壤水分产品分布图

图 9-18　8 月 1—17 日大通站 20 cm 土壤水分时序变化图

9.2.2.6　实况监测

综合气象观测产品系统（天衡天衍）全国雷达组网拼图（图 9-19）显示，8 月 18 日 15 时 30 分，青林乡、青山乡附近出现降水回波，最大回波强度约 40 dBZ。18 日 16 时，大通县青山乡政府站 1 h 累计降水 11.7 mm，大通县青林乡政府站 1 h 累计降水为 10.4 mm（图 9-20）。

综合气象观测产品系统（天衡天衍）大气可降水量产品（图 9-21）显示，8 月 18 日 15 时 30 分，大通县青林乡政府站、青山乡站和大通站大气可降水量均大于 30 mm。

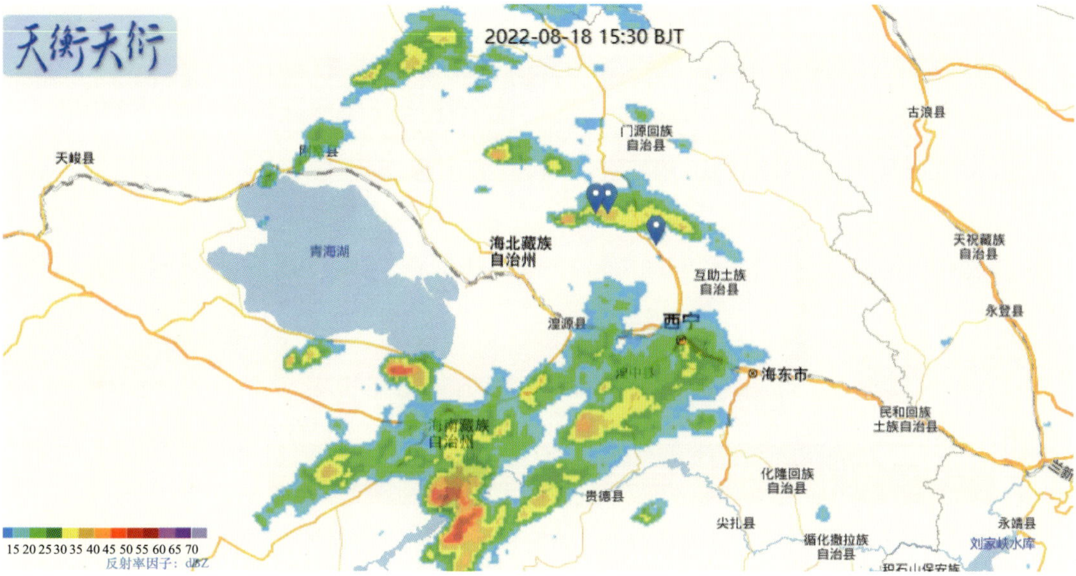

图 9-19　8 月 18 日 15 时 30 分西宁大通县周边雷达组合反射率分布图

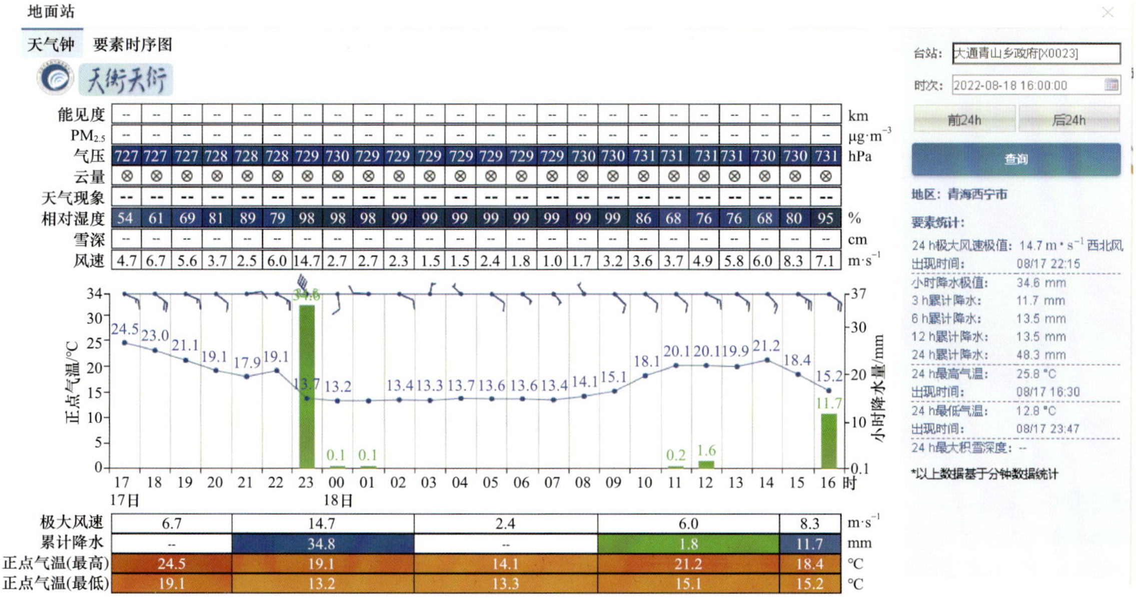

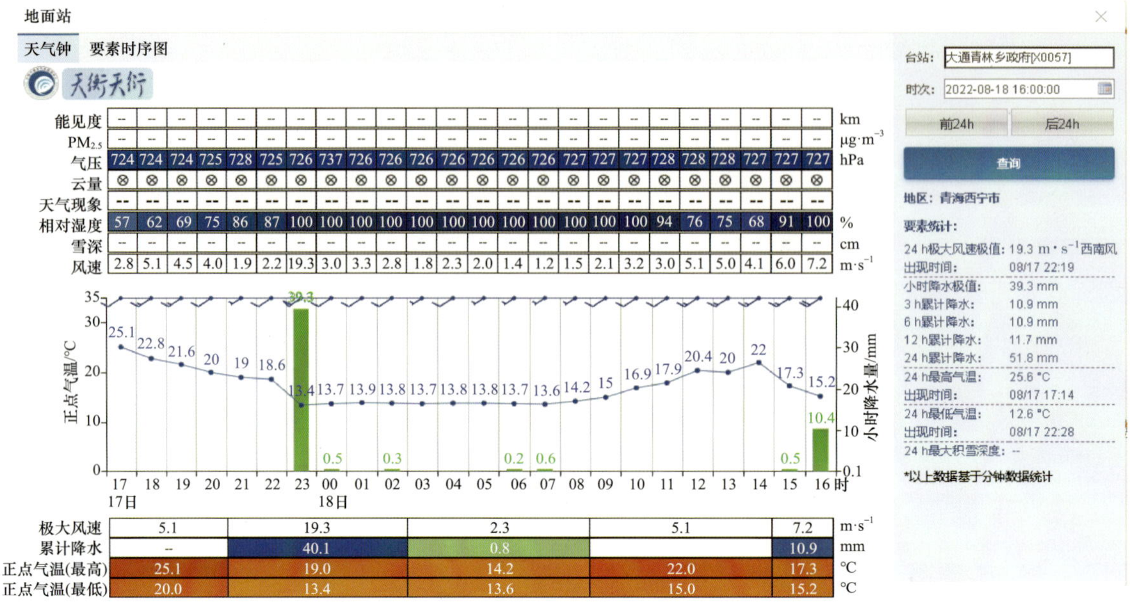

图 9-20　8 月 17 日 16 时—18 日 16 时大通县青山乡政府站和青林乡政府站实况序列图

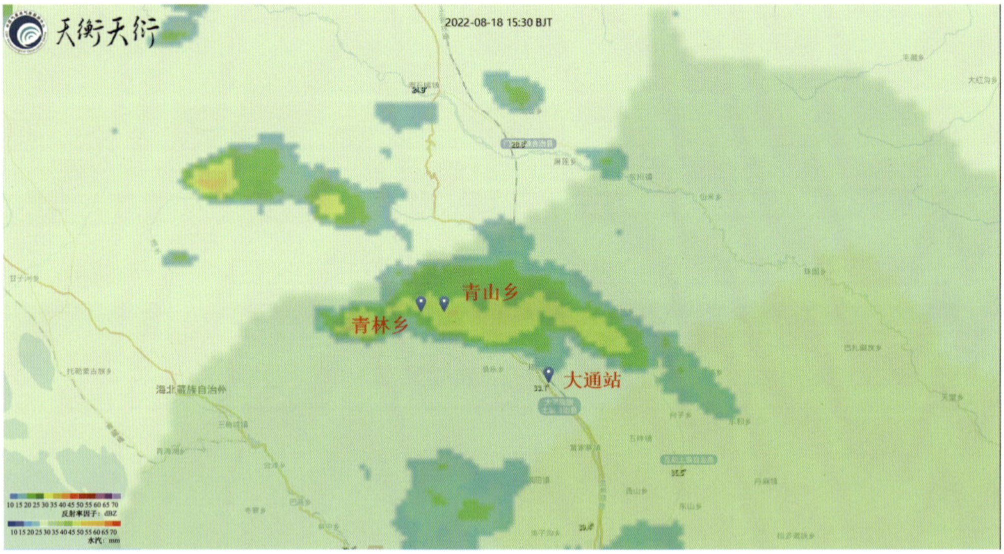

图 9-21　大通县青林乡政府站、青山乡站和大通站大气可降水量实况图

9.3 小结

本章用天衡天衍系统产品对四川、青海夏季突发山洪情况进行复盘分析，可以看到在地面站监测盲区，雷达定量估测降水、实况融合降水等产品是短时强降水监测的有效补充。因此在不断优化地面站网布局的同时，面对突发事件，只有加强天气雷达定量估测降水等产品的本地化优化，以及天衡天衍系统精细化功能的开发，方能提供快速、有效、准确的气象监测信息。